東アジア
モンスーン域の
湖沼と流域

水源環境保全のために

Mitsuru Sakamoto　Michio Kumagai
坂本充・熊谷道夫――編

名古屋大学出版会

本書は 財団法人日本生命財団研究成果発表助成を得て刊行された．

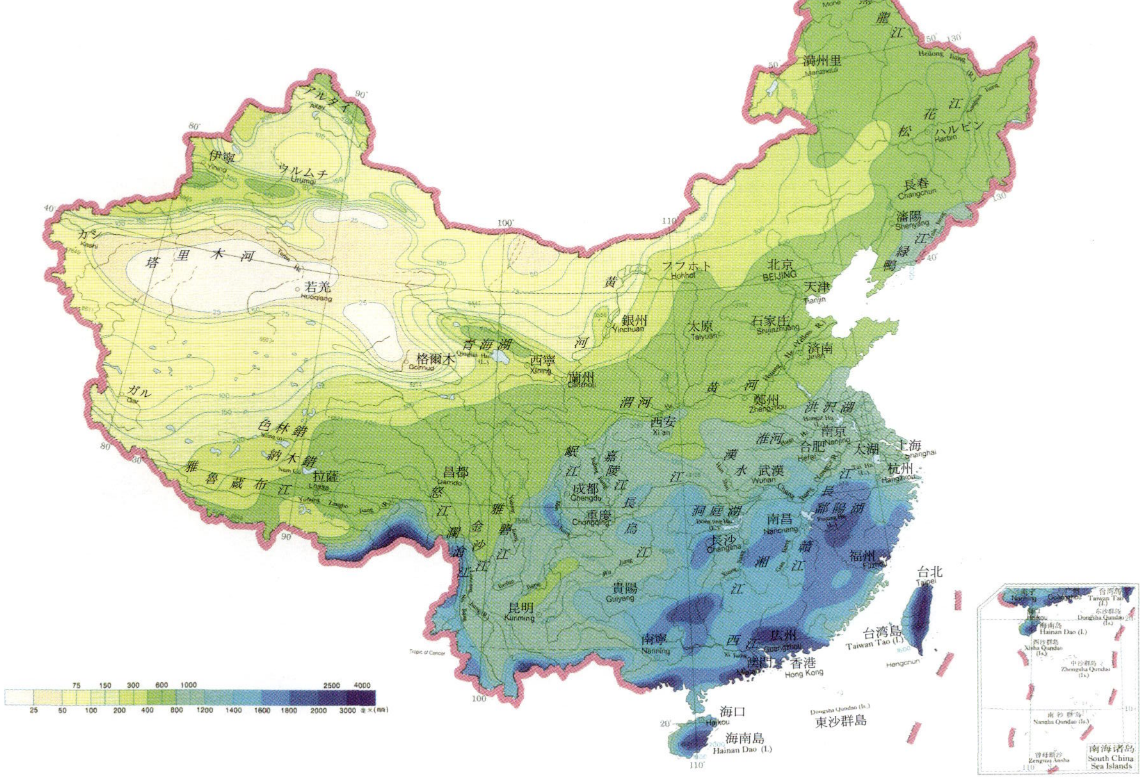

口絵 1　中国内の年平均降水量の分布（中華人民共和国自然地理地図集，1999. 本書 2−5 節参照）

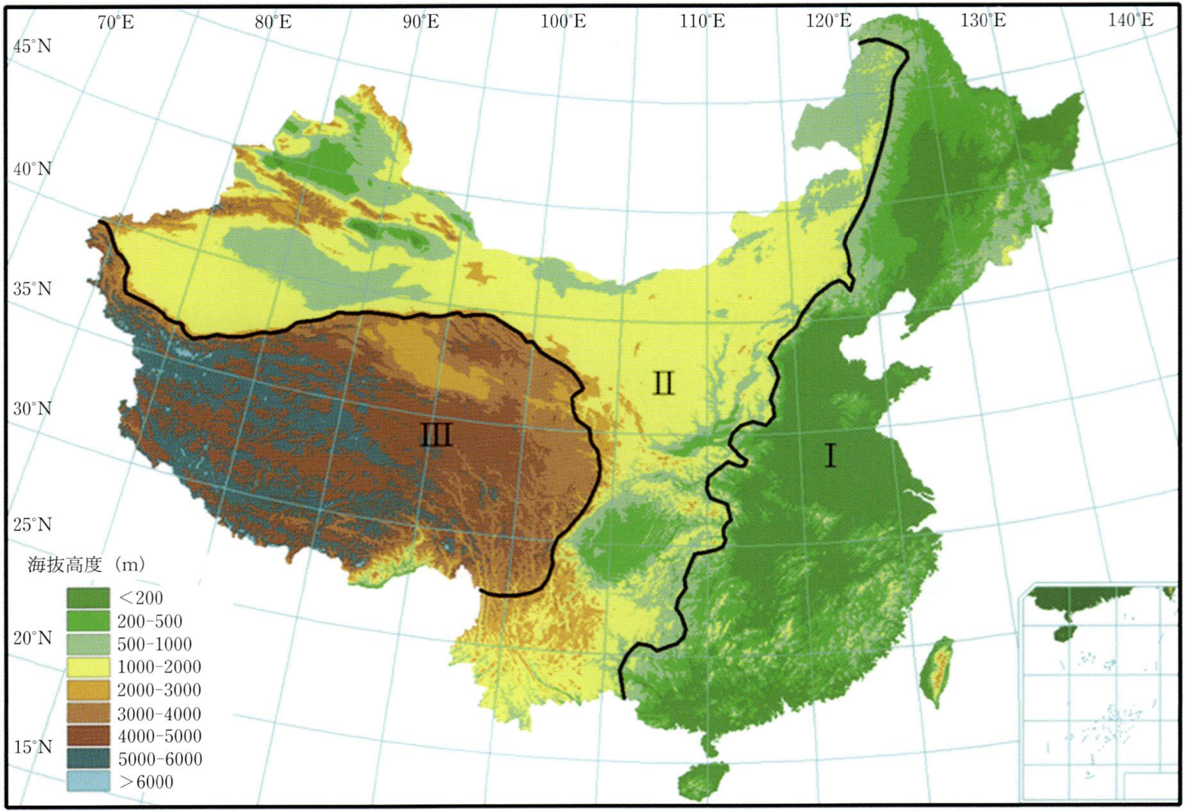

口絵2 中国全土の海抜高度分布と大地形の3段階構造（本書1-4節参照）

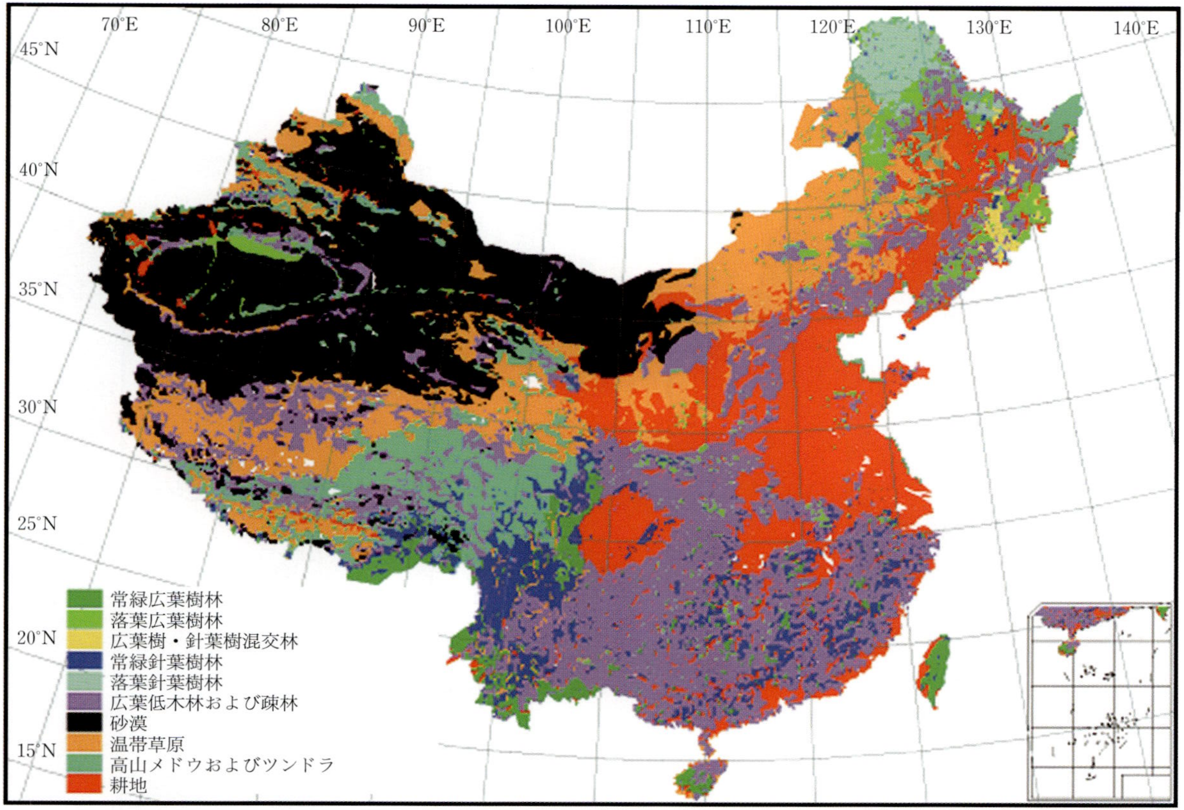

口絵 3 簡略化した中国の植生図．侯（1984）の 400 万分の 1 植生図に基づく（本書 1-4 節参照）

常緑広葉樹林
落葉広葉樹林
広葉樹・針葉樹混交林
常緑針葉樹林
落葉針葉樹林
広葉低木林および疎林
砂漠
温帯草原
高山メドウおよびツンドラ
耕地

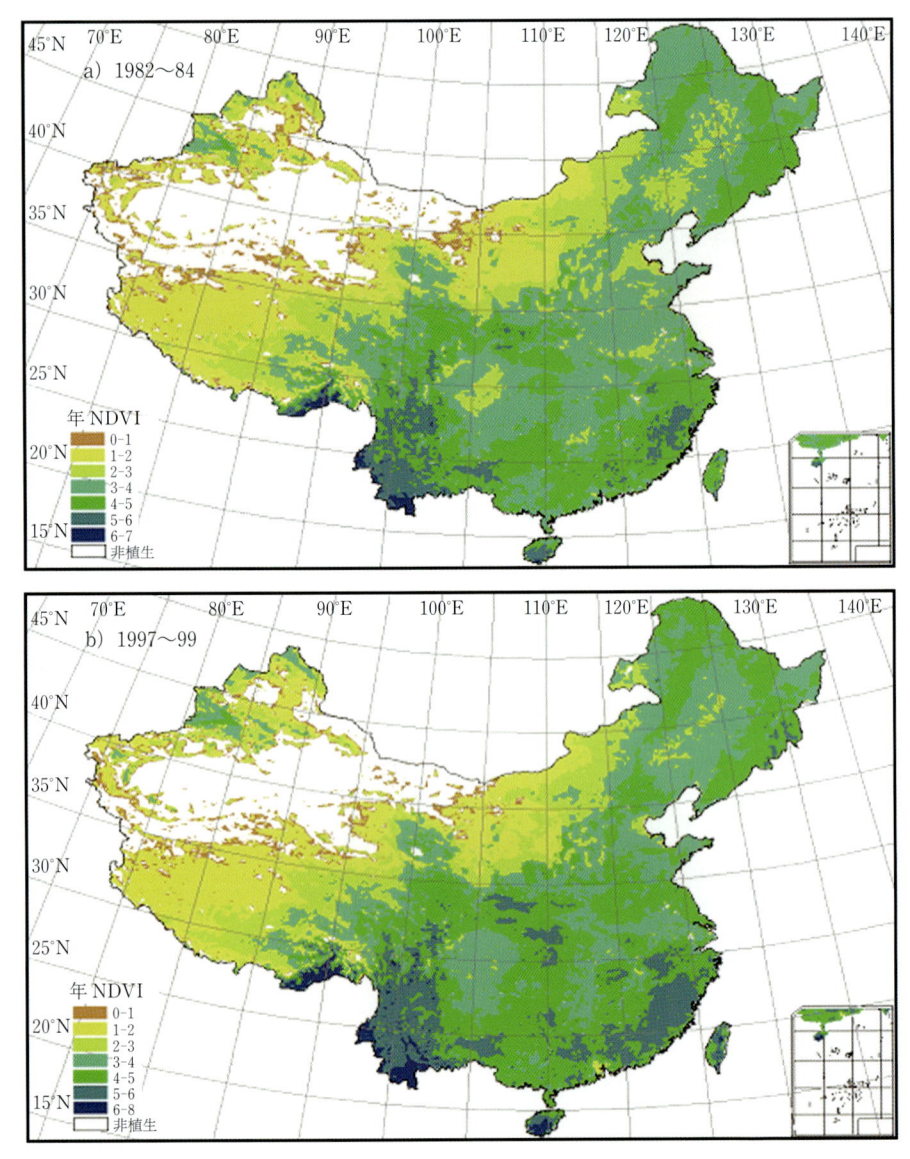

口絵4　1980年代初期（1982〜84，図a）と1990年代末（1997〜99，図b）との平均NDVI（正規化差植生指数）値（各月の値の積算値）の全国分布（Fangほか，2003）（本書1−4節参照）

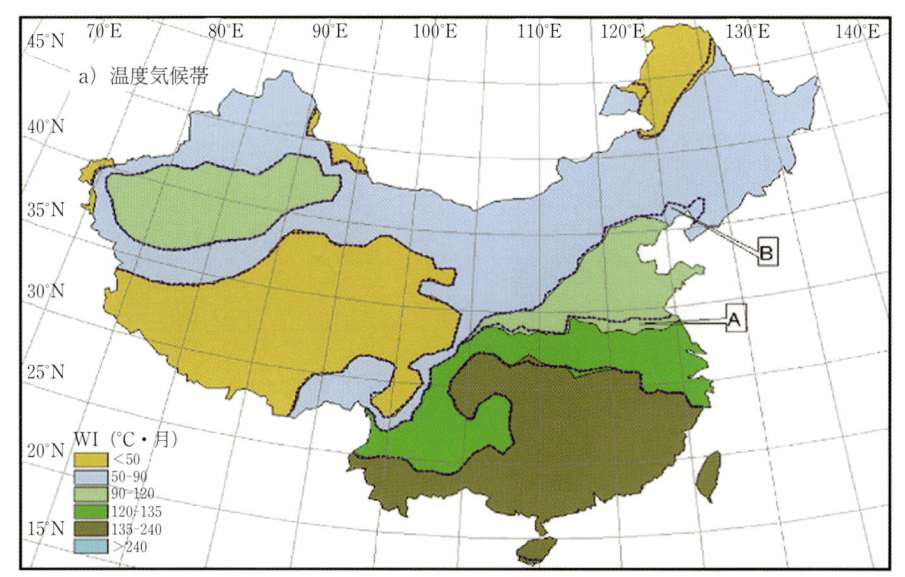

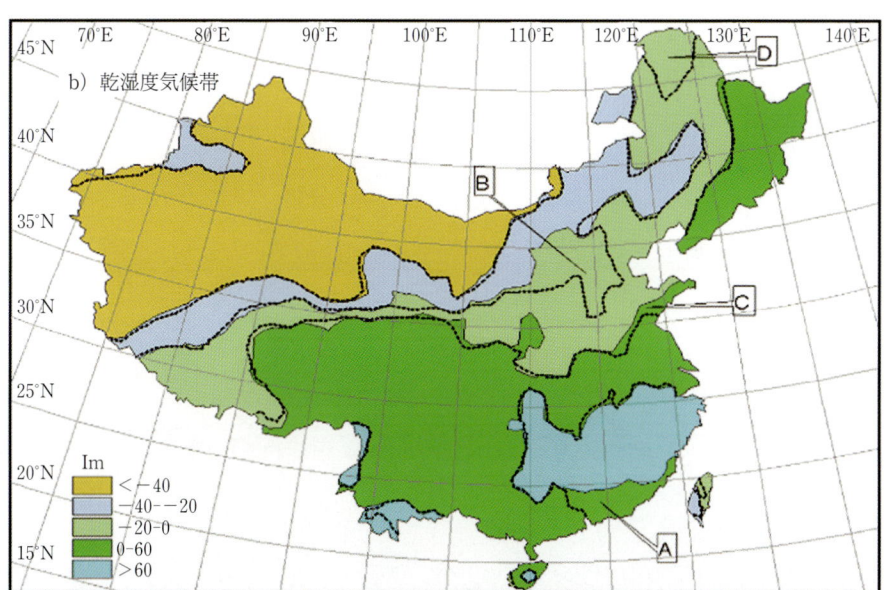

口絵5 20世紀後半の前期（1950〜79，細い実線）から後期（1970〜99，太い点線）への気候帯の変化（本書1—4節参照）

a) 温度気候帯．暖かさの示数（WI）で示す．A：南部暖温帯の北限（秦嶺―淮河線）．B：北部暖温帯の北限（遼寧省南部）．

b) 乾湿度気候帯．湿潤度指数（Im）で示す．A：拡大した照葉樹林帯．B：乾燥した華北の北西部．C：乾燥した山東省北部と山東半島．D：湿潤化した大興安嶺北部．

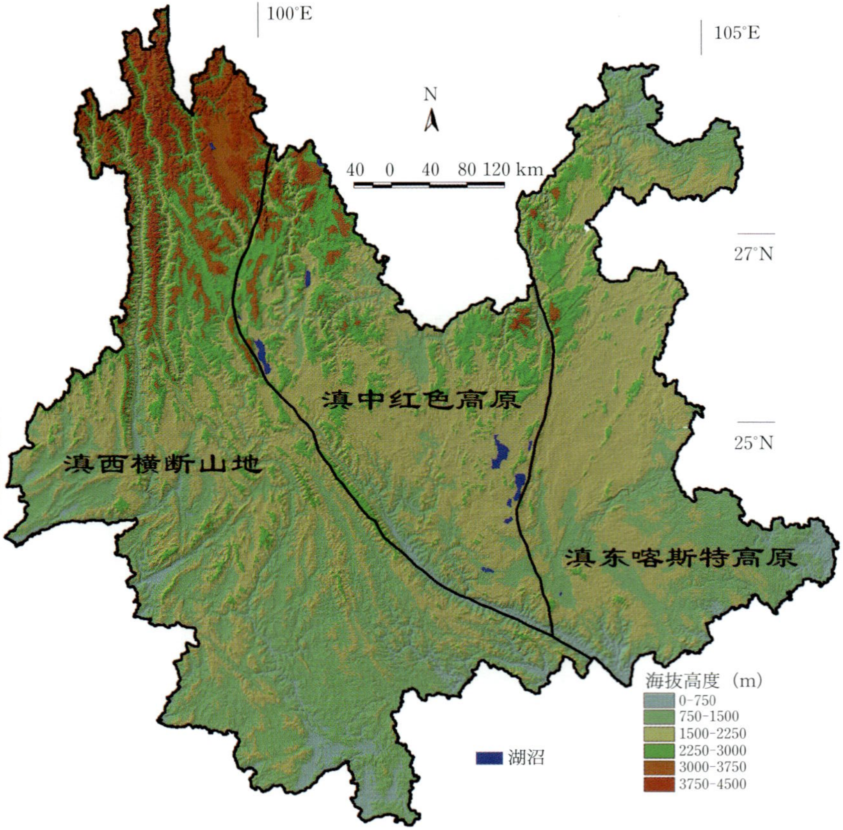

口絵7 滇池湖岸より草海池を望む。アオコが一面に発生している（2000年4月）

口絵8 撫仙湖湖心より東側湖岸を望む。赤旗はセジメントトラップを設置した地点（2001年6月）

口絵6 雲南省の地形区分図（図1-3-2）の I_2 と IV に対応。
滇西（雲南西部）横断山地は西南地区地形区分（図1-3-2）の I_2 と IV に対応。
滇中（雲南中部）紅色高原は III_2 に対応。
滇東（雲南東部）喀斯特（カルスト）高原は III_1 に対応。

口絵 9　星雲湖南岸の汚染水路（2000年11月）

口絵 10　隔河流入口（ゲート）より星雲湖を望む。アオコが発生しているため湖水は青緑色に汚濁している（2000年4月）

口絵 11　星雲湖流出水を受ける、隔河水門（流路中央部）。アオコで河水は青緑色に汚濁している（2001年6月）

口絵 12　撫仙湖流域の丘陵。樹木がまばらで、表土崩壊により、紅色露頭が目立つ（2001年6月）

口絵 13　撫仙湖流入山麓河川（北岸農地貫流水路）の調査。表土流出により、赤褐色に濁っている（2001年6月）

口絵 14　撫仙湖流入山麓河川の調査。乾季で稲の収穫も終わり、農地など流域からの流入負荷が少ないため、河水は澄んでいる（2000年11月）

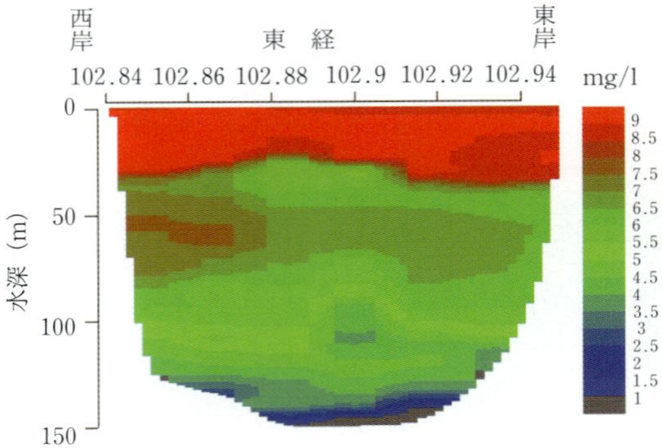

口絵 18 撫仙湖における北緯24度24分線上の溶存酸素濃度の東西断面分布（2001年11月23日測定．本書 3−1 節参照）

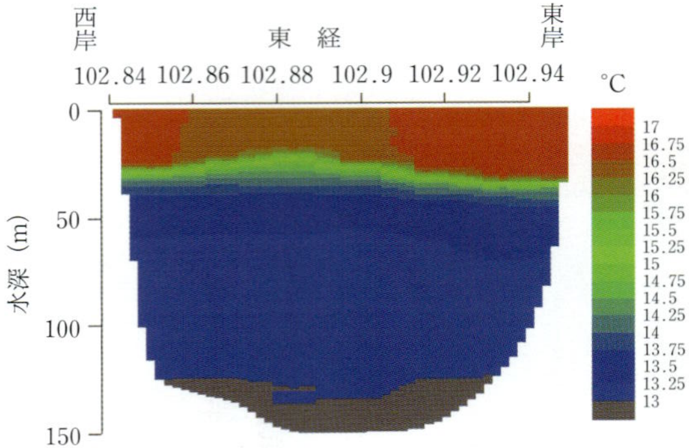

口絵 19 撫仙湖における北緯24度24分線上の水温の東西断面分布（2001年11月23日測定．本書

口絵 15 撫仙湖心より西側丘陵を望む．頂きまで段々状に開墾され，樹木はわずかに残るのみである（2001年6月）

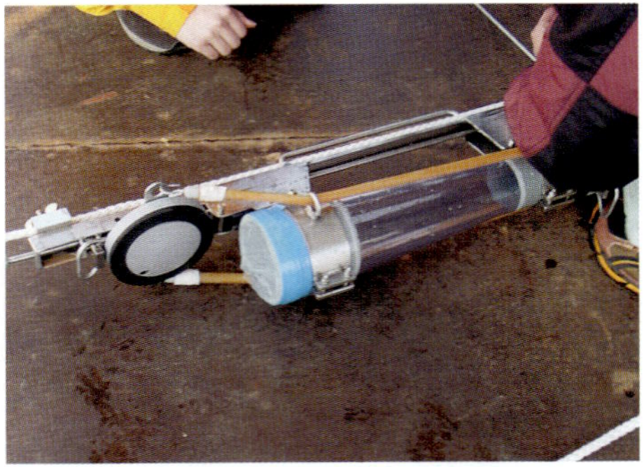

口絵 17 撫仙湖調査で使用した調査器具（2002年3月）

口絵 16 撫仙湖の調査．湖に設置した調査器具を引き上げる（2002年2月）

まえがき

気候変動と人間活動

　近年，気温の高い日が続いたり，豪雨・台風が頻発化するなど異常気象に接する機会が多くなっている．この事実から推察されるように，現在，全世界的に気候変動が進みつつあり，湖沼・河川とその流域に大きな影響を及ぼしている．日本について見れば，ここ50年間に，年平均気温が約1℃上昇するとともに，少雨年と多雨年の降水量較差が大きくなり，洪水や渇水の頻度が高まっている．琵琶湖では，湖水温の上昇や，夏季深層水の低酸素化現象が報告されている．東アジア諸国においても，異常気象が原因と考えられる洪水とともに水不足も見られ，経済成長に伴う湖沼と河川の環境悪化を強めるのでないかと懸念されている．

　農業が地域社会の維持に重要な役割を占める日本や中国，韓国など東アジアモンスーン域の諸国では，産業・経済の発展に良質な水資源を多く必要としている．しかし，20世紀半ば頃から進み始めた著しい経済発展は，湖沼や河川に顕著な水質汚濁をもたらし，良好な水資源の獲得を困難にしている．このような環境汚染が顕著化する中で進み始めた地球規模の気候変動は，湖沼・河川と流域に大きなインパクトを与え，水環境問題をより深刻にしつつある．この新しい環境問題に対応するためには，変動する地球環境のもとで起こる湖沼，河川，流域の環境変化について，熱収支，水文動態，物質動態の解析を進めるとともに，それらの生態系に及ぼす影響を調べ，その理解に基づいて，持続的環境保全が可能な湖沼・集水域環境の管理システムを確立することが不可欠であろう．

　このような状況の中で，私たちは2000（平成12）年度から，中国雲南省の依頼を受け雲南高原湖沼を中心に，東アジアモンスーン域の湖沼と流域環境の調査研究を進めてきた．一般に，湖沼や集水域の研究では，対象域の集中調査と併せて，他の地域との比較研究を進め，また堆積物や文献に残された過去の

環境記録の解析により，研究の深化をはかることが多い．今回の私たちの研究でも，雲南高原湖沼の調査研究とともに，琵琶湖など東アジアモンスーン域における他の湖沼や集水域との比較研究を進め，また堆積物や文献の解析を行うことにより，人間活動と気候変動が，湖沼と集水域に与えた影響を解析した．本書は，これらの研究結果と関連研究の成果を，総合的に取りまとめたものである．調査対象とした地域では，モンスーン域独特の気候により自然と人間社会が大きく支配されていることをふまえ，気候と人間活動が，湖沼と流域環境に及ぼす影響に重点を置いて取りまとめた．IPCC (2001) が行ったシミュレーションによると，雲南高原や日本が位置する東アジアモンスーン域では，今後50年間に気温が1℃ほど高まり，河川水の流出量も増加すると予測されている．このような気候変化は，湖沼・流域の環境や生態系と，人間社会に大きな影響を与えると考えられるが，この影響の評価に使える情報はきわめて少ない．本書に取りまとめた成果は，未だ多くの問題が残されているものの，今後の環境変化の予測と対応には，不可欠な情報となると判断される．東アジアモンスーン域の湖沼・流域の環境保全推進に，本書が貢献できることを願ってやまない．

東アジアモンスーン域の湖沼・流域の環境変化

気温と降水量の東西および南北の地域差がきわめて大きい東アジアの中で，中国，韓国，日本が位置する東アジアモンスーン域は，季節的に，雨季と乾季が交代することで特色づけられる．降水量の少ない北部や西部高原では，乾燥環境が植物生長や人間活動を制限している．一方，淮河（ホワイホォ）以南，青蔵高原（チンザン）以東の中国や，韓半島，日本列島では，雨季の降水量は比較的多く，それに依存した農業が発達してきた．湖や河川を取り巻く平野部では，水田農業を中心に地域社会が発達し，東アジアモンスーン域独特の経済と文化を作り上げてきた．

このような水資源依存型の地域社会は，19世紀後半から進み始めた都市や開発の進行と経済活動の活発化に伴い，自然環境に変化が加えられ，大きな変革を迫られることになる．生活排水や工場排水，農業排水に起因する湖沼・河川の汚染は，健全な水利用を困難にして，しばしば健康被害をもたらす．農地

拡大や建築材調達のための森林伐採は，集水域の雨水貯留機能を失わせ，大雨時に洪水や表土流出を招く．農業生産のための灌漑用水の過剰摂取や，湖岸埋め立ては，湖沼の淡水賦存量低下や魚類資源量低下を招くなど，地域社会に大きな影響を与えている．さらに，全地球的な気候変動に伴う洪水頻発化や水資源不足は，水質汚染を強めるとともに，化石燃料燃焼に原因する大気への窒素や硫黄放出は，集水域に過剰に窒素や硫黄を供給し，森林や湖沼の環境変化を促進している．

　気候変動の影響は，東アジアで広く見られるが，人口が多く一人あたりの水資源量が世界平均の1/3しかない中国では，その影響は顕著である．農業を中心に地域社会が発達してきた中国では，森林伐採と耕地開発，都市開発の進行により，表土流出，農地都市排水流出が顕著化し，湖沼・河川の環境が劣悪化している．中国で，この変化がとくに顕著なのは，都市工業活動の活発な東部平原域の湖沼と河川で，水質汚染評価の最悪レベルにあるものが多い．この劣悪環境を改善するために，中国政府は環境保護法制定（1989），第9次，第10次5ヵ年計画において排出規制策公示，汚染の著しい湖沼・河川環境対策最重点地域指定などにより，環境改善を進めている．しかし，このような対策にも関わらず，都市や産業地周辺の湖沼・河川では，いまだ水質汚染度が高い（中国国家環境保護総局，2001）．

　このような中国の湖沼・河川の汚染は，高度成長期の日本におけると同じように，当初のうちは，都市・工業活動が活発な沿海部や大都市周辺に限られていた．しかし，経済成長に伴い，湖沼・河川の汚染は，自然環境度が高い西部高原まで及ぶようになり，社会問題となりつつある．代表的変化は雲南高原湖沼で見られる．海抜高度1200～3200 mの雲南高原は，比較的に雨が多い上，長江（チャンジャン），珠江（ジュージャン），紅河（ホンホォ），瀾滄江（ランツァンジャン），怒江（ヌージャン）など東アジアの主要大河川の上流部や最上流部に位置するので，これら河川の水源として，重要な位置を占めている．雲南高原には，湖面積1 km²以上の自然湖沼は37あり，中国全淡水湖沼容積の13%を占める．これら湖沼の多くは，集水域は湖面積の10倍以下と小さく，かつ人口密度も低いので，いまだに美しく澄んだ湖水を湛える湖が残されており，淡水資源としての価値はきわめて高い．しかし，西部大開発政策に

基づく経済成長により，これら雲南高原湖沼でも，都市・工場や農地からの排水の流入や山地表土流入により汚染が進みつつある．このような雲南高原湖沼の環境変化は，上流域としての雲南地域社会とともに，下流平野の社会にも，大きな影響を与える．この事情は，水源としての琵琶湖の環境保全が，下流域の京阪神社会にきわめて重要であることと共通している．

本書の概要

本書にまとめた雲南高原湖沼の研究では，水源環境としての類似性とともに研究知見が豊富なことから，琵琶湖との比較において解析を進めた．また，東アジアモンスーン域および隣接域の湖沼・流域との比較検討を進めることにより，気候と人為活動が湖沼と流域に与える影響について研究深化を図った．これらの研究により，雲南高原の環境変化には人間と地域環境の影響とともに，東アジアモンスーン域独特の気候特性と変化が大きく関与していることが明らかにされた．

本書では，これら成果を，(1)地域の自然環境特性，(2)湖沼・河川の特性，(3)湖沼と流域の環境動態の3つに分けて取りまとめた．すなわち，第1章では，気候，地形，地質，植生の現状と特性を述べ，第2章では，河川と湖沼の現状，それと人間の水利用の関係を論じ，第3章では，雲南高原湖沼の環境動態を琵琶湖との比較において論じた．これらのまとめとして，終章では，東アジアモンスーン域における水源環境の保全に必要とされる今後の課題を論じた．本書で扱う主題を明確にするために，タイトルは『東アジアモンスーン域の湖沼と流域——水源環境保全のために』とした．

本書のタイトルにある流域という用語と，集水域との違いについて説明しておきたい．流域は，個々の河川の流れに沿った地域で，降水が当該河川に流入する地域を指している．集水域は，対象湖沼または対象河川に流入する全河川流域を指しており，直接降水をのぞいた対象湖沼に流入する全ての降水を集める地域を指す．富栄養化の管理では，湖沼への富栄養化原因物質の流入が問題となるので，対象湖沼をとり囲む分水嶺の内側地域を集水域として，湖沼と集水域を一体の系として扱うことが基本となっている．しかし，水流出や表土流

出と水源林の関係，流域社会と河川の関係を扱うときは，個々の河川による差異が大きいので，流域単位で扱うことが多い．現実の湖沼富栄養化管理においても，流出負荷管理は個々の流域ベースで行い，それらの積み上げで集水域管理を図っている．本書では，山林破壊の河川影響，河川流入の湖沼への影響，湖沼の下流域への影響など，湖沼，河川，流域の動態を広い視点から論ずるので，流域と集水域の用語は，それぞれの論点に応じて使い分けることとし，本全体を通じての統一は図っていない．

研究経過

本書に取りまとめた研究の経過について簡単にふれておこう．この研究の中核である雲南高原湖沼の研究は，同湖沼の環境汚染問題を解決するために，2000（平成12）年の春，雲南省から関西水圏環境研究機構の奥田節夫，熊谷道夫に，研究協力の要請があったことに端を発する．この要請をうけ，関西地区の湖沼研究者と，雲南省地質科学研究所，中国科学院南京湖沼地理研究所の研究者の間で検討が進められ，雲南高原湖沼の汚染問題解決のために，日中協力で調査研究を進めること，国際ワークショップを開催し問題点を深く検討すること，高原湖沼国際研究センターを設立し，高原湖沼の汚染機構の解明と汚染防止技術の開発を図ること，などが合意された．この合意に基づいて，滋賀県立大学（当時）の坂本充は，日本と雲南省の陸水研究者からなる研究チームを組織し，日本生命財団の研究助成を受けて，現地調査を進めた．現地調査と調査資料の解析を進めるにあたっては，日本学術振興会の研究助成を受けた熊谷道夫，柏谷健二，永田俊らの研究グループと密接に協力して研究を進めた．これら研究成果の一部は，2001（平成13）年11月，昆明で開催された「富栄養化湖沼修復と管理の昆明国際ワークショップ」で発表するとともに，雲南地理環境研究14巻2号に取りまとめた．本書は，これら研究成果を，関連研究成果も含めて総合的に取りまとめたものである．

謝辞

本研究の推進と本書の取りまとめにあたり，中国と日本の関係各位から絶大

なご協力，ご援助を戴いた．とくに，現地調査に当たっては，雲南省地質科学研究所，雲南地理研究所，雲南省環境科学研究所，雲南師範大学，中国科学院南京地理湖沼研究所の所員諸氏を始め，多くの方々から，限りないご協力を戴いた．雲南省地質科学研究所の宋学良博士には，雲南高原湖沼の共同研究の推進役として，すべてに亙り貴重なご尽力を戴いた．本書の取りまとめにあたっては，滋賀県顧問の吉良竜夫博士から多くのご助言を戴いた．北京大学の方精雲博士，雲南大学の唐川博士，王若南博士，中国科学院南京地理湖沼研究所の濮培民博士，中国科学院昆明植物研究所の李恒博士からは，貴重なご寄稿を戴いた．濮培民博士からは中国湖沼の名称や分類基準について，宋学良博士からは雲南高原湖沼の諸特性について，多くのご教示を戴いた．久馬一剛博士には雲南省の赤色土について，朴虎東博士には韓国湖沼の表記法についてご教示いただいた．中国の環境保全の取り組み状況については国際協力事業団，国際協力銀行の担当者に，国名表示については国際湖沼環境委員会の小谷博哉専務理事にご教示いただいた．チベット，内モンゴルの湖沼分布とその環境については，新井正博士からご教示いただいた．中国語文献の和訳と中国漢字の現地読みについては，研究分担者の焦春萌の指導によった．雲南高原湖沼の現地調査は，坂本充への日本生命財団平成12年度研究助成と，熊谷道夫，柏谷健二への学術振興会の平成12，13年度海外学術調査助成を得て行われた．本書出版は，坂本充への日本生命財団平成17年度研究成果発表助成を得て行われた．本書の編集出版を担当された名古屋大学出版会の橘宗吾氏と神舘健司氏には一方ならぬお世話となった．これら多くの援助があって，本書の出版ははじめて可能となったものであり，ここにこれら各位に衷心より御礼申し上げます．

平成17年8月

編集責任者

坂本　　充

熊谷　道夫

執筆者一覧 （執筆順）

坂本　　充（名古屋大学名誉教授，滋賀県立大学名誉教授，まえがき，1—1，2—1，2—4，3—4(4)，終章）
熊谷　道夫（滋賀県琵琶湖・環境科学研究センター，まえがき，3—1，終章）
新井　　正（立正大学名誉教授，1—2）
野元　世紀（岐阜大学教育学部，1—2）
唐　　　川（雲南省地理研究所，西都理工大学，1—3，3—3(2)）
柏谷　健二（金沢大学自然計測応用研究センター，1—3，3—3(2)）
方　　精雲（北京大学環境科学部，1—4）
吉良　竜夫（滋賀県顧問，1—4）
大久保賢治（岡山大学大学院環境学研究科，2—2，3—1）
伏見　碩二（滋賀県立大学環境科学部，2—3）
宋　　学良（雲南地質科学研究所，2—4，3—1，3—2，3—3(1)，3—4(1)，3—4(4)）
張　　子雄（雲南地質科学研究所，2—4，3—3(1)，3—4(1)）
張　　必書（雲南地質科学研究所，2—4，3—3(1)，3—4(1)）
濮　　培民（中国科学院南京地理湖沼研究所，2—5）
奥田　節夫（京都大学名誉教授，2—5）
焦　　春萌（滋賀県琵琶湖・環境科学研究センター，2—5，3—1）
藤村　美穂（佐賀大学農学部，2—6）
劉　　　琳（北京嘉希文化発展有限公司，2—6）
杉山　雅人（京都大学大学院人間・環境学研究科，3—2(1)）
早川　和秀（滋賀県琵琶湖・環境科学研究センター，3—2(2)）
和　　樹庄（昆明環境保護研究所，3—3(1)，3—4(1)）
楠本　貴幸（金沢大学大学院自然科学研究科修了，現㈱日本通運，3—3(2)）
浜端　悦治（滋賀県琵琶湖・環境科学研究センター，3—3(3)，3—4(3)）
辻村　茂男（滋賀県琵琶湖・環境科学研究センター，3—4(2)）
王　　若南（雲南大学生物学教室，3—4(2)）
李　　　恒（中国科学院昆明植物研究所，3—4(3)）
村瀬　　潤（名古屋大学大学院生命農学研究科，3—4(4)）
丸尾　雅啓（滋賀県立大学環境科学部，3—4(4)）
大久保卓也（滋賀県琵琶湖・環境科学研究センター，3—4(4)）

目　次

まえがき　i
凡　例　x
巻頭図　xii

第1章　東アジアモンスーン域の自然環境と植生 … 1

1-1　東アジアモンスーン域の陸域生態系とその変化　2
1-2　東アジアの気候・水文・地理　11
1-3　中国西南地区の地質・地形特性　36
1-4　中国の植生概観
　　　——分布と気候要因，その変化　50

第2章　東アジアモンスーン域の湖沼と河川 ………… 69

2-1　東アジアモンスーン域の湖沼・河川の概況　70
2-2　東アジアモンスーン域の河川流域　87
2-3　内陸アジア湖沼群への温暖化影響
　　　——生態的氷河学の観点から　105
2-4　雲南高原の湖沼と集水域　119
2-5　中国平原湖沼の環境と生態系　134
2-6　東アジアモンスーン域の湖をめぐる人と文化　159

第3章 雲南高原の湖沼と流域の環境動態
――琵琶湖との比較研究を軸に ……………………… 183

3-1 地球物理的特性と環境動態からみた撫仙湖と琵琶湖の比較 184

3-2 湖沼の地球化学的特性と環境動態 203
 (1) 雲南高原湖沼の無機化学的動態と物質循環 203
 (2) 雲南高原湖沼の有機物特性 219

3-3 流域環境の変化と湖沼 231
 (1) 表土流出と湖内沈泥
  ――農地を得る人々と湖の闘い 231
 (2) 水文地形環境の変動と人口及び土地利用形態の変化 234
 (3) 流域生態系の変化と湖沼影響
  ――洱海と琵琶湖の比較研究から 259

3-4 湖の富栄養化の現状,変動経過,原因 269
 (1) 窒素,リンの外部供給による雲南高原湖沼の富栄養化
  ――非生態学的な経済発展がもたらしたもの 269
 (2) 雲南高原湖沼の植物プランクトンフローラと富栄養化 276
 (3) 雲南高原湖沼の水生植物群落とその生態 280
 (4) 撫仙湖,星雲湖のN,P動態
  ――琵琶湖との比較において 302

終 章 東アジアモンスーン域の湖沼・流域の環境問題解決にむけて ……………………… 321

索 引 341

凡　例

1. **注釈**：専門性の強い事項や特殊項目は，各節末に注釈をつけた．

2. **国名**：東アジアモンスーン域と周辺の国家名称については，以下の略称を用いた．中華人民共和国：中国，ロシア連邦：ロシア，朝鮮民主主義人民共和国：北朝鮮，大韓民国：韓国，モンゴル共和国：モンゴル，カザフスタン共和国：カザフスタン，キルギスタン共和国：キルギスタン．

3. **固有名詞**：読者の理解のために，湖沼，河川，都市の名称については，各節初出時に現地読みのルビ（現地発音に近い表現を採用）を振るとともに，中国漢字はできるだけ日本漢字に変換した．表に記載の湖沼，河川名は，国際通用の一般表現とともに，一部は現地表現を英語で併記した．

4. **湖沼，河川名**：中国の湖沼は，湖（hu），池（chi），海（hai），錯（co），諾爾（nur），淖（nao），泡（pao）など地域により多様な呼び方がある．湖が最も普遍的である．チベットでは錯，内モンゴルでは諾爾，雲南高原や内モンゴルでは海が多い．河川では，江（jang），河（he）が広く使われている．大河川は上流と下流で名称が異なるものが多く，また2国を貫流する河川は，国により名称が異なる（例：モンゴル共和国を流下するセレンゲ川は，ロシア連邦の下流部ではセレンガ川）．

5. **湖沼，河川の諸元**：それぞれの湖沼や河川の陸水学的諸元については，一部を除き，全体を通じて統一あるデータを用いた．データソースは，中国の雲南高原湖沼については，雲南省水資源総合調査報告（本書2－4節，雲南省水文水資源局，2000），東部平原湖沼は本書2－5節，その他湖沼については中国湖沼資源（王洪道ほか，1989），Lakes in China（Jin, 1995），Data Book of World Lake Environments（ILEC, 1995）などを用いた．日本の湖沼については，理科年表（東京天文台編，2005），日本の湖沼環境Ⅱ（環境庁自然保護局，1995）などを参照した．琵琶湖については，滋賀県環境科学研究センター調査資料を用いた．河川諸元は，中国河川は中国国家統計年表（1998）など，その他についてはGEMS/Water（2004）を用い，日本の河川は，理科年表（東京天文台編，2005），高橋・阪口（阪口豊編，日本の自然，岩波書店，1980）を参照した．

　湖底までの水深（調査地点の水深，最大水深など）は，湖面から湖底までの絶対的な深度で示した．水温躍層の位置など，湖中の位置を水深で示す場合は，「湖面から～mの水深」，など具体的な説明を行った．なお，中国では湖面水位や等深線の深さを，基準海面からの海抜高度で示すことがある．本書でも一部の湖沼図は，湖面水位と等深線を海抜高度で示し

た．

　湖水滞留時間は，中国の湖沼では湖水容積を年流入水量で割った値，日本の湖沼では年流出水量で割った値を用いている．注釈ある場合を除き，この基準による報告値を表記した．

　中国の湖沼と河川は，近年の気候変化や開発，改修の影響を受け，水位，湖面積などが変化しているものが多い．現在，リモートセンシングにより広域調査が進められている（濮培民博士私信）．湖面積，湖容積，水位，最大水深，平均水深，滞留時間などの諸元は，今後，部分的改訂の可能性がある．

　巻頭図と巻頭表における湖沼の内流域・外流域分別と流域境界線は，中国湖沼資源（王洪道ほか，1989）によった．

6．塩分による湖沼分類：湖水塩分（塩類濃度）により，中国の湖沼は淡水湖<1 g/l，鹹水湖≧1 g/l～<35 g/l，塩湖≧35 g/l の 3 群に大別される（中国湖沼資源，王洪道ほか（1989）；濮培民博士私信）．本書ではこの基準に従った．塩分による湖沼分類は，国により異なり，日本では塩分 500 mg/l 以上を塩湖（または塩水湖，鹹湖），それ以下を淡水湖としている（吉村，1942；化学大辞典，1963；地理学事典，1989）．欧米では，塩分 3 g/l 以上を salt lakes とする見方が一般的である（Horne and Goldman, 1994；Williams, 1996）．なお，salt lakes と同義語として，saline lakes の用語が使われることもある．

7．水質汚濁に関わる河川，湖沼の水質基準：中国における湖沼・河川水質は，1999 年度公布の国家環境保全基準・地表水環境基準により判定される．日本におけると同じように，地表水を利水目的に従い 5 つの階級（I-源流，自然保護区；II-水道水源，貴重魚類保護区；III-水道水源，一般魚類保護区；IV-工業用水，娯楽用水；V-農業用水，景観水域）に分け，それぞれについて水質基準値を設定している．地表水の水質階級における各類型の主要項目基準値は，I 類型から V 類型の順に（溶存酸素量の飽和度 90％をのぞき，単位は mg/l），硝酸態窒素≦10, 10, 20, 20, 25；非イオン性アンモニア≦0.02, 0.02, 0.02, 0.2, 0.2；溶存酸素量≧飽和度 90％, 6, 5, 3, 2；生物学的酸素要求量（BOD_5）≦3, 3, 4, 6, 10；過マンガン酸塩指数（COD_{Mn}）≦2, 4, 8, 10, 15；化学的酸素要求量（COD_{Cr}）≦15, 15, 29, 39, 40；富栄養化に係わる湖水ダム湖の特定項目基準値は，全リン≦0.002, 0.01, 0.025, 0.06, 0.12；全窒素≦0.04, 0.15, 0.3, 0.7, 1.2；透明度（m）≧15, 4, 2.5, 1.5, 0.5 である．詳細は（http://sjc.zhb.gov.cn/japan/env_info/3_3-05-1.htm）を参照．日本の水質基準は，日本の水環境行政（日本水環境学会編，1999）などを参照．BOD_5 は 20℃，5 時間の BOD 測定値．COD_{Mn}, COD_{Cr} は，それぞれ過マンガン酸塩，重クロム酸塩を用いた COD 値．なお，本書中の下付き記号のない BOD，COD の用語は，それぞれ BOD_5, COD_{Mn} を示す．本書 2 − 1 節注 4 参照．

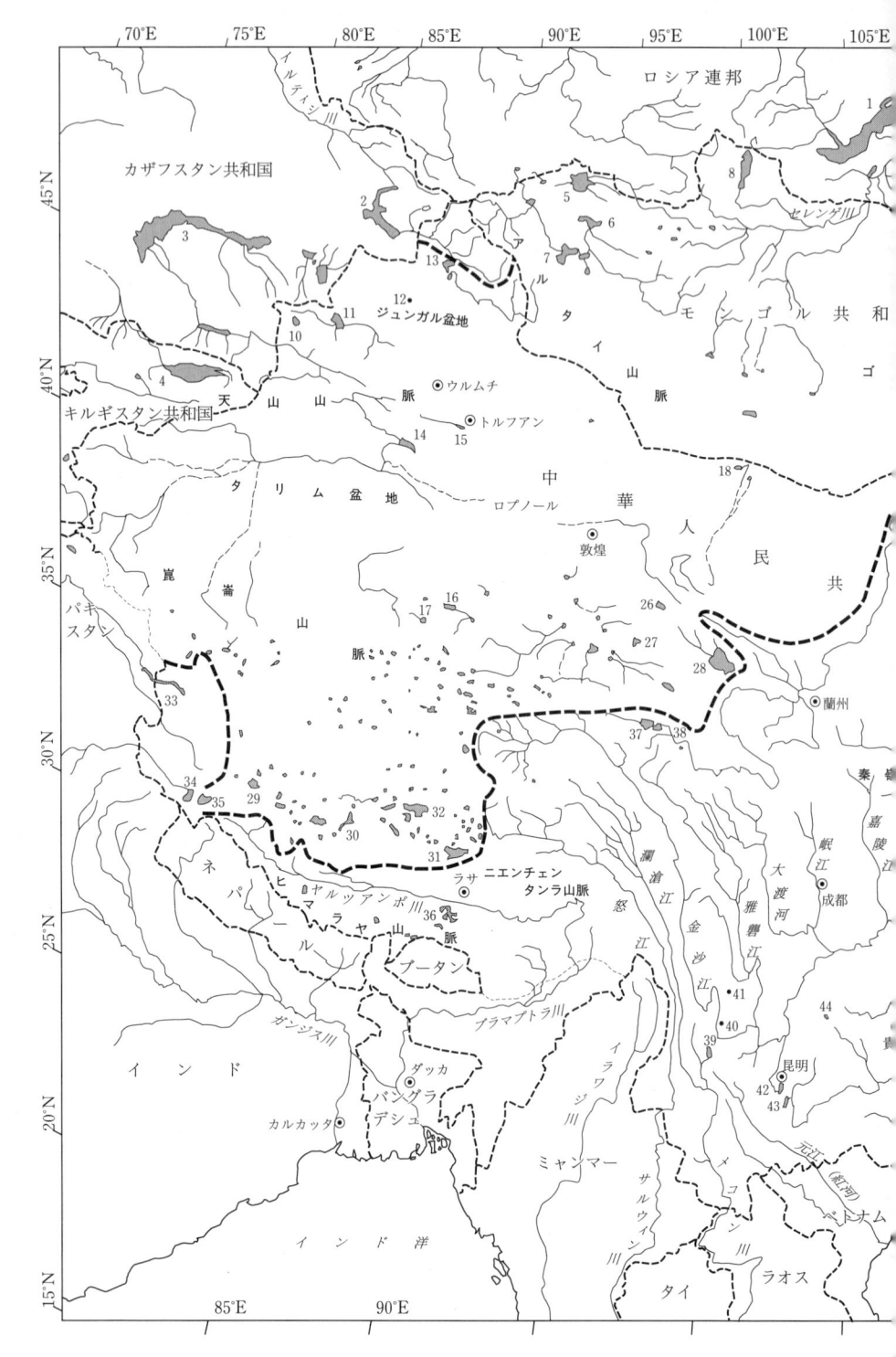

巻頭図1 東アジアモンスーン域と周辺域の主要湖沼と河川の分布．太破線は内流域と外流域の境界線．
中国湖沼資源（王洪道ほか，1989），中華人民共和国国家農業地図集（中国地図出版社，1

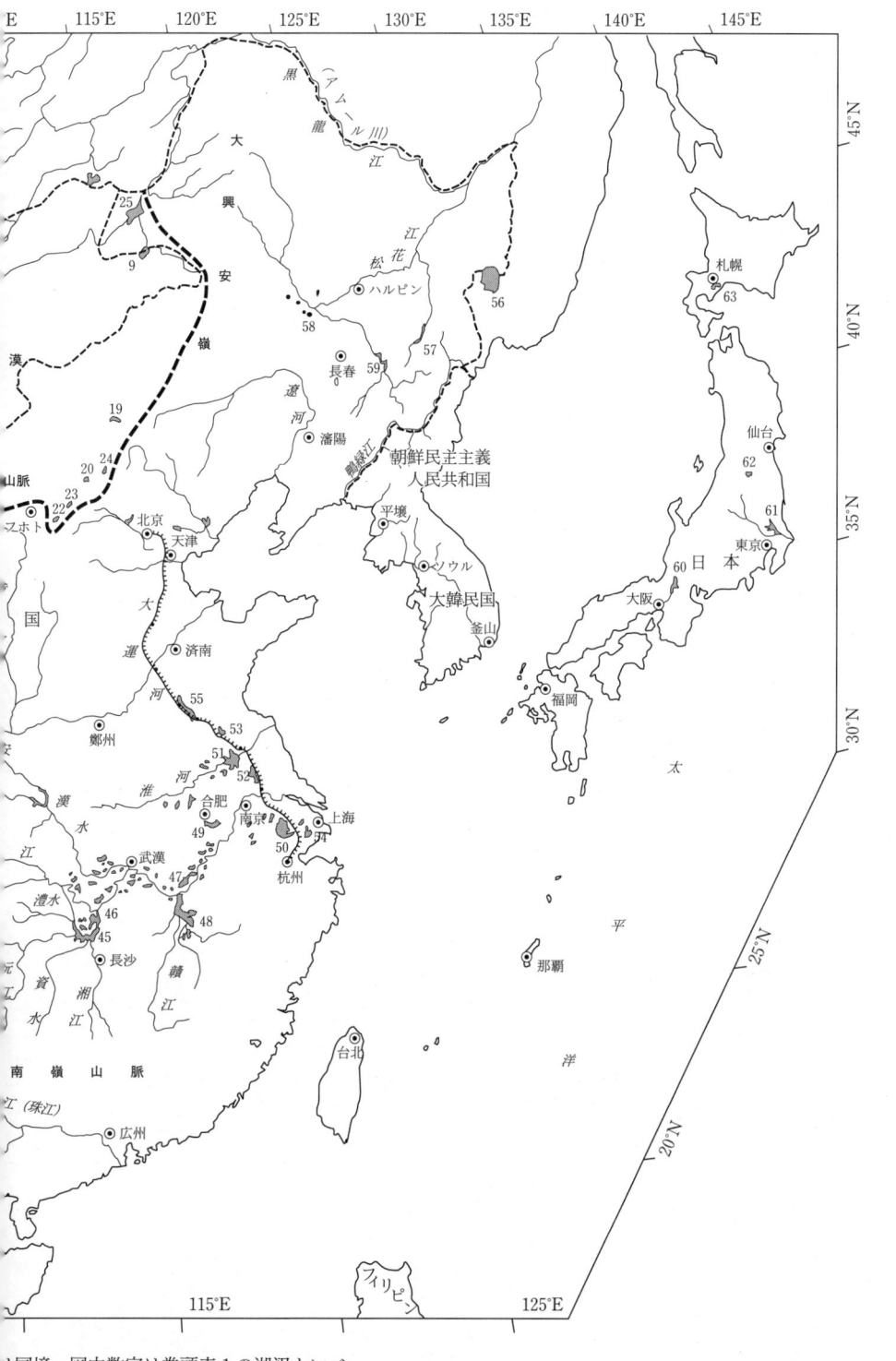

は国境．図中数字は巻頭表1の湖沼ナンバー．
2—5節などを元に作成（文献資料参照）．

巻頭表1　東アジアモンスーン域および周辺域の主要湖沼

地域	湖沼名	面積 km²	湖水*	位置
ロシア連邦	バイカル湖（Ozero Baykal, Lake Baikal）	31500	淡	1
カザフスタン共和国	ザイサン湖（Zaysan Köli, Lake Zaysan）	1810	淡	2
	バルハシ湖（Balqash Köli, Lake Balkhash）	18200	淡/鹹	3
キルギスタン共和国	イシク・クル湖（Ysyk-Köl, Lake Issyk-kol）	6236	低鹹	4
モンゴル共和国	ウブス湖（Uvs Nuur）	1852	鹹	5
	ヒャルガス湖（Hyargas Nuur）	1407	鹹	6
	ハルウス湖（Har-Us Nuur）	1852	淡	7
	フブスグル湖（Hovsgol Nuur）	2760	淡	8
	ブイル湖（Buir Nuur）	609	淡	9
中華人民共和国	賽里木湖（Sailimu Hu, Sayram Hu）	453	鹹	10
内モンゴル・新疆	艾比湖（Aibi Hu, Ebinur Hu）	520	塩	11
（内流域）	瑪納斯湖（Manasu Hu, Manas Hu）	59	鹹	12
	烏倫古湖（Wulungu Hu, Ulungur Hu）	～75	鹹	13
	博斯騰湖（Bositeng Hu, Bosten Hu）	930	低鹹	14
	艾丁湖（Aiding Hu, Aydingkol Hu）	～0	塩	15
	阿雅克庫木湖（Ayakekumu Hu, Ayakkum Hu）	587	鹹	16
	阿其克湖（Aqike Hu, Aqqikkol Hu）	345	鹹	17
	嘎順諾爾（Gashun Nur, Gaxun Nur）	～0	鹹	18
	達来諾爾（Dalai Nur）	245	鹹	19
	察汗淖（Chagan Nur, Qagan Nur）	45	鹹	20
	烏梁素海（Wnliangsu Hai, Ulansuhai Nur）	233	鹹	21
	岱海（Dai Hai）	118	鹹	22
	黄旗海（Huangqi Hai）	55	鹹	23
	安固里淖（Anguli Nur）	59	鹹	24
	呼倫湖（Hulun Nur）	2315	鹹	25
	貝爾湖（Beier Nur）（＝ブイル湖，モンゴル）	609	鹹	9
中華人民共和国	哈拉湖（Hala Hu, Har Hu）	692	鹹	26
青蔵高原	托素湖（Tuosu Hu, Toson Hu）	236	鹹	27
（内流域）	青海湖（Qinghai Hu）	4200	鹹	28
	昂拉仁錯（Anglaren Cuo, Ngangla Rinco）	513	鹹	29
	当惹雍錯（Dangreyong Cuo, Tangra Yumco）	835	鹹	30
	納木錯（Namu Cuo, Nam Co）	1900	低鹹	31
	色林錯（Qilin Cuo, Siling Co）	1628	鹹	32
（外流域）	班公錯（Bangong Cuo, Bangong Hu）	412	淡/鹹	33
	拉昂錯（La'nga Cuo, Lake Rakshastal）	268	低鹹	34
	瑪旁雍錯（Mapangyong Cuo, Mapam Yumco, Lake Manasarowar）	412	淡	35
	羊卓雍錯（Yangzhuoyong Cuo, Yamzho Yumco）	730	低鹹	36

	札陵湖（Zhaling Hu, Gyaring Hu）	526	淡	37
	鄂陵湖（Eling Hu, Ngoring Hu）	610	淡	38
	然烏錯（Ranwu Cuo, Rawn Co）	24	淡	29°25′N 96°45′E
中華人民共和国 雲貴高原 （外流域）	洱海（Erhai）	250	淡	39
	程海（Chenghai）	77.2	淡	40
	瀘沽湖（Lugu Hu）	51.8	淡	41
	滇池（Dianchi）	305	淡	42
	撫仙湖（Fuxian Hu）	212	淡	43
	星雲湖（Xingyun Hu）	39	淡	—
	異龍湖（Yilong Hu）	31	淡	—
	陽宗海（Yangzonghai）	32	淡	—
	杞麓湖（Qilu Hu）	37	淡	—
	草海（Caohai）	45.5	淡	44
	邛海（Qionghai）	29.6	淡	27°50′N 102°18′E
中華人民共和国 東部平原 （外流域）	洞庭湖（Dongting Hu）	2691	淡	45
	洪湖（Hong Hu）	402	淡	46
	龍感湖（Longgan Hu）	243	淡	47
	鄱陽湖（Poyang Hu）	3210	淡	48
	巣湖（Chao Hu）	753	淡	49
	太湖（Tai Hu）	2338	淡	50
	洪沢湖（Hongze Hu）	1851	淡	51
	高郵湖（Gaoyou Hu）	650	淡	52
	駱馬湖（Luema Hu）	235	淡	53
	淀山湖（Dianshan Hu）	63	淡	54
	南四湖（Nansui Hu）	1225	淡	55
中華人民共和国 東北部 （外流域）	興凱湖（Xingkai Hu）	4380	淡	56
	鏡泊湖（Jingbo Hu）	79.3	淡	57
	月亮泡（Yueliang Pao）	109	淡	58
	松花湖（Songhua Hu）	425	淡	59
日本	琵琶湖（Biwa-ko）	670	淡	60
	霞ヶ浦（Kasumigaura）	171	淡	61
	猪苗代湖（Inawashiro-ko）	105	酸	62
	支笏湖（Shikotu-ko）	78.8	淡	63

王・寶ほか（1989），本書2—4節，2—5節などを元に作成（文献資料参照）．英語湖沼名は原則として現地呼称．内モンゴル，新疆，青蔵高原湖沼は拼音と通用名を併記．湖面積はおもに1990年代測定値．新疆，青蔵高原湖沼は，気候変動と灌漑・開発の影響で湖面積変化が大きく，湖面積数値は暫定的．〜0は湖が殆ど干上がったことを示す．湖水*は水質による湖沼類型．湖水塩分は，淡（淡水湖）＜1g/l；鹹（鹹水湖）≧1g/l〜＜35g/l；塩（塩湖）≧35g/l；淡/鹹は淡水部分と鹹水部分を有する（凡例6参照）．酸は火山性酸性湖．最右欄は巻頭図1における湖沼位置．雲貴高原湖沼の位置は図2-4-1，2-4-2を参照．

文献（巻頭図1および巻頭表1）

中国地図出版社（1989）：中華人民共和国国家農業地図集．国家地図編集委員会，中国地図出版社，北京．

FAO (1999) : Fish and Fisheries at higher Altitudes : Asia. FAO Fisheries Technical Paper, No. 385. FAO, Roma.

GeoCenter (2005) : China ; World Map. Maris Geographisher Verlag/RV Verlag, Ostfildern.

ILEC (1995) : Data Book of World Lake Environments. Asia and Oceania. ILEC, Kusatsu.

ILEC (2003) : Data base of world lake. http://www.ilec.or.jp/database/index/idx-lakes.html

国立天文台（2005）；理科年表，丸善．

モンゴル大使館：http://www.mongolianembassy.us/eng_about_mongolia/nature_and_environment.php

Nelles Verlag GmbH. (2004) : Nelles Maps—North-Eastern China ; Northern China ; Central China ; Southern China. Nelles Verlag GmbH, D-80935 München.

王洪道・寶鴻身ほか（1989）：中国湖沼資源．中国科学院南京地理湖沼研究所，科学出版社，北京．

濮培民・奥田節夫ほか（2005）：中国平原湖沼の環境と生態系，本書2—5節．

宋学良・張子雄ほか（2005）：雲南高原の湖沼と集水域，本書2—4節．

Uitto, J. L. and J. Schneider (1997) : Freshwater Resources in Arid Lands. United Nation University Press, Paris.

UNCE (2000) : Features of Kazakhstan. Environmental Performance Review Programme. http://www.unece.org/env/epr/studies/kazakhstan/toc.html

U. S. Board on Geographic Names (1992) : Foreign Names Information Bulletin, No. 1, No. 3.

U. S. National Imagery and Mapping Agency (2003) : http://www.indexmundi.com/zl/ch/20.htm

第1章

東アジアモンスーン域の自然環境と植生

1-1
東アジアモンスーン域の陸域生態系とその変化

1 集水域としての陸域生態系と湖沼・河川

　地球上では，それぞれの地域において，多様な生態系（地域環境と生物群集の相互作用システム）が成立している．生態系の成立において主導的役割を果たすのは，気候，地形，地質などの地域環境と，生物の働きである．東アジアモンスーン域で見れば，モンスーンによる寒暖，乾湿の季節的変化が大きく，東西に沿海部から西部山岳域まで，南北に亜熱帯から亜寒帯までをカバーするため，多様な生態系が分布する．北部のモンゴルや新疆について見ると，降水量が少なく，夏季には高温が，冬季には厳しい寒気が支配するため，広大な砂漠，荒原，草原となっている．蒸発が大きいため殆どの河川は内流河川（外洋に流出しない河川）となり，湖沼の多くは塩分の高い鹹水湖となっている．湿潤な淮河以南の中国や日本では，南部に常緑広葉樹，北部に落葉広葉樹や針葉樹の生態系が分布している（環境省，2001）．河川水量は豊かで，多数の淡水湖沼が分布している．

　しかし，これら地域環境の生態系成立への関わり方は，陸域と水域で大きく異なる．陸域では，気候など地域環境の影響は比較的に地域限定的である．しかし，湖沼・河川では，地域環境は水域への直接的影響とともに，集水域（湖沼・河川に流入する全降水を集める陸域）から水域への水と土砂など物質の流出を支配することにより，湖沼・河川に影響をおよぼす（図1-1-1）．この水域への水，物質流出の支配には，気候，地形，地質，植生，および森林伐採による山林変化が大きな役割を演ずる．とくに東アジアモンスーン域では，気候変動と森林伐採による集水域変化が，湖沼・河川の環境に大きな影響を与えている．中国の長江について見ると，集水域の気候変動と山林衰退により，下流域

で洪水と渇水が頻発化するとともに，豪雨時の水土流出増加により，下流域の平原湖沼では顕著な水位変動と土砂堆積が見られている（中国国家環境保護総局，2003；本書 2—5 節参照）．

東アジアモンスーン域は北西部の乾燥地域を除くと，比較的温暖で年降水量が 400 mm 以上あるので，植物の生長に適しており，森林が集水域を広く覆っていた．しかし，気候変化と森林開発により，ここ数十世紀の間に森林被覆面積が低下してきている．UNEPが編集した世界の資源と環境

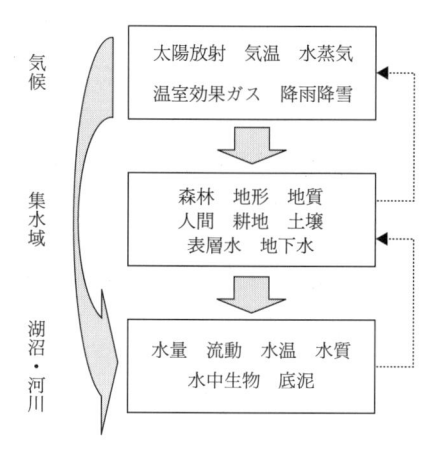

図 1-1-1　気候，集水域，湖沼・河川の環境影響における関係

（2000〜2001）によれば，日本列島と韓半島（朝鮮半島）では，8000 年以前は，森林が国土の 9 割前後を占めていたが，現在は，森林面積は 5〜6 割に減っている（表 1-1-1）．現在，森林面積が国土の 2 割に過ぎない中国では，8000 年前には国土の 5 割強を森林が覆っていた．しかし，現在，山林荒廃が洪水の頻発化，表土砂流出をまねき，河川・湖沼に大きな影響を与えている．

集水域の森林減少をもたらした大きな要因として，農業生産増のための耕地拡大がある．中国西北部を除いた東アジアモンスーン域は，温潤気候と豊富な水資源のために，穀物栽培に適した地域であり，とくに南部域は水田稲作に適している．水田稲作には，豊富な淡水が灌漑に不可欠である．中国，韓国，日本で見られるように，取水した淡水資源の 7 割は農業に使用される（表 1-1-2）．このような環境には，東アジアモンスーン域では，山地集水域の広がりが大きく，豊富な水資源を平野社会が利用できることが大きく与っている．中国では，西部にはヒマラヤなど高峻な山地と雲貴高原，青蔵高原など高原域があり，これら山地と高原から発する河川水が，平野部に豊富な淡水をもたらしている．FAO（2005）が調査した世界の土地，水利用データによると，中国では年間降水量の 44％が河川水として流出し（表 1-1-2），その半分は大河川

表1-1-1 東アジアモンスーン域と他のアジア地域における農耕地と森林の面積[1]

国	国面積 1000ha	農地 1000ha	農地/国面積 %	灌漑/農地 %	施肥量 kg/ha	森林面積 (1995) 1000ha	森林面積/国面積 (%) (1995)	(8000年前)[3]
中　　国	959810[2]	131522[2]	13.7[2]	38	265	158940[2]	16.6[2]	51.8
北 朝 鮮	12041	2000	16.6	31	63	6170	51.2	97.3
韓　　国	9873	1924	19.5	60	693	7626	77.2	88.5
日　　本	37652	5038	13.3	63	440	25146	66.8	91.4
イ ン ド	297319	169850	57.1	34	89	65005	21.9	79.0
ミャンマー	65754	10151	15.3	15	19	27151	41.3	100.0
タ　　イ	51089	20445	40.0	25	75	11630	22.8	100.0
ベトナム	32549	7202	22.1	32	206	9117	28.0	99.7
マレーシア	32855	7605	23.1	4	158	15471	47.1	99.5
モンゴル	156650	1320	0.84	6	2	9406	6.0	22.5

1）世界資源研究所，国連環境計画ほか（1993；2001）.
2）中国国家統計局（2004）.
3）現在の気象条件での推定値．世界資源研究所，国連環境計画ほか（2001）.

の長江，珠江により，淮河以南の平野部流域に運ばれる．雨季には，年間流出水量の7割が流下し，平野部の農業を支える（中国国家統計局，1998）．国土の7割を山地が占める韓国では，東部山系に発する河川水が主要な水資源であり，農業灌漑と，都市活動，産業活動に利用されている．日本列島では，利用される水資源を供給する河川は，殆どが列島中央を走る山系に発し，その7割が水資源として平野部の農業と都市活動を支えている．

　このような活発な農業生産活動は，必然的に耕地拡大と施肥量増加を必要とするので，集水域環境を変化させる．集水域の森林減少には，建築材を得るための森林伐採も原因しているが，森林開墾による農地拡大も大きく関わっている．森林伐採と開墾による中国の集水域環境劣化の経過については，次項で述べる．施肥の問題については，表1-1-1に示すように，農業の活発な中国，韓国，日本では，施肥量と農地灌漑率が高く，河川・湖沼に大きく影響している可能性が高い．この水域環境への農業影響については本書3-4節にて論ずる．

表1-1-2 東アジアモンスーン域と他地域の可能水資源量と取水量

地域・国	降水量 mm/年	水資源量 km³/年	水資源/降水量 %	取水量 km³/年	取水量/水資源量 %	部門別取水率 % 生活	工業	農業
東アジアモンスーン域								
中　　　国	633	2656	44.2	525	19.7	5	18	77
北　朝　鮮	1100	67	46.3	14.2	21.2	11	16	73
韓　　　国	1276	73	57.0	23.7	32.4	11	14	75
日　　　本	1600	420	70.1	87.0	20.7	18	16	66
他の地域								
イ ン ド	1170	1261	53.2	500	39.7	3	4	93
タ　　イ	1420	210	15.1	33.1	15.8	4	6	90
ベトナム	1700	367	68.2	54.3	14.8	13	9	78
モンゴル	300	35	5.3	0.43	1.2	20	27	53
ヨーロッパ	917	2900	66.5	476	16.4	14	45	41
北アメリカ	641	7770	65.5	617	7.9	11	42	47

世界資源研究所, 国連環境計画ほか (2001); 国土交通省 (2003); CLAIR (1999); 中国水資源公報 (2000); Kim (2003) より作成.

2 山地集水域・流域生態系の変化

淮河—秦嶺山脈以南の中国や，韓半島，日本列島では，古くから水田稲作を軸に農業が発達してきた．しかし，人口増加にともない，燃料や建築資材の確保，農地拡大のための森林伐採と開発が進み，集水域生態系が大きく変化してきた．東アジアモンスーン域における湖沼，河川の環境変化を理解する基礎として，森林荒廃，表土流出，農地開墾が絡みあいながら進んだ中国の山地集水域と流域の生態系破壊の経過を，Duanら (1998)，Cheng (1999) の報文から紹介する．

古文書記録によると，中国の農耕は，今から5000年前に，黄河中流部と下流の平野部からスタートした．とくに，黄河中流部と下流部では，今より温暖で，かつ土地が平坦，肥沃であり，水利が良かったことから開墾が進んだ．しかし，当時は農作技術が未発達であり，生産力が落ちると他所に移る移動農耕が営まれたので，農業の環境負荷は限定的であった．秦時代（紀元前221〜207年）にはいると，鉄農具開発など農耕技術の進歩に支えられ，定住農耕が進

み，河川流域に耕地が広げられた．西漢／東漢時代には，山地まで開墾されるようになり，今の黄土高原も農地化された（紀元前206年〜西暦220年）．その後，秦，漢時代を通じて，宮殿や大建築物の建築に大量に木材が使用され，戦争により森林崩壊が異常に進んだ．山西省の森林は，ほとんど伐採対象となり，さらに，万里の長城建設に必要とされるレンガ製造のための燃料として，森林伐採が進んだ．黄河中流域において5割強を占めていた森林面積は，秦・漢時代には4割に低下した．森林の減少に伴う山地からの土砂流出増により，黄河が黄濁化して河床への土砂堆積が進み，洪水が頻発化したため，東漢時代に河道が5回も変った．

新石器時代から西漢時代にかけ発達した黄河流域の人間社会は，東漢時代に入ると，次第に黄河流域から長江流域へ移るようになる．進んだ農作技術を持った人々の移住により，長江流域では開拓が進み，四川省の成都を中心に，大きな経済発展が見られるようになる．湖沼堆積物の古生物学的，古陸水学的解析によると，雲南高原でも，2000年前ごろから湖岸の耕作が進み，森林伐採による耕地拡大と，灌漑用水の確保のための水路掘削が進められた．この結果，15世紀以後，洪水や土砂流出が頻発した（Jonesほか，2001；本書3-3節参照）．他方，黄河流域では，人口減少により環境への負荷が減ったため，隋時代までの500年間に，農地は次第に草原にもどり，また森林も回復し，表土流出や洪水が減った．

唐時代（618〜907年）に入ると，社会の発展と人口増加が急速に進み，長江流域では平野部から丘陵域まで開墾が進んだ．地主の土地専有化と重税により，小作人は山地まで開墾せざるを得ず，森林伐採が進んだ．長江流域の人口は黄河流域より多くなり，宋時代（969〜1279年）には，人口増加に伴う流域環境の荒廃により，長江流域で洪水と土砂流出が多発した．このため，太湖，鄱陽湖など長江流域の湖沼は，流入土砂の堆積により面積が縮小するとともに，一部の湖沼は消滅した．内陸では砂漠化が進み，穀物の生産性が激減した．

明（1368〜1644年），清（1644〜1912年）の600年は，今日の中国の礎が作られた時期で，重要な時期であるが，同時にまた，人口増加と為政者により，

環境負荷がもっとも激しくなった時代でもある．王宮，寺院，庭園などの大規模建築物に，大量の森林資源が使われた．税源として森林伐採が奨励されたため，宋時代に黄河流域の32%を占めていた森林は，清時代後期に，わずか3%までに激減した．長江流域では，盆地の50%，丘陵の20%が農地になり，四川省の原始林は完全になくなった．森林破壊の結果として，黄河の洪水は，明時代に127回（2年に1回の頻度），清時代に180回（3年に2回）繰り返しおきている．砂漠化も進み，シルクロードも砂で覆われてしまった．中華人民共和国建設後も，国家経済の活発化と，人口増加に必要な穀物生産のために開墾が進み，1970〜79年の10年間に，長江流域の丘陵の50〜60%が農地化された．上流部でも開墾は進み，都市の開発も進んだ．

　森林伐採による山地環境の改変は，洪水と土砂流出を招き，下流生態系に大きな損害を与える．健全な山地森林は，根茎と樹冠の働きにより，優れた保水力，浄化能力，土壌保持力を備えており，降水を一時保持し，山からの水流出を和らげる機能を備えている．しかし，荒廃した山林では，豪雨時に莫大量の水が山斜面を流下し，それに伴い剥離された表土の河川への流出により，下流生態系に大きな被害を与える．荒廃した山林は保水力が低いため，少雨季節には河への水の供給量が激減し，下流はしばしば渇水状態となる．1998年と1999年に顕著な洪水被害があった黄河について見れば，少雨の年に渇水状態となり，河川流がしばしば分断された（東，2002；中国国家統計局，2002；劉，2004）．水源林の荒廃による大洪水は，長江，松花江（ソンホワジャン）流域でも1998年に起きており，死者4000人以上，総額2000億元の被害をもたらした．

　山地集水域の荒廃は，このような顕著な被害を齎すことから，中国では，1980年代から，植樹による集水域生態系の復活を図りつつある．長江流域について見ると，四川（スウチョワン）省，雲南（ユンナン）省，貴州（グイチョウ）省，湖北（フーペイ）省の山地20万km²において，水源林保護，土壌流出防止の植林が進められている．中国政府も1998年に，天然林保護国家プロジェクトを公布し，長江，黄河流域の天然林伐採を禁止するとともに，植樹を進め，森林回復を図りつつある．1999年からは，退耕還林事業が導入され，耕地化した丘陵を山林に戻す運動が進められている（来栖，2001；MacKinnonほか，2001；北川，2003；中国国家環境保護総局，2003）．

日本でも，森林破壊の歴史は古く，多くの記録がある．たとえば，滋賀県大津市の田上山の森林は，奈良時代の金属精錬や，王宮や寺院の建築のために，頻繁に伐採され，江戸時代にすでに禿山状態になった．このため，雨季には，山地の花崗岩質表土が剥離して流出した．流出土砂の堆積により川床があがり，天井川となった．土砂流出を防ぐため，明治政府は，オランダから技術者を招聘して，流土防止ダムを設置するとともに，植林を進め，現在では，ほぼ全山が松などにおおわれるようになった（UNEP, 1994）．

3　気候変動とその影響

　集水域生態系の変化には人為が大きく働いているが，気候変化の影響もきわめて大きい．堆積物の地史学的解析によると，第四紀の更新世は，中国の西部高原は冷湿，黄河流域は湿潤，東部平原は乾燥していた（Duanほか，1998；Yuほか，2000）．しかし，モンスーンの変化により，西部高原，北部高原は冷乾環境に，東部は湿潤な環境となった．中国の植生分布と農業活動は，このような推移を経た現在の気候パターンを明瞭に反映している（本書1—2節，1—4節参照）．

　しかし，近年，東アジアモンスーン域を含む地球上の各地域において，20世紀末ごろから気候変化が起きていることが明らかになった．IPCC（2001），総合科学技術会議（2003）によると，全地球の平均気温は，西暦1000年から1800年までは低かったが，それ以後急激に上がり，0.6±0.2℃の上昇が見られている．気温上昇は，地域により異なり，東アジアモンスーン域では，より大きな上昇が見られている．とくに1976年以後の上昇が著しく，2000年までに0.4〜0.8℃の上昇が記録されている．同様な大きい上昇は，西ヨーロッパとアジア北部でも見られている．日本でも，1900年以後100年間の気温上昇は1℃に及び，とくに1984年以後の上昇が大きい（気象庁，2002）．降水量について見ると，北米，北欧，中欧，南米南部では，この100年間に1〜3割程度の増加が見られている．日本でも降水量減少が見られているが，この減少は少雨と多雨の変動幅の増加を伴っている（国土交通省，2003）．

気温と降水量は，植物生育を支配する重要因子であるので，気温と降水量変化の地域差は，植生消長やその分布への影響に差を生む可能性がある．方・吉良（本書1—4節）は，中国の気温と降水量の記録データをもとに1950年以後における気候帯の位置変化を検討し，植生分布が気候変化に対応し変化していることを示した．IPCC（2002）によると，北半球高緯度域では，気温上昇により，寒帯林の分布域が100～150 km/°Cで北に広がっているという．全地球循環モデル（GCM）を用いた将来予測によると，東アジアモンスーン域の年平均気温は，2050年までにさらに1°C近く上昇するという（IPCC, 2001）．中国南部では降水量の増加と，表面流出量の増加が予測されている．IPCC（2002）のまとめによると，気候変化により，洪水，旱魃の頻度増加，サバンナ季節河川の消失，降水頻度の増加による表土流出と土砂堆積の顕著化，湿原植生の衰退などが起きている．気候変化と生態系が多様なことから，気候変化の陸域生態系への影響も極めて多様でないかと考えられる．今後，多くの調査観測知見の蓄積と検討が不可欠であろう．

文献

東善広（2002）：琵琶湖集水域における水循環と水利用．琵琶湖研究所所報，20：48-55.
Cheng, G. (1999): Forest change: Hydrological effects in the upper Yangtze River valley. Ambio, 28: 457-459.
中国水資源公報編集委員会（2000）：中国水資源公報2000（JICA水利人材養成プロジェクト翻訳）.
中国国家統計局（1998, 2002）：中国統計年鑑．
中国国家統計局（2004）：中国統計摘要2004．
中国国家環境保護総局（2003）：中国環境年鑑．
CLAIR（1999）：韓国の水管理総合対策，自治体国際化協会ソウル事務所特集．
Duan, C.-Q., X.-C. Gan et al. (1998): Relocation of civilization centers in ancient China: Environmental factors. Ambio, 27: 572-575.
Hwang, S.-J. and S.-K. Kwan (2001): Current status and prospects of reservoir limnology in Korea. Website report. http://agsearch.snu.ac.kr
IPCC（2001）：IPCC地球温暖化第3次レポート，気候変化2001．気候変動に関する政府間パネル，気象庁・環境省・経済産業省監修，中央法規．
IPCC (2002): Climate Change and Biodiversity. IPCC Technical Paper V.

Jones, R., D. Crook et al. (2001): Disentangling the role of human and climate impacts on the Late-Holocene evolution of Erhai Lake, Yunnan Province, China. Global Science Conference, Poster Lecture, 2001.
環境省（2001）：新生物多様性国家戦略資料．
環境省（2003）：環境白書，平成15年版．
気象庁（2002）：20世紀の日本の気象．
北川秀樹（2003）：中国の森林と植樹協力―黄河流域・陝西省を中心に―東亜 Special Report.
Kim, T. C. (2003): Sustainable management for rural land & water and the role of agro-environmental education in Korea. Website paper.
KOWACO (Korean Water Resources Corporation) (2001): Korea Water Resource. General characteristics. Website report. http://www.water.or.kr/engwater/general/ewk_gel_char.html
小島麗逸（1997）：環境生態系問題―水質汚染―中国経済10月号．JETRO, 1997.
来栖裕子（2001）：中国における森林保護・造成の動向．農林金融，7：50-63.
国土交通省（2003）：日本の水資源，平成15年版．
MacKinnon, J., Y. Xie et al. (2001): Restoring China's degraded environment. The role of natural vegetation. A position paper of Biodiversity Working Group of China. Council for International Cooperation on Environment and Development.
劉昌明（2004）：黄河流域における環境変化にかかわる水資源の脆弱性．中国と東アジア世界の生態環境問題：日中環境協力ネットワーク国際シンポジウム，愛知大学，講演要旨集，pp. 171-172.
世界資源研究所・国連環境計画ほか（1993）：世界の資源と環境1992-1993，日本語版，ダイヤモンド社．
世界資源研究所・国連環境計画ほか（2001）：世界の資源と環境2000-2001，日経エコロジー．
総合科学技術会議（2003）：地球温暖化研究の最前線―環境の世紀の知と技術2002，財務省．
UNEP（1994）：湖沼と貯水池の汚染，UNEP環境ライブラリー12.
Yu, G., B. Xue et al. (2000): Lake records and LGM climate in China. Chinese Science Bulletin, 45: 1158-1163.

（坂本　充）

1—2
東アジアの気候・水文・地理

1 東アジアとモンスーン域

　東アジアとはどの範囲だろうか．東アジアとは別に，東南アジアという言葉がある．東南アジアとはインドシナ半島からマライ諸島，フィリピン諸島を含む地域を指すので，東アジアはそれ以北のアジア大陸の東部と付属諸島を指すことになる．ところが，東アジアの範囲については，完全な定義はないとされている（日本地誌研究所，1989）．広義の東アジアは中国全体，モンゴル，韓半島（朝鮮半島），日本を含む地域をいい，シベリアは含まれない．狭義の東アジアは文化的な見方で，古代から漢民族とその文化の影響を直接受けた地域をいう．したがって，狭義の範囲にはモンゴルや中国西部は含まれない．一般には前者の定義によることが多い．広い意味での東アジアは面積約 1200 万 km^2，人口 15 億に迫る広大な地域である．

　次にモンスーン域とは何だろうか．モンスーンの定義はどの著書でもほぼ同じである（根本ほか，1958；倉嶋，1972；吉野，1978；村上，1986；関口，1943）．モンスーンと季節風とは同義語で「季節的に交代する大規模な風系」とされているが，半年ごとに風向が反対になること，これが広域にわたって生じること，その出現頻度が高いことが条件としてあげられている．

　世界の地上風系は，(1) 亜熱帯高気圧から赤道収束帯に向かって吹く貿易風，(2) 亜熱帯高気圧よりも極寄りの地域で吹く偏西風，(3) 北極あるいは南極から吹き出す極東風に大きく分けられる．これらの風は恒常的に吹いており，風向の安定度も極めて高い．これらの地球規模の風系が太陽の南北移動に伴い移動すると，季節により風向が交代する季節風帯を作り出す．季節風のもう一つの原因は，大陸と海洋の間の季節的な風の交代である．例えば，日本では冬には

シベリア高気圧からの北西風をうけ，夏には太平洋高気圧からの南成分の風をうける．

　世界的に見ると季節風帯すなわちモンスーン地帯は，(1)日本付近から東アジア，南アジアを通りアフリカを横断しギニア湾に至る地帯，(2)ユーラシアと北米大陸の北縁，(3)地中海，(4)北米西岸などに現れている．その中で最も顕著なのが東アジアからアフリカに至る地帯である．地理的な東アジアとモンスーン地帯の二つを組み合わせると，東アジアのモンスーン域の範囲が決められることになる．

　アジアのモンスーンは単に風向の交代だけではなく，夏の雨季をも意味している．例えばインドモンスーンという言葉は，インドの雨季を指すことがある．東アジアにおいても，日本の日本海側のような例外はあるが，大部分の地域で冬は乾季で夏は雨季になる．したがって，東アジアのモンスーンは風向だけではなく，雨の点から見ることも重要である．

　このように考えると，風のモンスーン域，水のモンスーン域，さらに気候や水の影響を受ける農業や景観のモンスーン域が想定される．この章では，主として風と水のモンスーン域を中心に考察する．

2　東アジアの地形

　図1-2-1にユーラシア大陸東部の簡単な地図を示した．南北方向にみた地理的な東アジアの範囲は北緯20°から北緯50°付近までであるが，モンスーンという条件で内陸の乾燥地帯を除くと，南では東経100°，北では東経120°付近から東の地域になる．後で述べるが風向からみたモンスーン域の北限は北緯40°ないし北緯45°であり，水収支から見た湿潤なモンスーン域の北限はさらに南になる．

　図1-2-1において点線で囲んだ範囲は，海抜2000m以上の山地あるいは高原である．また，主な山脈も記入した．図には2000m以下の山地は示していないが，中国の長江から南は海抜1000mないし2000mの南嶺山脈を中心とする山岳・丘陵地帯で，平地は非常に少ない．後で述べるように，南嶺山脈は

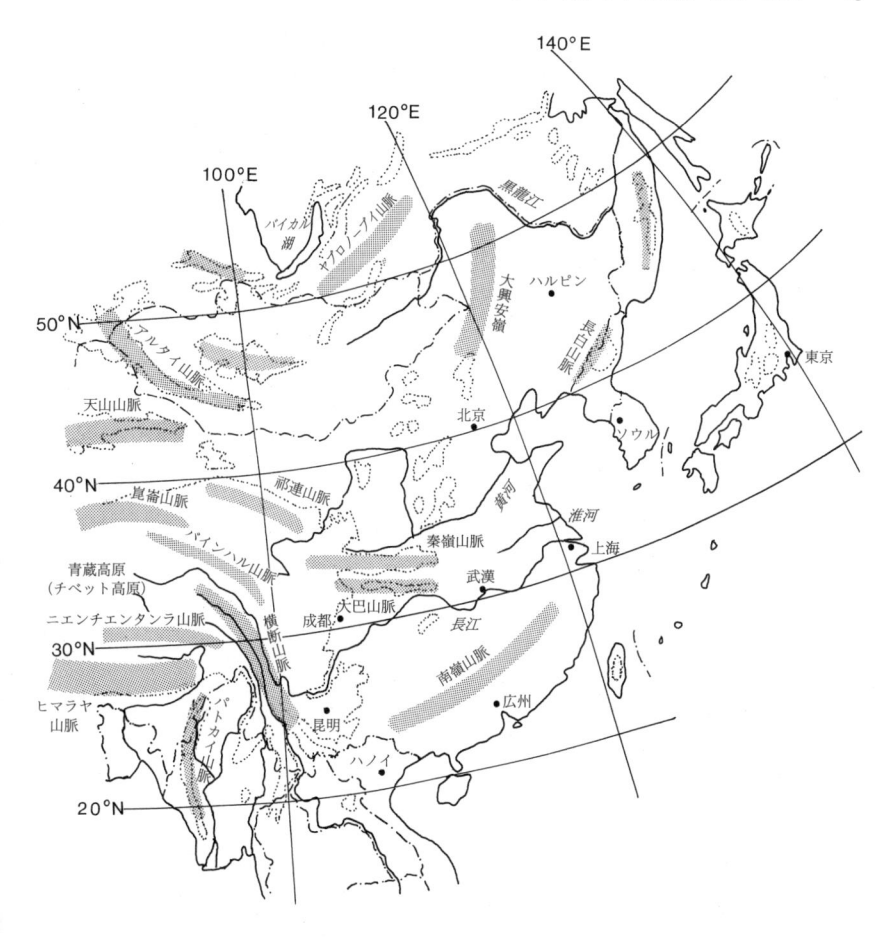

図 1-2-1 東アジアの概観図

気温や降水量あるいは農業の面で温帯と熱帯の遷移地帯になっている．長江と黄河に挟まれた地域でも丘陵が分布し，地図で見るような一望千里の平野は限られている．日本や韓半島が山ばかりなのは言うまでもない．

中国の西部には平均海抜高度 4000 m 以上の青蔵高原（チベット高原及び青海高原の総称）があり，ヒマラヤの北にはこれと平行して東西方向に延びる崑崙などの海抜 6000 m 以上の大山脈がある．しかし，東経 95°付近から東では，

青蔵高原を東西方向に走ってきたバインハル山脈やニエンチェンタンラ山脈が南北方向に向きを変え，横断山脈と呼ばれる大山塊となり，四川省から雲南省西部に横たわる．雲南省の省都昆明はこの山脈の先端に位置している．雲南省から貴州省一帯は雲貴高原と呼ばれ，西の雲南省北部は海抜2000 m以上，東の貴州省は海抜1000 m以上の高原である．

このような山地や高原は，気温，降水，風に大きな影響を及ぼし，各地域の気候や水文を決める要素になっている．

3 東アジアのモンスーン気候

すでに述べたように，モンスーンの第一の意味は大規模な風の交代である．日本の地上風は冬には主に北西風に，夏には南東ないし南西の南風成分になる．中国東部において，1月には北緯30°より北では北西風が多く，これより南では北東風が多い．7月には北緯30°より北では南ないし南東風，これより南では南西風が多い．この南西風はインドのモンスーンの風につながる（中国科学院・中国自然地理編輯委員会，1984）．

このように東アジアの地上風は明らかな季節交代を示すが，高原や山地も広く分布するので，この高度における風も見なければならない．800 hPa[1])ないし700 hPa面高度（海抜高度約2000 mないし3000 m）の気流をみると，雲南の付近では1月には北東風，7月には南西風になり，高原地帯でも季節風が現れる．これよりやや低い850 hPa面高度（海抜高度約1500 m）の流線図によれば，北緯40～45°以北では夏にも南風成分が少なくなるので，前に記したように，東アジアの風のモンスーンの北限はこの付近ではないかと考えられる．

東アジアの夏のモンスーン季は雨季でもある．図1-2-2はこの地域のいくつかの地点の温雨図である．参考のために加えた北緯11°のベトナムのホーチミンは気温の面では熱帯で，雨季と乾季とが明瞭に交代するサバナ気候（Aw気候）になる．広州以北の中国では，ここに取りあげたどの地点でも夏に雨が集中しており，南成分の風が雨をもたらしていることがわかる．東京でも同様な傾向であるが，盛夏には太平洋高気圧に覆われ短い乾季が現れる．大陸で北緯

40°の北京では，年最低気温が−3℃以下でケッペン気候区分では寒帯気候になり，年降水量は 600 mm 以下なので湿潤なモンスーン地帯とは言いがたい．さらに北のハルピンもケッペン気候区分では寒帯で降水量も少なく，顕著なモンスーン気候とは言いがたい．

図 1-2-3 はアジアのケッペン気候区分の分布である (Mizukoshi, 1971)．これによると中国の大半が Cw 気候（温帯夏雨気候）と Cf 気候（温帯多雨気候：乾季が無い気候）である．ベトナム北部は Am 気候（熱帯モンスーン気候）である．中国の北緯 40°以北は Dw 気候（寒帯夏雨気候）になっている．韓半島の大部分も Dw 気候である．北京の西と南および山東半島付近には黄河流域から乾燥気候である BS 気候（ステップ）が入り込み，温暖湿潤の南部

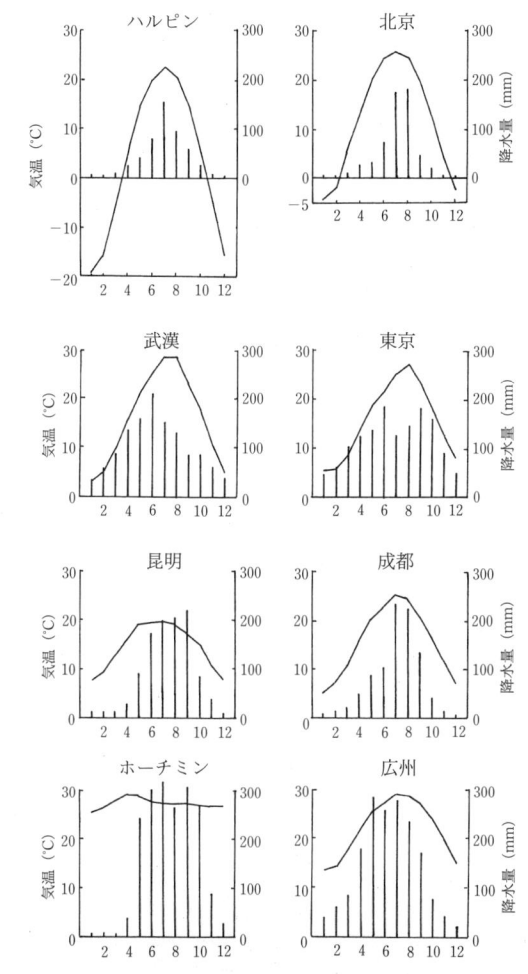

図 1-2-2 気温と降水量の年変化（温雨図）（理科年表 2000 年版にもとづき作成）
棒グラフは降水量，折れ線グラフは気温．

と寒冷乾燥の北部との境界にもなっている．したがって，大陸における水のモンスーンは BS 気候より南，およそ北緯 36°より南と考えることができる．日本は本州の大部分が Cf 気候，北海道が Df 気候のモンスーン地域である．

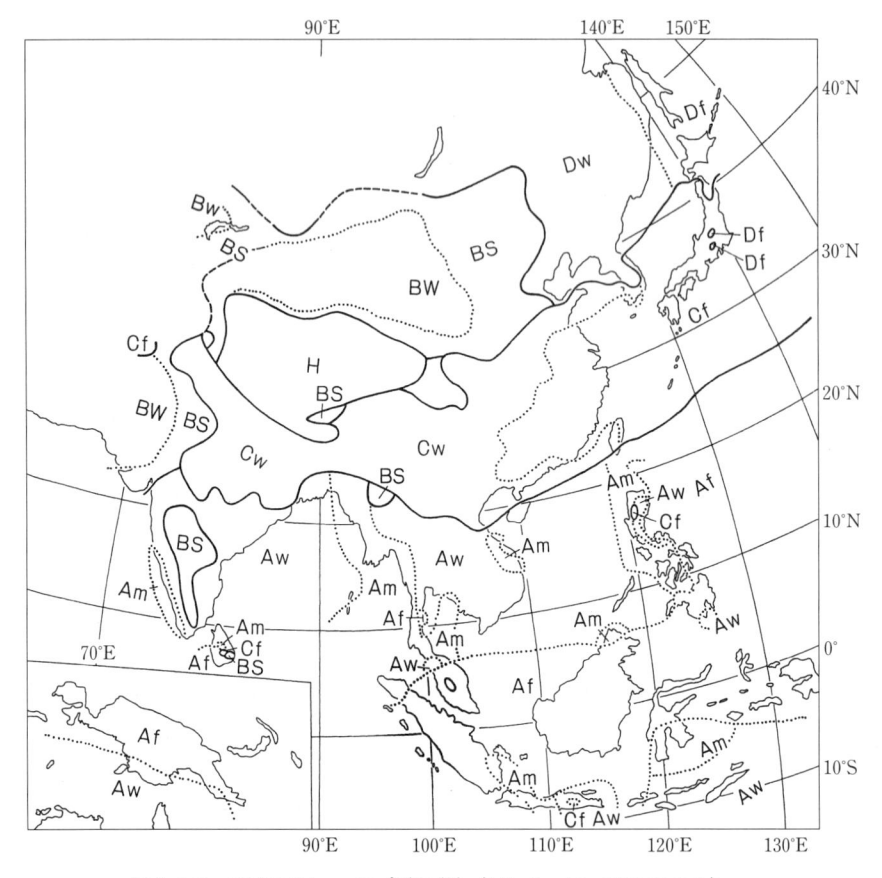

図 1-2-3 アジアのケッペン気候区分（Mizukoshi, 1971 による）
記号：大文字　A：熱帯，C：温帯，D：寒帯，B：乾燥気候
　　　　　　　W：砂漠，S：ステップ，H：高山気候
　　　小文字　m：モンスーン気候，f：乾季無し，s：夏に乾季，w：冬に乾季

　ところで，中国における気候区分は日本で広く教えられているケッペンの気候区分とは異なり，旧ソ連の系統を引き継ぐ農業気候区分である．農業気候区分は作物の生育を基礎とした方法で，生育期間内の積算温度にもとづいている．基準とする温度としては10℃が使われることが多い．すなわち，日平均気温が10℃以上の毎日の温度を積算した値を気候区分の基礎とする．これを「10℃積温」という．10℃積温と農業との関係の概要を表1-2-1に示した（侯

表1-2-1 中国の農業気候区分（侯ほか，1993にもとづく）

	10°C積温	最寒気温	農業の形態
東部地区（I） 温帯			
I 1　寒温帯	1700°C以下	−30°C以下	1作/年　林業
I 2　中温帯	1700〜3500	−30〜−10	1作/年　小麦・牧畜・林業
I 3　暖温帯	3500〜4500	−10〜0	2作/年，3作/2年　小麦
亜熱帯			
I 4　北亜熱帯	4500〜5300	0〜5	2作/年　稲二期，茶など
I 5　中亜熱帯	5300〜6500	5〜10	2作〜3作/年　稲など
I 6　南亜熱帯	6500〜8000	10〜15	3作/年　稲・熱帯作物
熱帯			
I 7　北熱帯	8000〜8500	15〜18	3作/年　椰子・珈琲
I 8　中熱帯	8500〜9000	18以上	通年作付け可能
I 9　赤道熱帯	9000以上	25以上	通年作付け可能
内モンゴル・新疆（II）			
II 10　乾燥温帯	4000以下	−10以下	牧畜・乾燥農業
II 11　乾燥暖温帯	4000以上	−10以上	牧畜・灌漑農業
青海・チベット （III：0°C積算気温）			
III 12　高原温帯	1500〜3000	10〜18	牧畜
III 13　高原亜寒帯	500〜1500	6〜10	牧畜
III 14　高原寒帯	500以下	6以下	なし

ほか，1993）．これにもとづく気候の分布を図1-2-4に示した．10°C積温は内モンゴル北部で2000°C（記号I1），北京より北で3000〜4000°C（I2，I3），長江に沿っておよそ5000°C（I4，I5），南嶺山脈を越えると7000〜8000°C（I6）になり，急に熱帯の様相を呈するようになる．山地では気温が下がるために，昆明ではこの値は4000〜5000°Cである．ケッペンの気候区分では，長江の中下流は日本と同じ湿潤温帯になるが，この農業気候区分では稲の二期作が可能な亜熱帯に分類されている．

表1-2-1にあるように，中国では水田を使う稲作地帯，麦を主とした畑作地帯，また牧畜地帯とがかなり明確に分かれる．一般には淮河—秦嶺線[2]（ホワイホォ—チンリン）が稲作の北限とされているが，実際には地形や灌漑水路の関係があり，境界は入り組んでいる．淮河—秦嶺線はおよそ北緯33°であるから，稲作をアジアモン

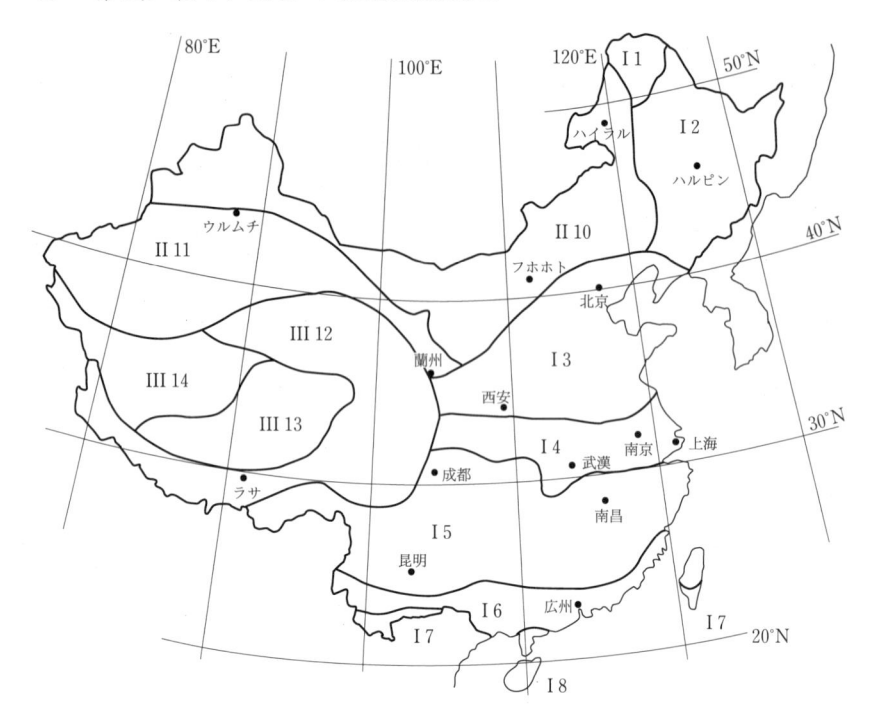

図 1-2-4　中国の農業気候区分．区分記号は表 1-2-1 を参照（侯ほか，1993 にもとづく）

スーン域の特徴と考えると，中国における農業から見たモンスーンの北限は風のモンスーン域よりかなり南になる．なお，例外として中国東北部では，夏の高温と灌漑水利によって，稲の栽培が行われている．

4　降雨と水文

　日本の年降水量はおよそ1800 mm（国土交通省による昭和46年から平成12年までの平均降水量は1720 mm）である．また，年蒸発散量は北海道で500〜600 mm，本州中央部で700〜800 mm，南日本では800〜900 mmと推定されている．奄美と沖縄では年降水量が2000 mm強であるが，気温が高い盛夏には蒸発散が多くなり，余剰水分は減少する．日本では平年値としては水分不足が生

じる地域はなく，400〜1000 mm の水分過剰が見られる．ただし，干ばつ年は例外である．

大陸における降水量はどうだろうか．韓半島の年降水量はおよそ 1000 mm で日本よりはるかに少ない．図 1-2-5 は Baumgartner and Reichel（1975）による年降水量分布にもとづき，細部を省略して描いたものである．韓半島に接する中国東北部あるいは北京付近の年降水量は 500〜600 mm でしかない．長江付近では約 1000 mm，それ以南では年降水量は増加し，南嶺山脈以南では 1400〜1600 mm あるいはそれ以上の地域が分布する．ただし，山間盆地では降水量が少なく四川省成都や雲南省昆明では約 1000 mm である．横断山脈から西では，気温が下がるとともに降水量も少なくなる．

中国の蒸発散量は，東北地方で 400〜500 mm，北京付近では雨量にほぼ等しい 600 mm 位である．北京の南では前述のとおり BS 気候が山東半島まで押しよせ，乾燥地帯となっている．長江下流域では蒸発散量は 700〜800 mm になるが，降水量がこれを上回るので水分過剰が生じる（Kayane, 1971）．

図 1-2-6 は Baumgartner and Reichel（1975）による気候学的な水分過剰量，すなわち年降水量から蒸発散量を差し引いた値の分布図を簡略にしたものである．ゼロの等値線の内側では，降水の全てが蒸発散で失われる．日本では 1000 mm 以上の過剰量が生じる地域があるが，大陸では長江の南で 400〜1000 mm，この北では 200 mm 以下の地域が多い．この図から黄河以北が乾燥地帯であること，黄河と長江の間が湿潤と乾燥の遷移地帯であることが読みとれる．水のモンスーンから見れば，北限はこの遷移地帯とすることができる．水分過剰が生じる地域は，大体において淡水の自然湖の分布地域と重なる（本書 2—5 節 1 項参照）．

世界第 3 位の大河川である長江は青蔵高原の山岳氷河に源を持つが，実は水量のかなりの部分が湖南省以東の支流よりもたらされている．洞庭湖（ドンティンフー）で長江に注ぐ 4 本の大支流は，湖南省全域の水を集める．鄱陽湖（ポーヤンフー）を経て長江に注ぐ贛江（ガン）（ジャン）は，江西省のほぼ全域の水を集める．これらの大支流の源流は南嶺山脈あるいは雲貴高原の一部にあり，春季およびモンスーンの雨を集める．これらの南からの支流の流域は，水分過剰が多い地域である．近年頻発する長江の洪水の

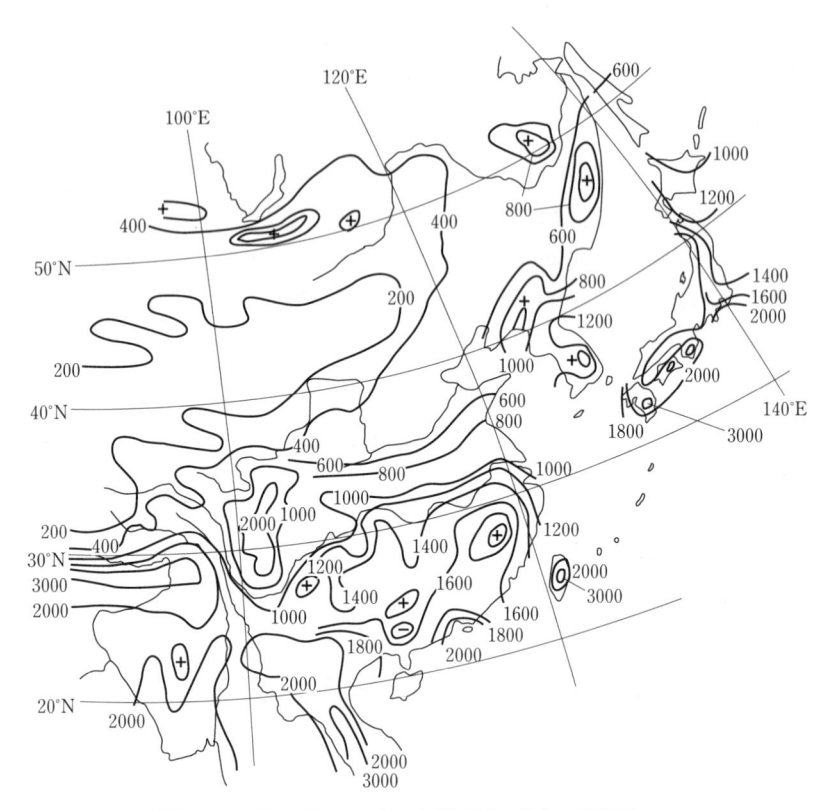

図1-2-5 東アジアにおける年降水量の分布．単位は mm
(Baumgartner and Reichel，1975を簡略化)

原因にも，これら南からの支流の影響が大きい．

　10°C積温が5000°Cの位置と水分過剰が生じる位置は大体一致している．表1-2-1によると，この位置は農業気候区分のＩ３とＩ４の間にあたり，これより南では米の二期作が可能となる．表1-2-1中の農業形態によると，中国南東部には年２作が可能な地域がかなり広く分布する．この農業気候区分における熱帯では，年３作の地域も見られる．亜熱帯以南では，年間の土地利用率の平均は約２回である（呉・郭，1994）．土地の利用方法はかなり複雑で，稲と麦の組み合わせ，稲と綿花の組み合わせ，稲と蔬菜の組み合わせなど多くの例が

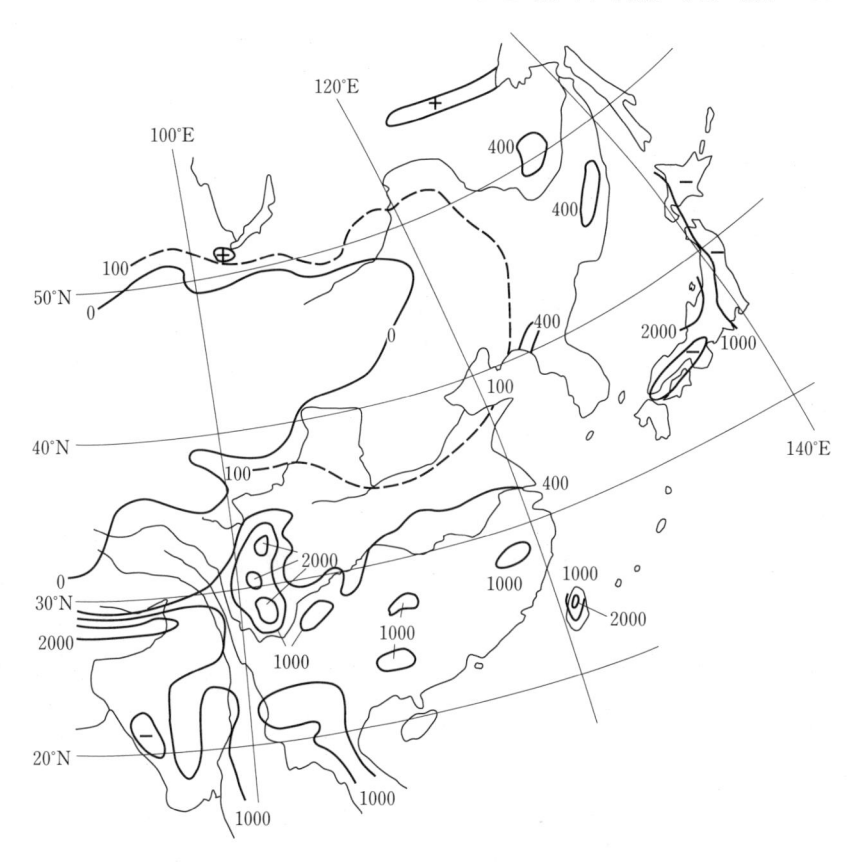

図 1-2-6 東アジアにおける水分過剰量の分布.単位は mm
(Baumgartner and Reichel, 1975 を簡略化)

ある.複雑な土地利用形態は,モンスーン域の特徴である.

　以上のように,風のモンスーン域は北緯40°ないし45°が北限,中国における水のモンスーン域はBS気候が東に張り出す北緯36°あたりが北限,同じく農業や景観のモンスーン域は北緯33°付近以南の水田が卓越する地帯になる.雨量が多い日本と韓半島では,水と農業のモンスーンの北限は,はるかに北上している.気象・気候学的には,モンスーンの消長はENSO(エルニーニョ・南方振動現象,7項を参照)と密接に関係している.今後,温暖化に伴いエルニーニョが強くなると考えられてもおり,アジアモンスーンの消長にも関心が

寄せられている．この地域の気候変動と水収支は，多くの人の生命とも係わる重要な課題であるといえる．

5　雲南の気候概要

　この項からは，雲南省に地域を限定し，その気候特性を述べる．図1-2-7は，雲南省の地形の概略と，10℃積温にもとづく気候区の分布を示す．10℃積温にもとづく気候区は，雲南省のみ独自の基準値を設定しているために，表1-2-1に示される数値とは異なっている．図中の等高線は海抜2000mである（地形については本書1—3節も参照）．また，数値は主要気象台の地点番号を示す．雲南省はチベット高原の南東部に位置し，省北部は高峻な山岳地帯になっている．最高峰の梅里雪山（メイリシュエシャン）は6740mに達し，谷底の徳欽（ドゥオチン）の町（地点34）も3400mの高度にある．北緯26度以南の省中部は，雲南高原あるいは雲貴高原と呼ばれる海抜高度約2000mのやや起伏に富む高原地帯である．海抜高度1900mの省都・昆明（地点1）は夏季は海抜高度によって気温上昇が抑えられ，冬季は熱帯大陸気団におおわれるために日射量が多く温暖で，気温の年較差が小さい．昆明は「春城」とも呼ばれている．春城とは常春の街という意味である．省南部は海抜高度が1000mあるいはそれ以下がほとんどである．ベトナムと国境を接する河口（ホォコオ）（地点14）は，雲南省で最も海抜高度が低く76.4mしかない．南部は海抜高度は低いものの，多数の盆地が分布する．乾季には霧が多発するため西双版納一帯（シーサンパンナ）（地点23，24）は「霧州」とも呼ばれている（野元，1997）．

　雲南省の気候は，南北性と東西性の二つの基本をもつ．緯度と海抜高度の影響で南部に熱量が多く，北部に向かって熱量は減少する．10℃積温にもとづく気候区分では，南部から中部にかけて，北熱帯，南亜熱帯，中亜熱帯，北亜熱帯が出現する．10℃積温7500℃以上の北熱帯は，瀾滄江（ランツァンジャン）（下流でメコン川）や元江（ユエンジャン）（下流でソンコイ川）の谷に沿った海抜高度700m以下の谷底や盆地底に位置するため，南北に細長く分布する．この気候区は海南島とともに，中国における熱帯経済作物の栽培中心地である．四川省と接する省中部にも，例外

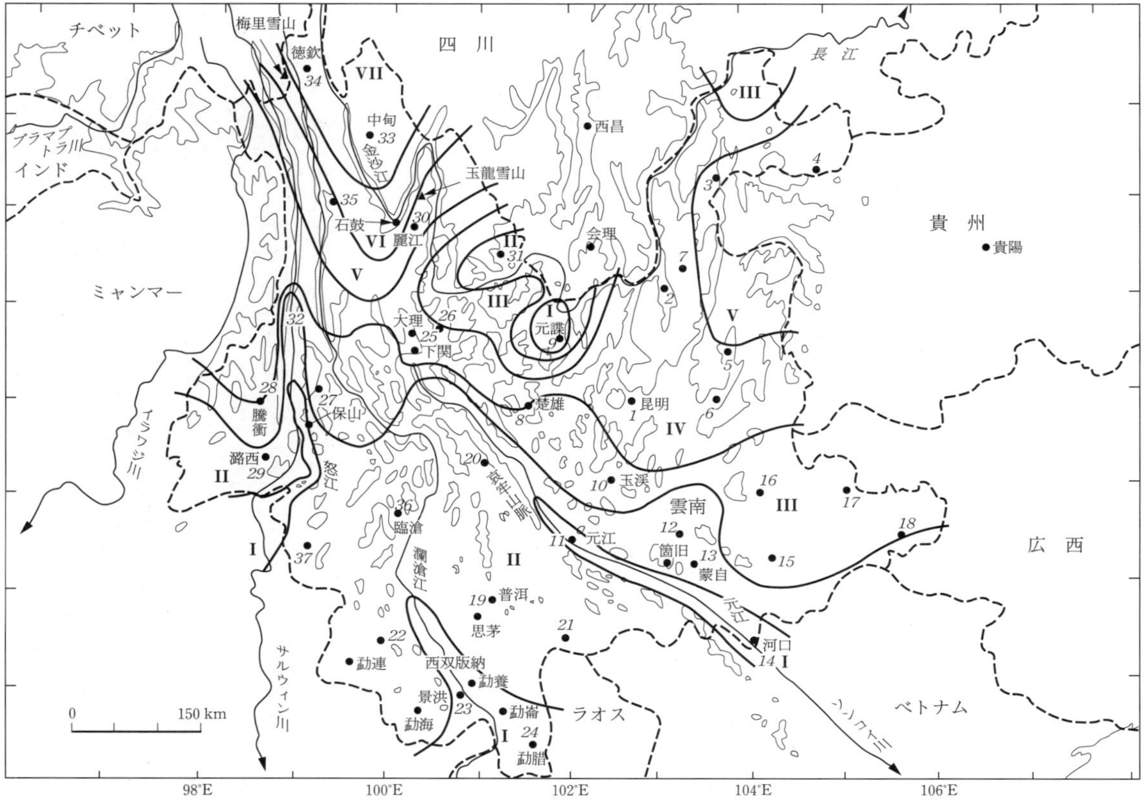

1−2　東アジアの気候・水文・地理　23

図 1-2-7　雲南省の地形と 10°C積温にもとづく気候区の分布（雲南省気候図集にもとづく）

I：北熱帯（7500°C以上），II：南亜熱帯（6000〜7500°C），III：中亜熱帯（5300〜6000°C），IV：北亜熱帯（4500〜5300°C），V：南温帯（3400〜4500°C），VI：中温帯（1600〜3400°C），VII：高原気候区（2000°C未満）．

的に，この気候区は出現する．元謀一帯（地点9）は周囲を3000 m前後の山地で囲まれた大きな盆地である．周囲の山地が寒気の移流を遮断し，さらに年間2700時間近い日照時間（1日あたり7時間強）があるため，南部に匹敵する熱量をもつ．元謀，元江（地点11），河口は雲南省の「三大火炉」とも呼ばれている（雲南気象局）．

省南部では，南亜熱帯気候区が最も広く分布する．ここは700 m以上の高度の地域である．中国では，日平均気温が10°C未満の日を冬季日，10°Cから22°Cを春・秋季日と呼ぶ．この気候区はまさに「四季如春」で，年を通して春・秋季日が出現する（徐ほか，1991）．この気候区は雲南省における主要な茶栽培地域になっている．

中部の雲南高原上には，中亜熱帯，北亜熱帯の気候区が現れる．これらの気候区も，海抜高度と冬季に卓越する熱帯大陸気団の影響で，気温の年較差が小さいことが特徴である．「四季如春」の南亜熱帯と中亜熱帯の境界は，降雪の有無の境界とほぼ対応している．雲南高原上の農業は稲と小麦，あるいはソラマメなどとの二毛作が基本である．

北部は寒冷地である．南温帯は海抜高度2100～2600 m，中温帯は2600～3000 m，高原気候区は3000 m以上の地域に分布する．中温帯や高原気候区では，10°C積温が2000°Cを下回り，草地を利用した畜産が盛んになる．

大気循環による東西性も，雲南省の気候を形成する基本になる．雲南省は基本的には西部型熱帯モンスーン気候体制下に入る．南アジアや東南アジアと同じく，夏半年は南西モンスーンが卓越し，冬半年は熱帯大陸気団におおわれる．ただし，東経104度以東の東部は東部型熱帯モンスーン気候体制下に入り，夏半年は南東モンスーンが，冬半年はシベリア気団の支配下に入る（Fang, 1988）．また，省中央を北西から南東に走る哀牢山脈も，冬季にはシベリア気団と熱帯大陸気団の境になることが多い．そのため山脈の東西で，植生帯に違いが生じている（雲南省森林編写委員会，1986；任ほか，1986；Zhang, 1988）．10°C積温に基づく中亜熱帯，北亜熱帯の出現高度も，哀牢山脈を境として不整合になる．東部では中亜熱帯は1100～1500 mの高度に，北亜熱帯は1500～1900 mの高度に出現する．一方，西部ではそれぞれ1400～1700 m，

1700〜2000 m の高度に出現する．シベリア気団が哀牢山脈を越えて西部にまで到達することはきわめて希である．

6 降水量の時空分布

図 1-2-8 は，雲南省における年降水量の分布を示す．基本的には南部から北部に向かい降水量は減少する．南部で 1500 mm 以上，中部で 1000 mm 弱，北部で 750 mm 以下になる．南西ないしは南東モンスーンの影響を受け，風上側

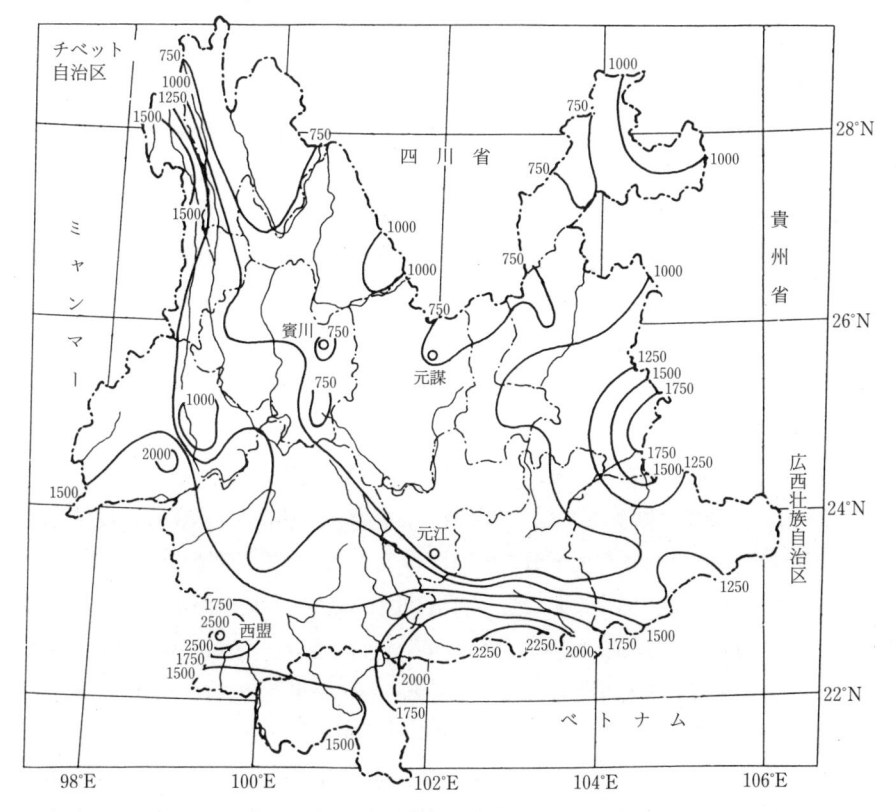

図 1-2-8 雲南省における年降水量の分布．単位は mm（雲南省気候図集にもとづく）

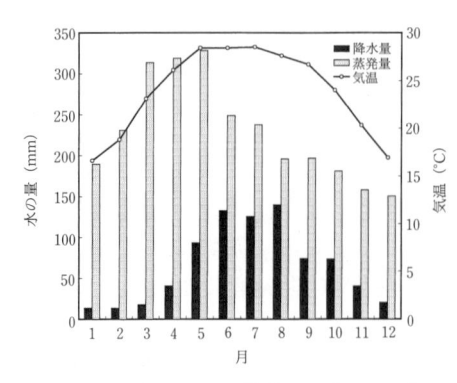

図1-2-9 元江における降水量，蒸発量，気温の年変化（気候値）
（雲南気象局観測データにもとづく）

斜面に位置する南部の観測点では，2000 mmを超す年降水量になっている．ミャンマーとの国境に近い西盟（シーマン）では省最大の2740 mmを記録する．一方，最小値を記録する地点は中部の賓川（ビンチュアン）で，年降水量は570 mmしかない．三大火炉の一つ，元謀も623 mmと少ない．中部の河谷底や盆地底の地点は，雨陰になり，周囲に比べ降水量が少ない．また，日照時間が長く，海抜高度も低いために高温になり，乾熱河谷と呼ばれている．南部においても哀牢山脈の東の地域では乾熱河谷が出現する．

　熱帯モンスーンの影響を強く受ける雲南省は，全省を通して雨季・乾季が明瞭で，年降水量の80〜90％が雨季に集中する．雨季の開始は南部や西部，東部の国境や省境周辺で，4月下旬から5月上旬に始まる．中部では5月下旬に，北部では6月上旬に雨季が始まる．雲南省の大半では，夏半年に南西モンスーンが卓越し，雨季になる．ただし，内陸であるために，インド西岸に比べると降水量は少ない．比較的多雨の南部においても，雨季の総降水量は1000〜1600 mmである．東経104°以東の東部では，雨季の降水量に梅雨前線や熱帯低気圧の影響が加わり，二山型を示す（Wang, 1988）．

　11月は，全省で乾季になる．東部の一部を除き，熱帯大陸気団におおわれ，晴天が続く．降水の季節的配分の明瞭な雲南では，雨季の期間のずれで，たやすく干害が起こる．雲南における干害は範囲が広く，持続時間が長く，被害が大きな自然災害である．雨季の終りの早い年は，翌年の3〜5月に干ばつが発生しやすい．これを春旱と呼んでいる．とくに，乾熱河谷では，2年に一度干ばつが発生するといわれている（雲南農業地理編写組，1981）．

　図1-2-9は，元江における降水量，蒸発量，気温の年変化（気候値）を示す．蒸発量は小型蒸発皿を用いた測定値で，値が大きく出る特性をもつが，明

らかに3月から5月にかけて異常に大きな値を示している．程度の差はあるが，元江の蒸発量の年変化は，雲南省の広い範囲でも見られる特徴である．

7 エルニーニョ現象と降水変動

通常，低緯度太平洋上では貿易風が吹いている．この風によって暖水が西部太平洋に集積している．何らかの理由により，貿易風が弱まると，暖水域が太平洋の東に移動する．この現象をエルニーニョ現象，あるいはエルニーニョイベントと呼んでいる．また，貿易風が通常より強まり，西部太平洋への暖水の集積が強化された状態をラニーニャと呼んでいる．エルニーニョ現象が発生すると，南アジアでは雨季の降水量が減少することが知られている（Rasmusson and Carpenter, 1983）．統計的有意性に若干の問題はあるが，熱帯モンスーン気候下に位置する雲南省においてもエルニーニョ現象の影響が雨季の降水量に現れる．

1963, 65, 69, 72, 76, 82, 87年をエルニーニョ年，1964, 66, 67, 73, 75, 78, 84, 85年をラニーニャ年として（野元，1986），両者の雨季の降水量を比較すると，エルニーニョ年には省全体で雨季の降水量が減少していた．南部では平年値に対して5％程度，中部で10％，北部で15％以上の減少である．一方，ラニーニャ年には雨季の降水量は増加する．中部で平年値に対し10％程度，その他で5％程度の増加である．なお，降水量そのものは南部で圧倒的に多いので，変動の量も南部で最も大きくなる．

図1-2-10は西双版納の孟遮（メンジェ）国営農場（北緯22°00′，東経100°15′，高度1185m）における半旬降水量の時間的推移を示したものである．半旬降水量とは，5日間の合計降水量のことで，1年は73半旬からなる．雨季の中ほどの第40半旬は7月15日から7月19日の期間である．図a，bがエルニーニョ年，図c，dがラニーニャ年の降水量である．エルニーニョ年では，半旬降水量は雨季の前半にピークがあらわれ，その後は強弱を繰り返しながら減衰していく傾向がみられる．一方，ラニーニャ年には，降水量が徐々に増加し，雨季の中央ないしは後半にピークがくる．そして，明らかに雨季の終了がラニーニャ年の

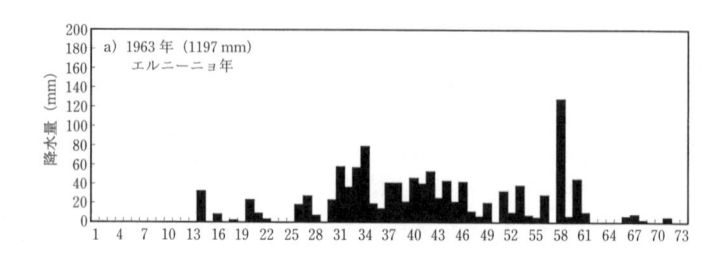

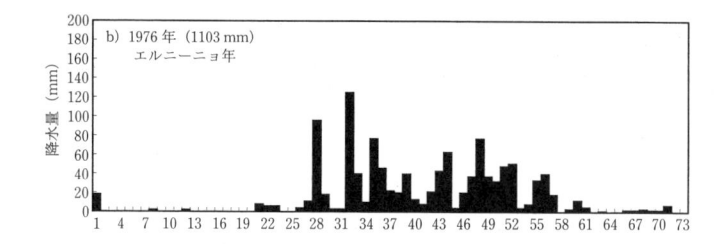

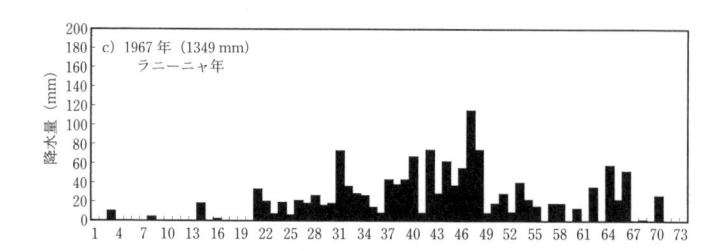

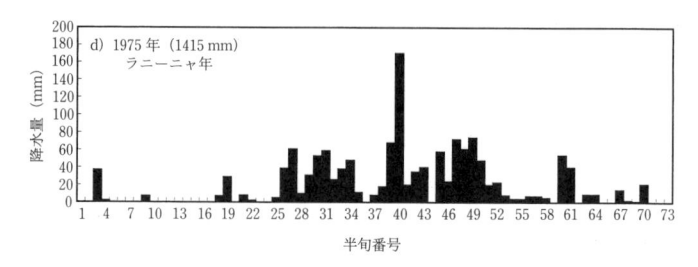

図 1-2-10　西双版納，孟遮国営農場における半旬降水量の時間的推移（孟遮国営農場観測原簿にもとづく）

方が遅くなっている．このことはエルニーニョ現象が発生すると雲南省では春旱が起こりやすくなることを示している．雨季の雨の降り方，雨季の期間の違いによって降水量にも明瞭な差があらわれている．

8 寒波と冬季の降水

冬季，雲南省と貴州省，四川省との省境付近で，熱帯大陸気団とシベリア気団が接し，気候学的意味の前線帯が形成される．これを雲貴準前線（古くは昆明準前線）と呼んでいる（徐ほか，1991）．前線帯の西に位置する昆明の1月の日照時間は242時間，1日あたり7.8時間になる．一方，前線帯の東に位置する貴州省貴陽は55時間で，1日あたり1.8時間にすぎない．四川省にも「蜀犬日吠」という諺が残っている．これは蜀（四川省）の犬は，太陽を見ると驚いて吠えるほど天気が悪いことを形容したものである（倉嶋，1972）．雲南省の冬の天候は，貴州省や四川省とは好対照であるが，ときには雲貴準前線が西に移動し，シベリア気団が雲南省にも流入する．このシベリア気団の流入は，雲南省において，寒波の来襲になる．昆明では統計上，年4回の寒波の来襲がある（衛ほか，1988）．

図1-2-11は，1983年12月の「雲南大寒波」の状況を示す．気温差の値は，寒波時の日平均気温の極値と12月の平年値との差である．この寒波により，雲南南東部では，平年よりも12°C以上も低い日平均気温を記録し，東部の広い範囲でも平年値より10°Cも低くなった．また，これらの地域では，寒波の来襲以来，3週間近く雲量10が続き，広い範囲で降雨・降雪が見られ，昆明では37 cmの積雪を記録した．一方，哀牢山脈の西側では，寒波の影響は少なく，とくに南西部では平年値との差は2°C未満であった．ただし，この時南部・南西部でもかなりの雨量を観測した．

この寒波時の500 hPa面の天気図を見ると，チベット高原北部からシベリア南部にかけて気圧の峰（高気圧）の発達が認められる．気圧の峰の東側はシベリアからの寒気の移流の場になっており，この流れが省東部に異常な低温をもたらしていた．一方，インドシナ半島北部から華中にかけては気圧の谷（低気

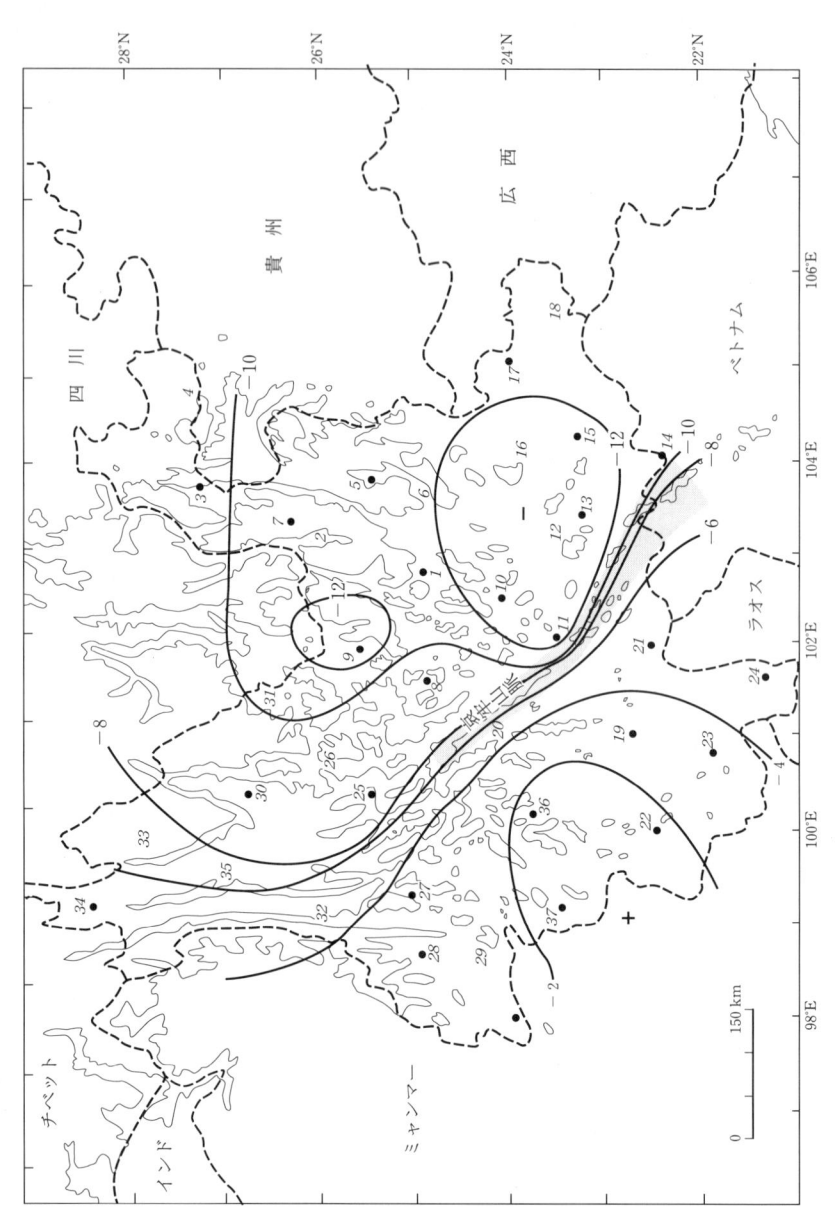

30　第1章　東アジアモンスーン域の自然環境と植生

図 1-2-11　1983 年 12 月の寒波時の日平均気温と平年値との差（雲南気象局観測データにもとづく）

圧）が発生し，省南部はベンガル湾方向からの湿潤な暖気の移流の場になっていた．南部の大雨は，この流れの場に対応するものである．数例の解析ではあるが，他の寒波についても高層天気図は同様のパターンを示している．

　このように冬季（乾季）の雲南省における降水は，雲南省にシベリアの寒気を送り込む大気循環が出現したときに発生する．この循環パターンは同時に，ベンガル湾の湿潤暖気も省南部に送り込むため，広い範囲で降水が起こる．したがって，寒波の来襲の頻度の高い年は，雲南省全体で乾季の降水量が増加する．

9　気候変動・変化

　南部，西双版納一帯は，熱帯域の北縁に位置し，盆地という地形効果も加わり，冬季（乾季）には夜間に気温がかなり下がる．しかし，霧が発生すると潜熱の放出と，霧粒からの放射による保温・加熱で気温の降下は停止する．長期にわたる観測によると，最低気温は霧発生の直前にあらわれ，午前3時前に出現することも多かった（Nomotoほか，1988）．結果的に，この霧発生は，冬季の夜間の寒さから熱帯の植物を守ることになる．また，霧粒は，植物にとって乾季の貴重な水源になっている．このように西双版納の霧は，地域の生態系維持に重要な役割を担っている．ところが，図1-2-12に示すように，1954～1982年にかけては，年間霧日数が，約3日/年の速度で減少している．霧日数の減少は，この地域で急速に進む森林破壊が主な原因であると考えられる（野元，1997）．森林破壊でダメージを受けた植生が，霧日数の急激な減少によって，さらに貧化・劣化を起こす可能性がある．Zhang (1986) は，西双版納の気象台のデータを用い，森林面積減少の局地気候への影響を調査した．この調査によって，森林破壊により年降水量が50～60 mm減少したこと，湿度は年平均で2％，水蒸気圧は0.5 hPa減少したことなど，乾燥化の進行していることが明らかにされた．さらに，雨季前半は降水量が増加傾向にあり，後半に大きく減少していることも報告している．これは盆地規模の気候変化ではなく，熱帯モンスーン域全体に広がる規模の大きな気候の変動を示唆したもの

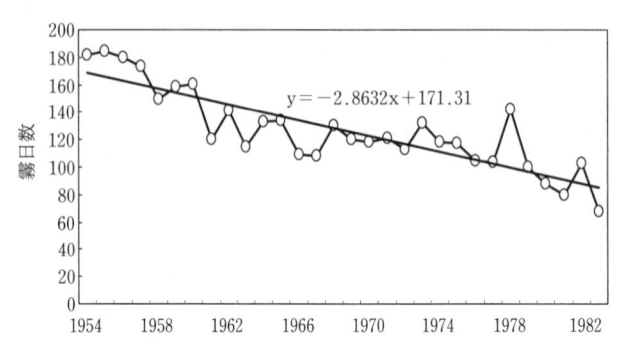

図 1-2-12　西双版納，景洪における年間霧日数の年変化
（雲南気象局観測データにもとづく）

である．

　図1-2-13は北タイのフェレ（Phrae）の1951年から2000年までの各月における10年毎の降水量の推移を示している．各月の5本の棒は，一番左が1951年から1960年の，一番右が1991年から2000年の10年間の月平均降水量を示す．この図にも，Zhang（1986）が指摘した雨季前半（5月から7月）と後半（8月から10月）での異なる降水量の時系列変化が認められる．雨季の前半は，わずかに増加の傾向にある（5月や7月）．一方，雨季の後半は劇的に降水量が減少している．森林面積の減少によって裸地面積が増え，対流活動が活発になる．そのため，水蒸気の移流量が時間とともに増加する雨季前半では，対流活動の活発化によって降水量も増加する．一方，水蒸気移流量が減少する雨季後半は，沿岸部で降水は降り落ちてしまい，内陸部ではその地域の森林からの蒸発散による水蒸気が，降水を維持することになる．したがって，森林面積の減少は，降水量の減少につながっていく．以上のことが，この図から解釈される．フェレのみならず，タイの多くの地点で同様な降水量の変化を示している．Kanaeほか（2001）は，数値シミュレーションによって，タイの雨季の降水量変動の再現を試みた．そして，近年の雨季前半の降水量増加，後半の減少を，インドシナ半島部の陸面を変えることによって，つまり植物被覆の状態を減少させることによって再現している．

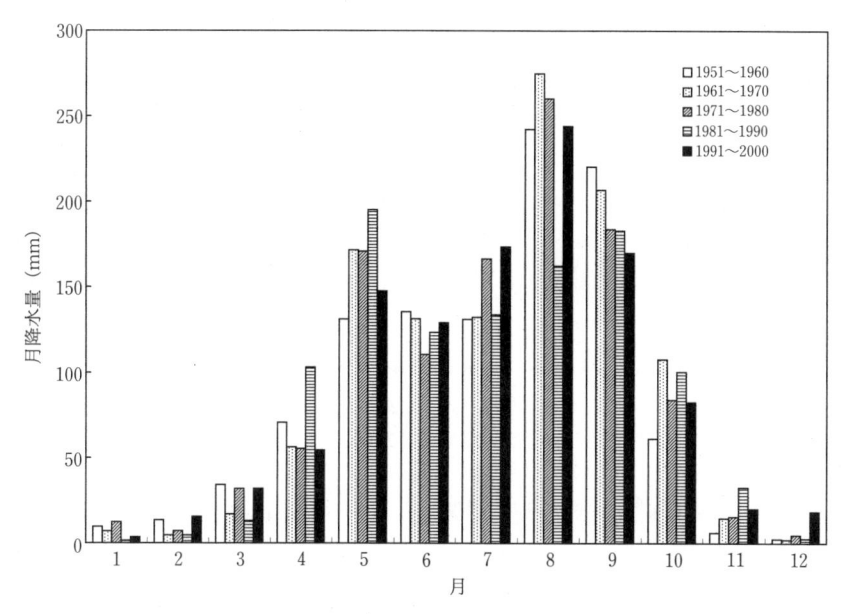

図 1-2-13　北タイ，フェレ（Phrae）の各月における 10 年毎の降水量の推移（タイ気象局観測データにもとづく）

　以上，まとめると，雲南の気候は，緯度と海抜高度による南北性と，大気大循環による東西性の二つの基本をもっている．熱帯モンスーンの影響を強く受け，雨季・乾季が明瞭である．年降水量の 80〜90% が雨季に集中する．しかし，内陸部に位置するため，南アジアの沿岸部に比べると降水量は少ない．また，雨季の終わりが早いと，翌年干ばつが発生しやすい．エルニーニョ現象が発生すると，少雨になる傾向にある．乾季，上層の流れのパターンによって，シベリアの寒気が流れ込むことがある．この時，雲南では寒波に見舞われる．また，ベンガル湾からの湿潤な気流も合流するために，省全体で降水がみられる．南部の西双版納では，各盆地で森林破壊にともない，霧日数，降水量，湿度などの減少がみられる．さらに，より規模の大きな熱帯モンスーン域全体で起こっている気候変動の影響も受けているものと思われる．
　今後，地球温暖化が進むと，南西モンスーンが強化され，熱帯モンスーン域は降水量が増加する可能性がある．熱帯モンスーン域は海洋の影響を強く受

け，地表面の変化が大気にはあまり影響を与えないという考えもある（Koster and Suarez, 1996). しかし，上記のように，森林破壊にともなう気候の変動が明瞭である．とくに，内陸に位置する雲南では，乾燥化への対応が今後，必要になると思われる．さらに，雨季前半には，大雨・強雨への対応も必要になると考えられる．

注
1) hPa（ヘクトパスカル）は気圧の単位で，1気圧は 1013 hPa である．気圧は海抜高度が上がると低くなり，高度およそ2000 m では 800 hPa 程度になる．これを逆に考えて，広い範囲で 800 hPa を示す高度を結ぶ面を想定すると，高気圧の所ではこの面の高度が高くなり，低気圧の所では低くなる．このような面を等圧面高度という．
2) 淮河—秦嶺線とは淮河の下流部と秦嶺山脈の麓を結ぶ線をいい，北緯33°付近を東西にのびる．この線は湿潤と乾燥の一つの境界で，南部の稲作と北部の麦作の巨視的な境とされている．

文献
Baumgartner, A. and E. Reichel (1975): The World Water Balance, Elsevier.
中国科学院・中国自然地理編輯委員会（1984）：中国自然地理・気候，科学出版社，北京．
Fang, P. (1988): The horizontal-vertical division of monsoon climate in Yunnan Province. Climatological Notes, Vol. 38: 151-156.
侯光良（1993）：中国農業気候資源，中国人民大学出版社，北京．
Kanae, S., T. Oki and K. Musiake (2001): Impact of deforestation on regional precipitation over the Indochina Peninsula. Journal of Hydrometeorology, Vol. 2: 31-70.
Kayane, I. (1971): Hydrological regimes in Monsoon Asia. In Yoshino, M. M. (ed.), Water Balance of Monsoon Asia—a Climatological Approach, University of Tokyo Press, pp. 287-300.
Koster, R. D. and M. J. Suarez (1996): The influence of land surface moisture retention on precipitation statics. Journal of Climate, Vol. 9: 2551-2567.
倉嶋厚（1972）：モンスーン・季節を運ぶ風，河出書房新社．
Mizukoshi, M. (1971): Regional division of Monsoon Asia by Köppen's classification of Climate. In Yoshino, M. M. (ed.), Water Balance of Monsoon Asia—a Climatological Approach, University of Tokyo Press, pp. 260-273.
村上多喜雄（1986）：モンスーン—季節をもたらす風と雨，東京堂出版．
根本順吉ほか（1958）：季節風，地人書館．

日本地誌研究所（1989）：地理学辞典（改訂版），二宮書店．
野元世紀（1986）：東部赤道太平洋の海水面温度変動時に現れる大気循環および極東地域の天候変動．河村　武編『気候変動の周期性と地域性』，古今書院，pp. 100-118．
野元世紀（1997）：雲南の気候．吉野正敏編『熱帯中国―自然そして人間』，古今書院，pp. 253-274．
Nomoto, S., T. Yasunari and M. Du (1988) : A preliminary study on fog and cold air lake in Jinghong and Mengyang basins, Xishuangbanna. Climatological Notes, Vol. 38 : 167-180.
Rasmusson, E. M. and T. H. Carpenter (1983) : The relationship between eastern equatorial Pacific sea surface temperatures and rainfall over India and Sri Lanka. Monthly Weather Review, Vol. 111 : 517-528.
任美鍔編，阿部治平・駒井正一訳（1986）：中国の自然地理，東京大学出版会．
関口武（1943）：モンスーンの定義について．地理学評論，19巻：25-35．
Wang, D. (1988) : Some characteristics of precipitation climate in tropical China. Climatological Notes, Vol. 38 : 139-150.
衛傑文ほか編，河野道博・青木千枝子訳（1988）：現代中国地誌，古今書院．
呉伝釣・郭煥成（1994）：中国土地利用，科学出版社，北京．
徐裕華編（1991）：西南気象，気象出版社，北京．
吉野正敏（1978）：気候学，大明堂．
雲南気象局編：雲南気候図集，雲南気象局，昆明．（発行年が印刷されていない）
雲南農業地理編写組編（1981）：雲南農業地理，雲南人民出版社，昆明．
雲南森林編写委員会編（1986）：雲南森林，雲南科技出版社，昆明．
Zhang, K. (1986) : The influence of deforestation of tropical rainforest on local climate and disaster in Xishuangbanna region of China. Climatological Notes, Vol. 35 : 223-236.
Zhang, K. (1988) : The climatic dividing line between SW and SE monsoon and their differences in climatology and ecology in Yunnan Province of China. Climatological Notes, Vol. 38 : 197-207.

(1～4：新井　正，5～9：野元世紀)

1−3 中国西南地区の地質・地形特性

1 地質特性

　中国の西南地区は華北,華中,華南と青蔵地区の間に位置し,その西南部はミャンマー,ベトナム,ラオスと隣接しており,雲南,貴州,四川,広西の4省と重慶市を含む.その総面積は約137万km²あり,中国の総面積の1/7を占める.地理的には,北緯21°09′～34°13′,東経97°21′～112°03′の間に位置する.この地域では長い地質年代に,プレートの衝突などの地殻変動が繰り返され,海陸変遷,マグマ活動,変成・褶曲作用,断裂などが生じている[1].

　中国の地質構造の配置は,主に晋寧―インドシナ期(ブーニン)[2] (約13億年～1.8億年前)の海陸交替と燕山(イエンシャン)期[2] (約1.8億年前)以降の現在のプレートテクトニクスによるものであり,地質構造は複雑であるが,ここでは黄汲清ら(1980)と王鴻禎ら(1990)が論述した構造帯の区分を基礎に,さらに新しい地質資料を考慮し,中国全体を特徴の異なる4つの構造帯(I, II, III, IV)に区分した(図1-3-1).重なる部分もあり,境界は必ずしも明瞭ではないが,それぞれに中心的な部分がある.その中で古アジア構造帯(I)および古中国構造帯(III)は,主に晋寧―インドシナ期に形成され,古プレートの活動範疇に属する.テチス構造帯[3] (II)は,主にバリスカン期[2]に形成された古テチスと,燕山期およびヒマラヤ期[2]に形成進化した新テチスとを含む.環太平洋構造帯(IV)は中・新生代に形成され,中国東部は大部分が古アジア構造帯および古中国構造帯であるが,新テチス構造帯は現在のプレートテクトニクスの活動により形成されたものである.

　西南地区は,主にテチス―ヒマラヤ構造帯と環太平洋構造帯の複合部に位置する.ここで述べたテチス構造帯は,主に崑崙―秦嶺活動地帯の南側,揚子台

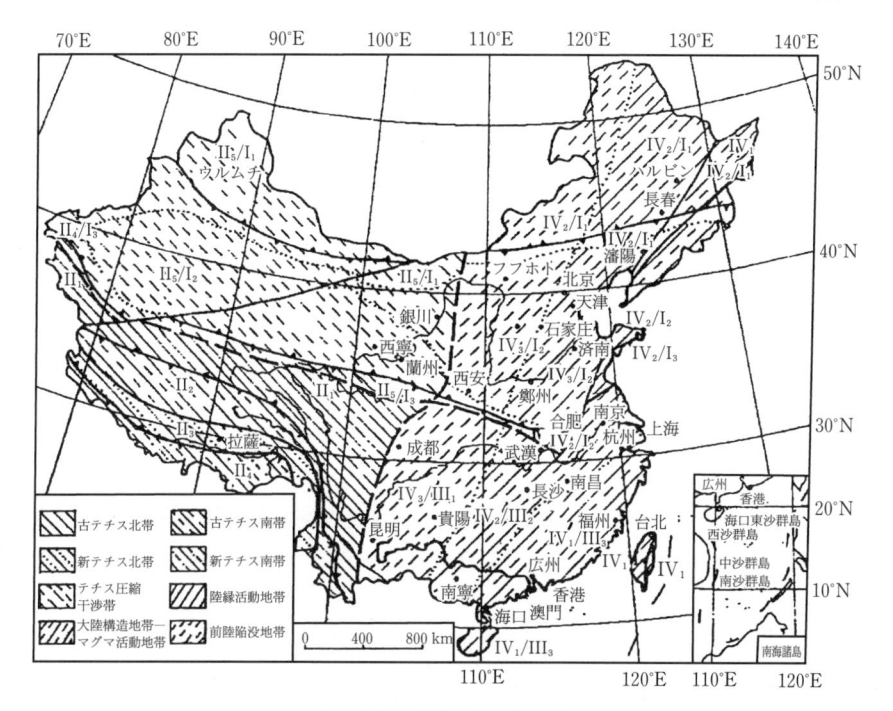

図 1-3-1 中国の構造帯略図

Ⅰ) 古アジア構造帯. I_1, 天山—興安区（ジュンガル—興安と天山—赤峰の活動地帯を含む）；I_2, タリム—華北区；I_3, 崑崙—秦嶺区.
Ⅱ) テチス構造帯. II_1, 古テチス北帯；II_2, 古テチス南帯；II_3, 新テチス北帯；II_4, 新テチス南帯；II_5, テチス圧縮干渉帯.
Ⅲ) 古中国構造帯. III_1, 上揚子—康雲南地帯；III_2, 下揚子—江南地帯；III_3, 古中国地帯.
Ⅳ) 環太平洋構造帯. IV_1, 陸縁活動地帯（台湾—完達山の活動地帯）；IV_2, 大陸構造地帯—マグマ活動地帯；IV_3, 前陸の陥没地帯.
図中, 鋸歯状の太線はプレートの縫合地帯である. 太い実線は断層地帯, 太い点線は構造地域の境界線, 点線はより詳細な構造帯区分の境界線である. IV_2/III_2 は時期の異なる様々な構造域が重なり合う区域である.

地以西のチベット高原地区を含み，華南プレートの西縁帯，チベット・雲南プレートとインドプレートの北縁にあたる．古テチスは，古生代晩期にローレンシア古大陸とゴンドワナ古大陸の間にくさび形の海洋があったことを示すものである（黄汲清ほか，1987）．瀾滄江地帯を境に，その北（東）は北テチス（古テチス北帯II_1），その南（西）は南テチス（古テチス南帯II_2）と呼ばれる．

環太平洋構造帯は，インドシナ造山運動[2]後に形成されたユーラシア大陸プレートとクラ（庫拉）―太平洋プレートとの間における激しい相互作用によって形成された壮大な構造帯である．

中国の西南地区は長期にわたる地質の発達過程の中で，造山，造陸，海進，海退などの段階を経験した．今から8.5億年前の原生代末期震旦期[2]には，褶曲を主にした晋寧運動，澄江（チャンジャン）運動[2]が起こり高黎貢山古島が現れた．古生代においては，地殻活動は比較的安定し，海進―海退のサイクルを繰り返しながら古大陸は拡大していった．今から2.85億年前の古生代末期の二畳紀には，海進の範囲が拡大し，西南地区は分厚い炭酸塩岩類が堆積した．二畳紀末には大規模な玄武岩の噴出があり，瀾滄江の断層沿いでは大量の花崗岩の侵入があった．今から2.5億年前の中生代三畳紀のインドシナ運動は，西南地区の沈降過程をほぼ終了させた．全地域が上昇し，海退が進行して陸地が形成された．陸域内の変動段階である2.13億年前以降のジュラ紀―第四紀は，ジュラ紀―白亜紀の燕山期と新生代以後のヒマラヤ期に区分することができる．この段階で，四川西部は隆起し，ほぼ全面的に浸食域となり，東部の海進は終了した．大規模な四川盆地が形成され，現在見られる地形の原形が完成した．

今から1.4億年前の白亜紀燕山運動の期間，雲南の中部地帯の断層盆地には，広範囲に分厚い赤色の砕屑岩（滇中紅層）が堆積した．「禄豊恐龍」の化石はこの地層で発見されている．今から6500万～4000万年前の新生代第三紀には，隆起が生じ，雲貴高原の原形が形成された．雲南中部に一連の断裂による断層盆地が形成され，湖も形成された．四川の西方と雲南の北方では，著しい褶曲によって断裂が生じ，南北方向の横断山脈を形成した．第四紀のネオテクトニクス運動[2]，不均等な隆起のため，雲貴高原が激しく上昇するとともに東南方向へ階段状に傾いた形状を呈するようになり高原面は解体した．雲南東部では高原面の原形は比較的よく保存されているが，周辺地帯は河川に深く浸食され，高低差の大きい地塊山地と盆地が形成された．盆地の堆積層は厚く，「元謀人」（約100万年前に雲南中部の元謀に生存したと考えられる原人）の化石はその更新世の地層で発見されている．ネオテクトニクス運動は雲南のマグマの活動，地熱の分布，鉱物の形成と構造の変形を広範囲に支配しており，激しい

地震と火山活動を伴っているため，この地域の地質と地形の研究は重要な意義がある．

中国の断裂構造はよく発達し，プレート活動の制約をうけているため，配置の規則性が明瞭である．断裂の分布地域の組合せの特徴とその応力場の体系により，おおよそ中国の陸域の断裂地帯は，北部，西南部，東部および中部の4つに分けられる（程裕淇，1994）．それらは，前に述べた構造帯の区分に基づいており，古アジア型，テチス型，古中国—環太平洋型と賀蘭（ホウラン）—康滇（カンディエン）型の4つである．西南地区の断裂構造システムは，主にテチス型断裂システムと古中国—環太平洋型断裂システムとを含む．

プレートテクトニクスの観点から見て，西南地区はユーラシアプレートとインドプレートが衝突する場所で，変動帯であり，アジアの大陸の地質構造が最も複雑な地区でもある（李春昱，1980）．境界でユーラシアプレートとインドプレートは相対運動し，その周辺部で断層を形成している．その規模は巨大で，長さは千km，深さはマントルまでにも達しており，深く大きな断裂のあるのが特徴である．上に述べたインドプレートとユーラシアプレートの二つのプレートの運動作用以外にも，ユーラシアプレート内ではいくつかの小さなプレートが相互に作用し一連の大断層を形成している．ある大断層は中国の西南の境界内百数kmにも延びて，地殻の十数kmに深く入り込んでいる．

2　地形特性

西南地区には横断山脈域，雲貴高原，四川盆地と広西石灰岩丘陵山地の四つの主要な地形単位が含まれ，中国の主要な地形区分である東西方向の三段階構造[4]も認められる．また，地形種も多種多様である[5]．一般的な地形特性は西北が高く，東南が低い．大まかには四川の青川，灌県，雅安，石綿，塩源，雲南省の麗江，剣川，蘭坪の線以北は第一段であり，海抜高度は大部分が4000m以上，山地の多くは海抜5000m以上で，チベット高原の東縁部である．広西にある三江，融安，河地，百色の線の東南は第三段に属し，カルストの低い山，丘陵地と平原が分布している．山地は海抜500〜1000m，大明山，大瑤山

の海抜は1500m以上で，丘陵地，平原は大部分が200m以下にある．上に述べた地区の間にある広大な部分は全て第二段で，大部分は海抜が1000〜2000mであり，雲貴高原，四川盆地及び周囲の山地と雲南の西山地を含む．四川盆地は第二段の地形面上の盆地である．

　西南地区における地形の第二の特性は起伏量が大きいことである．貢嘎山(コンガサン)（ミニヤコンガ）は西南地区の最高峰で，海抜が7556mあるのに対し，東部四川省の巫山県附近の長江水面はわずか80m，雲南省南部の河口附近の元江(ユアンジャン)は海抜が74mであり，広西の北海市の海抜は海水準に近い．そのため，この地区の最高点と最低点の差は約7000mとなる．同時に，この地区の西部は多くの河川の上流部であり，河川の激しい下刻のため，深い峡谷が形成され，その高低差は大きい．四川省西部と雲南省北部の金沙江(ジンシャージャン)，雅礱江(ヤーロンジャン)，大渡河(ダートゥーホォ)，岷江(ミンジャン)などの高低差は2000〜3000mにも達する．貢嘎山の附近が最大で，この東側の約25km離れている大渡河は海抜1100mであり，両者の高低差は6400mにも達する．大きな高低差は自然垂直帯の多様性を与えることになり，豊富な生物資源のための良い条件となっている．

　また，この地域ではネオテクトニクス運動が活発で，流水などの外的営力による浸食が強烈であるため，地形はその起伏が大きい．そして，高原，山地，丘陵地の分布が大きく，平地面積は小さい．これは西南地区地形の第三の特徴である．統計によると，この地域の平地面積は総面積に対して，貴州3％，雲南6％，四川7.85％，広西の12.6％である．

　地形の相違によって，西南地区は川西滇北（四川西・雲南北）高原，四川盆地，雲貴高原，滇西（雲南西）山地と広西盆地の五つの部分に分けることができ（図1-3-2），それぞれの地形特性は以下のようになる．

(A) 川西滇北（四川西・雲南北）高原

　四川西・雲南北高原は高度が大きく，高原面の海抜が4000〜5000mで，北から南へ傾斜している．そして高原面上には高峰が屹立している．例えば西部の梅里雪(メイリシュエ)山は海抜6740m，北部の貢嘎山は海抜が7556m，雀児山の海抜は6168m，格聶山の海抜は6204m，南部の玉龍雪(ユーロンシュエシャン)山は海抜が5596mである．

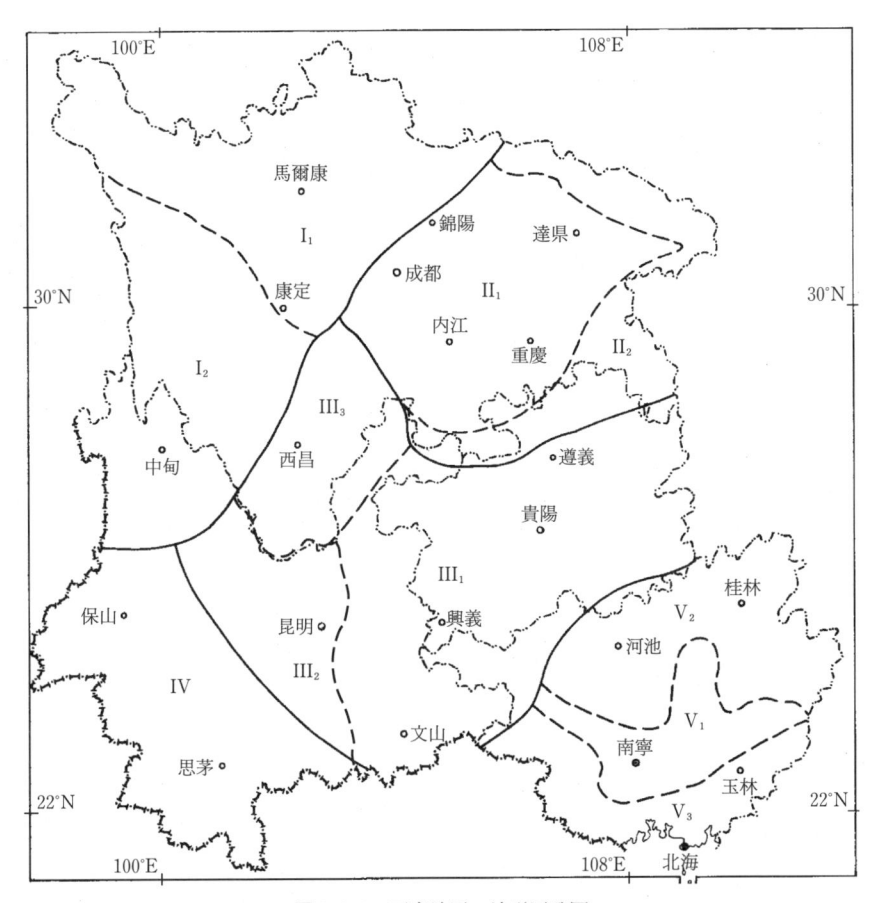

図1-3-2 西南地区の地形区分図

Ⅰ：川西滇北（四川西・雲南北）高原（I₁：川西北（四川西北）丘状高原，I₂：川西奁北（四川西・雲南北）高山高原）
Ⅱ：四川盆地及び盆周山地（Ⅱ₁：四川盆地，Ⅱ₂：盆周山地）
Ⅲ：雲貴高原（Ⅲ₁：貴州高原，Ⅲ₂：滇中（雲南中部）高原，Ⅲ₃：川西南（四川西南）山地）
Ⅳ：滇西（雲南西）山地
Ⅴ：広西盆地（V₁：郁江平原と丘陵，V₂：桂北山地と平原，V₃：桂南低山と平原）

　それらの山頂は一面雪で覆われ，現在も氷河が見られる．山脈と河川の多くは，南北方向の断裂構造に支配され，南北方向に平行に並ぶように配置されている．西から東に向かって高黎貢山，怒江，怒山，瀾滄江，雲嶺，金沙江，沙

魯里山, 雅礱江, 大雪山, 大渡河, 邛崍山, 岷江, 岷山などがある. 峰と谷が交互に存在することは東西の交通に対しての大きな障害となっており, この部分は「横断山」とも呼ばれている. 北部の高原面はよく保存されており, 河川の下刻作用は比較的小さく (多くは 500 m より小さい), 丘陵状の高原と, 幅が広く浅い谷状のくぼ地を形成する. 高原の南部の河川は徐々に南北方向に変わり, 南下に従って河川の下刻作用がより強くなる. これは高原上に壮観な峡谷地形を形成する. 峰と谷の高度差は 2000～3000 m, 谷底の海抜は 1000～2000 m である. 長期的な流水の浸食作用により, 南部は激しい下刻作用を受け, また中部では最も深く下刻されており, その高度差は一般に 1500～3000 m で, 峡谷地形を形成している. 有名な虎跳峡では, 両岸の山地の海抜は多くが 5000 m 以上であり, 金沙江の水面は 2000 m 弱なので, その高度差は 3000 m 以上にも及び, 世界でも珍しい峡谷地帯になっている.

(B) 四川盆地

四川(スウチョワン)盆地は周囲が山に囲まれ, 中国では典型的な大型構造盆地である. 総面積が約 29 万 km², 形状はひし形に似ており, 広元, 雅安, 叙永, 奉節の四点を結ぶ線がほぼ境界になり, 周りは山地に囲まれる. 盆地の西縁には岷山, 龍門山, 鄧峡山, 峨眉山, 大涼山などの中・高山が分布し, 山地の海抜は 3000 m 以上である. 龍門山の主峰の九頂山は, 海抜 4984 m, 峨眉山の主峰は海抜 3098 m と高度差は 1000 m 以上ある. 斜面は急傾斜であり, 川西高原と四川盆地の遷移地帯になっている. 盆地の北縁, 東縁, 南縁の山地は相対的に低く, 北縁の米倉山, 大巴山連峰の海抜は 1000～2500 m であり, カルスト地形が発達している. 米倉山の主峰の光霧山は海抜 2567 m, 大巴山の最高峰は四川と湖北の境界になり, 2767 m に達する. 東縁と南縁には巫山, 七輝山と大婁山が屹立する. 山地の海抜は一般に 1000～1500 m であるが, 金仏山だけは 2251 m である. これらの山地の多くは石灰岩が分布する地域で, 溶食で形成された峰, くぼ地が山体上に連なっている. また, 長江は巫山を, 烏江は大婁山を侵食し, 峡谷地形を形成する.

四川盆地の底部は海抜が 200～750 m である. 盆地の中に龍泉山, 華鎣山な

ど 20 数の北東-南西の線状の山地があり，海抜はいずれも 1000 m 前後であるが，華蓥山の主峰 1704 m が最高点である．盆地底は南へ傾斜しているため，長江の主流が南に偏り，長江を中心とした非対称の向心状の水系を構成しており，盆地は三つの部分に分けることができる．①龍泉山以西は成都平原で，断裂沈下平地であり，岷江などの河川沖積地である．西北から東南に傾いており，平均的な傾斜度は 3～11% となっている．②龍泉山と華蓥山の間には丘陵地帯が分布しており，起伏量が 20～200 m，海抜が 200～600 m である．盆地の南部には主として起伏量が 100 m 以下の低い丘陵が分布し，北部には起伏量が 100 m 以上の高い丘陵が多い．③華蓥山以東は盆地東部に平行な山地と渓谷が続き，北東-南西方向の背斜山地と向斜谷地が形成されている．これには華蓥山，銅鑼山，明月山，鉄峰山，黄草山などの 20 数山が含まれる．山地の長さは 300 数 km から 20～30 km 程である．海抜は約 1000 m，山地の横幅は狭く，5～8 km である．このような線状山地間の丘陵地帯は比較的広く，一般に 10～30 km，海抜が 300～500 m である．

(C) 雲貴高原

雲貴高原は海抜が 1000～2000 m であり，西北が高く，東南は低い．河川の浸食を受け，大地が開析されており，カルスト地形が広く分布している．雲南中部と貴州西部の高原面は比較的よく保存されており，起伏の穏やかな高原と盆地である．その周りは，高度差の比較的大きな山地に囲まれている．北部には大涼山，大婁山，東部には仏頂山，そして南部には苗嶺が位置している．雲貴高原は更に，東部の貴州高原，西部の雲南高原と四川西南山地に区分することもできる．貴州高原には長江流域と珠江流域の分水嶺があり，北部と東北部の河川は長江水系に属し，西部と東南部の河川は珠江の水系に属する．主要な河川は，烏江，清水江，都柳江，北盤江と南盤江などであり，その上流と分水嶺付近に比較的広い盆地が分布し，中流の河谷の多くは峡谷である．貴州高原の地勢は北高南低，西高東低であり，西北部の海抜が 1500～2000 m，中部は 1000 m ぐらいで，南部と東部が 500～800 m である．一部には 2000 m 以上の山地もあり，梵浄山が 2493 m，雷公山が 2178 m である．貴州高原の遵義以

南と苗嶺の以北は低い山，広い谷，浅い盆地から構成される．山地の海抜は，1000〜1400 m，盆地と広い谷の海抜は多くが 800〜1000 m である．炭酸塩類岩石の分布が広いため，カルスト地形が発達する．苗嶺以南は南へ傾く一つの大きな斜面であり，多くの河川はこの斜面に沿って流れ，下刻によって平行する渓谷を形成する．渓谷間には溶食山地が分布する．

中新世以降，インドプレートとチベットプレートは激しく衝突し，雲南高原は非常に影響を受けている．新しい断裂構造と古い断裂構造の活動は非常に活発で，大きな断裂の多くは雲南高原の地形，水系の発達と構造を支配している．このような特徴は雲南省の地形区分図に示される（口絵 6）．ネオテクニクス運動の中で，すでに準平原化した大地が再び隆起し，種々の平坦面が現れる．雲南高原の北部と西部の平坦面は激しい侵食を受け，山原[6]や山地となる．中部の準平原面の侵食は比較的小さく，高原平坦面の形態を維持している．高原中央部は広々とした緩傾斜の平坦面であり，平坦に削剝された最新の地層は白亜系で，その上は第三紀層で覆われていないが，鮮新世初期の赤色の風化殻がある．雲南高原の中生代の地層は多くが陸域堆積岩で，高原面は赤色岩系が広く分布しており，「赤色高原」（滇中紅色高原）とも呼ばれる．雲南高原のもう一つの地形的な特徴は盆地が広範囲に分布していることである．盆地の多くは断層盆地に属し，その中には新第三紀以降の堆積物があり，段丘と平野を構成する．統計によると，雲南省には 1 km² 以上の盆地は 1400 余りあり，総面積が 2.4 万 km² であり，省総面積のおよそ 6％を占める．

雲南の中部は，金沙江，元江と盤江の分水嶺地帯で，高原面が比較的よく保存されており，平均海抜高度は 2000 m である．高原面上には起伏量が 30〜50 m のいくつもの球状赤色丘が存在している．また構造湖が大変多い．最大水深のものは撫仙湖であり，157 m に及ぶ．昆明盆地は最大の構造盆地で，面積が 1070 km²，海抜が 1900 m であり，断層陥没凹地に形成されている．昆明盆地には著名な滇池があり，面積は 305 km² である．高原上でもう一つの著名な大理盆地は構造盆地であるが，その中では洱海が広がり，面積は 250 km² である．図 1-3-3 は雲南高原の湖沼が小江断層活動から受けている走向方向の特徴を示している．

雲南東部の西側には炭酸塩類岩石が分布し，カルスト高原が発達している（滇東カルスト高原）．そこでの平均海抜は約2000mである．カルスト地形としては路南石林（ルーナンシーリン）が有名である．この地域には各種のカルスト地形が認められる．カルスト作用は深部にも及び，河川争奪現象も認められる．東部ほどカルスト作用が強烈であり，石林が多く，平地は少ない．このような地形の成因にはこの地域が雲南高原から貴州高原へ至る斜面に位置していること或いはネオテクトニクス運動における隆起速度が異なる遷移地域に位置していることに関係している．

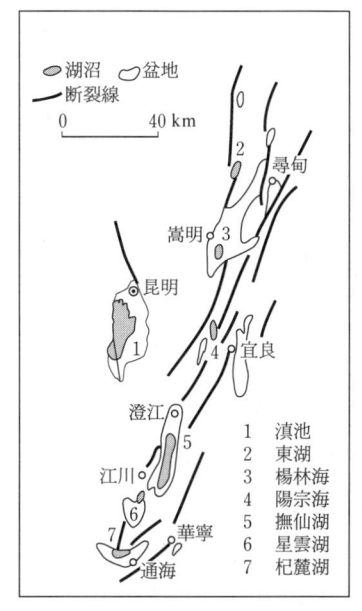

図1-3-3　雲南小江断層の湖沼の分布

(D) 滇西（雲南西）山地

　雲南西山地は雲南高原の元江から西南部，ミャンマーの境界に至る部分である．哀牢山，無量山は，高原が紅河，阿墨江，把辺江，瀾滄江などの浸食から取り残された高原の一部である．事実，その山頂は海抜1600〜1700 mの高原面であり，哀牢山の頂部ではその幅が60 kmに達する．高原面上では波状の丘陵地と盆地が連なり，丘陵地は通常，盆地より100 mほど高い．この高原面は西南方向に徐々に海抜高度が低下し，例えば西双版納一帯の山頂高原面では海抜が約1300 mであり，そこでの残丘の相対高度は約90 mである．雲南西部の山地では，いくつかの山は海抜3000〜4000 mである．例えば点蒼山は4122 m，哀牢山は3165 m，無量山は3306 m，高黎貢山は3374 mである．雲南西部山地の水系は瀾滄江を中央とし，北から南へ扇状に広がり，高原面と山地も扇状に分布している．

(E) 広西盆地

　広西壮族自治区は，地形的にみれば，一つの大きな盆地である．北側と西側は雲貴高原縁部の斜面地帯で，東北は南峰西端の都龐峰と萌渚峰で，東南には十万大山と雲開山があり，その高度は海抜1000～2000mである．広西盆地は西北から東南へ傾いており，右江，紅水河，柳江と桂江などはこの傾斜方向に沿って西江（南寧から桂平までまた郁江，桂平から梧州までは尋江とも呼ばれる）に入る．西江に沿っては広大なカルスト沖積平野が分布する．郁江平原は広西を貫くように西から東へ分布している．その百色から藤県までの長さは500km近くに及び，南北の幅は約40～100kmである．海抜は200m以下であり，貴県以東の海抜は50mより低くなる．桂南の南流江，欽江平原の海抜も50m以下である．大新―忻城の線を大まかな境界に，西部には低い山，丘陵が密に分布している．また，東部では山地が分散しており，海抜は200m程度であり，100m以下の盆地と平原がかなりの割合を占める．広西盆地の炭酸塩岩石の分布は広く，カルスト地形が発達し，西から東へ向かって，徐々に密集峰凹地から峰林谷地，孤峰平原に移行する．郁江平原以北は比較的高い地勢であり，中程度の山が分布している．大明山，大瑤山，九万大山などであり，主峰の海抜は1000m以上である．この他に秦王老山2062m，元宝山2081m，聖堂山1979m，龍頭山1760mなどがある．郁江平原以南は低山，丘陵が主であり，六万大山，大容山などの主峰はいずれも1000mぐらいである．地勢の相違によって，広西盆地はまた次のように区分することもできる．すなわち郁江平原と山地，桂北の中心地と丘陵，桂南の低い山と平原の三部分である．

　西南地区の現地形の形成にはヒマラヤ造山運動が非常に大きな影響をもたらした．中新世までに，全地域は準平原となり，広大な平坦面を形成した．鮮新世末以降のネオテクトニクス運動の中で，全地域は間歇的に急激な隆起と新断裂活動が発生し，そして断裂塊の不均等な昇降が中新世までに形成された準平原を2000～2600m（雲南の中部）から3500～4000m（四川の西部）までの高度とし，続いて断裂解体して，今日広範に分布する高原，山原[6]と山地になった．断裂線に沿った線状構造，雁行構造に断層凹地および盆地が発生した．こ

のように異なる高さに存在する広範な平坦面と，広範で規則的に分布する断層凹地および盆地は西南地区の複雑な地形特性の一つを示している．

注
1) 西南地区の地質に関する総合調査研究には長い歴史があり，すでに多くの成果が得られている．中華人民共和国成立（1949年）以前では，『The Geology of China（中国地質学）』（Lee J. S.（李四光），1939），『中国主要地質構造単位』（黄汲清，1945）において，西南地区の地層，地域的な地質構造についての概要が報告されている．その後の地質研究に関する代表的成果は以下の通りである：『中国大地構造及其演化（中国の大地構造とその発達史）』（黄汲清・任紀舜，1980），『中国板塊構造輪廓（中国プレートテクトニクスの構造概要）』（李春昱，1980），『中国地層概論』（楊遵儀，1982），『中国地質学』（楊遵儀・程裕淇・王鴻禎，1989），『中国区域地質概論』（程裕淇，1994）．中国では，1980年代末までに，全国1：100万の地質大調査，1：20万の総合区域地質調査および一部地区の1：5万の総合地質調査などが完了した．同時に，中国の各省・区の『区域地質誌』などが編集出版され，西南地区の地質についても多くの知見が得られてきている．

　西南地区の地質調査と研究に関する論著も多く出版されている．例えば地域の地質構造に関する分析（范承鈞，1982，1983；黄汲清・陳炳蔚，1987；陳元坤，1987），地層岩石の地域特性に関する研究（彭興階・羅万林，1983；陳吉栄，1989；沈上越，1991；路鳳香・莫宣学，1991）などである．西南地区の地質構造は複雑であり，その構造区分，形成および発達についてはいくつかの意見があるが，この節で述べる地質構造の概況は，主として上述の西南地区地域地質調査の成果および研究資料に基づいている．
2) 本文の記載を，都城秋穂（編）（1979）を参考にまとめると以下のようになる．

地質時代	年　代	造構期（造山運動期）
新生代	0～0.26億年前	ネオテクトニクス
	0.26～0.65億年前	ヒマラヤ
	0.65～1.8億年前	燕山
	1.8～2.3億年前	インドシナ
古生代	2.3～4.0億年前	バリスカン
	4.0～5.7億年前	カレドニア
先カンブリア代	5.7～8.5億年前	震旦　晋寧運動，澄江運動
	8.5～13億年前	晋寧

都城秋穂（編）（1979）世界の地質：岩波書店．
3) 古生代後期に出現し古第三紀まで存在していたヨーロッパとアフリカとの間に広がっていたテチス海周辺域の造山運動が活発であった変動帯を示す．

4）第一段はチベット高原で平均海抜高度が 4000 m 以上，第二段は海抜 1000～2000 m の中部山地，第三段は東部の平原・丘陵でほとんど海抜 500 m 以下である．口絵 2 を参照．
5）地形の形成要因と区分に関する研究は，自然資源の開発利用，工事・建設，農業発展などの経済建設に直接関係するため，この地域の地形学研究は重視されている．この地区に関連する地形分類図と地形図は 1959 年の中国科学院地理学研究所が作成した中国地形分類図，1987 年作成の 1：100 万比例尺の中国地形図，および 1994 年に改正補充後に完成した 1：400 万の中国地形図，雲南省地理学研究所 1988 年作成の 1：50 万の雲南省地形分類図などがある．50 年代の末から 70 年代まで中国科学院は《中国自然地理》編集委員会を設立して，何度も西南地区の自然地理（地形）に関する調査分析と総括を行った (1979)．また，80 年代に中国科学院は青蔵高原総合科学考察隊を設立して，雲南省の西北，四川省西南一帯の横断山の地形特性を系統的に調査研究した（李炳元・王富葆，1983；楊勤業，1983）．中国の西南部を開発し，資源の利用と地区の発展を促進するため，90 年代初に中国科学院は特別に西南資源開発考察隊を設立して，この地区の地形特性や資源利用と地域発展に関する研究を行った（程鴻・孫尚志，1991；陳傅友，1991）．また，同様な目的で，国家教育委員会は《中国の自然区分と開発整理》などの特定研究に関わるグループを組織した（任美鍔・包浩生，1992）．その他，この地域においては流水地形，カルスト地形，氷河地形などに関する研究は非常に多い．
6）中国語では山地，山系，高原，盆地を含む複合体の地形を意味しているが，日本語ではあまり使用されない．

文献

Lee, J. S.（李四光）(1939)：The Geology of China, London：Tomas Murby & Co.
黄汲清・任紀舜 (1980)：中国大地構造及其演化，科学出版社．
黄汲清・陳炳蔚 (1987)：中国及隣区特提斯地演化，地質出版社．
李春昱 (1980)：中国板塊構造輪廓．中国地質科学院院報，2 巻 1 号，地質出版社．
楊遵儀 (1982)：中国地層概論，地質出版社．
楊遵儀・程裕淇・王鴻禎 (1989)：中国地質学（The Geology of China, Oxford University Press, 1986，中訳本），中国地質大学出版社．
程裕淇 (1994)：中国区域地質概論，地質出版社．
地質部科学研究院主編 (1964)：中国大地構造基本特徴，中国工業出版社．
范承鈞 (1982)：滇西区域地質特徴．雲南地質，1 (4)．
范承鈞 (1983)：三江褶皺系的印支期構造運動―瀾滄運動．青蔵高原地質論文集，12，地質出版社．
陳元坤 (1987)：哀牢山-点蒼山推覆構造的認識依据和討論．雲南地質，6 (4)．
彭興階・羅万林 (1983)：瀾滄江南段双変質帯．青蔵高原論文集，13，大衆出版社．

陳吉琛（1989）：滇西花崗岩類形成的構造環境及岩石特徴．雲南地質，8（3-4）．
沈上越（1991）：金沙江帯火山岩構造-岩漿岩類型探討．中国西部特提斯構造演化及成鉱作用，電子科技大学出版社．
路鳳香・莫宣学（1991）：三江地区洋脊及准洋脊型火山岩．中国西部特提斯：構造演化及成鉱作用，電子科技大学出版社．
王鴻禎・楊森楠・劉本培（1990）：中国隣区構造古地理和生物古地理，中国地質大学出版社．
譚忠富・張啓富・袁正新（1989）：中国東部新華夏系，中国地質大学出版社．
中国科学院地理研究所（1959）：中国地貌区割（草案），科学出版社．
中国科学院地理研究所（1987）：1：100万中国地貌図及説明書（草案），科学出版社．
中国科学院地理研究所（1994）：1：400万中国及隣近地区地貌図及説明書，科学出版社．
《中国自然地理》編写組（1979）：中国自然地理，高度教育出版社．
任美鍔・包浩生（1992）：中国自然区域及開発整治，科学出版社．
李炳元・王富葆（1983）：滇西北，川西南地区地貌的基本特徴．横断山考察専集（一），雲南人民出版社．
楊勤業（1983）：横断山総合自然区割．横断山考察専集（一），雲南人民出版社．
程鴻・孫尚志（1991）：西南区域発展，中国科学技術出版社．
陳傳友（1991）：西南水資源開発戦略研究，中国科学技術出版社．

（唐　　川，柏谷健二）

1—4
中国の植生概観
—— 分布と気候要因,その変化

1 植生分布を決定する要因

　世界の植生図を見ればわかるように,ユーラシア大陸の東縁部では,南から北に向かって,熱帯・亜熱帯林,照葉樹林,落葉広葉樹林,北方針葉樹林の順に,森林帯が連続的に配列している.このように長大な緯度方向の森林の連続体は,世界のほかの地域には見られない.地球の亜熱帯を取り巻いている中緯度高圧帯の乾燥気候が,この地域では欠けているからである(Kira, 1991).中国は,海南島(ハイナン)の北緯約18°から約53°の大興安嶺(ダーシンアンリン)まで,35°の緯度範囲にまたがっており,この東アジア森林連続体の主体をなしている.

　一方,この南北方向に対して,東西方向にも規則正しい植生の配列が見られる.長江(チャンジャン)に沿ってほぼ北緯30°線を西にたどると,東の低地型植生から山地型,高地型へと変化する(方,1996)し,また半乾燥・乾燥気候の卓越する北緯35〜40°の緯度帯では,気候の乾湿度に対応する植生変化が最も明瞭で,東から西へ森林→草原→砂漠と推移する.

　このように,中国大陸の植生型は,南北と東西との2方向の大規模な変化軸に沿って分化し,配列している.この分布の基本原因は,温度と降水量の2つの気候要因の勾配であって,さらに地形が両者の複合した要因として分布に影響する.

(A) 温度要因

　図1-4-1は,比較のためほぼ同じ標高(海抜100〜150 m)の地点を選んで,年平均および各月の平均気温の緯度による変化を示す.どの月でも,平均気温

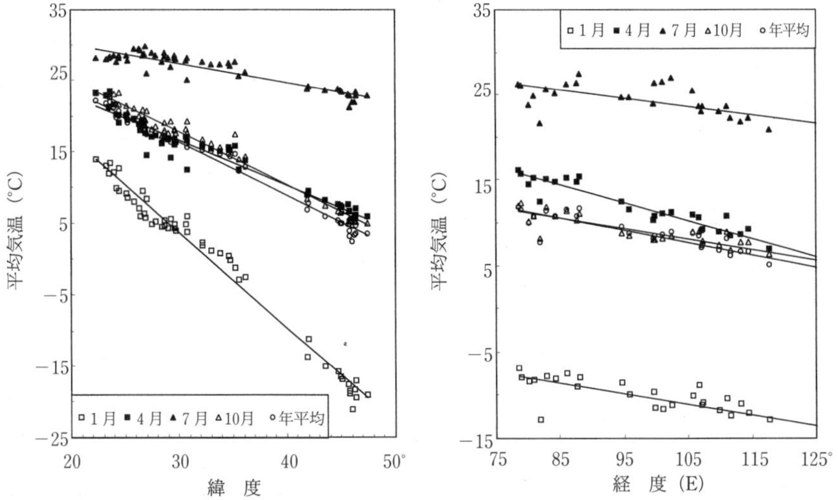

図 1-4-1　ほぼ同じ海抜高度（100～150 m）の地点について比較した緯度と平均気温との関係（方，1992）

図 1-4-2　海抜高度 800～1200 m の範囲の地点について比較した経度と平均気温との関係（方，1992）

は北上するにつれてほぼ直線的に下がっていき，その低下率（緯度方向温度減率）は 1 月に最大（1.35°C/度），7 月に最小（0.27°C/度），4 月と 10 月はそれぞれ 0.66，0.54，年平均は 0.76°C/度である．ただし，夏の減率はあまり明瞭でない場合もある（方，1992）．福井（1954）によれば，北緯 20～50°の範囲の世界平均で，1，4，7，10 月および年平均の緯度方向温度減率は，それぞれ 0.97，0.67，0.34，0.65 および 0.65°C/度となっているから，それと比較して，中国では冬の減率がとくに大きい．これは，モンスーンの影響をはっきりと表わしており，この南北の温度差の大きさが植生帯の南北配列の明瞭な分化に対応している．

一方，太平洋岸から内陸に向かっての東西方向の温度勾配も，地域によってははっきりと認められる．例えば北緯 40°断面（39～42°）では，西から東に向かって経度の増加とともに平均気温が低くなり，経度方向温度減率が 0.13（1 月），0.22（4 月），0.11（7 月），0.14（10 月），0.16°C/度（年平均）となる（方，1992）（図 1-4-2）．すなわち，同じ緯度・高度では，内陸のほうが気

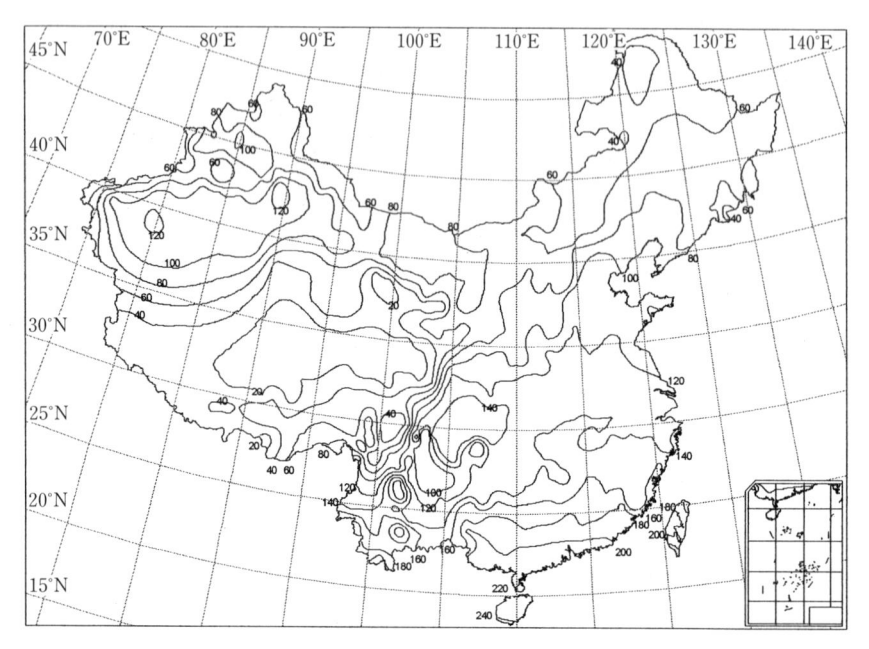

図 1-4-3　中国全土の暖かさの示数（WI）[°C・月] の分布（Fang ほか，2002）

温が高いことを示し，植生地理学上かなり大きな意味を持つ．これは，一般にいわれる大陸性気候と海洋性気候との対比とは異なった，中国の気温分布の特徴といえよう．中国で，同一植生帯の分布上限が西方ほど高くなるのは，これに起因していると思われる．

図 1-4-3 は，中国大陸の暖かさの示数（温量指数，WI）[1]（吉良，1945）の分布図である（方，2002）．図上の WI [°C・月] の値は，海南島の 245 から大興安嶺の 40 以下の範囲にあり，熱帯域から亜寒帯域までを含んでいることを示す．さらに，西部のチベット高地では，WI が 15 より小さい地点が少なくないから，中国大陸は熱帯（WI>240）から寒帯（高山帯，WI<15）までのすべての温度気候帯をもつことになる．

(B) 乾湿度要因

中国では，モンスーンの影響の違いに応じて，降水量の地域差が大きく，平

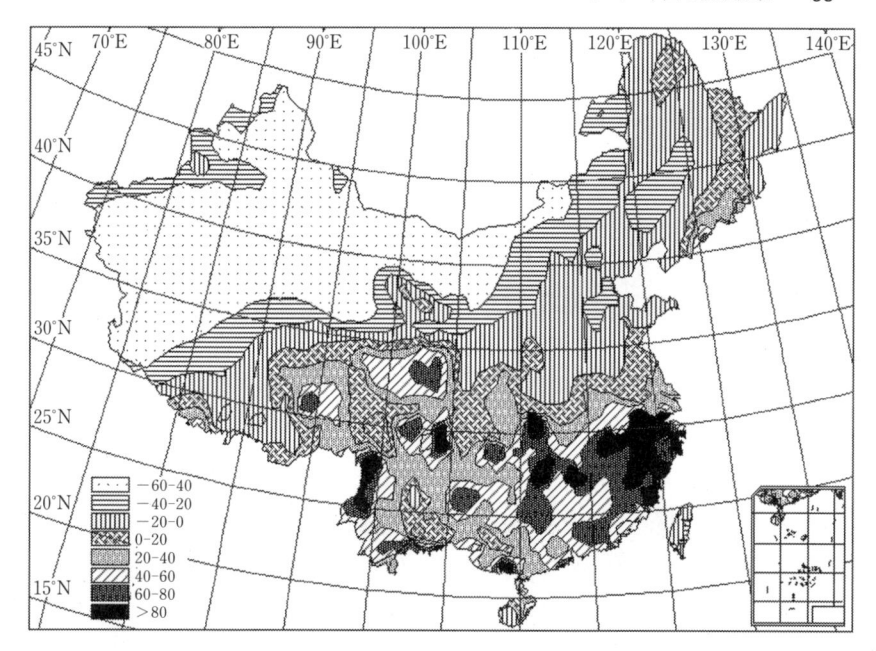

図 1-4-4 中国全土の湿潤度指数 (Im) の分布 (Fang and Yoda, 1990a)

均年降水量に 12.5 mm から 6558 mm までの開きがある (方, 1996). 降水量変化の勾配は南西→北東方向であって (口絵 1), 中国の気候と植生は, 湿潤な東部域と乾燥・半乾燥の西部域との 2 つに大別され, その境界線は 400 mm/年の等雨量線にほぼ一致する (中国自然地理編集委員会, 1985).

ソーンスウェイト (Thornthwaite, 1948) が提案した湿潤度指数 (moisture index, Im)[2] の中国における分布 (図 1-4-4) と植生分布との関係を調べると, 東部湿潤域と西部乾燥域との境界線は, ソーンスウェイトの定義通りほぼ Im=0 の等値線に一致した. 多雨型森林 (雨林, 照葉樹林), 落葉樹林, 疎林 (USA でいう woodland), 草原, 砂漠・半砂漠の各植生型に対応する Im の値は, それぞれ >60, 60〜0, 0〜−20, −20〜−40, <−40 となった (Fang and Yoda, 1990a).

この結果に基づいて計算してみると, 乾燥地域の面積は中国全土の 56% を占めており, 中国の乾燥植生の広さが想像できるだろう. 中国の気候・植生区

分で重要な意味をもつ秦嶺—淮河線は，湿潤気候（南側）と乾燥・半乾燥気候（北側）とを分ける乾湿度気候の境界となる（方，1992）．なお，北京周辺は半乾燥の疎林地帯と推定される（方，2001）．

(C) 地形要因

大地形は，中国大陸の植生分布を支配するもう1つの重要な要因である．中国は山地の多い国で，山地の面積が国土面積の 2/3 をも占めている（中国自然地理編集委員会，1985）．大地形の最大の特徴は，東西方向の3段階構造であろう．第1段階（I）は，チベット高原で平均海抜高度が4000 m以上，第2段階（II）は高度1000〜2000 mの中部山地，第3段階（III）は東部の平原・丘陵で，ほとんど高度 500 m 以下である（口絵2）．植生と農業活動の分布は，このような地形様式とよく対応しており，I段階は高山植生，II段階は，南部では亜熱帯・暖温帯の山地植生が多く，北方では砂漠植生が優越し，III段階はほとんどが農地植生である．

2 中国のおもな植生型

東アジアの植生と気候要因の資料を用いて，年平均気温と平均年降水量を両軸に取った座標上に植生の大類型（大生態系，バイオーム）の占める範囲を記入すると，図 1-4-5 が得られる．ただし，中国では熱帯域の面積がごくわずかだから，この図では熱帯と亜熱帯を合併して示してある．この図から，任意の1地点の潜在的な自然植生を大まかに推定することができる．

口絵3は，侯（1984）の植生図（1：400万）に基づいてまとめた10種類のバイオームの現状分布である．Fang and Yoda (1989 ; 1990 a, b) は，この図から主要植生型の分布を解析，29個の自然・半自然植生型を認定した．それらのおもな構成種と気候特性を，それぞれ表 1-4-1 と表 1-4-2 に示す．詳しく検討すると，次のようなグループに分けることができる．

［高山帯植生グループ］　高山ツンドラ，高山メドウ (meadow) などから成り，WIは約 15 ［℃・月］で，乾湿度のほうは変動幅がかなり大きい．

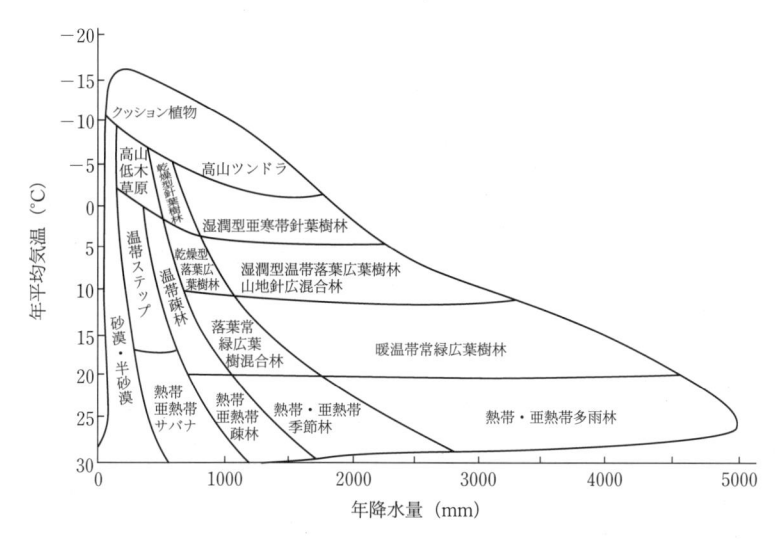

図 1-4-5 東アジアのおもな大生態系（バイオーム）の［年平均気温］/［年降水量］座標上での位置づけ（方, 1994）

表1-4-1 中国の主要植生型とそのおもな構成種（Fang and Yoda, 1989）

番号	植生型	主な構成種
1	ツンドラまたは高山草地（Tundra or alpine meadow）	*Arenaria nusiformis, Androsace tapete, Kobresia pygmaea, K. tibetica, Sabina wallichiana, Rhododendron nivale, Rh. anthopogon, Salix* spp.
2	山地草原（Mountain steppe）	*Stipa capillacea, S. purpurea, S. bungeana, Artemisia stracheyi*
3	シラベ・エゾマツ林（Fir and spruce forest）	*Picea asperata, P. purpurea, P. jezoensis, P. likiangensis, Abies georgei, A. fabri, A. spectabilis, A. nephrolepis*
4	山地低木林（Mountain scrub）	*Rhododendron fastigiatum, Rh. oreodoxa, Salix cupularis, Dasiphora fruticosa, Caragana jubata*
5	カラマツ林（Larch forest）	*Larix gmelinii*
6	温帯草原（Temperate steppe）	*Stipa grandis, S. krylovii, S. bungeana, S. breviflora, S. gobica, S. baicalensis, S. capillata, Filifolium sibiricum, Poa sphondylodes, Aneurolepidium chinensis, Bothriochloa ischaemum, Medicago falcata, Astragalus scaberrimus*
7	砂漠または半砂漠（Desert or semi-desert）	*Haloxylon ammodendron, H. persicum, Reaumuria soongorica, Calligonum mongolicum, Artemisia ordosica, A. sphaerocephala, Anabasis salsa, A. brevifolia, Ephedra przewalskii, Sympegma regelii, Potaninia mongolica, Iljinia regelii, Stipa breviflora, S. gobica*
8	塩生草地および塩生湿地（Saline meadow and marsh）	*Carex moorcroftii, Suaeda salsa, Achnatherum splendens*

9	疎林 (Woodland)	*Ostryopsis davidiana, Quercus mongolica, Populus euphratica, Ulmus pumila, Elaeagnus angustifolia, Corylus heterophylla, Spiraea pubescens*
10	チョウセンマツ・落葉樹混交林 (Korean pine and deciduous mixed forest)	*Pinus koraiensis, Carpinus cordata, Acer mono, A. triflorum, Quercus mongolica, Tilia amurensis, T. mandshurica*
11	落葉ナラ林 (Deciduous oak forest)	*Quercus mongolica, Q. liaotungensis, Q. dentata, Q. variabilis, Q. aliena, Q. glandulifera*
12	落葉樹林 (Deciduous forest)	*Acer davidii, A. laxiflorum, A. sinense, A. flabellatum, Betula utilis, B. delavayi, B. albo-sinensis, Tilia tuan, Fagus longipetiolata, Carpinus fangiana, Tsuga* spp.
13	砂地植物型 (Psammophyte type)	*Caragana microphylla* var. *daurica, Salix microstachya, S. cheilophila, Artemisia halodendron*
14	硬葉樹林 (Sclerophyllous forest)	*Quercus semecarpifolia, Q. pannosa, Q. aquifolioides, Q. spinosa, Q. longispica*
15	温帯低木林 (Temperate scrub)	*Vitex chinensis, Dalbergia hupehana, Zizyphus jujuba, Platycarya strobilacea*
16	常緑・落葉混交林 (Evergreen and deciduous mixed forest)	*Cyclobalanopsis glauca, C. oxyodon* var. *fargesii, Lithocarpus cleistocarpus, L. henryi, L. omeiensis, Acer sinensis, Fagus lucida, F. longipetiolata*
17	ウンナンマツ林 (Yunnan pine forest)	*Pinus yunnanensis*
18	タイワンアカマツ（馬尾松）林 (Horse-tail pine forest)	*Pinus massoniana*
19	常緑樹林 (Evergreen forest)	*Cyclobalanopsis, Castanopsis, Schima, Lithocarpus, Cinnamomum, Machilus, Manglietia*
20	山岳性サバンナ (Orographic savanna)	*Heteropogon contortus, Cymbopogon distans, Zizyphus mauritiana, Acacia farnesiana*
21	湿潤暖温帯低木林（酸性土） (Humid warm temperate scrub) (acid soil)	*Rhododendron simsii, Rh. mariesii, Rh. ovatum, Quercus fabri, Vaccinium bracteatum, Loropetalum chinense*
22	暖温帯低木林(石灰岩地) (Warm temperate scrub) (lime stone)	*Platycarya strobilacea, Rosa microcarpa, Zanthoxylum planispinum, Viburnum* spp., *Nandina domestica, Loropetalum chinese*
23	暖温帯低木林（赤色土） (Warm temperate scrub) (red soil)	*Rhododendron decorum, Ternstroemia gymnanthera, Myrsine africana, Vaccinium fragile*
24	亜熱帯低木林 (Subtropical scrub)	*Rhodomyrtus tomentosa, Baeckea frutescens, Melastoma candidum, Aporosa chinensis*
25	21と24の移行型 (Transition type between 21 and 24)	*Rhododendron simsii, Loropetalum chinensis, Rhodomyrtus tomentosa*
26	モンスーン林 (Monsoon forest)	*Antiaris toxicaria, Lagerstroemia intermedia, Gironniera subaequalis*
27	多雨林 (Rain forest)	*Vatica astrotricha, Amesiodendron chinense, Tarrietia parvifolia*
28	亜熱帯サバンナ (Subtropical savanna)	*Flacourtia indica, Heteropogon contortus, Cymbopogon distans, Pandanus tectorius*
29	熱帯低木林 (Tropical scrub)	*Scaevola sericea, S. hainanensis, Pisonia grandis*

1—4 中国の植生概観　57

表1-4-2　中国の主要植生型の各種気候指数値（Fang and Yoda, 1989, 1990）

植生番号	最低気温 (℃)	1月平均気温 (℃)	7月平均気温 (℃)	年平均気温 (℃)	暖かさの示数 WI (℃・月)	寒さの示数 CI (℃・月)	平均年降水量 (mm)	蒸発散位 (mm/年)	湿潤度指数 Im
1	−48.1〜−30.1	−26.0〜 −8.9	5.4〜10.6	−7.3〜 0.2	0.4〜 15.6	−127.8〜−71.2	229〜1333	297〜 393	−19.4〜347.4
2	−33.5〜−19.8	−12.2〜 −3.4	9.3〜14.5	−0.4〜 6.8	12.4〜 45.8	−76.2〜−24.1	279〜 341	352〜 527	−24.6〜 −9.1
3	−35.7〜−13.1	−25.6〜 −2.2	10.5〜17.8	−3.2〜 7.8	15.5〜 54.4	−133.9〜−20.8	411〜1923	385〜 558	−0.8〜355.9
4	−36.8〜−22.7	−13.6〜 −5.1	11.2〜16.1	0.7〜 5.7	19.6〜 46.6	−77.1〜−33.7	391〜 652	412〜 519	−5.9〜 51.5
5	−50.2〜−36.3	−30.0〜−16.0	16.1〜20.1	−5.2〜 3.3	32.1〜 55.0	−154.7〜−75.8	451〜 817	442〜 548	−4.4〜 49.0
6	−42.2〜−23.3	−23.8〜 −8.2	13.6〜24.1	−1.3〜 8.9	27.2〜 89.2	−124.2〜−42.0	162〜 418	434〜 689	−42.5〜−20.5
7	−49.8〜−28.4	−22.3〜 0.0	13.5〜26.4	1.4〜11.4	29.5〜112.2	−102.2〜−35.1	17〜 183	442〜 810	−58.6〜−40.6
8	−52.3〜−18.3	−30.9〜 −3.4	14.2〜26.4	−4.9〜12.6	31.2〜111.0	−159.0〜−20.2	201〜 619	445〜 796	−33.0〜−10.0
9	−48.2〜−24.0	−27.8〜 −6.6	18.5〜22.1	−2.8〜 8.8	42.1〜 79.4	−135.8〜−34.2	386〜 566	486〜 641	−19.4〜 −3.3
10	−43.1〜−37.6	−23.6〜−15.7	19.8〜22.9	0.4〜 5.2	54.0〜 72.0	−110.2〜−69.5	621〜 811	544〜 616	13.4〜 39.8
11	−42.6〜−12.9	−18.5〜 0.3	17.5〜24.2	2.2〜12.2	50.3〜 98.7	−76.9〜−10.6	711〜1132	522〜 719	8.2〜116.9
12	−22.0〜 −6.8	−3.8〜 3.6	15.5〜21.0	7.8〜11.3	53.5〜 78.8	−25.4〜 −2.1	654〜2395	554〜 648	14.9〜332.4
13	−40.1〜−30.4	−24.3〜−11.4	20.9〜23.0	−0.5〜 6.1	54.8〜 69.1	−120.3〜−55.1	272〜 394	540〜 650	−29.7〜−20.3
14	−20.6〜 −9.1	0.7〜 4.2	15.2〜19.9	8.8〜12.0	55.5〜 88.7	−10.4〜 −5.2	614〜1022	579〜 677	−5.6〜 59.9
15	−27.2〜−17.6	−10.5〜 1.7	23.9〜26.3	7.9〜14.3	85.3〜117.1	−51.2〜 −6.0	487〜 822	670〜 800	−16.4〜 2.7
16	−16.8〜−14.9	−0.5〜 1.7	20.4〜24.1	10.5〜13.1	79.0〜103.4	−12.4〜 −6.3	1407〜2074	631〜 731	92.0〜215.4
17	−16.2〜 −1.4	1.6〜 12.1	18.0〜24.6	11.8〜19.8	82.5〜178.3	−6.3〜 0.0	776〜1087	661〜 999	14.3〜 43.8
18	−17.4〜−12.8	0.6〜 2.7	19.2〜28.7	12.1〜16.0	85.5〜135.0	−9.7〜 −0.9	804〜1792	664〜 899	10.0〜169.7
19	−15.2〜 0.6	1.7〜 12.0	19.3〜27.1	12.0〜19.6	89.6〜175.3	−5.9〜 0.0	1113〜2237	674〜1012	55.5〜227.1
20	−12.8〜 2.8	3.7〜 16.8	19.6〜28.5	12.5〜23.8	93.0〜225.1	−2.5〜 0.0	325〜 785	691〜1313	−33.8〜−18.6
21	−13.0〜 −3.0	2.4〜 9.1	23.0〜29.5	13.1〜19.3	100.9〜170.7	−4.0〜 0.0	948〜1842	716〜1006	16.6〜136.9
22	−13.1〜 −7.5	3.5〜 5.0	25.0〜27.4	14.9〜16.4	119.8〜137.3	−1.5〜 0.0	1141〜1389	791〜 879	44.3〜 74.0
23	−5.8〜 −1.3	7.0〜 10.7	20.7〜22.5	15.1〜17.2	121.6〜146.5	—	816〜1159	765〜 823	9.6〜 52.3
24	−1.0〜 5.1	11.0〜 20.9	22.7〜28.6	19.0〜25.5	167.7〜245.4	—	1115〜1816	907〜1454	−3.8〜 80.3
25	−7.6〜 0.4	8.8〜 12.2	27.0〜28.7	19.1〜21.3	169.4〜195.8	—	1177〜1773	996〜1127	16.4〜 75.3
26	−2.0〜 0.5	15.1〜 15.2	24.5〜28.3	21.0〜22.5	191.7〜206.5	—	1523〜1540	1030〜1168	33.8〜 49.5
27	0.1〜 1.6	14.4〜 16.5	26.6〜28.1	22.1〜22.4	205.4〜209.2	—	1895〜2447	1162〜1166	62.5〜110.6
28	2.0〜 5.0	12.7〜 18.2	27.5〜28.8	20.8〜24.0	189.0〜227.9	—	961〜2129	1077〜1308	−3.3〜 77.4
29	5.0〜 17.7	18.6〜 23.5	28.7〜29.1	24.7〜26.8	236.0〜261.0	—	968〜1506	1372〜1602	−19.4〜 5.0

［亜寒帯・亜高山帯植生グループ］　山地ステップ，トウヒ・トドマツ林，カラマツ林などによって構成され，WIは12〜55の範囲にあり，降水量はばらつきが大きい．

［冷温帯・山地帯植生グループ］　チョウセンゴヨウ（*Pinus koraiensis*）と落葉広葉樹との混合林，ナラ類（*Quercus* spp.）の落葉広葉樹林，硬葉樹林など．WIは50〜99，年降水量はほとんど600 mm以上である．

［暖温帯植生グループ］　常緑・落葉混合広葉樹林，照葉樹林，暖温帯性マツ林などが，主な植生型である．WIは80〜178，年降水量は700 mm以上．

［熱帯・亜熱帯植生グループ］　夏緑季節林，多雨林など．WI＞167，年降水量＞900 mm．

このような自然・半自然植生型の分布は，吉良（1945；1976）がWIによって設定した生態気候帯におおむね対応している．

3　中国の植生区分の諸問題

(A) 区分の立場

前述のように，中国は，熱帯から高山帯までの各温度気候帯と，多雨林から砂漠までの各乾湿度気候帯とを合わせ持つ国であって，いわば地球の縮図とも言えよう．そのためか，植生区分の試みが古くから盛んに行われてきた．区分のしかたには，おもな流れとして，次のような考えかたが認められる（Fangほか，2002）．

原生植生型（zonal vegetation type），フロラ（植物相），栽培植物の分布などに基づいて区分すべきという考えは，侯学煜（1964，1981）を代表的人物とする流派である．それに対して，林英（1964），周光裕（1965），宋永昌（1999）たちは，より原生植生型に重点をおき，フロラや栽培植物の分布は参考程度にとどめている．一方，方精雲ほか（1992，2001）は，中国，特にその東部では原生・半原生植生がほとんど破壊されているから，その分布から区分を行うのは無理があるとした．そして，まず現存する原生的植生型と気候条件との関係を求め，その関係と気候資料とを組み合わせて全国土の植生を区分するのが現

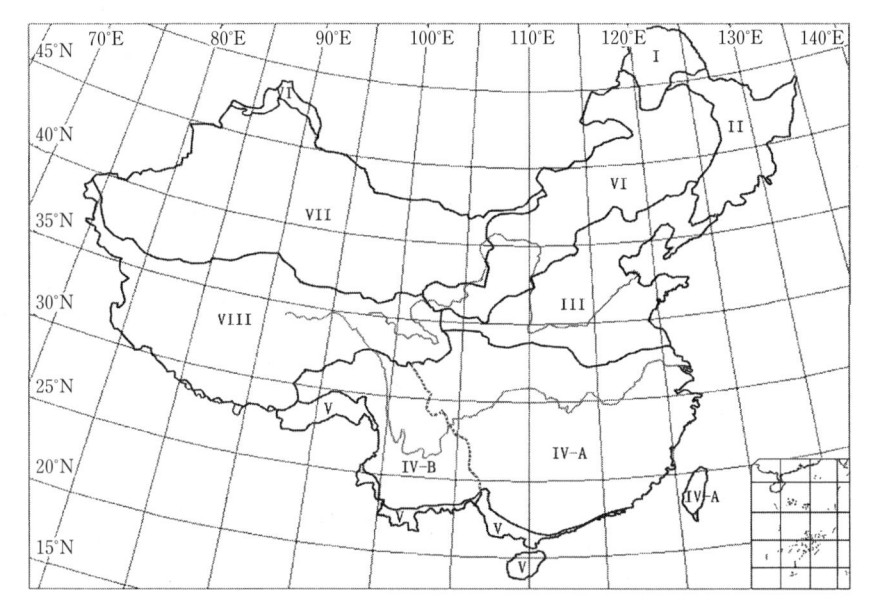

図 1-4-6　中国全土の植生帯区分（中国植被編集委員会，2001）
Ⅰ）寒温帯（亜寒帯）落葉針葉樹林．Ⅱ）温帯（冷温帯）針葉・落葉広葉樹混交林．Ⅲ）温帯（暖温帯）落葉広葉樹林．Ⅳ）亜熱帯（暖温帯）照葉樹林（Ⅳ-A，東部；Ⅳ-B，西部）．Ⅴ）熱帯（亜熱帯）季節雨林．Ⅵ）温帯草原．Ⅶ）温帯砂漠．Ⅷ）チベット高山植生．

実的と考えた．

　これらの考え方から，何種類かの中国植生の区分が提案されている．最も新しい区分（中国植被編集委員会，2001）は，次の8つの植生区を分けている（図1-4-6）．

　　寒温帯（亜寒帯）落葉針葉樹林　　温帯（冷温帯）針葉・落葉広葉樹混交林
　　温帯（暖温帯）落葉広葉樹林　　　亜熱帯（暖温帯）照葉樹林
　　熱帯（亜熱帯）季節雨林　　　　　温帯草原
　　温帯砂漠　　　　　　　　　　　　チベット高山植生

（　）内は，修正案である．この区分は従来の侯（1981）のシステムに従っているが，いくつかの問題点を含んでいる．上の修正案が示すように，最も議論が多いのは，熱帯，亜熱帯および暖温帯の定義や境界線の位置などである．

(B) 熱帯と亜熱帯の境界

　亜熱帯という用語の定義と使い方は不統一で，地球上のどの部分を指すかについては異論が少なくない（吉良，1989）．一般的な傾向として，人々は自分の国の居住の中心を「温帯」と考え，その南に接する気候帯を「亜熱帯」と呼ぶ．たとえば，ロシアのように，亜寒帯〜冷温帯に主要都市があるような国では，黒海や地中海の沿岸はもう亜熱帯であるし，日本のように照葉樹林帯に中心を持つ国では，そこは「暖温帯」で，その南にあるのが亜熱帯だと考える．中国では，伝統的に前者の命名法を採用し，照葉樹林帯に亜熱帯の名称をあててきた．

　しかし，照葉樹林帯と，温度による季節の交替のない「純」熱帯の森林植生とは，直接接しているわけではなくて，その間にはフロラ組成や農業的利用の異なる植生帯がはさまっているから，それは亜熱帯と呼ぶほかはない．この考えに従えば，中国には「熱帯」は，海南島のごく一部にしか存在しない．これは，純気候学的な立場から温度気候帯を定義したKöppen (1920) の区分とも一致する．吉良 (1945, 1976)，么枕生 (1959)，Holdridge (1967)，Hamet-Ahti ほか (1974) などは，この意見を採用している．この点については，数多くの総説がある（吉良，1976，1989；宋，1994，1999，2001；方，1992，2001；Fang ほか，2002）．

　Fang ほか (2002) のまとめによると，この境界（熱帯の北限）については，次の4つの考えがある（図1-4-7）．
　①Line 1：福建省福清，龍岩→広東省梅県，英徳，懐集→広西省東蘭→貴州省羅蘭→雲南省龍武，保山
　②Line 2：台湾北部→福建省厦門，漳浦→広東省蓮花山脈，清遠→広西省南寧，百色→雲南省麻栗坡，屏辺など
　③Line 3：台湾嘉義→広東省珠海，茂名，東興→雲南省金平
　④Line 4：台湾南端→海南省中北部
　上記の検討に従えば，④が妥当であろう．

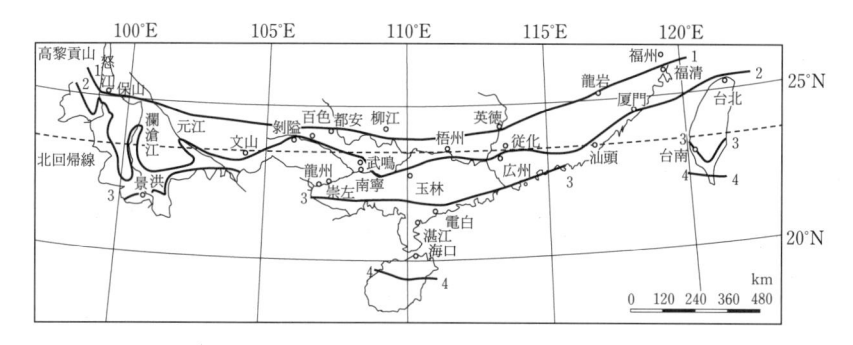

図 1-4-7 4種類の異なった提案による中国での「熱帯」の北限線

ⓒ 亜熱帯と暖温帯の境界

　前述の用語「亜熱帯」の使い方によって，境界は違ってくる．前項の定義を採用すれば，Line 4 はその後南下して，ベトナムの中部を東西方向に通る．その場合の亜熱帯の南限はベトナム中部で，北限はほぼ Line 2 に一致し，そこから北は暖温帯になる．

　一方，これまで中国で採用されてきた意味での亜熱帯の北限は，秦嶺―淮河線とされている場合が多い．初めてこの線を提案したのは気候学者の竺可楨（竺，1958）で，彼は常緑広葉樹林（照葉樹林）の分布北限であることを理由としたらしい．しかし，その後の植生調査によって，秦嶺の南面には照葉樹は点状にしか分布せず，連続した森林を形成してはいないことが次第にわかってきた．

　照葉樹林の北限は，安徽省の霍山，金寨，江蘇省の宜興，呉県などにあり，秦嶺―淮河線からはかなり離れている．これらの地域には，シイ類（*Castanopsis sclerophylla*），アラカシ（*Cyclobalanopsis glauca*），マテバシイ類（*Lithocarpus glaber*），イジュ（*Schima superba*）などが分布している（鄧ほか，1985；劉・黄，1982）．この限界線は，長江沿いにほぼ30°N線を通り，WI は 130〜140 ［°C・月］，寒さの示数[3]（CI）＞－10 ［°C・月］である．宋（1999），方（2001），Fangほか（2002）たちは，これを中国の在来の区分法による亜熱帯の北限線とした．この線は，浙江省の杭州湾から太湖を経て，宜城，

銅陵，大別山の南側を通って湖北省武漢に至り，130～140［°C・月］のWI線と一致し，吉良（1989）が暖温帯照葉樹林帯を南部と北部に分けた境界線によく対応している．

(D) 暖温帯の植生

中国の暖温帯の幅は広く，長江沿岸の亜熱帯の北限から，北は中国東北，遼寧省の瀋陽―丹東の線（WI値およそ90）に及ぶ．植生は，おもに乾湿度条件によって，落葉・常緑広葉樹混交林と落葉広葉樹疎林の2帯に分かれている（方，2001；Fangほか，2002）．両者間の境界は，秦嶺・淮河線―山東半島以南に位置し，ソーンスウェイトの湿潤度指数Im＝0の等値線とほぼ一致する．この線以南の混交林のおもな構成種は，落葉広葉樹のコナラ属（*Quercus*）などで，常緑のタブ（*Machilus thunbergii*），ヤブツバキ（*Camellia japonica*）などが混生する（王，1984）．この帯では，年によって冬の気温が−20°Cまでも下がることが少なくない（Fangほか，2002）．

疎林のほうは，コナラ属のナラガシワ（*Q. aliena*）やアベマキ（*Quercus variabilis*），コノテガシワ（*Platycladus orientalis*）などにより構成されているが，水分不足（Im：0～−20）のため樹高が小さく，林冠の閉鎖度は低くて，いわゆるwoodland景観である（陳ほか，1965）．

4 湖の分布との関係

Jinほか（1990）は，中国の湖を，その分布域によって次の5つの大きなグループに分けている．
　i) チベット・青海省高原湖沼群
　ii) 内モンゴル・新疆湖沼群
　iii) 東北部湖沼群
　iv) 東部平原湖沼群
　v) 雲南・貴州高原湖沼群
地形的・気候的に複雑多様な地域を一括したiii)を除いて，これらのグ

ループは，いずれも植生分布と密接な関係をもっている．

ii) は，おおむね砂漠・半砂漠地帯で，ほとんどの湖が外洋への流出路をもたない内陸閉鎖湖である．しかし，周囲に天山山脈，アルタイ山脈などの氷河をいただく高山があるので，乾燥地帯に特有な塩湖ばかりでなく，雪解け水に養われた淡水湖も点在するのが特色といえよう．

i) は，ii) を4000 m の高さに持ち上げたグループともいえるが，湖を取り巻く自然景観はきわめて複雑で，高山草原・湿地・寒冷荒原・乾燥荒原（砂漠）・氷雪などが入り交じって分布するなかに，大小無数の塩湖・淡水湖が散在する．特異な存在は，中国最大の湖，青海湖（海抜約3200 m，面積約4300 km², 低鹹水湖）である．この湖は，近年の雨量減少傾向に伴なって，1956～1986年の間に水位が3 m ほど低下し，湖面面積を300 km² も減少させた．その傾向は今も続いているが，はなはだしい過放牧と森林伐採による集水域の植生の破壊も，流入河川の涸渇などを通じて水位低下に拍車をかけているという (Jin, 1995)．

iv) は，性格がはっきりしていて，洞庭湖・鄱陽湖・太湖の3大淡水湖と，河跡湖を含む長江沿いの多数の湖とから成る．この地域は，昔から人口密度が高く，かつて中流部の沿岸山地を覆っていた豊かな広葉樹林は，明・清の時代までに破壊しつくされた．その結果，土砂の流入の増加と富栄養化の進行とは，これらの湖に共通した環境問題となっている．さらに近年は，長江上流部の山地に残っていた森林が，亜寒帯針葉樹林にいたるまで乱伐され，流入土砂による長江の濁りは黄河に匹敵するほどになった．雨季に長江の氾濫水を一時貯留する遊水池の役割を果たす洞庭湖は，堆積で年に数cm ずつ浅くなり，それを利用した農地干拓とあいまって，19世紀末には水面面積5000 km² 以上の中国最大の淡水湖であったのが，いまはほぼ独立した3つの部分に分かれ，総面積も半分以下に減少している．植生破壊がいかに大きな影響を環境に及ぼしているかは，長江沿岸にしばしば起こる異常高温（40°C前後）と洪水被害からもわかる．最近の大洪水災害は，ついに政府による長江流域での一切の森林伐採禁止令をもたらした．

グループv) については，本書第2章以下に詳しい記述があるが，この地域

の特徴は，緯度的には亜熱帯に位置する（北緯21～28°）にもかかわらず，海抜1000m前後の高度のために，南西日本と同様な暖温帯性の常緑照葉樹林が自然植生となっていることである．

5　気候変化の植生分布への影響

　図1-4-8aは，1960～99年の40年間の全中国の年平均気温の変化を示す．3つの時期が区別でき，気温は1960～70年には変動しながらもやや低下し，1970年代に入るとあまり変化せず，1984年以後になって急速に上昇している．平均的な上昇率は，0.07℃/年に達し，全地球の平均気温上昇率より明らかに大きい．

　年降水量のほう（図1-4-8b）は，変動が大きいが，はっきりした傾向は認められない．しかし，季節ごとに見ると（図1-4-8c），最近の20年来，夏（6～8月）の降水量が増え続けている一方で，秋（9～11月）の降水量は減少していく．このような季節的変化は，植物に対して重要な意味をもち，増加する夏の降雨は植物の成長を促進するだろう．これは，中国の植生の活力が最近高まってきた（Piaoほか，2003）ことの，おもな原因の1つであろう．

　このような気候変化に対応して，中国植生の活力と分布がどのように変化してきたかを，1980年代初期（1982～84）と90年代末（1997～99）とを比較して検討した（Fangほか，2003；口絵4）．利用したのは，8km×8kmの分解能をもつ，米国海洋大気局（NOAA）のノア衛星の改良型超高分解能放射計（AVHRR）による正規化差植生指数（NDVI）である．NDVIは，植生の被度と生産力を表わす指標で，長時間・大空間スケールでの植生分布と成長の解析によく使われている．NDVIが大きければ，被度も生産力も高いことになる（Myneniほか，1997）．

　上記の2時期の年NDVIの分布図（口絵4）の比較から，次のようなことが認められる．

　　・両時期とも，年NDVIは南東から北西に向かって減少していく．当然のことながら，これは，森林から草原，砂漠への変化に対応している．

- 1980年代初期に比べて，1990年代末には，NDVIの高くなった地域が増えている．特に華北平原，東北平原，長江中・下流平原などの農業地帯での増加が著しい．これは，農地植生の被度と生産力が高まったことを意味する．
- 20世紀末に近づいて，砂漠の面積が減少していった傾向が見られる．

以上のように，中国の植生は，気候変化や農業活動などによって明らかに変わってきた．このことから，Fangほか(2002)は，動的植生区分の必要性を主張している．

口絵5a，b)は，1950〜79年と1970〜99年の期間の平均気温と平均降水量を用いて描いた，それぞれの30年期間の温度気候帯と乾湿度気候帯の区分図である．両期間の比較は，以下のような傾向を示す．

図1-4-8 過去40年間(1960〜99)の中国の平均気温と平均降水量の変化
a) 年平均気温，b) 年降水量，c) 季節別の降水量.

- 1950〜79年の温度気候帯に比べて，1970〜99年にはすべての温度帯が北上した．なかでも，南部暖温帯（中国での在来の区分による亜熱帯）の北限（秦嶺—淮河線）と北部暖温帯の北限（遼寧省南部）との北上が，かなり著しい．

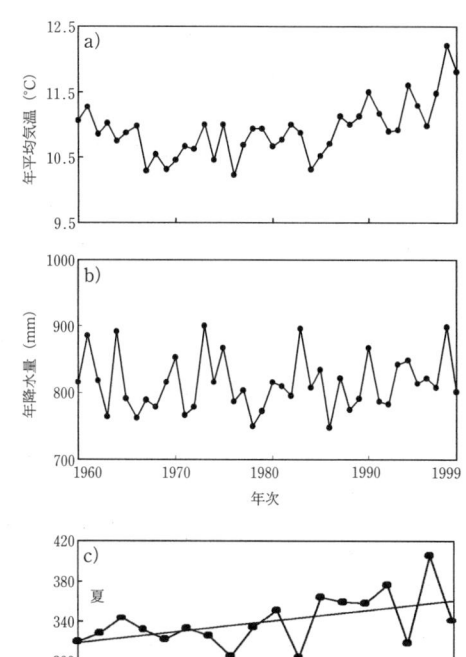

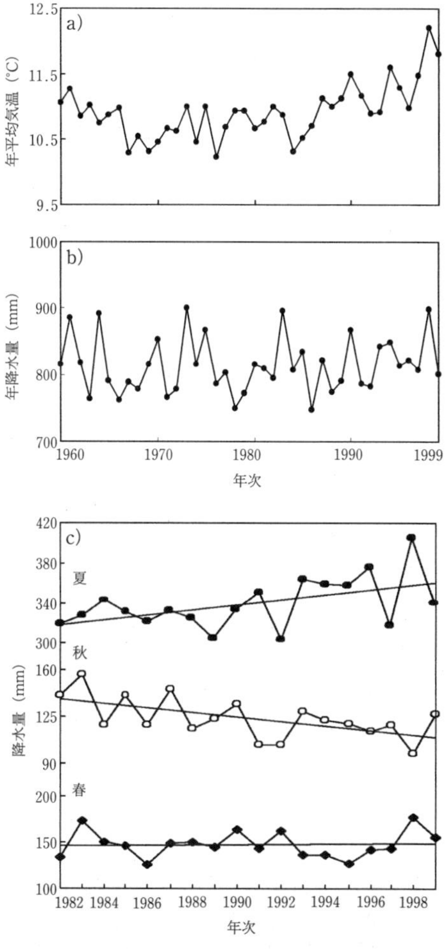

・乾湿度気候帯の位置を比較すると，後期では照葉樹林域が明らかに拡大しており，広東省珠海―南嶺山脈などの地域は，かなり湿潤化している．一方，華北平原の北西部は，半湿潤気候（疎林気候）から半乾燥気候（草原気候）へと変化し，山東省東部・山東半島なども乾燥化が進み，暖温帯の落葉・常緑広葉樹混交林の北限が南下している．しかし，大興安嶺北部の気候は，湿潤化の方向に進んでいる．

以上のように，気候変化によって植生分布も明らかに変化しており，やはり，変化しつつある気候に応じた動的植生区分が必要なことを示す．

注
1) 暖かさの示数（warmth index, WI）は，1942年に川喜田二郎が「温量指数」の名で考案したもので，月平均気温（t）が5℃より高い月のみについて，（$t-5$）を積算した値．簡略化した積算温度の一種で，植物の生育期間（$t>5$℃）の気温の高さと持続期間を総合した「暖かさ」を表わす（吉良，1945）．のちに「寒さの示数」に合わせて，この表現に改めた．
2) 湿潤度指数（moisture index, Im）：ソーンスウェイトは，連続して地面を覆う葉層をもつ植物群落であれば，群落面からの蒸発散水量は，植物の種類・生活形に関係なく一定で，土壌水分が十分ある時の値は気温だけによって決まると考えた．任意の土地の平均気温に応じて計算したその値を，可能最大蒸発散量（＝蒸発散位．potential evapotranspiration, PE）とよぶ．かれは，PEの値と現実の雨量・土壌水分の変動とを組み合わせて，各地の年間の剰余水量と不足水量を計算し，両者からImを定義した．詳細は，Thornthwaite（1948），Fang and Yoda（1990a）参照．
3) 寒さの示数（coldness index, CI）は，月平均気温（t）＜5℃の月のみについて，（$5-t$）を積算し，マイナス記号をつけた値．非生育期間の寒さの程度を表わす（吉良，1949）．

文献
中国植被編集委員会（2001）：中国植被図集（1/100万），科学出版社，北京．
中国自然地理編集委員会（1985）：中国自然地理―総論，科学出版社，北京．
陳霊芝・鮑顕誠・李才貴（1965）：北京市懐柔県山地植被地基本特点及有関林，副業的発展問題（北京市懐柔県山地植被地の基本特性と林業，副業の発展問題）．植物生態学与地植物学叢刊，3：75-96．
鄧懋彬・魏宏図・姚淦（1985）：大別山地霍山県及金寨県的常緑植物及常緑闊葉林．植物生

態学与地植物学叢刊，9：143-149.
方精雲（1991）：我国森林植被帯的生態学分析．生態学報，11：377-387.
方精雲（1992）：地理要素対我国温度分布影響的数量評価（地理要素が我国の温度分布に与える影響の数量的評価）．生態学報，12：97-104.
方精雲（1994）：東亜植被在温度和降水量座標中的排列．生態学報，14：290-295.
方精雲（1996）：中国自然植被的分布格局及其気候学和地形解釈（中国の自然植生分布状態と気候学，地形からの解釈）．王如松・方精雲等編『現代生態学的若干熱点問題』，中国科学技術出版社，北京，pp. 374-381.
方精雲（2001）：也論我国東部植被帯的劃分（我国東部植生帯の分類について）．植物学報，43：522-533.
Fang, J. Y. and K. Yoda (1989): Distribution of main vegetation types and thermal climate (Climate and vegetation in China, II). Ecol. Res., 4: 71-83.
Fang, J. Y. and K. Yoda (1990a): Water balance and distribution of vegetation (Climate and vegetation in China, III). Ecol. Res., 5: 9-23.
Fang, J. Y. and K. Yoda (1990b): Distribution of tree species along the thermal gradient (Climate and vegetation in China, IV). Ecol. Res., 5: 291-302.
Fang, J. Y., Y. C. Song, H. Y. Liu and S. L. Piao (2002): Vegetation-climate relationship and its application in the division of vegetation zone in China. Acta Bot. Sin., 44: 1105-1122.
Fang, J. Y., S. L. Piao, C. Field, Y. Pan et al. (2003): Increasing net primary production in China from 1982 to 1999. Frontiers in Ecology and the Environment, 1 (6): 293-297.
福井英一郎編（1954）：自然地理，朝倉書店，東京．
Hamet-Ahti, L., T. Ahti and T. Kopnen (1974): A scheme of vegetation zones for Japan and adjacent regions. Ann. Bot. Fennici., 11: 59-88.
侯学煜（1964）：関於中国植被分区原則，依拠和分類単位（中国植生地区分の原則と根拠，分類単位について）．植物生態学与地植物学叢刊，2：153-180.
侯学煜（1981）：再論中国植被分区原則和方案（中国の植被地分画の原則と方案）．植物生態学与地植物学叢刊，5：290-301.
侯学煜（1984）：中国植被図（1/400万），科学出版社，北京．
Holdridge, L. R. (1967): Life Zone Ecology. Tropical Science Center, San Jose.
Jin, X. (1995): Lakes in China—Research of their environment. China Ocean Press, Beijing, pp. 1-29.
Jin, X., L. Hongliang, Q. Tu et al. (1990): Eutrophication of Lakes in China. Chinese Research Academy of Environmental Sciences, Beijing, pp. 1-10.
吉良竜夫（1945）：農業地理学の基礎としての東亜の新気候区分，京都帝国大学農学部園芸

学研究室.
吉良竜夫 (1949)：日本の森林帯, 林業技術協会, 札幌.
吉良竜夫 (1976)：陸上生態系—概論, 生態学講座 2, 共立出版, 東京.
吉良竜夫 (1989)：亜熱帯林について. 宮脇昭編『日本植生誌―沖縄・小笠原』, 至文堂, pp. 119-127.
Kira, T. (1977): A climatological interpretation of Japanese vegetation zones. In Miyawaki, A. and R. Tüxen (eds.), Vegetation Science and Environmental Protection. Maruzen, Tokyo, pp. 21-30.
Kira, T. (1991): Forest ecosystems of East and Southeast Asia in a global perspective. Ecol. Res., 6 (2): 185-200.
Köppen, W. (1920): Das geographische System der Klimate. Gebrüder Bornträger, Berlin, pp. 1-50.
林英 (1964)：中国亜熱帯和熱帯劃分的依据及其具体的界線問題 (中国の亜熱帯・熱帯分域の根拠と具体的線引き問題). 植物生態学与地植物学叢刊, 2(1): 142-143.
么枕生 (1959)：気候学原理, 科学出版社, 北京.
Myneni, R. B., C. D. Keeling, C. J. Tucker et al. (1997): Increased plant growth in the northern latitudes from 1981 to 1991. Nature, 386: 698-702.
Piao, S. L., J. Y. Fang, W. Ji et al. (2003): Interannual changes in monthly and seasonal NDVI in China from 1982 to 1999. Jour. Geophys. Res. -Atmosphere, 108, D14, doi: 10.1029/2002.JD002848.
劉坊勲・黄致遠 (1982)：江蘇省内地域性植被的基本特徴及其分布. 植物生態学与地植物学叢刊, 6: 236-246.
宋永昌 (1994)：関於常緑闊葉林名称和類型劃分問題 (常緑広葉樹林の名称と類型分画の問題について). 姜恕・陳昌篤主編『植被生態学研究』, 科学出版社, 北京, pp. 189-199.
宋永昌 (1999)：中国東部森林植被帯之私見. 植物学報, 41: 541-552.
宋永昌 (2001)：植被生態学, 華東師範大学出版社, 上海.
Thornthwaite, C. W. (1948): An approach toward a rational classification of climate. Geogr. Rev., 38: 55-94.
王任卿 (1984)：山東半島和遼東半島植被的比較研究. 植物生態学与地植物学叢刊, 8: 41-50.
周光裕 (1965)：淮河流域植被的過渡性特点及南北分界的探討. 植物生態学与地植物学叢刊, 3: 131-137.
竺可楨 (1958)：中国的亜熱帯. 科学通報, 17: 6-12.

(方　精雲, 吉良竜夫)

第 2 章

東アジアモンスーン域の湖沼と河川

2—1
東アジアモンスーン域の湖沼・河川の概況

1 地表水としての湖沼・河川

淡水は人間を含む陸上生物の生存に不可欠であり，その保全は人類社会の最重要な課題である．この地球上には13.9億 km³ の水が存在する．その96.5%は海水であり，陸上生物が必要とする淡水は地球上の全水量の2.5%に過ぎない．しかし，その約68.7%は主に極地などに存在する氷河，雪氷であり，人間が利用しやすい地表水としての湖沼・河川の淡水量は地球の全ての水の0.0072%，9.31万 km³ に過ぎない（WWAP, 2005)[1]．

世界の人間は，毎年約3400 km³ の淡水を使用する（世界資源研究所ほか，1993)．湖沼・河川の淡水は，太陽エネルギーで駆動される全地球的な水循環の一部分であり，大気圏からの降水が地表へのただひとつの淡水供給路である．大気から湖沼・河川への水供給量は，集水域全体への降水量から蒸発量と地下浸透量を差し引いた残りで決まるので，年降水量が多く，年蒸発量の少ない湿潤地域では，河川水量が豊富である．WWAP（2005）の世界水収支調査結果によると，東アジアモンスーン域の淮河以南の中国，韓半島（朝鮮半島），日本列島は，降水量が年750 mm 以上，河川流出水量が年300 mm 以上と，世界の中で降水量，河川流出水量が多い地域である．中国水資源公報（2000）によると，中国全土では，6009 km³/年の降水があり，54%が蒸発し，残り2770 km³/年が河川に流入するが，地域差が大きい．

河川流出量で示した地表水資源量[2] を見ると（表2-1-1），乾燥傾向の中国北部や内陸では150 km³/年以下であり，また，地表水資源量の年降水量に対する比[3] は0.08〜0.29と小さい．湿潤な中国南部では，地表水資源量は240〜990 km³/年，地表水資源量/降水量比は0.47〜0.64と大きい．これら数

表2-1-1 中国における河川系流域別水資源量（中国水資源公報，2000による）

河川系流域	降水量 km³/年	地表水資源量[1] km³/年	地下水資源量 km³/年	水資源総量[2] km³/年	使水量 km³/年
松遼河	541.6	112.3(0.21)	57.8	139.5	61.8
海　河	155.9	12.5(0.08)	22.2	26.9	39.9
黄　河	304.4	45.6(0.15)	35.2	56.6	39.3
淮　河	306.2	87.7(0.29)	49.9	123.3	55.4
長　江	1956.2	992.4(0.50)	251.6	1003.2	173.5
珠　江	854.9	440.1(0.51)	111.1	442.9	83.6
東南諸河	372.4	211.7(0.57)	54.7	212.9	31.6
西南諸河	951.8	612.3(0.64)	169.1	612.3	9.9
〔雲南省〕	〔518.4〕	〔244.8(0.47)〕	〔77.32〕	〔245.2〕	〔14.7〕
内陸河	566.0	141.6(0.25)	98.8	152.4	57.9
全中国（合計）	6009.2	2656.2(0.44)	850.2	2770.1	549.8

1) 括弧内数値は地表水資源量/降水量比．
2) 地表水と地下水資源の重複量を差し引いた水資源総量．

値は降水量の多い地域では，河川流出水量も流出率も大きいことを示している．水資源量を人間社会の使水量との関係で見ると，地域により大きな差がある．中国北部の黄河流域と海河流域では，水資源総量に占める年使水量は大きく，水資源が乏しいことを示している．これに対し，中国南部の珠江，東南諸河，西南諸河流域では，年使水量は水資源総量の1.6～19％にすぎず，需要に対し水資源は豊富である．韓国では，127.6 km³/年の降水があり，43％が蒸発し，73.1 km³/年が河川に流出する．年による変動が激しく，少雨年には降水量は88.5 km³/年，河川流出水量は35.4 km³/年と少なく，水資源不足が大きな問題となっている（KOWACO, 2001）．北朝鮮でも，打ち続く高温乾燥により，河川の水位が著しく低下している（UNEP, 2003）．日本も，多雨年と少雨年の変動が大きくなってきているが，平均して見ると，降水量は650 km³/年と多く，35％が蒸発散で失われ，残りの420 km³/年が河川に流出する（国土交通省，2003）．

2　河川の水文動態と水質

集水域から流出した淡水は，河川を流下していく．日本列島の多くの河川

表2-1-2　日本の主要河川の特性と水質

河川	河川長 km	流域面積 km²	降水量 mm/年	流出率 %	平水比流量 m³/秒/100km²	洪水比流量 m³/秒/km²	BOD mg/l	COD mg/l
石狩川	268	14330	1223	82.7	4.20	0.65	1.0〜1.8	4.3〜5.1
北上川	249	10150	1438	83.2	2.79	1.11	1.1〜3.6	2.2〜2.9
信濃川	367	11900	930	102.2	3.91	1.12	1.0〜1.8	3.3〜4.7
利根川	322	16840	1223	67.9	2.27	1.98	1.6〜2.7	3.0〜4.3
荒　川	173	2940	1225	65.5	1.88	6.11	0.6〜0.7	2.1〜2.4
木曽川	227	9100	2322	76.6	4.65	2.94	0.7〜0.9	2.4〜3.0
淀　川	75	8240	2094	76.6	3.11	1.54	1.8〜2.0	3.8〜4.0
吉野川	194	3750	2416	72.6	3.48	5.39	0.7〜1.1	1.2〜1.6

理科年表（国立天文台編，2005）；高橋・坂口（坂口編・日本の自然，1980）；環境白書（環境省，2003）により作成．水質は環境基準点における2000〜01年度平均値．

は，列島中央の山脈に水源を発し，日本海側か太平洋側に流下するので，河川長は短く急流である（表2-1-2）．流域面積が小さく，降水量が大きいので，流出率[3]は66〜100％と大きい．降水の変動にともなう河川流量の変動は大きく，最大流量と最小流量の比，すなわち河況係数は130〜3700と大きく，かつ変動する（高橋・坂口，1980）．河川流量は，流域の大きさで大きく支配されるので，ある期間の河川流量を集水域面積で割った値，比流量は，河況を検討するに便利な数値である．高橋・坂口（1980）によると，日本の河川の平水時比流量は0.018〜0.079 m³/秒/km²，洪水時比流量は0.7〜9.2 m³/秒/km²であり，アジアや，北米，南米など大陸におけるよりも，4〜6倍ほど大きい．

　韓国の河川は，流域面積が小さく，河川長が短く急流である．河況係数は200〜400，洪水時の比流量は0.7〜3.7 m³/秒/km²であり（KOWACO，2001；CLAIR，1999）（表2-1-3），日本の河川に似ている．1年間に降る雨の55〜67％が，6月から8月の夏に集中し，しばしば洪水被害をもたらす．この洪水防止と，水資源確保のために，韓国では，主要5河川において，積極的にダム湖の建設がすすめられてきた（韓国のダム湖の特性は，本節3項参照）．

　中国の主要河川は，その源を西部の高原域に発し，広大な東部平野や南部平野を貫流して太平洋に流出する．一部はラオス，カンボジア，ミャンマーを貫流して，インド洋に流出する．いずれも流域面積が大きく，河長も長い大河川である（表2-1-4）．本書2—2節で論ずるように，中国の主要河川は，平均流

表2-1-3 韓国の主要河川の特性と水質

河川	河川長 km	流域面積 km²	洪水比流量 m³/秒/km²	BOD mg/l
漢 江 (Han River)	470	26219	0.68〜1.58	1.0〜2.0
洛東江 (Nakdong River)	525	23859	0.95〜3.73	3.1〜5.1
錦 江 (Kum River)	401	9886	0.71〜1.52	0.9〜1.7
栄山江 (Yongsan River)	115	2798	1.13〜1.54	5.2〜7.0
蟾津江 (Somjin River)	212	4896	2.12	1.1〜1.6

KOWACO (2001);CLAIR (1999) より作成.

表2-1-4 中国主要河川とその流域における土地利用（世界資源研究所ほか，2001による）

河川	河川長* km	流域面積* 10³km²	流域土地利用 % 森林	耕地	草原	市街地
黄 河 (Huang He)	5464	980	1.5	29.5	60.0	5.9
長 江 (Chang Jiang)	6380	1810	6.3	47.6	28.2	3.0
珠 江 (Chu Jiang)	2197	453	9.6	66.5	6.1	5.3
怒 江 (Nu Jiang)	2410	325	49.4	5.5	48.3	0.5
瀾滄江 (Lancang Jiang)	4425	795	41.5	37.8	17.2	2.1
紅 江 (Hong He)	1000	165	43.2	36.3	15.5	2.1
黒龍江 (Amur River)	4416	1840	41.5	37.8	17.2	2.6
鴨緑江 (Yalu Jiang)	79	31	51.2	41.6	2.2	2.9

＊本書の表2-2-1による.

量が3000〜27000 m³/秒と河川流量は豊かであるが，平均比流量は0.015〜0.033 m³/秒/km²と日本の河川より小さい．しかし，主要河川である黄河，長江，珠江流域の森林面積が1.5〜9.6％（表2-1-4）であることが示すように，長年に亙る森林伐採により流域の森林被覆度が低いため，流出水量の変動が大きく，洪水や渇水が起こりやすい環境にある（本書1—1節；中国国家環境保護総局，2003）．

　河川水は，流域に降った雨水が地表を流出し，一部は土壌浸透後，また一部は地下水を経て，渓流・河川に集まった水である．この流出過程において各種の汚染を受ける．汚染を受ける度合いは，流域の地学的性状と，植生，土地利用で大きく左右されるとともに，農業，工業，都市活動など人間活動が，水質汚濁をもたらす．表2-1-2, 2-1-3に，日本，および韓国の河川における水質

汚濁指標としてBOD, COD[4]値を示した．各河川とも，下流部が上流部におけるよりも，汚染度が高い．日本の河川の上流部は，BODが1前後の水質AA類型にあり，水道水源として利用可能な状態にある．下流部は，BOD 3〜4の水質B，C類型にあり，汚染が進んでいる．韓国でも河川水質は，日本とほぼ類似の状態にある．韓国における河川汚染の原因は，都市化と工業生産の進展に対して，下水処理施設整備が追いつかないことなどが主原因とされている（CLAIR, 1999）．

北朝鮮の河川情報は限られている．UNEP（2003）によると，平壌市を流れる大同江のCOD値は，0.7〜2.14 mg/l，NH_4-Nは0.08〜0.87 mg/lと，日本の都市河川に近い状態であるが，大同江支流は，COD値は2.1〜7.6 mg/lと，著しい水質汚濁状態にある．

中国では，表2-1-4に示すように，平野部を流れる主要河川の流域は，耕地と市街地の占める割合が多く，これら源からの汚染負荷が大きいと考えられる．市街地では，人口増加と経済成長に伴い集落・工場からの排水が増加し，とくに，都市・工業活動が活発な北部沿海部の河川下流では，水質汚濁が著しい．定期的水質調査において，水質階級V類型（COD 15 mg/l, BOD 10 mg/l, NO_3-N 25 mg/l, NH_4-N 0.2 mg/l）の汚濁が，淮河で44％，海河で71％，遼河で52％，黄河で50％も見いだされている．水質汚濁の著しい項目は，河川により異なるが，COD, BOD，アンモニア，フェノール，水銀が主たるものである．淮河より南の地域における河川の水質状況は，北部地域におけるより良好で，V類型水質は，長江で25％，珠江で8.2％であった．雲南省を含む西南諸河川は，8割強がIII類型（COD 8 mg/l, BOD 4 mg/l, NO_3-N 20 mg/l, NH_4-N 0.02 mg/l）水質であり，良好な環境にある（中国国家環境保護総局，2003）．

3　東アジアモンスーン域の湖沼とその環境

前述のように，湖沼の淡水量は地球上の全水量の0.007％に過ぎないが，常在する地表水として，生物の生存に不可欠な水資源である．湖沼への水供給は

降水で行われるので，降水量と河川流出水量の多い日本と中国では，湖沼の水資源量が豊富である．韓半島（朝鮮半島）では自然湖沼は少なく，河川の流れを堰き止め建設したダム湖により，水資源の確保が図られてきている．日本と韓国，中国における湖沼の概況を，以下に述べる．

(A) 日本の湖沼

日本には自然湖沼が約600ある．この自然湖沼の湛える淡水貯水量は84 km³と見積もられる．貯留淡水資源としては，このほかに，ダム貯水池が3400あり，その貯水量は27.6 km³である．湖沼にダム湖を加えた総貯水量は112 km³となり，年間水資源賦存量420 km³（国土交通省，2003）の1/4，年河川水量76 km³の1.5倍にあたる（国土交通省，2003）．気候変動による淡水量の変動は水資源総量の約1/2にも達することを考慮に入れるならば，湖沼の水資源保全は，極めて重要である．

日本の湖沼の性状は，湖の置かれている位置により大きく異なる．海抜高度の低い沖積平野にある湖は，浅く富栄養的であり，海抜高度の高い山地にある湖は深く貧栄養的である（Sakamoto, 1985）．海抜高度の高い山地湖沼が貧栄養的になるのは，集水域面積が狭く，土壌が貧栄養的で，耕作地と集落が少ないので，面源負荷と人為負荷が限られるためである．これら貧栄養湖は，水深が深く，湖水は澄み，透明度が大きく，深層水も好気状態を維持している．これに対し，平野にある湖は，肥沃な沖積平野から多くの栄養物と土砂が流れ込むとともに，集落や農地排水の影響で，湖は浅い富栄養湖になる．水草やプランクトンの生産が高い．湖水は，緑褐色に濁り，透明度は小さく，底層は酸素が少ない．

図2-1-1に，日本の主要27湖沼の，平均水深と透明度，湖水の全窒素（T-N），全リン（T-P）の年平均濃度を示す．日本の湖の特性がよく理解できる．日本の貧栄養湖には，火山活動に成因するカルデラ湖が多い（表2-1-5）．カルデラ湖は成因から，海抜高度の高い山地に位置し，湖盆が深く，湖容積が大きく，湖水の栄養塩と有機物濃度が低い（支笏湖，摩周湖，十和田湖）．日本の山地には，地殻変動で形成された構造湖（木崎湖，諏訪湖）や火山噴出物による

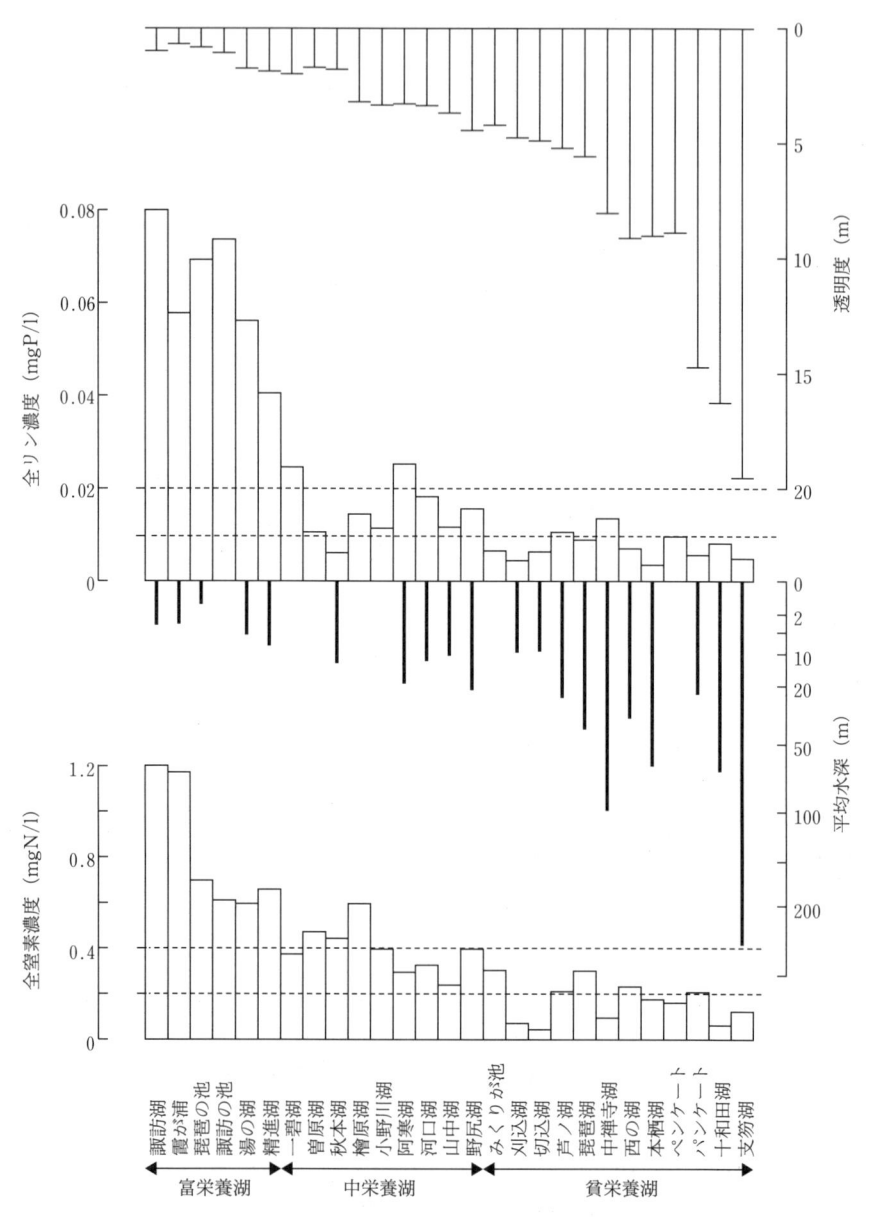

図 2-1-1 日本の 27 湖沼における湖水の全窒素（T-N）濃度，全リン（T-P）濃度，透明度の年平均値と平均水深（環境庁資料による．Sakamoto, 1985）

表2-1-5 日本の主要湖沼の特性と水質

湖沼	成因	湖面積 km²	湖容積 10⁸m³	平均水深 m	滞留時間 年	湖沼型	平均COD mg/l
洞爺湖	カルデラ湖	70.4	81.9	116.3	9.3	貧栄養湖	0.6
支笏湖	カルデラ湖	78.8	209.0	265.0	55.1	貧栄養湖	0.5
十和田湖	カルデラ湖	61.0	41.9	71.0	8.5	貧栄養湖	1.3
中禅寺湖	堰止湖	11.6	11.0	94.6	6.1	貧栄養湖	1.4
野尻湖	堰止湖	3.9	0.96	20.8	2.0	中栄養湖	1.6
琵琶湖	構造湖	670.0	280.9	42.9	5.8	中栄養湖	3.1
霞ヶ浦	海跡湖	170.8	6.4	3.8	0.6	富栄養湖	7.3
諏訪湖	構造湖	13.3	0.64	4.6	0.11	富栄養湖	5.2
宍道湖	海跡湖	79.2	2.7	4.5	0.25	富栄養湖	4.1

理科年表（国立天文台編，2005），環境白書（環境省，2003），日本の湖沼環境II（環境庁自然保護局，1995），北海道の湖沼（北海道公害防止研究所，1990），Data Book of World Lake Environments (ILEC, 1995) より作成．水質は環境基準点における2000〜01年度平均値．

堰止湖（中禅寺湖）も多く分布する．湖盆が深く，貧栄養的か中栄養的である．他方，肥沃な平野部に分布する湖沼には，河道の堰止や遊離などに成因する湖が多い．湖盆が浅く，富栄養的である（手賀沼）．砂洲形成により海から遊離したラグーンや，地盤沈降により海から遊離した海跡湖も多く，野鳥，魚類の生育場として，中国東部平原湖沼と同様な生態学的機能を果たしている（霞ヶ浦，宍道湖）．

これら湖沼のうち，平野部の農地に囲まれた湖沼や都会に隣接する湖沼では，19世紀後半から進み始めた集水域の人口増加と都市と産業活動の活発化の影響を受け，排水増加による水質汚濁と富栄養化が進み始めた．霞ヶ浦，手賀沼はその代表例である．水質汚濁により，水利用に支障をきたすとともに，湖内生態系の変化により，水産生物に大きな変化が見られるようになった．このような湖沼の水質環境変化を防止するため，多くの地方自治体では，富栄養化防止のための各種対策を打ち出すとともに，環境庁（現在の環境省）は，1984年に湖沼水質保全特別措置法を公布し，窒素，リンの水質基準と排水基準を設定し，全国的に湖沼の富栄養化管理を進めてきた．これら対策により，多くの湖沼では，水質は改善されつつあるが，面源対策の遅れにより，ある段階以上には，水質改善が見られない状態である（環境省，2003）．

湖沼水質の現状と環境対策を，琵琶湖について概観しよう．琵琶湖は，近畿

地方の滋賀盆地に位置する日本最大の湖（北緯34°58′～35°31′, 東経135°52′～136°17′, 海抜高度84.5m, 表2-1-5）で, 約500万年前に三重県の伊賀上野で誕生し, 沈降を続けながら, 現在の位置に移動してきた構造湖である. 湖の西側が湖岸から深く落ち込む深い湖で, 形態的に貧栄養湖の特性を有する. 1900年代初期には, 10mの透明度を記録している. しかし, 戦後の経済復興に伴い, 湖岸の人口増加と, 農業生産, 工業生産の活発化により, 琵琶湖への都市, 産業排水の流入が増加し, 湖の汚染が進み始め, すでに1950年代に透明度が7m前後に低下した（滋賀県, 2003a）. 現在, 北湖は中栄養湖, 南湖は中―富栄養湖の栄養状態にある. 京都, 大阪に接する最大の水資源であることから, 琵琶湖は京都, 大阪の水道水源として, また産業用水として利用されている. 疎水を通じ琵琶湖水を水道水として京都市に供給する蹴上浄水場では, 1970年ごろから湖中で発生したプランクトンにより, 水道原水の濾過障害や異臭味発生をおこし, 水道供給に支障を来すようになった. 1977年からは北湖で赤潮発生が見られ, 1983年からは南湖でアオコが発生するようになった.

このような琵琶湖の水質状況を改善するため, 滋賀県は1979年に琵琶湖富栄養化条例を公布し, リンを含む合成洗剤の使用禁止を図るなど, 富栄養化原因の窒素, リンの流入負荷を減らす各種対策を推進してきた（滋賀県, 2003a）. この対策により, 汚染の進んでいた南湖では, BOD, T-Pは次第に減り, 水質改善が進んでいる（図2-1-2）. しかし, CODとT-Nについては, 顕著な改善は見られず, むしろ少しずつ増えつつある. この原因として, 面源対策の遅れにより, 農地など集水域の面源から窒素・有機物の湖内への流入が続いているためと判断されている（滋賀県, 2003b）. これとともに, 琵琶湖の北湖では, 夏季の深層水の溶存酸素量が次第に低下の傾向にある. 夏季の深層水の溶存酸素量は, 富栄養化とともに低下することが一般的であることから, 琵琶湖の富栄養化が一段と進んだのでないかと懸念されている. その原因と機構について調査, 研究が活発に進められている（熊谷ほか, 2005）. 琵琶湖の水質変化の詳細と最新の研究成果は, 琵琶湖研究所所報22号（2005）にまとめられている. 成書としては『琵琶湖―その環境と水質形成―』（宋宮功編, 2000）など

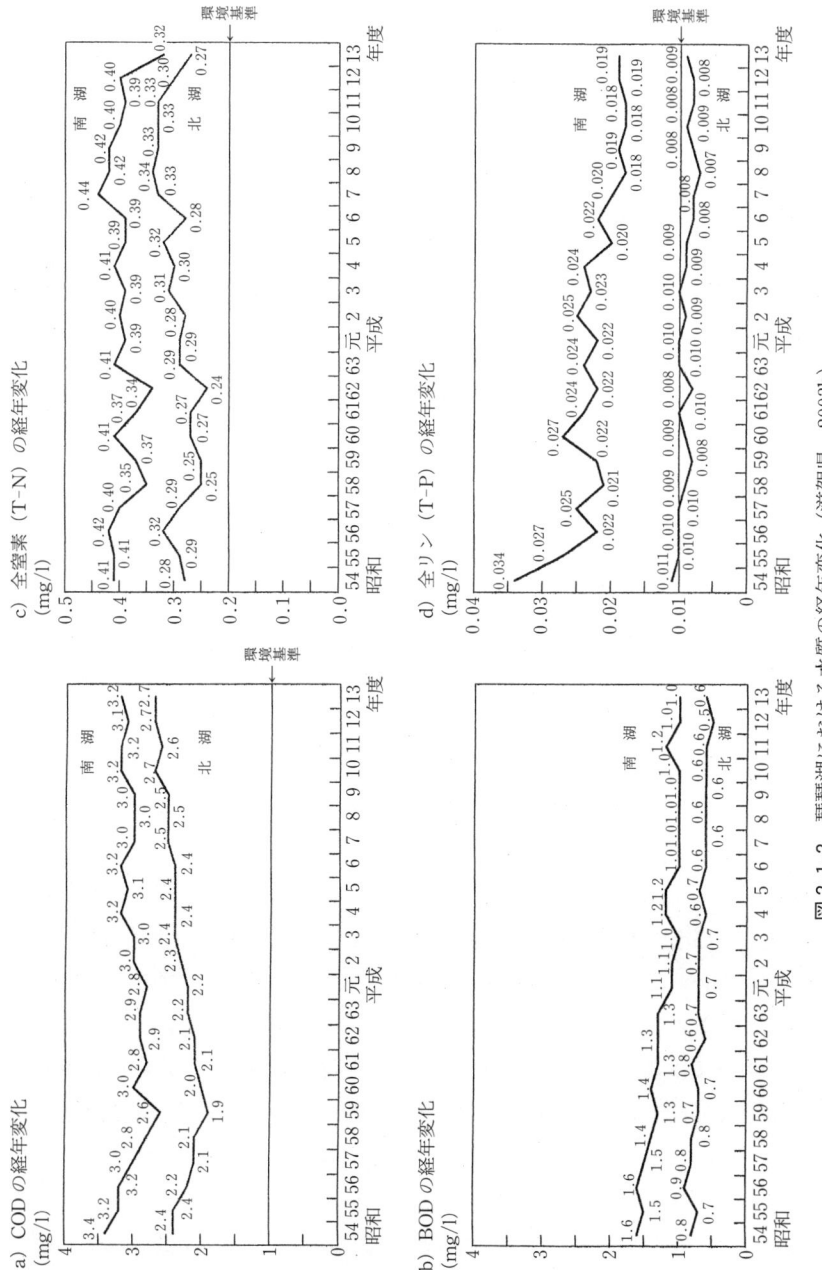

2—1 東アジアモンスーン域の湖沼・河川の概況　79

図 2-1-2　琵琶湖における水質の経年変化（滋賀県，2003b）

がある.

　琵琶湖の環境保全における問題点は，琵琶湖に位置する滋賀県として，地域経済発展を図る必要があると同時に，近畿経済圏の貴重な水資源として琵琶湖の保全を図る責務があることである．このため，琵琶湖から流出し，京都南部と大阪市を貫流する淀川の環境管理とあわせ，国や近畿地区の関係者との連携において，琵琶湖の環境対策の検討を進めている．これらをベースに，滋賀県では1999年に琵琶湖の総合的保全を図る琵琶湖マザーレーク21計画を立案し，2050年に目標に達成することを目指し，各種の取り組みを進めつつある（滋賀県，2003a）．

(B) 韓国のダム湖

　韓国と北朝鮮には，天然湖沼が少ない．韓国では小湖が5つ，北朝鮮は詳細は分からないが，少数の湖沼があると判断される．水資源の需要に対し，これら湖沼の湛える淡水量は極めて限られていること，および夏の洪水時に河川の年流出水量の7割が集中することなどから，洪水対策と淡水資源確保の目的のために，ダム湖建設が積極的に進められてきた．この取り組みにより，現在，韓国では18797のダムがあり，その貯水量41 km³/年は，河川の年流出水量の56％にあたる（Hwang and Kwun, 2003）．現在，年淡水利用量の33.1 km³/年のうち，13.3 km³/年はダム湖から取られ，16.1 km³/年は河川から取られている（KOWACO, 2001；CLAIR, 1999）．

　このように韓国のダム湖は，水資源として極めて重要な役割を演じているが，他方，都市，工業，農地からの排水流入により，ダム湖の水質汚濁と富栄養が著しく進み，顕著なアオコ発生が見られている．江原大学のKim（2001）らが行った調査によると，韓国主要5河川の13ダム湖のうち，8つのダム湖で，湖水のT-P濃度が0.020 mg/l以上の富栄養状態にあり，高濃度にアオコが発生していた．とくに，河口堰ダム湖では，T-N，T-P，Chl-a濃度がいずれも極めて高かった（表2-1-6）．Hwang and Kwun（2003）によると，大型ダム湖の殆どと農業ダムの6割が富栄養状態にあり，大規模なアオコ発生が見られている．このようなダム湖の顕著な富栄養化進行とアオコ発生は，ダム湖の

表2-1-6 韓国の主要ダム湖の特性と富栄養化指標

ダム湖と河川	最大水深 m	最大容積 10⁸m³	滞留時間 年	透明度 m	T-P mg/l	T-N mg/l	N/P	Chl-a μg/l	一次生産 gC/m²/年	栄養度
上流ダム湖										
昭陽湖 (L. Soyang)-H	100	29.0	0.76	2.8	0.016	1.35	102	12.5	435	中-富栄養
忠州湖 (L. Chongju)-H	70	27.5	0.37	3.1	0.015	2.22	157	4.6	183	中栄養
大清湖 (L. Daechong)-K	60	14.9	0.36	2.9	0.017	1.79	103	9.5	211	中-富栄養
安東湖 (L. Andong)-N	50	12.5	0.65	2.5	0.018	2.39	163	4.8	387	中栄養
陜川湖 (L. Hapchon)-N	70	7.9	0.73	2.1	0.022	1.07	51	10.5	606	富栄養
玉井湖 (L. Okjong)-S	50	4.7	0.39	1.8	0.029	2.03	76	9.4	419	富栄養
住岩湖 (L. Juam)-S	40	4.6	0.41	3.4	0.015	0.77	59	6.6	310	中栄養
八堂湖 (L. Paldang)-H	20	2.4	0.01	0.9	0.074	1.97	38	9.4	654	富栄養
晋陽湖 (L. Jinyang)-N	7	1.9	0.02	1.4	0.034	1.28	40	7.9	428	富栄養
衣住岩湖 (L. Euiam)-H	15	0.8	0.01	2.3	0.024	1.41	65	7.4	472	富栄養
河口堰湖										
栄山湖 (L. Yongsan.)-Y	12	2.5	0.09	0.8	0.111	3.20	29	20.3	389	富栄養
錦江河口堰 (Kum R.)-K	8	1.4	0.02	0.9	0.132	2.31	18	48.7	466	富栄養
洛東江河口堰 (Nakdong. R.)-N	10	1.3	0.01	0.9	0.109	3.19	29	41.9	935	富栄養

Kim ほか (2001) による1994～95年度総合調査結果. H；漢江 (Han R.), K；錦江 (Kum R.), N；洛東江 (Nakdong R.), S；蟾津江 (Somjin R.), Y；栄山江 (Yongsan R.).

水資源の利用に大きな支障を来たすと判断される．ダム湖の水質汚濁とアオコ発生を改善するため，現在，韓国では，多くの調査と，学際的研究が活発に進められている（参照, The First Korea-Japan Joint Limnological Symposium, 2004）．

(C) 中国の湖沼

中国は，世界的にみても，湖沼の多い国で，1 km²以上の湖が約2300ある．全湖沼の占める面積は71787 km²，湛水総容積は708.8 km³であり，その31.9％にあたる226.1 km³が淡水で，残り70％弱は湖水塩分が高い鹹水湖か塩湖[5]である (Jin, 2002). 鹹水湖と塩湖は，蒸発量が降水量より多いために，湖水中に塩分が濃縮した湖である．塩湖と淡水湖の分布には，地形と気候が大きく関係している．東北から南西にかけ斜めに延びている一連の山系（大興安嶺，陰山山脈，賀蘭山脈，秦嶺山脈，崑崙山脈，ニエンチェンタンラ山脈）が中国を2分しており，山系の西北にあるモンゴル，新疆，チベットは降水量が少なく，乾燥環境にあり，河川は外洋に流出されずに，域内で流れが終わる内流域

表2-1-7　中国における湖沼の分布と湖水量（Jin, 1995による）

地域	湖面積 km²	湖面積/全中国 %	湖容積 10⁸m³	湖容積/全中国 %	淡水湖容積 10⁸m³	淡水湖容積% 淡水湖/地域湖沼	淡水湖容積% 淡水湖/全中国淡水湖
青蔵高原	36889	51.4	5182	73.1	1035	20	45.8
新疆—モンゴル高原	9411	13.1	697	9.9	24	3.4	1.1
東部平原	21641*	30.2	711	10.0	711	100	31.4
北部平原—山岳地帯	2366	3.3	190	2.7	189	99.2	8.3
雲貴高原	1108	1.5	288	4.0	288	100	12.7
その他	372	0.5	20	0.3	15	75	0.7
全中国（合計）	71787	100	7088	100	2261	31.9	100

＊東部平原の多くの湖沼は，埋立と流入土砂の堆積により変化しつつあるので，現在の面積はこの数値と若干異なると思われる（本書2—5節参照）．

となっている[6]．他方，山系南東に位置する平原や高原域では，河川はすべて外洋に流出する外流域である．降水量も豊富で，外流域に分布する湖沼は殆ど淡水湖である（巻頭図1，巻頭表1，本書2—5節参照）．

　中国の湖沼は，湖の置かれている地理的位置から，青蔵高原（チンザン），モンゴル・新疆（シンジャン）地域，東部平原，東北部，雲貴（ユングイ）高原の5地域群に大別される（巻頭表1，表2-1-7）．青蔵高原は中国で湖沼が最も多い地域で，大小合わせ数千の湖沼があり，面積1km²以上の湖沼は600強に達する（Jinほか，1990）．表2-1-7に示すように，地域湖沼の総面積，総容積は，中国の全湖沼の51％，73％を占める．地域湖沼の8割は内流域に位置し，湖水の塩分が高い鹹水湖，塩湖である．同じ内流域のモンゴル，新疆の湖沼も殆どが塩分が高く，97％が鹹水湖，塩湖である（巻頭表1，表2-1-7）．これに対し，外流域の東部平原，北部平原—山岳地帯，雲貴高原の湖沼は，すべて淡水湖である．中国の全湖沼に占める割合は，東部平原湖沼が，面積では30％，容積では10％と，青蔵高原湖沼に次いで大きい．雲貴高原湖沼は，面積では全中国湖沼の1.5％と小さいが，中国の全淡水湖容積の12.7％を占める．海抜高度が高い高原域に位置する雲貴高原湖沼は，集水域面積が小さく人口密度も低い．一部湖沼を除けば，汚濁物質の流入が平野部湖沼に比べて少なく，淡水資源として重要な位置を占めている．

　代表的な湖沼の陸水学的特性を表2-1-8に示す．青蔵高原・新疆の青海湖（チンハイフー），

表2-1-8 中国の主要湖沼の特性と水質

湖沼	湖面積 km²	湖容積 10⁸m³	平均水深 m	滞留時間 年	栄養度	湖水	T-P	T-N	COD
青蔵高原・新疆									
青海湖（Qinghai Hu）	3100	340	14	2.7	中栄養	鹹水	0.02	0.08	1.41
博斯騰湖（Bosten Hu）	1067	88	8.8	2.7	中栄養	低鹹	0.018	0.92	6.02
東北部平原									
鏡泊湖（Jingbo Hu）	79.3	182	13.8	0.51	富栄養	淡水	0.4	0.98	7.00
東部平原									
鄱陽湖（Poyang Hu）	2933	149.6	5.1	0.16	中―富栄養	淡水	0.094	0.67	2.05
洞庭湖（Dongting Hu）	2625	167	6.4	0.055	中―富栄養	淡水	0.119	1.17	2.13
巣　湖（Chao Hu）	753	19	3.0	0.35	過栄養	淡水	0.174	2.38	5.09
太　湖（Tai Hu）	2338	44.4	1.9	0.72	中―富栄養	淡水	0.079	2.42	4.74
東　湖（Dong Hu）	27.9	0.62	2.2	0.44	富栄養	淡水	0.125	2.50	12.6
雲貴高原									
滇　池（Dianchi）	305	15.7	5.0	2.8	過栄養	淡水	0.594	6.41	6.9
洱　海（Erhai）	250	28.8	10.5	3.5	中栄養	淡水	0.03	0.29	2.76
撫仙湖（Fuxian Hu）	212	191.8	90.1	146.4	貧栄養	淡水	0.01	0.15	0.80

Jin (2002)；ILEC (1995)；Jin (1990) ；本書2―4節，2―5節より作成．

　博斯騰湖は面積的にも，容積的にも大きいが，塩分の多い湖で中栄養である．東部平原の鄱陽湖，洞庭湖，太湖は，面積的に中国で指折りに大きな湖であるが，水深が浅い．長江から，土砂を多く含んだ富栄養的な河川水の流入により，窒素，リン濃度が高く富栄養的である．プランクトンが多く，COD値が高い．雲貴高原湖沼は，湖面積では東部平原湖沼に比べ小さい．しかし，代表的湖沼である撫仙湖は中国で2番目に深い湖で，貧栄養状態を維持している．他方，最大面積の滇池は，昆明市から都市，工場排水の流入を受け，著しく富栄養化が進んでいる．

　造山運動による地殻変動が活発であった中国の湖沼には，構造湖が多い．青蔵高原，雲貴高原，モンゴル・新疆地区，東部平原に分布する湖は，大部分が構造湖である．一般に湖容積が大きく，水資源として重要である．長江の下流に位置する東部平原に分布する湖沼も，構造湖であるが，上流からの移送土砂の沈積と河川氾濫の影響を受け，次第に縮小しつつある．沿岸部では，河口が砂洲でせき止められたラグーンが分布する．

Jin（1990）によると，調査した中国の34湖沼のうち，14が富栄養湖，16が中栄養湖，4が貧栄養湖であった．中国の湖沼で富栄養化が進むのは，河川の汚染に見られるように，経済発展に伴う都市，工場排水流入量の増加にひとつの原因がある．それと共に，生活排水，畜産排水などの処理対策が不十分な地域が多い上に，中国の生産活動で最も重要な農業生産において，作付けの集約化，機械化により，農地からの窒素，リンの流出負荷が増大していることが大きく関わっているのでないかと判断される．この課題は本書第3章で論ずる．

注
1) 世界の全湖沼の貯水量は17.64万 km³，その54％は淡水，46％は塩水である．地下水は，地球の全淡水量の30％を占め，重要な水資源となっている．しかし，地下水の貯留速度が地表水供給速度より一桁小さい上，利水にはポンプアップなど技術的対応が必要であり，水資源利用度は地表水に比べると低い．日本における地下水資源利用度は，農業灌漑水で5％，生活用水で22％，工業用水で30％である（国土交通省，2003）．
2) 地表水資源量は，湖沼，河川など地表水の動的水量で，本書では河川の年流出水量で表してある．中国の水資源として重要な地下水資源量は，中国全体で地表水資源量の約1/3である．
3) 個々の河川流域へのある時間内の降水量に対する河川流出水量の割合（％）を流出率と言う．地表水資源量の年降水量に対する比は，水系全体の年流出率に相当する．
4) 水質汚濁に関わる水中有機物量の指標．BOD（生物学的酸素要求量）；好気的微生物による有機物酸化に必要な酸素量．20℃，5時間の酸素消費量として測定することから，BOD_5 と表示することがある．COD（化学的酸素要求量）；過マンガン酸塩，または重クロム酸塩による有機物酸化に必要な酸素量．酸化剤により必要酸素量が異なるので，過マンガン酸塩法，重クロム酸塩法によるCODをとくに COD_{Mn}，COD_{Cr} と表示して区別する．湖沼水質管理では，日本，中国は COD_{Mn}，排水管理では日本は COD_{Mn}，中国は COD_{Cr} を水質指標に使用している．
5) 湖水中に塩分の多い湖．凡例6を参照．蒸発による湖水塩分の上昇に伴い，塩分構成も変化する．チベット高原湖沼の調査結果によると，淡水湖では Ca^{2+} と HCO_3^- が優占するが，塩分が高まると Na^+，K^+，Cl^- の割合が急増し，塩湖では Na^+，K^+，Cl^- が最も多く，Mg^{2+}，SO_4^{2-} がそれに次ぐイオンとなる（Jin, 1990）．塩分増加に伴い湖水のpHもあがり，塩湖でpH 8以上になる．
6) モンゴル共和国北部のフブスグル湖，アルタイ山脈西のカザフスタン共和国のザイサン湖は，内流域の外にあり，流出河川水は北極海に流出する．

文献

中国水資源公報編集委員会（2000）：中国水資源公報2000（JICA 水利人材養成プロジェクト翻訳）．
中国国家環境保護総局（2003）：中国環境状況公報2002．
CLAIR（1999）：韓国の水管理総合対策，自治体国際化協会ソウル事務所特集．
北海道公害防止研究所（1990）：北海道の湖沼．
Hwang, S.-J. and S.-K. Kwun (2003) : Current status and prospects of reservoir limnology in Korea. Website report. http://agsearch.snu.ac.kr
ILEC (1995) : Data Book of World Lake Environment. Asia and Oceania. ILEC, Kusatsu.
Jin, X., H. Liu et al. (1990) : Eutrophication of lakes in China. The 4th International Conference on the Conservation and Management of Lakes, "Hangzhou '90".
Jin, X. (1990) : Analysis of the characteristics of eutrophication of China's lakes. In Jin, X. et al. (eds), Eutrophication of lakes in China, The 4th International Conference on the Conservation and Management of Lakes, "Hangzhou '90", pp. 110-121.
Jin, X. (1995) : Lakes in China—Research of their environment, China Ocean Press.
Jin, X. (2002) : Analysis of eutrophication state and trend for lakes in China. J. Limnol., 62 : 60-66.
環境省（2003）：環境白書，平成15年版．
環境庁自然保護局（1995）：日本の湖沼環境II．
Kim, B., J.-H. Park et al. (2001) : Eutrophication of reservoirs in South Korea. Limnology, 2 : 223-229.
国土交通省（2003）：日本の水資源，平成15年版．
国立天文台（2005）：理科年表，丸善．
Korean Society of Limnology and Japanese Society of Limnology (2004) : A Book of the abstract for The First Korea-Japan Joint Limnology Symposium.
KOWACO (Korean Water Resources Corporation) (2001) : Korea Water Resources. General Chracteristics. Website report. http://www.water.or.kr/engwater/general/ewk_gel_char.html
熊谷道夫・石川可奈子ほか（2005）：気候変動と琵琶湖北湖における低酸素化現象．琵琶湖研究所記念誌（所報22号），171-177．
王洪道・寶鴻身ほか（1989）：中国湖沼資源，科学出版社，北京．
大島康行・浅島誠ほか（2003）：理科年表・環境編，丸善．
Sakamoto, M. (1985) : Eutrophication and its causative agents ; phosphorus and nitrogen, in Japanese lakes. Shiga Conference '84 on Conservation and management of world lake environment, Shiga prefecture.

世界資源研究所・国連環境計画ほか (1993)：世界の資源と環境 1992-1993，日本語版，ダイヤモンド社．

世界資源研究所・国連環境計画ほか (2001)：世界の資源と環境 2000-2001，日経エコロジー．

滋賀県 (2003a)：環境白書．

滋賀県 (2003b)：滋賀の環境 2003．

滋賀県琵琶湖研究所 (2005)：琵琶湖研究所記念誌；琵琶湖・環境科学研究センターへの移行にあたって．琵琶湖研究所所報 22 号．

宗宮功編 (2000)：琵琶湖，技報堂．

高橋裕・坂口豊 (1980)：日本の河川．坂口豊編『日本の自然』，岩波書店，pp. 219-230．

UNEP (2003)：State of the Environment. DPR Korea.

World Water Assessment Program (WWAP) (2005)：A Look at the World's Freshwater Resources. UNESCO. Website report. http://www.unesco.org/water/wwap/wwdr/pdf/chap4.pdf

Xie, P. and Y. Chen (1999)：Threats to biodiversity in Chinese inland waters. Ambio, 28：674-681.

（坂本　充）

2—2
東アジアモンスーン域の河川流域

1 アジアの河川と流域

　現在,世界人口の半数がアジアで水と係って暮らしている.一口にアジアといっても,地域毎に気候・風土や文化も異なり,それらは流域の気象・水文に強く影響される.南・東アジアの気象(降水・気温・蒸発量)を特徴づけるのは,本書の題名にも含まれており,雨季と乾季を峻別するモンスーンである.ウェゲナー著『大陸と海洋の起源』(竹内訳,1990)によると,今日のアジアらしさの根源は,ユーラシア大陸とインド亜大陸の衝突によりもたらされた.すなわち,北インド周辺の3500万年にわたる造山活動の結果,世界の屋根といわれるヒマラヤ山脈の氷河を源とする数条の河筋ができ,やがて山脈の隆起によって勾配を増すとともに,モンスーンの雲(雨域)の通過する帯に沿って湿潤な夏の気候,豊かな流況,洪水と肥沃な土壌を享受することとなった.祖先達は土地に適した作物が稲であることを見出し,それを受け継いできた.陶器の鉢に描かれる雷模様は雨をもたらすモンスーンの象徴であり,水の恵み,豊作の願望を表す.過去1万年に及ぶ気候安定期にあって,雨季の雨あしは一度衰えたといわれているが,世界的にみて多雨な地域には違いない.
　本節ではモンスーン域の河川における流況の季節変化の特徴,とくに東ヒマラヤ流域の長江(チャンジャン),珠江(ジュージャン),紅河(ホンホォ),メコン川などの諸元や特徴,開発の環境影響を,同じアジア地域の島嶼河川,北方河川,内陸河川との比較を通して考える.東ヒマラヤ流域には6つの大河(流域面積20万 km² 及び幹川河道長2000 km 以上)と2本の準大河(2万 km² 以上,1000 km 級)が接して流れ,水系に点在する氾濫湖が示すように,陸水湛水量が雨季に最大となる顕著な季節変化を示す.これに対し,青蔵高原,北のタクラマカン砂漠とその東のゴビ砂漠や

内モンゴルは雨が少なく乾燥しているため無数の末無川と多くの鹹水湖・塩湖が点在する．東経100°線に沿っては，北アジアのフブスグル湖，中国最大の鹹水湖である青海湖（チンハイフー），メコン上流域に注ぐ洱海（エルハイ）が縦に並び，それぞれ，北方アジア，乾燥アジア及びモンスーンアジアの特徴を示している．このような緯度や標高，気候や地形の相違や変化が湖沼に及ぼす影響を考えながら，それを包含する河川流域の特徴を述べる．湖沼の問題は流入河川の流域の問題であって，開発と引換えに環境問題を抱えることが多く，むしろ社会環境の変化に伴う問題であるともいえよう．

対象であるモンスーン河川流域の特徴を強調するため，まず，北方アジアの河川とその流域について比較のために概観しておく．

2　北方アジアの河川と流域

ウラル山脈の東，北極カラ海のオビ湾に注ぐオビ川を本川沿いに遡れば，左右からトイム，バシュガン，ケト，チュルイム川が合流，ノボシビルスクを経由してアルタイ山脈北西端のモンゴル，中国，カザフスタン国境付近で源流に至る．一方，西シベリア平原の高緯度湿地帯の中央部にあるハンティマンシースクにおいて最大支川のイルティシ川が本川と合流する．アルタイ山脈南麓，中国領からカザフスタン東端のザイサン湖に注いだ水が，タラ，イシム，トゥラ，タブダ川をまとめてイルティシ川となる．イルティシ川を併せた河道延長は5570 km（世界第5位）であり，流域面積は243万 km^{2}に及ぶ．上流のザイサン湖の近隣に，バルハシ，アラコリ湖（カザフスタン）やウルングル，マナス，エビ湖（中国）といった内流湖沼がある．

カラ海に注ぐエニセイ川下流域は西シベリア平原の東縁を北流するが，右岸に迫る中央シベリア高原からニージニャトゥングスカ，チュニア，アンガラ川が合流する．本川沿いにクラスノヤルスク経由で遡ると東・西サヤン山脈の懐モンゴル・フブスグル湖西方に源流がある．それはモンゴル名サガンノールと言われる土地であり世界地図には示されていない古湖沼群が残る．エニセイスクからアンガラ川を遡る途中にブラーツクの巨大貯水池があり，またイルクー

ツクの上流には世界淡水湖水量の20%を占めるバイカル湖（336本の流入河川と400年の滞留時間，多くの固有種）がある．このバイカル湖に注ぐセレンガ川を上流にたどればモンゴル中西部のハンガイ山脈に至り，また，セレンガ川に注ぐ左支川を北上するとフブスグル湖の南端に続く．セレンガ川，バイカル湖，ブラーツク川，アンガラ川を経てエニセイ湾に注ぐエニセイ川の河道長5550 kmは世界第6位（エニセイ本川4102 km）であり，その流域270万km^{2}はオビ川より若干大きい．河口での年平均流量17821 m^3/秒は，北米のミシシッピ川を上回る．一方，これより流域の小さいアジアモンスーン域の長江と比べると流量は約2/3となっている．エニセイ川はオビ川とともに，中央ロシアを代表する国際河川であり，グィダンスク半島の東西に内湾河口がある．

レナ川（242万km^2，4400 km：世界第11位）はバイカル湖北部西岸に発する河川で，ビティム，オリョークマ川を合流し，ヤクーツク下流で遷緩した後，アルガン，アムガ川と合流する．下流には中央シベリア高原のビリュイ川が合流しているが，ベルホヤンスク山脈の弓なりに沿って，ラプテフ海に注ぐ．レナ川の流域面積はオビ川のそれにほぼ等しい．

オビ，エニセイ，レナ川は代表的な北流河川であり，いずれもロシア・モンゴル国境の北緯45度付近を南限とし，源流は近接している．三大河とも上流部は鉄道が架橋している．南方アジアと比べて日本との交易は目立たないが，縄文人の最大起源である北方ルートの祖先はこれらの流域に暮したといわれる（NHKスペシャル「日本人」プロジェクト，2001）．また，東のコリマ川（65万km^2，2129 km）は東シベリア海に流出する極東河川であり，その南を流れるアムール川（黒龍江）（184万km^2，4416 km）は間宮海峡に注ぐ長さ世界第10位の河川である．

黄河（98万km^2，5464 km）は渤海に注ぎ，長さは世界第7位である．年平均流量1110 m^3/秒は長江のそれの約4%であり，南流諸河川と比べ流量は少ない．しかし，頻度は低いものの，ひとたび洪水になると下流の都市を水没させるほどの河川水量を流下させる．源流に融雪水はあるが，中流域の内モンゴル沿いの乾燥地帯や広大な農地を灌漑して断流するため，長江流域から導水して，流況を調節する計画があり，南水北調と呼ばれる（本書2—5節参照）．こ

の計画では，最終的に2030年の水需要を満たす800 m³/秒を，長江からバイパスさせるという．

3 南・東アジアの河川と流域

長江(チャンジャン)は中国における稲作伝播の路であり，メコン川は東南アジアを中国からラオス，カンボジア，ベトナムと縦貫する文化伝播の道である（Osborn, 2000；Penn, 2001）．雲南省には金沙江(ジンシャージャン)・瀾滄江(ランツァンジャン)・怒江(ヌージャン)（それぞれ，長江，メコン川，サルウィン川）の三江併流区間があり，北西には独龍江(ドウロンジャン)（イラワジ川）も流れている．雲南省は，今でもアジア，とくにインドシナ民族の祖先である少数民族が暮し，周辺国にはその末裔が生活している．

長江とメコン川の間には，香港に流出する珠江(ジュジャン)（西江(シージャン)）上流の南盤江(ナンパンジャン)と，ハノイで紅河となる元江(ユエンジャン)がある．また，メコン川とサルウィン川の間には，タイ中央平原を縦貫してチャオプラヤ川が流れる．タイ王朝はこのチャオプラヤ川に沿ってスコタイ，アユタヤからバンコクへと遷都した歴史がある．イラワジ支流のチンドウィン川源流部とブラマプトラ川の中流部は近接しており，北東インド7州からバラキ川（ガンジス・ブラマプトラ川の支川であるメグナ川上流）が南西に流れている．これらはすべて雨季に数万～10数万m³/秒を排出するモンスーン河川である．

(A) 長江（Chang-Jiang）

中国中南部の大河はかつて揚子江（揚州・鎮江付近）と呼ばれた．チベット高原北東部の青蔵高原から四川盆地，三峡をぬけ，華中平原を横切り東シナ海に至る（中国地図出版社，1996；成都地図出版社，1999）．青海省はチベット自治区境に近い念青唐古拉山(ニェンチェンタングラ)の各拉丹冬(ゲラデンドン)に発する沱沱河(トゥオトゥオホ)が当曲(ダンチュイ)（曲は蛇行した川），楚瑪爾河(チュマルホ)を合流し通天河(トンティエンホ)となり，雲南・四川省境で金沙江と名を変え，雲南省麗江で玉龍雪山を迂回する．この長江第一湾と虎跳峡(フティアオシャ)を過ぎ，右曲すると雅礱江(ヤーロンジャン)，次に大渡河(ダートゥーホ)と岷江(ミンジャン)が北から合流する．重慶で嘉陵江(チャリンジャン)と烏江(ウージャン)が合流後，宜昌を抜け，湖北・湖南省境で洞庭湖(ドンティンフー)を介して，右支川の湘江(シアンジャン)，武

漢で左支川の漢水(ハンシュイ)，鄱陽湖(ボーヤンフー)で右支川の贛江(ガンジャン)，最後に洪沢湖(ホンザァフー)で大運河及び淮河(ホワイホォ)がつながり，太湖(タイフー)の北をかすめて上海から東シナ海へ抜ける．全長 6380 km，豊肥な稲作地帯で年平均流量は約 28000 m³/秒である．

長江中下流域の湖沼群は長い治水史を物語る．洞庭湖は夏の雨季に長江の水位が増すと水が流入し，冬の乾季には排出する遊水池，あるいは氾濫湖であった．1825 年以来，食糧増産のための干拓により面積は 4 割まで減少した．近年は湖沼の水量調節機能が低下し水害増加が問題視されている．とくに洞庭湖は数百種の鳥類，魚類が生息する重要湖沼である．中国淡水資源の 4 割を育む長江流域の WWF プロジェクトは，25 年で中流域の湿地を回復し，防災や資源保全策をあわせて提示するものである．

三峡とは長江が四川省から湖北省に移る付近の狭窄部にあたる瞿塘(ホータン)，巫(ウー)，西陵(シーリン)を指し，500 m 級の断崖が 300 km 近くも続く大峡谷である．川幅が 50 m をきる瞿塘峡では流速が 7 m/秒もあったという．古来，長江の洪水は大きな問題であった．1954 年の洪水では下流の武漢を守るため荊江大堤防を爆破し，湖北省民に犠牲を強いた経緯がある．1998 年の洪水では，1954 年以来の異常水位が観測され，洞庭湖，鄱陽湖の水位が過去最高となった．家屋 1700 万戸，農地 21 万 km² に上る被害は江西，湖南，福建，湖北 4 省に及んだ．治水のためのダムの計画も歴史が古く，1919 年，孫文が三峡に構想した「長江ダム」は 1993 年に水害防止と電力安定供給を目的に「三峡ダム」として着工された．2004 年 9 月に一部発電機が稼働，船舶昇降施設が完成し，新航路が営業を開始した．構想から 90 年後の 2009 年に完成予定の三峡ダムは堤高 175 m，堤頂幅 2.3 km，貯水量 393 億 m³，長さ 600 km の大貯水池となる．年間発電量 847 億 kWh の供給先は上海から重慶に延びる長江デルタ地域（上海及び江蘇省他 1 直轄市 7 省）であり，32.9 万 km² に人口 1.68 億人（流域人口の 42％）が集中する．なお，長江流域人口は約 4 億人（1990），全国の 1/3，うち農業人口 3 億，95％以上が漢民族である．

長江が育んだ農耕文化も長い．イネの「アッサム雲南起源説」に対し「ジャポニカ長江起源説」は，7000～8000 年前の稲作遺跡の炭化米分析によっている．長江下流のイネ文明は黄河文明とは別の新石器～青銅器文明であって，弥

生文化と類似し，漢字の長江流域説もある（佐藤，2003）．長江文明学術調査団は黄河文明との関わりに触れている（徐，2000）．そもそも，エジプト，メソポタミア，インダス，黄河の四大文明はいずれも大河のほとりに興ったが，緯度的には黄河のみ北にはずれており，やや寒冷である．しかし，それが長江であれば他と同じ温暖湿潤で緑豊かな文明が考えやすい．20世紀後半，長江流域で発掘が進み，夏王朝以前に長江流域で既に文明が栄えていたことがわかった．長江文明はやがて黄河文明に征服され，秦代に統一されて途絶えた後，秦・漢以降は史書からその名は消され，最近まで中国文明＝黄河文明とされていた．湖南省や四川省の遺跡から発掘された世界最古6400年前の焼成煉瓦や初期農耕文化や青銅器の意匠は，黄河に類例がなく長江流域に特有とされる．西周時代に滅んだ長江文明は成都に移り，戦国時代後期のBC316年，秦による巴蜀地方（現四川省）併合まで独自性を保ったという．近年，長江から黄河に流量を配分する，いわゆる南水北調がすすみ，長江の黄河化も警告されている．諸説あるが，上・支流域の荒廃，とくに森林伐採の影響もあるとされる．アジアを代表する大河の長江にとって，三峡ダム建設と同時進行する流域の荒廃は極めて困難な問題といわざるを得ない．

(B) 珠江 (Pearl River)

珠江(ジュージャン)は，雲南省から流れる南盤江(ナンパンジャン)と貴州省の北盤江(ベイパンジャン)の合流による紅水河(ホンシュイホオ)に，柳江(リウジャン)(龍江(ロンジャン)，融江(ロンジャン)，洛清江(ゲチンジャン))，郁江(ユウジャン)(左江，右江)，北流江(ベイリュウジャン)，桂江(グイジャン)が合流して西江(シージャン)になり，さらに広州近くで北江，東江が合流する形で形成される大河である（中国地図出版社，1996）．珠江として流れる区間は短く，面積的にも西江が流域の約87％を占め，基本的に東流河川といえよう．

雲南省内では，昆明市東の景勝地・石林付近から下流に向かって，石灰岩地形が少しずつ見られるようになり，支流桂江の桂林に代表される釣鐘型の山々が景観に溶け込んでくる．石林から開遠を経て南盤江を東（下流）に向うと川筋は車窓から見下ろせないほど深い谷になるが，道が少しずつ高度を下げ，やがて水面の波が見分けられるようになったところで，文山壮族(ツァン)・苗族(ミャオ)自治州の渡河点（図2-2-1に見える江辺大橋）に出る．さらに下流は貴州省と広西壮

族自治区の州区界を流れ広東省に入り，やがて南シナ海に注ぐ．

南中国の動脈である珠江は，全長2197 kmで，45.3万 km²の流域を有する．下流には広東デルタを形成し，これが珠江口の経済的中心となっている．大型船が往来する珠江口は香港，深釧，珠海，マカオのような交易拠点を抱える内湾で，ここに

図 2-2-1 珠江上流の南盤江(2002年8月10日撮影)

流域面積が中国4位の珠江が流れこむ．珠江デルタの経済区は人口密集地の生活排水や工場廃水で汚濁が進行し，富栄養化による赤潮頻発で漁業・養殖業にも被害が出ている．1986年には底生生物115種が確認されていたが，近年は汚染で1/10に減少している．船舶事故による油流出などの影響により水質が著しく汚濁され，環境汚染が深刻化している．政府も汚染対策の重要性を認識し，海洋汚染防止法や中国海洋21世紀アジェンダを制定，珠江口で水質を監視しているが，体制が十分でなく，今後の重要課題となっている．

広西自治区の全河川の年間流量は，4220億 m³（13400 m³/秒），全国降水量の6.9%を占める．集水域100 km²以上の河川69本は，西江，長江及び北部湾水系に属する．水力エネルギー埋蔵量2133万 kWは全国8位，開発可能量1751万 kWは全国6位，総設備容量1562万 kW，年間発電量は約788億 kWhである．紅水河のみで年間流量は1300億 m³（4120 m³/秒）に達し，黄河の3.7倍である．一方で広西自治区は資源に恵まれ，非鉄金属鉱物の種類・埋蔵量も多い．海域で確認される魚類は600種，資源量70万トンに上り，浅海干潟の生物資源・水産量も多い．南シナ海大陸棚北部湾盆地の石油と天然ガス資源も開発段階にある．全区森林面積は81666 km²，森林被覆率34.4%，楠など貴重樹木が30種余りある（清水，2005）．

(C) 紅河 (Hong River, Red River)

紅河は，大理にある洱海の南に発する．洱海の湖水はメコン水系に入り，紅河には流出しない（中国地図出版社，1996）．紅河は中国内で礼社江，中流は元江と呼ばれ，「紅河」は沿川の町名である．海抜2000 mから中越国境，海抜100 mの河口まで直線的に流下し，河谷両側から多数の支川を受ける．支川は本流より位数が低く本川の位数増には寄与しない．

元江はベトナムに入って紅河となる．一方，元江のひとつ西側の谷を流れる阿墨江と把邊江が国境の北で合流し，李仙江としてベトナムに入り沱江になる．また珠江流域に接する文山の盤龍江はベトナムで沽江となり，これらがハノイで三川合流する．沱江は元江と諸元が類似し合流後に次数を上げるが，紅河デルタで複数流路に再び分派する．

紅河（中国内では元江）の川筋まで降りるには何本かのルートがある．図2-2-2 aの紅河哈尼族・彝族自治州の州都，個旧市から写真奥の山並

a）個旧市，紅河少数民族自治州首府，金湖の雨景．

b）紅河支流の河谷に落ちる泥の滝（北回帰線，海抜1000 m付近）．

c）紅河河岸から上流を望む（元陽市下流60 km付近）．

図2-2-2　紅河（2001年8月12日撮影）

を越え，少なくとも1000mは谷を下る．筆者は車で卡房鎮(カファンチン)の村を回ったが，下りはヘアピンカーブの連続であった．河谷の北緯は北回帰線に近く，高度1000m付近まで下ると図2-2-2bのように山の斜面に南方系の椰子が混じる．みると水を含んだ表土が音を立てながら融けるように滑っている状況であった．これらが谷に入るところは本来山水の滝であるべきものが泥の滝と化している．こうして元江に入る泥水は，河道位数には影響しないが，名前通りの紅い水を付加して濁度を著しく増加させる．図2-2-2cの元陽下流の河岸の土砂は紅，白，黒の三種があり，そのうち紅土は最も粘着性を帯び感触はほとんど粘土に近い．

紅河自治州（32931 km²）は，ベトナムと隣接し西北が高く東南は低い．最高点は金平県西北部西隆山で海抜3074m，最低点は河口県南溪河入口，海抜76.4mである．滇南薬材（漢方薬）と野生動物資源が豊富で，50種以上もある鉱物は錫を筆頭に非鉄金属保有量300万トン以上といわれる．河口の瑶族(ヤオ)自治県南溪河(ナンシーホォ)がベトナム・ラオカイと橋で繋がれる．

1980年代半ば，ホアビン近くに建設された沱江ダムはハノイに電力の70%を供給する．この都市は中国名の河内からわかるように洪水被害を受けやすい土地であったと考えられ，支流・派川も含めて堤防が補強され，紅河デルタの稲作穀倉地帯を維持している．その水は隣接するメコン川やサルウィン川に比べると源流に氷河もなく，流水は紅い．

ハノイ市と周辺の地域開発が進行しているが，道路網の整備が遅れ，急増する交通量を受容できず渋滞や環境悪化が深刻となっている．紅河に架かる橋梁の老朽化も激しく，許容交通量にも限界があるが，2010年には現在の紅河横断橋交通量に匹敵する7万台/日の交通需要が予測され，その他，下水や埋立て処分場の不足のために地下水質の問題も生じている．

(D) 瀾滄（Lancang）江；湄公河（Mekong River）

メコン源流はチベット高原東部，長江上流支川の当曲(ダンチュイ)に近い扎曲(ザチュイ)，これに盖曲(ガイチュイ)，昂曲(アンチュイ)，紫曲(チャイチュイ)が合流，雲南省に入るまでに瀾滄江(ランツァンジャン)（図2-2-3）になる（Osborn, 2000）．ただし，瀾滄は省南部の地名である．ミャンマー・ラオス国

図 2-2-3　乾季（2002 年 3 月，左）と雨季（2002 年 8 月，右）の瀾滄江（メコン上流）

境から黄金三角を通ってラオス・タイ国境沿いを流れ，一度ラオスに入り，ルアンプラバンを経てビエンチャン上流で再び国境河川になる．雲南省内での平均流量は 2354 m³/秒，下流ビエンチャンで 4583 m³/秒である．ビエンチャン北にグム（Ngum）川が同名の湖を形成し，メコンの流況を調整している．逆にタイ側小支川には背水性湖沼が数多くみられ，これより下流で，東はラオス・ベトナム国境の安南山脈からカディン（Kading）など左支川が合流，西はタイ東北部からコック，イング，ムーン川の水を集めラオス南部パクセで 9568 m³/秒まで増大する．さらに，カンボジア平原を貫流，左からスコン，セサン，スルポク川を受け，同国中部クラチェで年平均流量 14361 m³/秒に増える．右から同名の湖に通じるトンレサップの水を合流して首都プノンペンに至るが，クラチェ下流，6 ヶ国目のベトナムでは流量増加は顕著でなく，同国南部で巨大なデルタを形成，南シナ海に抜ける．東南アジア最大の河川であり，全長 4425 km，流域面積は 80 万 km² と長江よりも短いが，国際河川として水資源・発電プロジェクトに寄せられる期待は絶大である．1957 年，国連アジ

ア太平洋経済社会委員会（ESCAP）内に流域4国委員会が設立，メコン川総合開発計画が検討されてきた．上流部には大理洱海の水も流れ込み，雲南省南部にはすでに景洪（ジンホン）などにダムが建設されている．

メコン川沿いの6ヶ国のうち，上流から中流にあたる中国とラオスはこの大河が自国内を流れるが，ミャンマーとタイでは国境沿いを流れるのみであり，メコン本川が自国内を流れることがない．下流カンボジアとベトナムも大河の河道の一部を独占するが，それは下流の話で，たちまち具体的なダム計画があるわけではない．上流にダムが建設されると流砂をためこみ下流に河床低下をきたす恐れがある．地域間の利害得失の絡む上・下流問題の当事者が国と国である場合の合意形成は容易でないことは想像される．上流では独自に開発準備が進められ，下流国との協議については統一された見解を打ち出すことも難しいと見られる．

図 2-2-3 から約60 km 下流の漫湾（マンワン）ダムは1984年，雲南メコン本川沿いに着工され，1993年完成した発電ダムである．この下流で1994年タイ東北部支流ムーン川にパクムンダム，1998年はラオスのトウエンヒンボンダムがそれぞれ完成し，1996年には雲南メコン第2のダムとして，大朝山（ダーチョウ）ダムが完成，2010年までに景洪などいくつかのダムが計画されている．

大朝山ダムは中流の漫湾の下流84 km点に建設される高さ115 mのコンクリートダムで，貯水容量9.4億トン，ダム直下右岸に地下発電所（135万kW）がある．モェイ川（メソット）やイン川がパヤオ北西から南下してパヤオ湖に注ぎ，さらに東北に流れてチェンコンでメコン川に合流（240 km）する．このように国際河川メコンの開発は近年西南地区が盛んで，陸路国境貿易で成都や重慶からの鉄道輸送品を昆明からベトナム，ミャンマーなどメコン流域の諸国に輸出もしている．中国は下流諸国から共存責任を求められ，アジアの誇る大河の活力と環境を維持する上で重要な役割を担っている．

(E) 湄南河（Chao Phraya River）

チャオプラヤ川（中国名：湄南河（メイナンホォ））はタイ北部東西各2本の川に始まる．西端のピン川最上流は一部ミャンマーにかかる（Vongvisessomjai, 1998；Van

Beek, 1995). 上流の河道は濁りも低く，浅い流れに"muang fai"と呼ぶ小枝と竹を組合わせた堰が随所に設けられる．西のピン川とワン川は海抜300〜350 mを源流にピン川・ブミボルダム直下流でワン川を合わせナコンサワンまで約250 kmをピン川として流れる．東のヨム川，ナム川は海抜200 m付近に発し，ナコンサワン直上流で合流してピン川に入り，チャオプラヤ川となるが，約70 kmで左からロプブリ川，右からタチン川を分派する．後者は本川と平行にそのままタイ湾まで抜け，前者はパサック川を合わせてアユタヤで本川と再び合流し，下流のバンコクを経てタイ湾に至る．

　タイ中央平原の水田耕作のため各支川及びチャオプラヤ下流には大小ダムが建設され，治水・発電・利水目的で蒸発量の大きな南国の農業を支える．チャオプラヤ川はタイ北部を源流に全長900 km，同国中心部の流域15.8万 km^{2}を南北に貫流し交通及び灌漑の一大動脈となっている．

　チェンマイのある本流ピン川にブミボルダム，ワン川にキウロムダム，チェンライ中心の支流域の南に接するヨム川はスコタイを流れ，ナン川にシリキットダム，本川のナコンサワン下流にチャオプラヤダム，パサック川にラマⅦ世ダムが下流の河況調整に役立っている．合流点下流の河道部は農業用灌漑水路に分派し，タイ穀倉地帯を潤す．一方，タイ東北部コラート高原はメコン支流域になっており，こちらも農業用水の維持は極めて重要である．

(F) 怒江（Nu River）；薩爾温江（Salween River）

　サルウィン川はメコン川源流より長江源流に近くタングラ山脈南方に発する（白雲勇，怒江リス族自治州林業總公司編，1994；楊発順，貢山独龍族怒族自治縣人民政府，1997）．深い峡谷を流れる急流で舟運は発達していない．雲南省ミャンマー国境で怒江が薩爾温江となり，省西部からミャンマー・シャン高原を貫く同国最長2800 kmのサルウィン川となる．平地でも大きく乱流せず半ば秘境的流域であり，途中にインレー湖がある．タイ国境に迫り，タイから1.8万 km^{2}の水を集めマルタバン湾へと抜ける．

　乾季末（3月）は水も青く，白く泡立つ水がみえる（図2-2-4）．河床は礫・石・岩が占め，湾曲部の砂洲は大量の砂が人の背丈の数倍にも堆積し，川底に

は流水の痕跡が見られ，河床波（リップル）から岩が顔を出す．六庫(リューク)と同緯度のメコン川に比べると標高は300mほど低く，この区間では怒江の方が急勾配と考えられる．ここで目にしたのは日本の中小洪水の流況であったが，豪雨直後は激流が走る傾向は上流ほど強いと思われる．10月は水位も下り水も乾季の青色に戻るが急流であることには変わりない．

(G) 独龍江 (Durong River); 伊洛瓦底江 (Irrawaddi River)

図 2-2-4 六庫上流怒江（2002年3月29日撮影）

イラワジ川はミャンマー・シャン州北部高地をチベット国境から流れるメクハ川（中国名：恩梅開江(エンメイカイジャン)）が本流であるが，その右支川はどれも極めて短い（Martin ほか，2002）．また左支川は東の中国国境から来て，とくに雲南省からチベット自治区まで遡った，怒江西隣の谷を流れる独龍江(ドウロンジャン)が標高から見て源流とみえる．雲南省六庫から怒江峡谷を北に向かうと福貢(フーゴン)を経て貢山(ゴンセン)に至る．冬は雪で通れず，夏は蛇・虫の類も多い．貢山から独龍江までは60年代以前は徒歩7日を要したが，99年に車道が開通して1日の行程になったという．

恩梅開江はその西の盆地を流れるマリカ川（邁立開江(マイリカイジャン)）とミッチーナ上流のミッソンで合流する（中上，1999）．またカサ下流で雲南省南部の中緬国境の町，瑞麗からシュウエリ川も合流してくる．イラワジという名はインドージ湖の水とともにミッチーナ下流で西から合流する支川エーアワディー (Ayeyarwaddy) によるものである．一方，同じくインドージ湖の東から北・北西と流れる塔奈河(タナイホォ)がインド国境沿いに南西に向かう欽敦江(チンドウィンジャン)となる．パト

カイ丘陵，インド・ナガ丘陵，国内チン丘陵の水を集めて旧都マンダレー下流で本川に右合流し，河口まで残りおよそ 500 km を流下する．サルウィン川より緩流区間が長くヤンゴンで名高いイラワジ・デルタを形成，首都西部をアンダマン海に抜ける．イラワジ川はミャンマーを貫通する交通運輸の幹川で全長 1992 km の 3/4 は河船が通る．東のシャン台地と西のアラカン山脈に挟まれた肥沃な沖積平野を形成し，流域面積 43 万 km² は国土の約 2/3 を占める．

独龍江源流は，雅魯蔵布江（ヤルツァンポ川）の最も東の支流，察隅河流域の東部に接する．また副川チンドウィンのインド側支流はヤルツァンポ下流でブラマプトラ支川のメグナ川と源流（バラキ川）を接し，イラワジ川とガンジス・ブラマプトラ川の間で東南アジアと南アジア流域界をなす．インドと中国の水が混じるのはこの 2 河川のみである．

(H) メグナ川（Meghna River）ほか

メグナ川は北東インド 7 州のうちナガランド州とマニプール州の境，コヒマ南に発するバラキ川から始まる．上流支川にはミャンマー・チン州から来るものもあり，逆にインドからチンドウィン川に向かう河川もある．バラキ川は高度を下げ，メガラヤ州南流河川とミゾラム州の北流河川を集めるが，地勢上，流水は全てバングラデシュ北東部に流入する．インドからバングラデシュに移るとバラキ川は南路クシヤラ川と北路スルマ川に分かれる．前者はインド・トリプラ州北部，後者はメガラヤ州南部の水を併せ，シレット下流で再び合流しメグナ川と名前を変える．メグナの河道形成域とその直上流は雨季に限って巨大な氾濫湖が出現する．

ブラマプトラ川の源はヒマラヤ西部，山脈の北であり，馬泉河（マーチュアンホ）が雅魯蔵布江（ヤルツァンポ）として東流し，怒江（サルウィン川上流）との流域界で南流し，瀑布を形成して中印国境を下る．インド・アッサム州に入って河道は上流とは姿を変え，地図で明らかな網状河道のブラマプトラ川として西流し（図 2-2-5），バングラデシュに入ると南に向きを変えジョムナ川と呼ばれる．ブラマプトラ川は東南・南アジアの側面を併せもつ．源流はガンジスやインダスに近く，中流域はサルウィン川，イラワジ川，メグナ川など東南アジアの川に接近する．しかし，再

び西流してガンジス川（中国名：恒河）と合流してからベンガル湾でインド洋に流出する．バングラデシュに入ったクシヤラ川は，スルマ川と合流しメグナと名を変え，さらに，西北から来るカンシャ川を併せ，ガンジス川とジョムナ川が合流したパドマ川に注ぐ．図2-2-5は今はパドマの派川，メグナの支川となった旧ブラマプトラの河道である．

図2-2-5 オールドブラマプトラ川（2000年9月8日撮影）

　ヤルンザンボ大峡谷はチベット東部に位置する世界最大の峡谷で地形的に最も険しい狭窄部のゴルジュ帯は25 km程度といわれるが，詳細はごく最近まで知られていなかった．角幡（2003）は自らの踏査状況を公開しているが，この踏査が計画された1999年当時は現地が完全立入禁止となっていたという．代わりに踏込んだ上述の独龍江も秘境であり，そうした隔絶された地理的環境に加え外国人入域が極めて少ない東ヒマラヤの峡谷という点はヤルンザンボと共通する．

　ブラマプトラ源流の西にインダス川，南にガンジス川の源流がある．ともに南アジアを代表する流域であり流況はモンスーン気候に強く支配されている．獅泉河・ガルザンボ川はカラコルム山脈の南麓を流れるうちにインダス川に変わる．インダス川は中国・インドからパキスタンでアフガニスタンから来るカブール川と合流する．一方，ブラマプトラ川源流にごく近い象泉（別名ランチェンザンボ）河は，サトレジ川としてパンジャブからタール砂漠を迂回，キシェンガンガ川，チェナブ川およびラービー川を併せ，パンジナード川としてインダス本川に合流する．こうして形成されたインダス川（中国名：印度河）はアラビア海まで500 km余りを流下する．

　中国国境に迫るペンダル川は並行に流れる川と合流してガンジス川となる．

とくに西端デリーを通る河道は南西のビンドヤ山脈からの流れを併せて本川に右合流，ヒンズー教の聖地ベナレスに入る．続いて，ネパールから南流河川を集めて東流し，ライシャヒでバングラデシュに入り，北から来るジョムナ川と合流してパドマ川，最後に東からメグナ川を受け容れる．しかし，ガンジス・ブラマプトラ川の雨季の流量は10万 m^3/秒を超えるため，メグナ川の下流域は本川水位増大に堰上げられて背水を生じ，メグナ河道形成区間に氾濫湖を形

表2-2-1 アジアにおける河川と流域の特性

河川			河道長 km	流域面積 10^4km^2	平均流量 m^3/秒	比流量 m^3/秒/km^2	
〈北部アジア（参考）〉							外流河
オビ川		Ob	5570	243	13286	0.0055	北極海水系
エニセイ川		Yennissei	5550	270	17821	0.0066	
レナ川		Lena	4400	242	16901	0.0070	
コリマ川		Kolyma	2129	64.7	4281	0.0066	
インディギルカ川		Indigirka	1977	35.6	1871	0.0053	
黒龍江	アムール川	Amur	4416	184	11257	0.0061	
黄河		Huang He Yellow	5464	98	1110	0.0011	外流河 太平洋水系
〈南・東南・東アジア〉							
長江	Chang Jiang	Yangtze	6380	181	27683	0.0153	
珠江	Zhu Jiang	Pearl	2197	45.3	11070	0.0244	
紅河(元江)	Hong He	Red	1000	16.5	3900	0.0236	
湄公河(瀾滄江)	メコン川	Mekong	4425	79.5	16172	0.0203	
湄南河	チャオプラヤ川	Chao Phraya	900	15.8	882	0.0056	
薩爾温(怒)江	サルウィン川	Salween	2410	32.5	6691	0.0206	外流河 印度洋水系
伊洛瓦底(独龍)江	イラワジ川	Irrawaddy	2090	41.4	13572	0.0328	
メグナ川		Meghna	800	8.5	3500	0.0412	
布拉馬普特拉河	ブラマプトラ川	Brahmaputra	2840	58	19977	0.0344	
恒河	ガンジス川	Ganges	2510	95	14587	0.0154	
〈西南アジア（参考）〉							
マハナジ川		Mahanadi	851	13.2	2093	0.0159	
ゴダバリ川		Godavari	1465	31	2917	0.0094	
クリシュナ川		Krishna	1401	25.2	2125	0.0084	
コーベリ川		Cauveri	800	8.7	666	0.0077	
タプティ川		Tapti	724	6.2	571	0.0092	
ナルマダ川		Narmada	1312	10.2	1291	0.0127	
インダス川		Indus	2900	92	1585	0.0017	
シルダリア川		Syr Daria	2210	21.9	682	0.0031	内流河
アムダリア川		Amu Daria	2540	23.1	1221	0.0053	アラル海

河道長は理科年表（1997），流域面積は環境年表（2002），平均流量はGEMS/Water（2004）による．

成する．こうした洪水過程はメコン川下流域のトンレサップ湖の場合と同様，モンスーンの国では見慣れた光景になっている．

4 アジアモンスーン河川の特性

ここに概観してきたアジア河川流域の特性値を表2-2-1に一括している．理科年表およびUNEPのホームページから抜粋したものである（GEMS/Water, 2004）．このうち流域面積と平均流量の関係を図2-2-6に比較した．北部アジアおよび西南アジアの流域に比べて，単位面積当たりの流量が数倍大きいことがわかる．世界的にみれば，アジアモンスーン河川は南米河川と比流量が類似し，日本の河川もこれに準じる流況にあることがわかる（茅編，2002）．

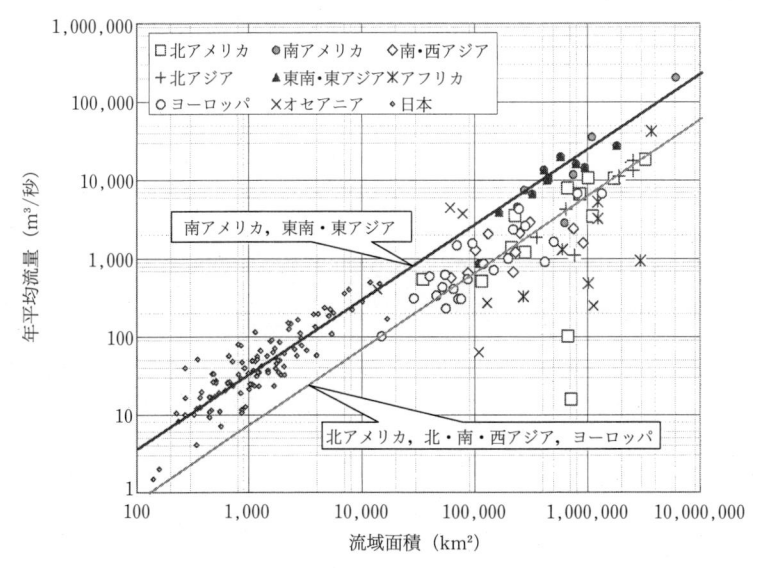

図2-2-6 世界の大河川の流域面積と平均流量の関係（表2-2-1による）

文献

白雲勇，怒江リス族自治州林業總公司編（1994）：怒江大峡谷，雲南美術出版社．
中国地図出版社（1996）：中華人民共和国地図集（縮印本，第2版）．
GEMS/Water (2004): http://www.gemswater.org/gems-e.html
角幡唯介（2003）：チベット，ヤル・ツァンポー峡谷単独探検2002-03，
　　http://www.ne.jp/asahi/marukaku/expedition/
茅陽一編（2002）：環境年表2000/2001，オーム社．
Martin, et. al (2002): Myanmar (8th edition), Lonely planet.
中上紀（1999）：イラワジの赤い花，集英社．
NHKスペシャル「日本人」プロジェクト編（2001）：日本人はるかな旅①マンモスハンター，シベリアからの旅立ち，NHK出版，pp. 26-60.
Osborn, M. (2000): The Mekong, Turbulent past, uncertain future, 8th edition, ALLEN&UNWIN.
Penn, J. R. (2001): Rivers of the world, ABC-CLIO.
佐藤洋一郎（2003）：図説中国文化百華，第4巻，イネが語る日本と中国，農山漁村文化協会．
成都地図出版社（1999）：長江旅游（第1版）．
清水英明（2005）：中国・広西チワン族自治区の概況，
　　http://www.mekong.ne.jp/directory/geography/guangxi_copy(1).htm
Van Beek, S. (1995): The Chao Phraya, River in Transition, Oxford Univ. Press.
Vongvisessomjai, S. (1998): Water Resources and Rivers in Thailand. International Symposium on Rivers and Water Resources in Asia, April, 4. Tottori, JAPAN, (2-1)-(2-10).
ウェゲナー，A．，竹内均全訳・解説（1990）：大陸と海洋の起源，講談社．
徐朝龍（2000）：中国古代史の謎─長江文明の発見，角川ソフィア文庫．
楊発順，貢山独龍族怒族自治縣人民政府（1997）：神奇的峡谷，雲南美術出版社．

　　　　　　　　　　　　　　　　　　　　　　　　　　　　　　（大久保賢治）

2—3
内陸アジア湖沼群への温暖化影響
——生態的氷河学の観点から

1 はじめに

　東アジアの大河は，ヒマラヤ・チベット・モンゴルなどの内陸アジアにその源を発する（図2-3-1）．黄河・長江・メコン川・ガンジス川・インダス川・アムール川，および北極海へそそぐ3大河などがある．内陸アジアにはたくさんの湖沼があり，たとえばチベットはあたかも湖の高原の感がある（巻頭図1）．急激な人口増加が見こまれる各大河下流域の大都市周辺にも多くの湖沼があり，それぞれ住民の生活に深くかかわっている．

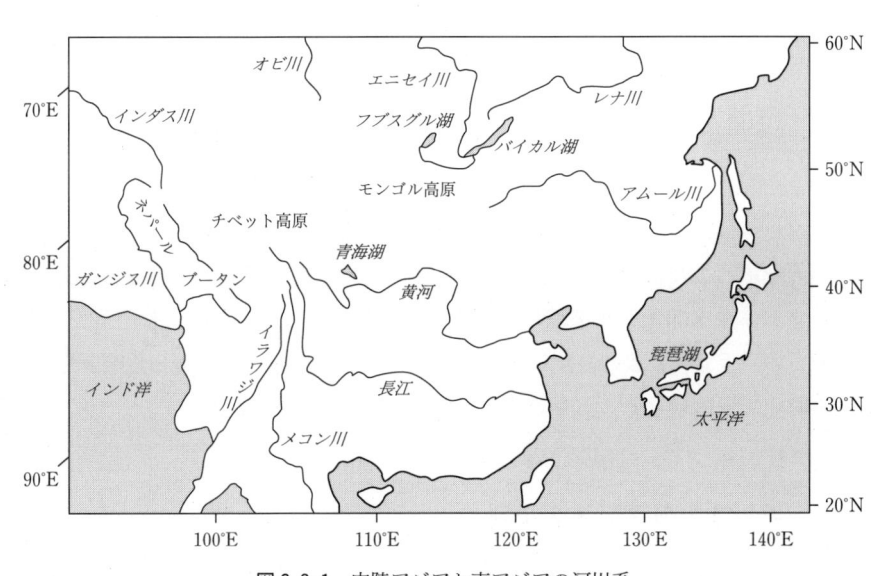

図 2-3-1　内陸アジアと東アジアの河川系

氷河と永久凍土は東アジアの大河の主要な涵養源である．そのため，現在のような地球温暖化の初期段階では氷河と永久凍土層[1]が融けることによって，内陸アジアの湖水量および河川水量は増加する．しかし，温暖化がさらに進行すると予測される21世紀なかば以降は，氷河と永久凍土層の縮小によって水資源が欠乏し，モンスーン域の乾季の水資源量は少なくなり，アジア全域に深刻な水資源・環境問題をひきおこす可能性があると解釈できる．

　また，地球温暖化は氷河融解と海水膨張によって海水準の上昇をひきおこすので，海岸低地部の湖水および地下水層中にソールト・ウェッジ現象のような塩水化が著しくなることを示唆する．人口増加が世界的にも著しいアジア各大河の河口部大都市の環境問題に，さらなる緊急課題を投げかけることも忘れてはならない．本節では，21世紀の水資源問題について大きな影響をあたえる内陸アジア湖沼群への地球温暖化影響を，東アジアの大河の涵養源である氷河と永久凍土層の調査結果を中心に報告する．

　ここで副題として「生態的氷河学の観点から」と銘うったのは，個—個体群—群集—生態系という個から全体システムをとらえる生態学のアナロジーとして，生態氷河学の場合は，（個々の）氷河—（各地域の）氷河個体群—（各地域の）寒冷圏自然現象群集—（地球全体の）自然現象系を時間的・空間的に評価できると考えるからである（伏見ほか，1997）．その視点にたてば，従来の氷河学（比較氷河研究会編，1973）には，生態学的な意味での群集（各地域の寒冷圏自然現象群集）の概念がなかったことになる．生態氷河学の立場からは，自然全体がホーリスティックなシステムだから，氷河だけを切り放すことはできない．地球史および各地域の自然史のなかで，極地とも呼ばれる寒冷地域に分布する氷河・永久凍土と生態環境は相互依存（共生的）関係を形成してきたが，今やそのバランスが崩れ，上述のように，東アジアの水資源環境の重要課題をひきおこす要因になることをみていきたい．

2　モンゴルのフブスグル湖

　モンゴル北西部，ロシアのバイカル湖に近いところ（北緯51°，東経101°）に

フブスグル湖がある（図2-3-2）。面積は琵琶湖の約4倍，水深が2倍程度はあるので，容積は約8倍にも達する．カラマツの森と牧草地に囲まれたフブスグル湖の水位は1980年代初めには30cm低下したこともあるが，最近の40年間では全体として80cmほども上昇している．このため，周辺の森林や放牧地，湖岸の町が年々水没し（図2-3-3），問題になっている．

図 2-3-2 モンゴルのフブスグル湖（2000年8月14日撮影）

(A) 永久凍土と森林の共生関係

モンゴルは北半球の不連続凍土地帯[2]に位置する（Black, 1954）．この60年間のモンゴルでの気象観測の結果から，降水量は減少している

図 2-3-3 水位上昇による水没林（2000年8月13日撮影）

のに，気温は1.56℃上昇していると報告されている（Batima and Dagvadorje, 2000）．従って，フブスグル湖の水位上昇の原因としては地球温暖化が考えられていた．また同様に，モンゴル西部での湖水位上昇は地球温暖化による氷河と永久凍土の融解が原因である（Batnasan, 2001）とされている．そこで，地球温暖化による永久凍土層への影響の実態を明らかにするために，2000年と2001年夏季にフブスグル湖周辺から西部のツァガノール地域で地温構造の調査を行った．なぜ地温構造に注目したかというと，寒候期には地表面から

凍り，春になると表面から融けはじめ，夏の暖候期には融けた地表部分（活動層）が厚くなるので，活動層の下に凍土があれば地温は深さとともに0℃に向かって低下していくことを地温構造から判断できるからである．

(B) 地温構造

フブスグル湖周辺地域の植生は主としてカラマツ（*Larix Sibirica*）の純林（吉良，1999）である．現地調査で驚かされたのは，シベリア地域と同様に，人為的な森林火災の影響が拡大していることであった．そのほとんどが，シカの角やジャコウジカの麝香嚢を採るための密猟やブルーベリーやコケモモなどの木の実の採集にも関係した人為的な山火事である．そのため，フブスグル湖周辺地域の基本的な土地利用形態の特徴は(1)カラマツ林，(2)森林火災と(3)牧草地の3種類になっている．このような土地利用形態ごとに，日射による太陽エネルギーの地面到達量が異なるので，地温構造に変化が見られるものと考え，それぞれの地域で地温測定を行った．現地観測は，2000年8月12日～18日と2001年8月13日～30日の高温期で，活動層厚が最大になる時期であるため，一点の観測結果からその地域の地温構造の特徴を推定することができた．

図2-3-4は土地利用形態別の典型的な地温構造で，カラマツ林が保存された地域では，地下80 cmで地温が0℃となり，測定時が活動層の最厚時期であるので，それ以深に永久凍土が存在することを示す．一方，森林火災と牧草地域の地下80 cm地温はそれぞれ6.1℃と10.9℃で，地温減率から活動層厚はそれ

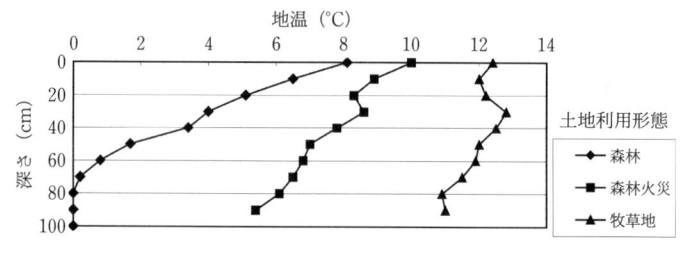

図2-3-4 モンゴルにおける森林，森林火災，牧草地の土地利用形態別の地温構造

それ2mと6mにも拡大していると見積もられるので,山火事や牧草地化させたような土地利用形態によって太陽の日射の地面到達量が大きくなり,地温構造を変化させていることを示す.

従って,人為的な影響の大きい伝統的な牧草地や近年の森林火災地域では地温が上昇し,永久凍土を融かしているので,融解水がフブスグル湖の水位上昇をひきおこす要因になっている.森林は日射をさえぎるため地温の上昇を抑え,永久凍土を保護する要因になるとともに,その場合は活動層が薄いので,森林は根から水分と栄養を容易に吸収することができる.つまり,森林と永久凍土とは相互依存(共生的)関係にあると解釈できる.

さらに,唯一の流出河川があるフブスグル湖南端部分には,西方から,流出河川に注ぐ支流の流域からの礫や土砂流入で自然ダムが形成されている.豪雨時には大量の土砂が流出河川に輸送され,フブスグル湖の南端部で濁流が逆流するほどにもなるとのことである.多量の土砂の流入は自然ダムの規模を大きくするので,フブスグル湖の水位がさらに上昇する要因になっている.フブスグル湖の水位は最近の40年間に全体として80cmほども上昇しているが,「1980年代初めには30cm低下したこともある」と本項の冒頭で述べたのは,これは地元の人たちが自然ダムを浚渫して水位を低下させたことによる.

(c) 対　策

環境課題解決の基本は原因解明である.フブスグル湖の水位上昇原因としては,(1)豪雨時の土砂流入によって湖と流出河川の境界部分に自然ダムが形成されていること,(2)人為的な牧草地や山火事の拡大で森林破壊がすすみ,日射が地面に到達するようになり,地温上昇をひきおこしたため,永久凍土を融解していること,そして(3)地球温暖化によって氷河・永久凍土層が融解していること,の3要因があると解釈される.

そこで,それぞれの要因に対する対策として,まず短期的には,(1)地元住民が1980年代初めに行ったように自然ダム部分から500m³程度の浚渫をすることによって,水位を30cm低下させることが必要である.中期的には,(2)無計画な山火事や牧草地化の拡大を防ぎ,森林破壊をくい止めるための適正な

土地利用政策を住民ともども実施することである．これには環境教育が重要になる．以上の(1)と(2)は緊急課題である．長期的には，(3)国際的な協調のもとに京都議定書を遵守し，地球温暖化を防止することが懸案事項になってくる．

3 ヒマラヤとチベット高原の湖沼

　東アジア大河川の涵養源としてのヒマラヤとチベット高原では，地球温暖化によって氷河の融解が急速に進んでいる．1970年代の氷河が1990年代になると大規模に縮小し，雪渓になってしまった例もある（伏見ほか，1997）．この融解による大量の融氷水が流入するため，氷河地域の湖沼は拡大するが，チベット高原中央部のように氷河がなくなってしまった地域では，逆に湖沼の縮小化・塩湖化がすすんでいる（Fushimiほか，1988）．ネパールやブータンなどのヒマラヤでは（図2-3-1），氷河からの融氷水によって氷河湖の拡大・決壊がおこり，洪水被害や泥流・地滑りなどの災害が発生している．このような氷河と湖沼の最近の変動現象によってひきおこされる災害軽減のためにも，また東アジア大河の合理的な水資源利用のためにも，新しい管理手法を早急に構築する必要がある．

　温暖化が進行するヒマラヤとチベット高原では，氷河と永久凍土層が減少しているので，将来は氷河によって涵養される水資源の不足に見まわれ，東アジア大河流域の乾季の渇水化現象を促進するであろう．その影響はいわゆる"断流"現象の著しい黄河流域には，すでに現れているとみなせる．

　チベット高原では，氷河融水が連続的に供給される現在の氷河地域に淡水湖沼が形成されているが，氷河地域から遠くはなれたチベット高原の内陸部では，湖水の塩分濃縮が進行している．湖水塩分が高まると，寒候期に結氷しにくくなり，冬期蒸発がすすむため，蒸発量が増大し，さらに濃縮過程が加速する．青海湖では農業開発のための人工的水利用もくわわり，塩水化のプロセスがすすんでいると考えられる．従って，温暖化がさらにすすむと考えられる21世紀には，アジア地域の河川流量は乾季においては減少すること，および

青海湖のように内陸湖沼の湖水塩分が高まるので,水資源の有効利用にあたっては特に注意が必要である．内陸アジアの湖沼が,極端な縮小・塩湖化がすすむアラル海の失敗の二の舞になることだけは避けたいものだ．

(A) GLOF 現象

1977年9月,私たちが東ネパールのクンブ地域で調査を行っている時,アマダブラム山(海抜6812m)南の谷で氷河湖の決壊による,洪水が発生した (Fushimi ほか,1985)．その後,1985年にはナムチェ・バザール西方のラグモチェ氷河湖から,また1998年にはルクラ東方のサボイ氷河湖が崩れ,洪水をひきおこした．このように,東ネパールのクンブ地域周辺だけでも,10年に1回程度の災害が発生している．UNEPでは,ネパールとブータンの氷河湖の決壊による洪水 (GLOF; Glacial Lake Outburst Flood) 災害の実態を報告している (Mool ほか,2001)．地球温暖化の初期においては氷河と永久凍土の融解によって湖水量が増大するため,ヒマラヤをはじめ世界各地でGLOF災害が発生し,その原因と対策が緊急課題になっている．

本項では,このGLOFの原因と対策について,とくに地温構造から,最近のブータンでの観測結果を中心に報告する．その際,生態的氷河学の観点(伏見ほか,1997)が重要になるというのは,本節2項で述べたモンゴルの永久凍土地帯の地温構造観測などの結果から,(1)植生タイプごとに地温構造特性がある,(2)永久凍土と森林植生などは相互依存(共生的)関係を示す,(3)人間活動などによる山火事で地温が上昇し,永久凍土を融かし,湖の拡大を引き起こす,そして(4)永久凍土の融解は土壌の固結力(セメンティング効果)を弱めることが分かり,永久凍土も氷河と同様に,植生・湖・人間活動と密接な関係があるので,生態的氷河学の観点が重要になると考えたからである．また,地温構造変動は岩石風化を引きおこし,供給されるデブリの寡多がGLOFをひきおこす可能性のある氷河湖(以下「GLOFタイプの氷河湖」と呼ぶ)を形成する要因になるとともに,岩石が直接氷河湖に落下した際に生ずる波浪(一種の津波)は氷河湖を決壊させ,GLOFの引きがねになる．さらに,永久凍土の融解は,湖をせき止めているモレーンの固結力を弱め,GLOF発生に結びつくと

いうのが，GLOF 発生についての生態的氷河学からの仮説である．我々のような環境科学にたずさわるものは，現象の実態・原因究明だけではなく，その対策も忘れてはならないであろう．

(B) ブータン北部ルナナ氷河群の氷河湖洪水

ブータン北部のチベットと接する国境地域（北緯 28°，東経 90°）周辺にルナナ氷河群とそれらの氷河湖が分布し，近年氷河湖の決壊による洪水災害が発生するようになった．そのためブータン地質調査所をはじめ関係機関が調査を始めている．筆者が 2002 年 9 月 24 日～10 月 5 日に踏査することができたのはルナナ氷河群のなかでルゲ氷河・ドゥルクチェン氷河・トルトミ氷河・レプストレング氷河・ベチュング氷河およびテンペテ氷河の 6 氷河と氷河湖である（図 2-3-5，a～f）．いずれも岩石の多い氷河の性質をもつが，とくにドゥルクチェン氷河・ベチュング氷河・テンペテ氷河ではその特性が顕著で，末端部の大規模氷河湖は発達していない．一方，岩石量の少ないルゲ氷河では GLOF タイプの大規模氷河湖が末端部に形成されている．また，両者の中間的なトルトミ氷河では現在氷河湖が形成・拡大中と考えられる．

氷河氷にふくまれる岩石量の割合は涵養域の岩壁面積の割合に依存し，氷河表面の岩石量の寡多は融解現象を通じて，氷河湖形成に影響すると解釈できる．また，融解を促進させる層厚の薄い岩石量をもつルゲ氷河では，上流左岸の旧湖沼堆積物から流出した細粒粘土が分布し，このことがルゲ氷河の懸濁態粘土[3]（グレーシャー・ミルク）的性質の強い特徴を形成する要因になっている．また，ルゲ氷河の氷河中流部の氷河堆積物内側から風によって輸送される粘土鉱物も，上記旧湖沼堆積物の細粒粘土と同様に，氷河末端部を覆うので，そのことが氷河氷の融解を促進し，GLOF タイプの氷河湖を拡大させた可能性が高い．

(C) 表面温度

日射によって暖められた山腹斜面では上昇風の作用で積雲が形成される．地表面を黒くする高山帯に多い地衣類は表面温度を効果的に上昇させるので，気

2—3 内陸アジア湖沼群への温暖化影響 113

a) ルゲ氷河中流左岸から下流を見る（2002年9月27日撮影）．

b) ドゥルクチェン氷河末端から上流を見る（2002年9月27日撮影）．

c) トルトミ氷河左岸中流から下流部を見る（2002年9月30日撮影）．

d) レプストレング氷河左岸中流から下流部を見る（2002年9月28日撮影）．

e) ベチュング氷河中流右岸から下流を見る（2002年10月6日撮影）．

f) テンペテ氷河上流右岸から下流方向を見る（2002年10月2日撮影）．

図 2-3-5　ブータン北部のルナナ氷河群

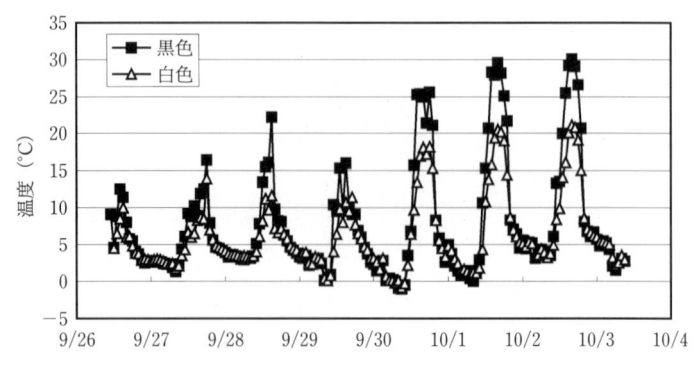

図 2-3-6 BC（海抜 4539 m）地点での黒色・白色ビニール・テープ表面の温度実験結果

象への影響が大きいことが考えられる．そこで，調査地域の花崗岩の白色と地衣類の黒色を指標するビニール・テープを用いて，南向き斜面の地表面温度の推定実験を 2002 年 9 月 26 日〜10 月 3 日（前半は雨季，後半は乾季）に海抜高度 4539 m の観測基地（BC）で行った．その結果，最高地温は黒色だと日中 30°C を超えるのに，白色だと 20°C 程度であったが，最低地温は 0 °C 付近で両者に大きな違いはない（図 2-3-6）．黒い地衣類は斜面を暖める要因になるとともに，BC 地点より高い場所では岩石崩壊を引き起こす融解再凍結作用を強化する．従って，風化作用によって引き起こされる岩石崩壊の程度が，氷河上への岩石供給量を左右し，いわゆる GLOF タイプの氷河湖を形成する要因になるとともに，岩石崩壊は GLOF 発生の直接的な引きがねになる場合があると判断された．

(D) 地中温度

地中温度の測定結果から，テンペテ氷河上部の海抜 5239 m 地点の右岸モレーンでは深さ 165 cm 以下に，また海抜 5015 m 地点では深さ 4 m 程度に永久凍土が存在すると予測されるが，海抜 4675 m 地点や 4561 m 地点のような 5000 m 以下ではテンペテ氷河やルゲ氷河でも永久凍土が認められなかった（図 2-3-7）．温暖化による永久凍土の融解は，モレーン強度の脆弱化を引き起

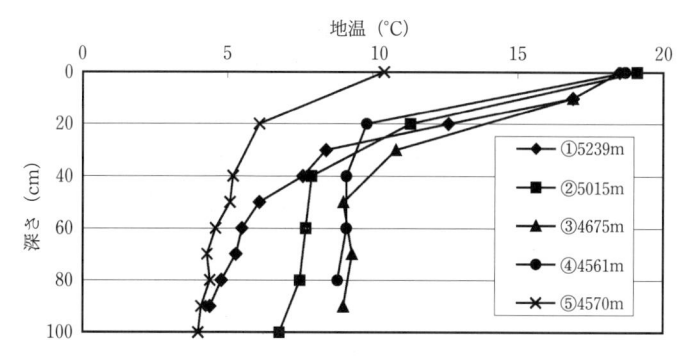

図 2-3-7　ルナナ地域代表地点の地温構造
①：テンペテ氷河右岸モレーン上部，②：中部，③：下部，④：ルゲ氷河流出口近くの左岸モレーン，⑤：トルトミ氷河右岸モレーン．

こすので，1994年に発生したルゲ氷河GLOFの要因の1つになる．ところが，現在氷河湖が形成されつつあるトルトミ氷河（海抜4570m地点）では，海抜5000m以下であっても地下3.5〜4.5mに永久凍土が存在する可能性がある（図2-3-7）のは，残存する多量の氷河氷の影響で氷河湖の水温が低いため，温暖化影響による永久凍土の融解プロセスが，ルゲ氷河のようにはモレーン堆積物深部にまですすんでいないためと考えた．しかし，いったんルゲ氷河のような大規模な氷河湖が形成されれば，氷河氷の冷源としての影響が減少するので，ルゲ氷河のモレーンの地温構造が示すように永久凍土が消えると，モレーン強度の脆弱化がすすみ，GLOF発生の可能性が大きくなると解釈できる．従って，地温構造のモニタリングが重要になる．なぜならば，地温構造がルゲ氷河のようになることは，GLOF発生の危険性が高まると解釈できるからである．また，トルトミ氷河左岸ではモレーン外側部分の侵食もすすんでいるので，地中温度の上昇による永久凍土の消失とともに，モレーン強度の脆弱化は加速度的にすすみ，たとえ引きがねがないとしても，GLOFが発生すると解釈できる．

(E) 発生と引きがね

ネパールで発生したミンボー・ラグモチェ両氷河のGLOFでは，涵養域の

岸壁が氷河湖に近いので，岩石・氷雪の崩落が直接的な引きがねの要因であった．氷河涵養域が末端部から離れているルゲ氷河の場合は，岩石・氷雪の崩落がないとしても，モレーン自体の脆弱化にくわえて氷河湖の拡大・水位上昇が著しいので，地震などの外的要因も考慮する必要がある．1994年10月7日に発生したルゲ氷河のGLOFの要因として，その年にはブータンに近い中国の青海省（1月3日）と新疆省（6月10日）で，マグニチュード5.8の地震が発生している（USGS, 2003）．今後の地震情報にも留意する必要がある．

(F) 対　策

上記のようにブータンのルナナ地域では温暖化によってGLOF発生の可能性が高い．その本質的対策は温暖化対策であろう．しかし，対処療法的といえども，下流地域の歴史的建造物であるプナカゾン（寺院政庁）やその地域の住民保護のために，GLOFへの緊急対策が必要になる．そこで，物資輸送の便利さから，プナカゾンの上流にダムまたは遊水池を建設することが1つの方策ではないかと考える．ルナナ地域に起源をもつ河川は，ルゲ氷河のように土砂量が格段に多いから，ダムの場合は排砂式ダムが良いであろう．このダムによって，GLOFによる洪水水量を一時的に蓄えるとともに，雪崩対策のような人工的GLOF発生による被害軽減も期待できる．

4　まとめ

日本では，2030年代に平均気温が1.5～3.5℃（最近の見積もりではこの2倍程度）上昇すると報告されており，この変化傾向は琵琶湖の積雪量に大きく影響すると考えられる．もし平均気温が1.5℃増大した場合は，降水量が20％増大しない限り，積雪量は平均値である10億トンに達しないであろう．平均気温が3.5℃も上昇すると，降水量が20％増大したとしても，積雪量は著しく減少し，6億トン程度になってしまう（Fushimi, 1993）．

積雪量が10億トンより多いと，酸素を豊富にふくむ雪解け水の密度流によって，琵琶湖北湖深層水の年間最低溶存酸素濃度は増大する（Fushimi,

1993).しかしながら,積雪量が10億トンより少なくなると,溶存酸素濃度は急激に減少してしまう.地球温暖化は琵琶湖流域の積雪量を著しく減少させ,琵琶湖北湖深層水の溶存酸素濃度の減少をもたらすので,琵琶湖の富栄養化がさらに促進すると解釈できる.

地球温暖化の進行と人為的な土地利用の改変によって,アジア内陸部の永久凍土層や氷河の融解がすすみ,水位上昇によって町・森林・牧草地域が水没するとともに,増大した湖沼がしばしば決壊し,氷河湖の洪水をおこしている.この傾向がすすむと,21世紀には人口増加が予測されている東アジアの大河流域の水資源が不足するであろう.そのため,国際的・地域的な対策によって地球温暖化をくい止めること,地球史の寒冷期に形成された貴重な氷としての水資源(永久凍土や氷河)を保全すること,が急務となる.急激な人口増加が予測される21世紀後半の東アジアの大河流域にとっては,水資源である永久凍土や氷河が,現状のまま融解しつづけているかぎり,今後,水資源問題はきわめて深刻な環境課題になることを認識する必要がある.

注
1) 永久凍土層とは,長期間(少なくとも2冬とその間の1夏以上)にわたり0°C以下の温度を保った土または岩の地層のことをいう.
2) 不連続凍土地帯とは,永久凍土のなかに永久凍土でない地層が不連続に分布する地帯をいう.
3) 懸濁態粘土:氷河の流動によって岩盤から削られた細かい粘土粒子は河川水中では懸濁態となりやすく,河川水は白濁し,グレーシャー・ミルク(glacier milk)と呼ばれる.

文献

Batima, P. and D. Dagvadorje (2000): Climate change and its impact in Mongolia. National Agency for Meteorology, Hydrology and Environment Monitoring and JEMR Publishing, p. 227.

Batnasan, N. (2001): Water level increases in Lakes Uvs and Uureg, Mongolia. Proceedings of International Symposium on Mountain and Arid Land Permafrost, Ulaanbaatar, Mongolia, pp. 4-5.

Black, R. F. (1954): Permafrost—A review. Geological Society of America Bulletin, 65: 839-856.
Fushimi, H., K. Ikegami et al. (1985): Nepal case study: catastrophic floods. IAHS, 149: 125-130.
Fushimi, H., K. Kamiyama et al. (1988): Preliminary study on water quality of lakes and rivers on the Xizang (Tibet) plateau. Bulletin of Glacier Research, 7: 127-137.
Fushimi, H. (1993): Influence of climatic warming on the amount of snow cover and water quality of Lake Biwa, Japan. Annals of Glaciology, 18: 257-260.
伏見碩二・瀬古勝基・矢吹裕伯 (1997):ヒマラヤ寒冷圏自然現象群集の将来像—生態的氷河学と自然史学の視点から—. 地学雑誌, 106, 2:280-285.
比較氷河研究会編 (1973):ヒマラヤ山脈, 特にネパールヒマラヤの氷河研究における諸問題. 氷河情報センター.
吉良竜夫 (1999):北モンゴルのカラマツ帝国. 京都園芸, 93:9-16.
Mool, P. K., S. R. Bajracharya and S. P. Joshi (2001): Inventory of glaciers, glacial lakes and glacial lake outburst floods, Nepal. ICIMOD, p. 363.
USGS (2003): Significant Earthquakes of the World.

(伏見碩二)

2—4
雲南高原の湖沼と集水域

　中国西南部の雲南高原は雲南省(北緯21°08′32″～29°15′32″,東経97°31′39″～106°11′47″)に位置する高原で,四川高原,貴州高原とあわせて雲貴高原と総称する．亜熱帯にあり,南部を北回帰線が横切っている．ヒマラヤ造山運動とプレート活動による地殻変動の影響を受け,地形的に多様である．雲南高原の西北は,青蔵高原の延長である海抜3000 m以上の複数の山脈が連なる高峻な地域で,南東部に向かい高度は次第に低くなる．とくにベトナム国境近くの紅河谷では海抜高度が76 mと低く,高原北部の最高峰である梅里雪山との間に約6700 mの高度差がある．

　雲南高原には,湖特性が上記地形と密接に関連している多数の湖沼が分布している．四川高原,貴州高原にも多くの天然湖沼があるが,邛海と草海を除き,水域面積1 km²以下の小湖である．中国の西部と北部のチベット,青海,モンゴル,新疆にも多数の湖沼が分布するが,その殆どは鹹水湖か塩湖である(凡例参照)．雲南高原に分布する湖沼はすべて淡水湖であり,淡水資源として,地域の自然環境と人間社会の維持に重要な役割を演じている．水資源から見た雲南高原のもう一つの特色は,東アジアモンスーン域の6つの大河川,すなわち,太平洋に流出する長江(揚子江),珠江,紅河,瀾滄江,インド洋に流出する怒江とイラワジ川の上流部が,雲南高原を貫流または出発していることである．これら大河川は,河川水の流下に伴う下刻作用により横断山脈と高原に深い峡谷をはみ,多様な自然生態系を作り出すとともに,豊富な水資源により,雲南高原および下流域の生態系と人間社会の維持に重要な役割を演じている．本節では,貴重な水資源として,自然環境と人間社会に重要な役割を果たしている雲南高原の湖沼と集水域の特性を概観する．なお,雲南高原域の地形・地質の詳細については本書1—3節に,東アジアモンスーン域の湖

沼，河川の概要と河川特性については2—1節，2—2節に，雲南高原湖沼の環境動態については第3章にそれぞれまとめてある．

1 雲南高原の自然環境特性

(A) 地　形

雲南高原は，造山活動による地盤の隆起，沈下，断層，褶曲，侵蝕により形成された高原域で，地形的に次の3地域に大別できる（口絵6，および本書1—3節参照）．この地形特性は，雲南高原における湖沼の分布と性状を大きく左右している．

① 雲南西部横断山系：青蔵高原やヒマラヤ山系と接する雲南高原の西部には，海抜高度2000～5000 mの横断山脈（ヘンドゥンシャン）が南北方向に連なっている[1]．横断山脈は，数条の高峻な山系と深い渓谷河川からなり，山頂と渓谷の間に1000～2500 mの高度差がある．とくに金沙江（ジンシャージャン）の虎跳峡では，その高度差は3000 mに達する（口絵6参照．図2-4-1の点蒼山—玉龍雪山西の黒恵江，金沙江以西が西部横断山系）．後述するように，この山系には氷蝕湖が分布している．

② 雲南中部紅色高原：隆起地形が表面侵蝕を強く受けずに残された高原で，河谷域を除き海抜高度1000～3000 mの緩やかな起伏地形である（口絵6参照．図2-4-1の洱海以東と図2-4-2の撫仙湖—陽宗海以西が中部紅色高原）[2]．ジュラ紀と白亜紀の赤色砂岩層が広く分布している．鮮新世の風化残留物から成る赤色土は亜熱帯の雲南省を代表する土壌で，海抜2000 mの高所まで分布している．有機物含量が低く貧栄養的で，pHが4.5～5.5と酸性的である（Nanjing Institute of Geography and Limnology, 1989）．断層断裂線に沿って多くの構造湖が分布している．

③ 雲南東部カルスト高原：雲南省東部から貴州省にかけての古生代の石灰岩の上に形成された海抜高度1000～2000 m（河谷域を除く）の高原域で，カルスト地形が発達し，溶蝕湖の分布が見られる（口絵6参照．図2-4-2の陽宗海，撫仙湖，杞麗湖より東が東部カルスト高原）[3]．

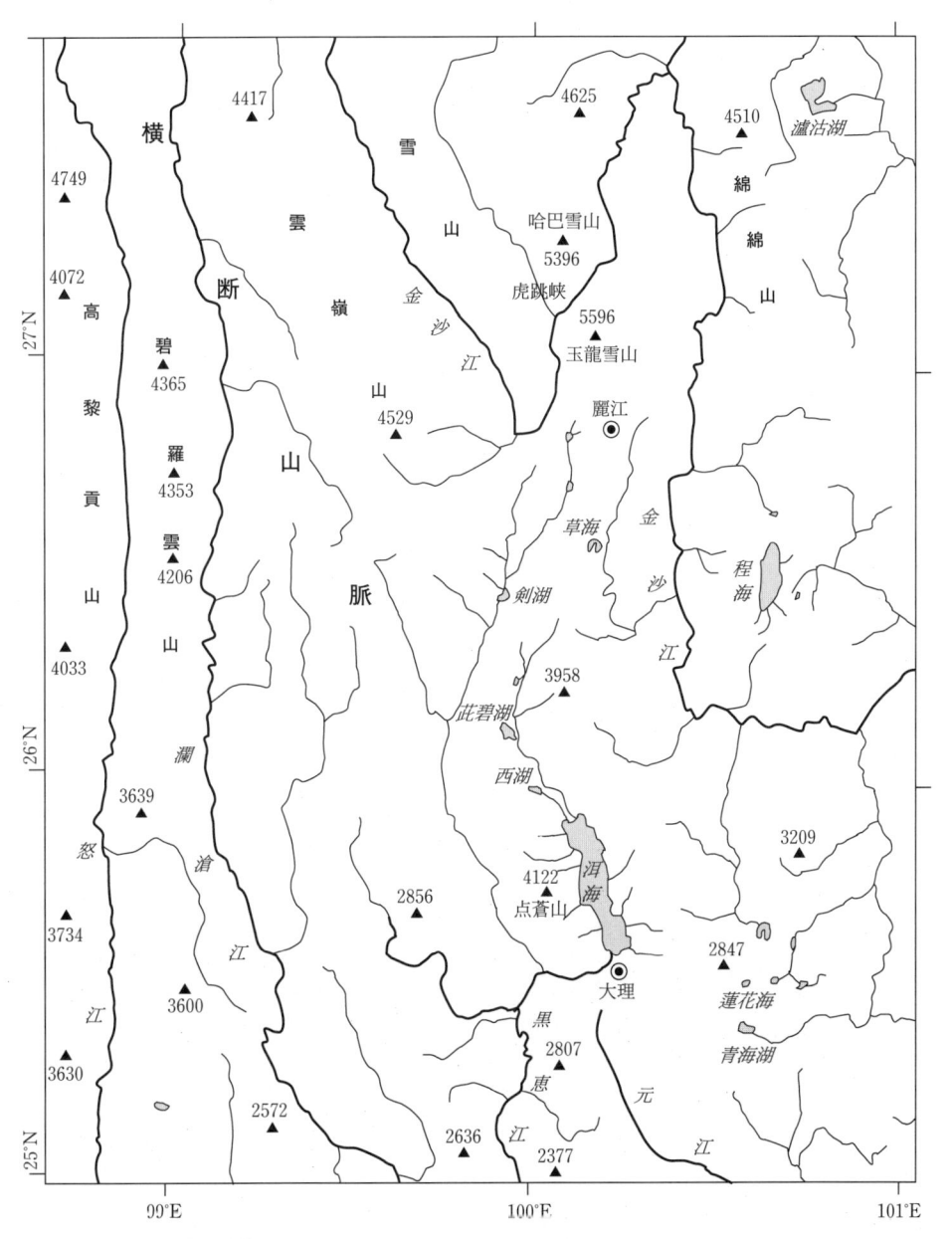

図 2-4-1 雲南高原北西域における湖沼と河川の分布．●は都市（Nelles Verlag 社 Nelles Maps− Southern China，および中国地図出版社の雲南省地図冊（1999）から作成）

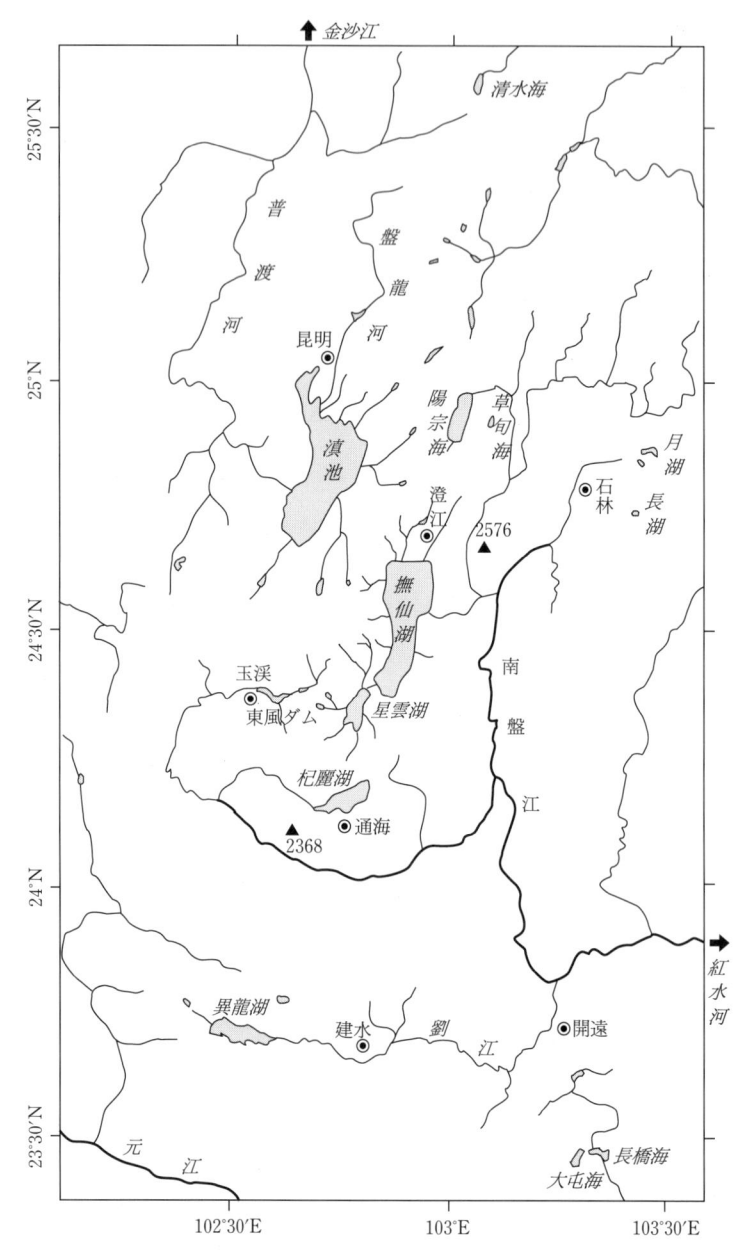

図 2-4-2 雲南高原南東域における湖沼と河川の分布．●は都市（Nelles Verlag 社 Nelles Maps−Southern China，および中国地図出版社の雲南省地図冊（1999）から作成）

(B) 気　候

　雲南中部高原の気候は，亜熱帯モンスーンの影響を強く受け，四季の温度差が比較的少なく，雨の少ない乾季と多量の降水を伴う雨季とに明瞭に分けられること，に特色がある．アラビアおよびインド・パキスタン国境を超えて吹き込んでくる季節風の影響により，11〜4月は雨が少なく温暖な乾季となる．他方，ベンガル湾より吹き込む季節風の影響をうける5〜10月は，雨が多い雨季になる．雲南中部高原中心の昆明市についてみると，月平均気温は7.7〜19.8℃，平均最高は15.5〜23.7℃である．7月には平均19.8，平均最高28.4℃と気温が高くなり，降水量は月平均236 mmと最大になる（表2-4-1）．1月の気温は平均7.7，平均最高16.5℃と最も低く，平均降水量は5.2 mm/月と少ない．1年を通じての平均降水量は800〜1100 mmで，日本における平均降水量の半分程度である．5〜10月の雨季は降水量が多く，年降水量の81〜87％が集中する．雲南高原の南部は雨が多く，降水量は年2000 mmに達するが，東部，北東部は約1500 mmと少ない．中部紅色高原域における降水量の分布には，高原の両側に位置する山脈が大きく影響している．乾季は南東季節風が山脈にぶつかる結果，降水量が少なくなり，夏の雨季は南西季節風が山脈と交叉するため，雲南西部山地より降水が少なくなる．

　雲南高原中部の気候は乾燥気味であるため，湖面の蒸発量が大きく，湖の水収支に影響する．年間を通じてみると，紅色高原では，湖沼の湖面蒸発は年1000〜1500 mmで，湖面降水量より大きい．蒸発量と降水量の比，乾燥度指数は1より大きく，湖により2〜3になるところもある．湖沼への水流入量

表2-4-1　昆明地域の気象環境

気象要素	1月	2月	3月	4月	5月	6月	7月	8月	9月	10月	11月	12月	年
全日射量(MJ/m^2)	418.30	458.58	605.91	628.65	566.35	429.65	445.52	457.16	397.54	373.34	365.72	375.56	5522.26
日照時間	235.9	232.7	272.6	262.6	235.2	145.1	146.8	167.9	149.9	156.5	193.5	213.1	2411.8
日照率	72	75	76	71	56	36	37	42	41	45	58	67	56
平均気温(℃)	7.7	9.6	12.9	16.4	19.1	19.6	19.8	19.2	17.5	15.0	11.4	8.0	14.7
気温日較差(℃)	13.9	14.3	15.1	14.9	11.1	7.7	7.2	8.0	8.5	8.8	10.9	12.6	11.1
降水量(mm)	5.2	10.4	13.0	5.3	150.7	198.6	235.7	222.0	107.5	76.9	33.0	3.3	1061.6
降水変動率(%)*	69	86	70	57	52	34	28	28	36	46	84	82	15

昆明気象台2001〜02年観測値による．
＊平年値降水量からの偏差の平年値に対する比（％）．

は，集水域降水量と蒸発量の差し引きとしての表面流出量で大きく左右される．雲南紅色高原の年表面流出は200～300 mmであり，年降水量のほぼ20％に近い．流出量の年最大値は雨季の8月にみられ，年流出総量の20％が流出する．他方，表面流出の最低は乾季末の4月にみられ，年流出量の1％と少ない．

　雲南高原は緯度が低く海抜高度も高いため，昆明における日照時間は1年で2000～2500時間に達する（表2-4-1）．しかし，夏が雨季にあたるために，日射量は夏に年最大とはならず，日射量の夏冬の差は少ない．昆明における1月の日射量は418.30 MJ/m²（気温19.7℃）であり，4月に年間最大の628.65 MJ/m²となる（Chen, 2001）．

(C) 植　生

　森林植生は，集水域からの流出水を左右することを通じて，湖や河川に大きく影響する．雨の多い横断山脈は，東北部の森林地帯とともに，中国で最も森林被度の高い地域である．雲南の森林植生は，南部熱帯降雨林と季節雨林，北部亜熱帯針葉樹林，中部亜熱帯亜湿潤常緑広葉樹林の3地域に大きく分けられる．これら植生分布と優占種は，過去における気候変動と人間伐採の影響を大きく受け，変化してきた．現在の中国の植生は，気候変動による乾燥化と温暖化の影響を強く受けている（本書1-4節参照）．Jin（1988）によると，雲南中部亜熱帯広葉樹林は，過去半世紀，休眠に近い状態にあり，乾燥適応がみられる．

　森林分布には人間活動が大きく影響している．農耕地の拡大と建設資材獲得のための森林伐採がその主因である．滇池流域では，この森林伐採により，1950年代に50％あった森林面積が，1970年代に25％，1980年代には21％に激減した（Li, 2001）．その後，植林が進められ，森林面積は次第に回復しつつあり，1992年に35.2％，1997年に44.29％，2000年に55.62％と増えているという（Forestry Investigation and Planning Institute of Yunnan Province, 2001）．

2 湖沼の分布と成因

雲南高原には,数多くの湖が分布している.湖面積1 km²以上の湖沼は37ある.これら湖沼については,成因の異なる3つの湖沼型が認められる.

① 溶蝕湖(カルスト湖):石灰岩の溶蝕に成因する湖沼で,雲南東南部から貴州省にかけての海抜100〜2000 mの東部カルスト高原に分布している.湖の面積と容積はいずれも小さい.

② 氷蝕湖:氷河の侵蝕作用で形成された湖で,湖面積も容積も小さい.雲南高原の西北部の海抜4200 m以上の山地に,100以上分布している.

③ 構造湖:造山活動による地盤の隆起,断層の結果,形成された湖で,海抜1200〜3300 mの雲南中部紅色高原東部の小江(シャオジャン)断層と,西部の紅河(ホンホォ)断層に沿って分布する.雲南で最も重要な湖沼である.湖面積30 km²以上の湖沼が9つある(表2-4-2).集水域面積の湖面積に対する割合は,4から10と小さい.湖により面積や水深は大きく異なる.表2-4-2に示した雲南9湖沼の総面積は1034.9 km²,総容積は295.2×10⁸m³で,中国全湖沼の湖面積の約1%,湖容積の約4%を占める(本書2―1節表2-1-7参照).9湖沼が擁する水資源の経済価値は高く,集水域における産業生産高は雲南省の全生産高の1/3を占める.しかし,集水域における経済活動の成長により,湖への集水域の環境変化の影響が大きくなりつつある.これら湖への影響は,湖

表2-4-2 雲南高原主要9湖沼の特性(雲南省水文水資源局,2000より)

湖沼	集水域 km²	湖容積 10⁸m³	湖面積 km²	海抜高度 m	最大水深 m	平均水深 m	長径 km	幅 km	湖岸線 km	透明度 m
滇 池 (Dianchi)	2920	15.70	305.0	1886.0	8.0	5.0	32.0	10.5	150.0	0.45
洱 海 (Erhai)	2470	28.80	250.0	1974.0	20.7	10.5	39.5	6.3	116.9	1.48
撫仙湖 (Fuxian Hu)	1053	191.80	212.0	1721.0	157.0	90.1	30.0	7.0	90.6	8.6
陽宗海 (Yangzonghai)	192	6.02	31.9	1770.0	30.0	20.0	12.7	2.5	32.3	4.5
星雲湖 (Xingyun Hu)	378	2.00	39.0	1722.0	9.6	5.9	10.5	3.8	36.3	0.6
杞麓湖 (Qilu Hu)	363	1.94	37.0	1796.8	6.8	4.0	15.0	3.1	32.0	0.5
異龍湖 (Yilong Hu)	360	1.20	31.0	1412.5	7.0	3.6	13.8	3.0	86.0	0.2
程 海 (Chenghai)	318	27.00	77.2	1503.0	36.9	15.0	20.0	4.0	45.1	5.6
瀘沽湖 (Lugu Hu)	247	20.72	51.8	2685.0	73.2	40.0	9.5	6.0	44.0	13.5

の大きさ（とくに湖の水深）と，集水域の経済発展により大きく異なる（本書3—4節を参照）．

紅色高原の9湖沼の成因については，地質学的調査から次の事が明らかにされている（1—3節を参照）．

雲南中部紅色高原の湖の分布域は，テチス—ヒマラヤ造山運動の影響を受けるとともに，中始新世におけるインドプレート，ユーラシアプレートの衝突の影響で地層が褶曲している．現在の雲南高原の地形は，後始新世から中始新世における地盤の侵蝕と，漸新世後半における地盤隆起，表層侵蝕を受けて形成された．古生代の地層は，新第三紀以後の高原隆起とともに，南に移動し，小江断層との間にずれを生じた．現在，この断層に沿い陽宗海，撫仙湖，星雲湖，杞麓湖が線状に並んでいる．他方，洱海の成因は，康滇プレートの南西端で起きた紅河断層の形成と関連している．採取堆積物の磁場層位分析と標準資料の磁場極性の比較により，滇池堆積物の最深部は，磁場が陽性の層に位置していることがわかり，同湖の年齢は約320万年と判断された（Zheng and Origin, 1985）．

3　湖沼の物理的，化学的特性

雲南高原湖沼の物理的，化学的特性を概観する．物理的，化学的環境の動態については，第3章で論ずる．

(A) 水　温

淡水湖である雲南高原湖沼では，年平均水温は14～19°Cの範囲にある．表面水温は7月から8月に最高になり，1月から2月に最低となる．滇池では平均水温は16.3°Cである．滇池や星雲湖など湖盆が浅い湖では，風の影響で湖水が湖底まで均一に鉛直混合し，水温成層は見られない．湖盆の深い撫仙湖は，1月と2月は湖水が上下均一に混ざるが，他の月は水温成層が発達する単循環湖である．表面水温の年変化は約10°C位に及ぶが，底層の水温変化は小さい．2000年8月の観測では，表層の水温が23°Cで，12 m層から30 m層に

かけての水温躍層における上下温度差は9℃であった．2001年2月には，表面水が13.8℃，深層水が13.5℃であった（Okuboほか，2001）．

(B) 透明度（セッキー深度）

雲南高原湖沼の湖水の透明度は，浅い湖と深い湖で大きく異なる．浅い湖では，栄養塩と植物プランクトンが多く，波浪，湖流，対流，巻き上げが顕著なため，透明度は1m以下となる．とくに，9湖のうち,湖の深さが10m以浅の4湖では，平均透明度は0.5mであった．ここ10年間に，浅い湖では，透明度の低下により，沈水植物が深所から消失し，水草の分布面積，多様性，自浄作用が低下している（本書3―4節(3)参照）．他方，湖盆が深い5湖では，透明度は4.7〜13.8m，平均7.8mと大きい（表2-4-2）．

(C) 電気伝導度

湖水の電気伝導度は150〜600 μS/cm（平均272 μS/cm）の範囲にある．程海では，電気伝導度は1043 μS/cmと大きい．pHは8〜9，主要イオンはCa^{2+}，Mg^{2+}，HCO_3^-である（Whitmoreほか，1996）．

4 流域の社会経済特性

9湖沼が分布する雲南中部紅色高原は，地形がなだらかで，土地が耕作可能である．古くから農業が発達し，農業生産を中心に地域文化と農業技術の振興が図られ，経済活動の活発な地域社会が発展してきた．9湖沼の集水域は，面積的には，雲南省全体の2.1%を占めるに過ぎないが，人口は省全体の10%を占め，工業生産と農業生産は省全体の30%に達する．9湖沼の集水域では，半世紀の間に人口が顕著に増加してきた．滇池の集水域についてみると，1950年の人口は73.75×10^{4}人であったが，2001年には227.55×10^{4}人に増加し，現在の人口密度は793.95人/km^2，水資源平均使用量は526m^3/人となっている．主要産業は，機械工業，冶金工業，リン化学工業，繊維産業である．主な農産物は，米，麦，トウモロコシ，ソラマメである．工業生産物の増加は農業

生産物の増加より大きい．昆明市についてみると，1949年の工業出荷額は全出荷額の42.6%であったが，1999年には工業生産と農業生産の合計出荷額が，全出荷額の88.3%となった．

5 主要湖沼の特性と現状

(A) 滇池

滇池は，昆明市のすぐ南（北緯24°29′～25°28′，東経102°29′～103°01′）の海抜高度1886 mに位置する弓形の南北に長い湖（面積305 km², 南北の長さ32 km, 東西の最大幅12.9 km, 平均幅10.5 km；図2-4-2）で，著しく富栄養化し，高濃度のアオコが年間を通じ発生している[4]．北側にある自然堤防により，南北2つの湖盆に分かれる．北湖盆（草海 ツァオハイ）は面積8.3 km², 水深1.5 mの小湖盆で，水質汚濁度が極めて高い（口絵7）．南湖盆（外海 ワイハイ）は広く，湖底は平坦で平均水深5 mである．面積2920 km²の集水域から，20河川が流入している．湖北から流入する盤龍河（パンロンホォ）は，河長106 km, 流域面積850 km²と最も大きく，滇池への河川流入の1/3に関与している．滇池の湖水は，湖の南西端にある海口河（ハイコウホォ）から流出する．流出水は北に上がり，普渡河（プートンホォ）を経て長江上流の金沙江に合流する．

(B) 撫仙湖，星雲湖

撫仙湖は，第三紀後の地殻運動により形成された断層湖で，昆明市の南の澄江盆地に位置する（北緯24°21′～24°28′，東経102°49′12″～102°57′26″，海抜高度1721 m）．最大水深157 m, 平均水深90.1 mの雲南省で最深，中国で2番目の深湖である．長径30 km, 平均湖幅7 km, 面積212 km², 容積191.8×10⁸ m³の南北に長い大きな湖で，湖の南西端にある運河を通じ富栄養湖の星雲湖とつながっている（図2-4-2, 2-4-3）．湖水の透明度（SD）6～8.6 mであり，雲南高原で最も澄んだ貧栄養湖である（口絵8, 表2-4-2）．典型的な隆起地溝地形であり，赤色砂岩と石灰岩からなる紅色露頭が随所で見られる（口絵12）[5]．湖を取り囲む集水域からは，20以上の河川が流入している（図2-4-3）．湖北

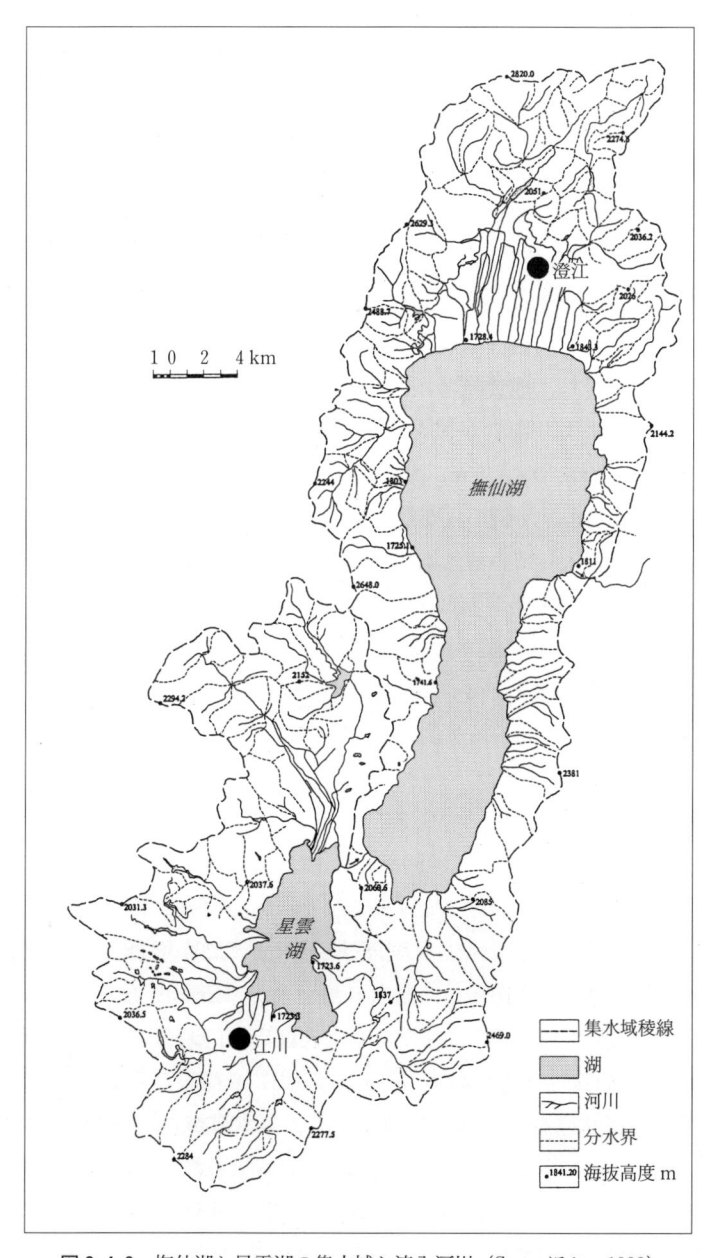

2−4 雲南高原の湖沼と集水域　129

図 2-4-3　撫仙湖と星雲湖の集水域と流入河川（Song ほか，1999）

平野から流入する7つの山麓河川を除くと，いずれも河長が短い急傾斜の山麓河川であり，大雨直後には急流となるが（口絵13），乾季の水流は少ない（口絵14）．南西に隣接する浅い富栄養湖の星雲湖からは，隔河(ゴオホオ)を経て，アオコを含む富栄養水が撫仙湖に流入しており，貧栄養の撫仙湖に与える影響が懸念されている（口絵11)[6]．流出河川としては，湖の南東に海口河(ハイコウホオ)があり，1年に約 $120 \times 10^6 m^3$ の湖水が流出する．流出水は南盤江(ナンパンジャン)に流出後，紅水河(ホンシュイホオ)を経て珠江から太平洋に注ぐ．

星雲湖は撫仙湖の南西，海抜高度1722mに位置する湖で，生成時は撫仙湖と同一湖盆であった．地殻隆起により撫仙湖と分断され，現在は長さ2.2kmの運河（隔河）により両者が繋がっている．湖長10.5km，湖幅3.8km，最大水深9.6m，平均水深5.9m，湖面積39km²，湖容積 $2.00 \times 10^8 m^3$ の富栄養湖である．湖面積の9.7倍の広がりをもつ集水域（面積378km²）から14河川と，小排水路が流入している．集水域は平坦で開墾が進み，比較的大きな集落が湖南にある．これら農耕地と集落からの排水流入により（口絵9），湖は著しく富栄養化しており，湖水の窒素（N），リン（P）濃度が高い．透明度は0.4～0.6mで，高濃度のアオコ発生が年間を通じ見られる（口絵10）．流域人口は 17.5×10^4 人で，90.9%が農業に従事している．

(c) 洱 海

地殻の断層と侵蝕により紅河断層沿いに形成された海抜1974mの構造湖で，雲南中部紅色高原の西端（北緯25°25′～26°16′，東経99°32′～100°27′）に位置する中栄養湖である（図2-4-1）．湖面積250km²，湖容積 $28.8 \times 10^8 m^3$，最大水深20.7m，平均水深10.5m，湖水の滞留時間3.5年である．湖の南端には，約1000年前の大理国の首都であった大理市が，湖をまたぐ形で位置し，西側には海抜3074～4122mの点蒼山(デンツァンシャン)（蒼山(ツァンシャン)）の山系が立ち上がっている．点蒼山系と東部高原をカバーする2470km²の集水域から，大小117河川が流入する．湖の北に位置する海西海(ハイシーハイ)，茈碧湖(ツービーフー)，西湖(シーフー)と流域からの流入水が，洱海に流入する．湖水の流出は，湖の南西端にある洱河を通じておこなわれ，黒恵(ヘイフイ)江(ジャン)を経て，瀾滄江に合流する．

洱海には，湖の南端に大理市が位置するため，都市，工場排水が流入していた．1989年の下水道整備により，これら発生源からの汚染負荷は低減した．現在は，面源汚濁負荷が洱海に影響を与える主要な汚染源となっている．面源負荷の主要部は，山岳からの表面流出による土砂流入で，全面源負荷の93％を占める．山岳からの土砂負荷の増加には，点蒼山における森林破壊が大きな原因と考えられている．その詳細については，本書3—3節(3) を参照されたい．農地負荷は面源負荷の7％を占め，北部河川流域からの流入負荷が主要なものである．これら汚染負荷により，洱海は次第に富栄養化しつつあるが，洱海の中央部はいまだ湖底が砂質で，中栄養状態にあると判断される（Jin, 1995）．

注

1) 横断山脈は，ヒマラヤの造山運動とプレートの活動により形成された．中国における主要大河川の長江（金沙江），瀾滄江，怒江の上流にあたる．これら河川は横断山系の豊富な流出水を集め流下するので，中国の水資源において重要な位置を占める．横断山系の4200 m以上の高地には，数多く氷蝕湖が分布するが，サイズ的には小さい．
2) 雲南紅色高原には多数の構造湖が分布し，湖沼地帯を形成している．また，高原北部には中国主要河川の金沙江が，高原南部には瀾滄江と元江，南盤江が貫流している．雲南高原の流出水を，下流に移送する重要な役割を演じている．同高原に分布する赤色土は，熱帯土壌分類のOxisols（久馬，2001）に相当するものと考えられる．
3) 雲南東部カルスト高原には，サイズ的には小さいが石灰岩の溶蝕に成因する湖が分布している．石林風景地区にある月湖，長湖はその代表である．このカルスト高原に発した河川水は，南盤江に流入し，紅水河を経て，珠江から太平洋に注ぐ．
4) 滇池は，雲南高原の地盤隆起，沈下と断層により形成された構造湖である．西岸に西山がそびえ立ち，北側には昆明市が，東側には雲南高原が広がる．かって，山水の美しさを誇った観光名所であり，また年間水温が16℃で水産業に適しており，コイ，フナ，エビなど淡水漁業も盛んな湖沼であった．長年にわたる湖岸開発により湖が縮小し浅くなり，現在の湖面積は古滇池の24.7％である（Jin, 1995）．さらに，昆明市からの排水流入により富栄養化と水質汚濁が進み，雲南省で最も汚濁度の高い湖となっている．この汚濁には昆明市における人口増加と工業の発展が大きく関与している．
5) 地溝湖の特色として，絶壁がせまる湖岸から湖内に急に深く落ち込んでおり，湖棚の発達はきわめて悪い．集水域（1053 km²）は，湖面積のわずか5倍に過ぎない．風化生成物である赤色土による紅色露頭が目立つ．起伏に富んだ地形で，丘陵地は一面に農地

化され，樹木がわずかに散在するのみである（口絵 12, 15）．
6) 撫仙湖は，湖盆の特性とともに，集水域の集落密度が低く，湖は長らく貧栄養状態を維持してきた．現在でも湖水の T-N, T-P 濃度は，中国の湖沼では最も低く（表 2-1-8），日本の貧栄養湖レベルにある．しかし富栄養化した星雲湖水が流入するとともに，湖北部での農業生産の活発化や，湖岸リゾート施設など観光地の開発も進みつつある．流域人口は 14.42×10^4 人となり，89％が農業に従事し，44％が湖岸から 1 km 以内に住むようになった．このため，少しずつ湖の汚染が進み，1977 年に 12.5 m あった湖水の透明度も，現在は 6～8 m に低下した．このような雲南高原湖沼の水質変化に，雲南省は憂慮の念を示している（Song ほか，1999 ; Deng, 2001）．撫仙湖と星雲湖の富栄養化の現状と原因の詳細については，本書 3－4 節を参照されたい．

文献

Chen, Z. (2001) : Summation of Yunnan Climate. Meteorological Press, Beijing, China.

中国地図出版社（1999）：雲南省地図冊．

Deng, J. (2001) : The control planning of the Water pollution of nine larger plateaulakes in Yunnan Province. An International Workshop on the Restoration and Management of Eutrophicated Lakes, RMEL2001, Kunming, China, Special Topic Session Lectures.

Forestry Investigation and Planning Institute of Yunnan Province (2001) : Investigation Report of Forest Vegetation.

Jin, X. (1995) : Lakes in China—Research of their environment, China Ocean Press, Beijing.

Jin, Z. (1988) : Vegetation characteristics in Kunming and Yuxi basins of Central Yunnan Plateau. Learned Journal of Yunnan University, 10 : 1-12.

久馬一剛編（2001）：熱帯土壌学，名古屋大学出版会．

Li, W. (2001) : Causes and Consequences Analysis of Dianchi Lake Eco-Environmetal Deterioration Trends and its Countermeasure. Abstracts, RMEL2001, Kunming, China, 169-176.

Nanjing Institute of Geography and Limnology, Chinese Academy of Sciences (1989) : Environments and Sedimentation of Fault Lakes, Yunnan Province, Science Press, Beijing, China.

Nelles Verlag GmbH (2003) : Nelles Maps—Southern China.

Okubo, K., M. Kumagai et al. (2001) : On the microecosystem in the connected lakes. Yunnan Geographic Environment Research, 14 : 10-19.

Song, X., Z. Zhang et al. (1999) : A survery of Xingyun and Fuxian lakes. Mimemograph at the meeting of Kansai Research Organization of Hydrosphere Environments held

at Otsu on November, 1999.
雲南省水文水資源局 (2000)：雲南省水資源総合調査.
Whitmore, T. J., M. Brenner et al. (1996) : Water quality and sediment geochemistry in lakes of Yunnan Province, southern China. Environmental Geology, 32 : 45-55.
Zheng, C. and wu R. Origin (1985) : Tectonics and evolution of Kunming Basin. Collected Papers of Nanjing Institute of Geography and Limnology, Chinese Academy of Sciences, 3 : 1-15.

(宋　学良，張　子雄，張　必書，坂本　充)

2—5
中国平原湖沼の環境と生態系

1　東中国平原における湖

　東中国平原は，東アジアモンスーン帯に位置している．東アジアモンスーン域の特徴は，はっきりした四季―春，夏，秋，冬の存在である．水と熱の源は同時に変化する．すなわち，湿った暑い季節は南東風に，また乾いた寒い季節は北西風に支配される．このパターンは農業の発展に適している．中国では主要な降雨季節は「梅雨」(メイユ)(梅が実る雨季)と言われている．この降雨季に降水量は蒸発量を上回り，湿度が高いため，相対的に温度の低い物質の表面では，蒸発ではなくて凝結が起こる．またこの季節には，頻繁にカビが生じる．

　降水は表流水―河川流出水，および滞留時間の長い湖水の源となる．春の終わりに湖水位は最低になるが，梅雨の間に，水位は次第に上昇する．とくに洪水時に水位は急上昇する．モンスーン雨季の豪雨と台風は洪水災害の主原因である．梅雨季は通常は6月中旬に始まるが，6月の初旬や5月末に始まることもある．梅雨は通常は7月中旬に終わるが，7月の終わりや8月の始めまで遅れることもある．梅雨状態の継続，降雨の頻度と強度は，この地域の洪水災害の可能性を決める．梅雨季が短く，そのあと安定な亜熱帯性高気圧帯に覆われると，この地域に深刻な干ばつが起こる可能性がある．さらに水の農業利用が増大すると，湖の水位が急速に低下する可能性がある．北西の季節風の吹く時期には，蒸発量が農業用水の使用量や蒸発散量をふくめて降水量を上回るので，湖水位は徐々に低下し，春の雨季の始まるまでに最低位となる．

　湖沼系は重要な表流水の貯溜システムであり，降水状態と地形構造が結びついて形成される．

　巻頭図1に中国内の主要な湖の分布を示す．淡水湖で特徴づけられる集水域

外への流出のある外流域 "outflow region" と，塩性湖（saline lake）または塩湖（salt lake）で特徴づけられる集水域外への流出のない内流域 "internal region" の二つのタイプに分けられる．その境界線は年平均降水量 350 mm の等降水量線に相当している．口絵 1 は中国における年降水量の分布パターンを示す．高い降水量域は中国の南東部にあり，南東から北西にゆくにつれて年降水量は減少する．年平均降水量 1000～1500 mm の地域はほとんど長江（揚子江）の中，下流沿いに広がっている．1000 mm の等降水量線はおおよそ淮河の中，下流に沿っている．水収支と土地利用の特徴は，長江の北側と南側とで全く異なっており，この差異はこれらの地域の農業と経済の発展に影響している．淮河流域は，東アジアモンスーンの主要域と西風域の境界にあり，流域の降水がモンスーン域の北の境界線の位置に強く関連しているので，中国内での洪水—干ばつが頻発する地域の一つとなっている．

　モンスーン雨季の大きな降水量は，長江の中，下流，および東中国平原に分布する湖沼の形成に大きく寄与している（口絵 1）．この平原には，表面積 1 km² 以上の湖沼が 696 個あり，その総面積は 21171.7 km² に達する．これらの湖沼は，すべて平均水深約 2 m できわめて浅い．表面積 10 km² 以上の湖沼は 138 個あり，その総面積は 19585.7 km² に達する（Wang and Du, 1998）．長江の中，下流沿いには 5 個の大きな淡水湖がある．すなわち鄱陽湖（Lake Poyang），洞庭湖（Lake Dongting），太湖（Lake Taihu），洪沢湖（Lake Hongtze），巣湖（Lake Caohu）である（図 2-5-1）．

　これら 5 つの湖は，長江，淮河，黄河，および大運河の河川系の発達に密接に関連して形成された．湖は複雑な水圏生態系（aquaecosysytem）を構成しており，生産者，消費者，分解者を含む有機的組織は，水中および，水—底，水—大気界面における固体，液体，気体を含む無機物質と密接に相互作用している．これら水圏生態系はさまざまな機能と豊富な資源を有しており，流れを制御し，洪水・干ばつ災害を緩和し，農業・工業・家庭用水を供給し，水中生物生産を支えるとともに，観光資源を提供し，水路を確保し，発電をしている．湖の生態系は，その流域における経済的また社会的発展にとって重要な役割を演じている．太湖流域の住民は太湖流域を永い歴史のなかで「緑の山々，

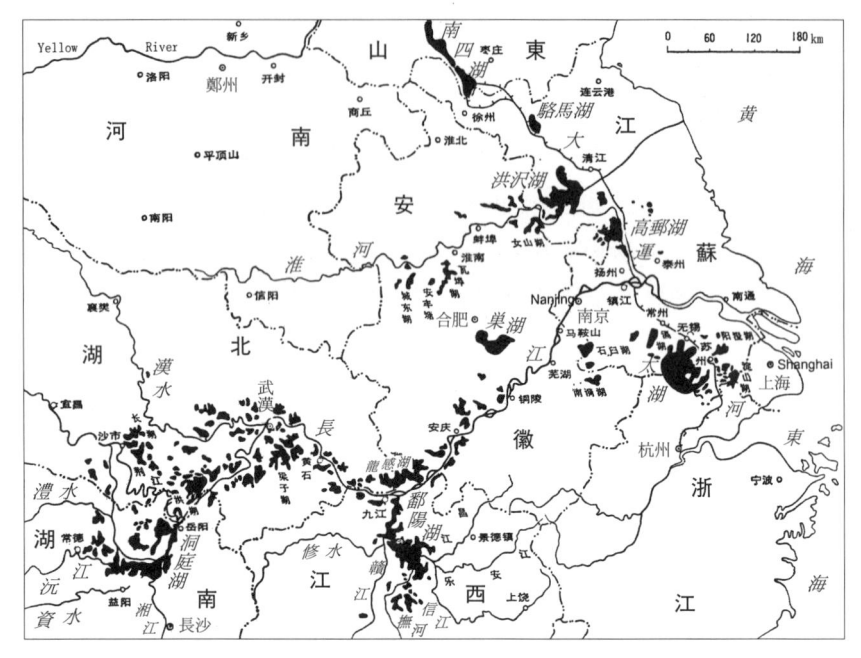

136　第2章　東アジアモンスーン域の湖沼と河川

図 2-5-1　東中国平原における湖の分布

きれいな水，高水準の文化，豊富な資源に恵まれた"地上の天国"と讃えている．

しかし，これらの湖の環境と生態系は，ここ数十年来，流域における急速な人口増加，人間活動の拡大，経済の急成長にともなって急激に変化し続けている．東中国平原における4大淡水湖（鄱陽湖，洞庭湖，太湖，洪沢湖）の環境と生態系の変化状況の概要を以下の各項で論じる．

2　鄱陽湖——中国内最大の淡水湖

中国内最大の淡水湖である鄱陽湖は，北緯28°24′〜29°46′，東経115°49′〜116°46′の位置にあり，主湖盆の湖底の海抜高度は，広い南部で12〜18 m，狭い北部で7.5〜12 mである．この湖の明らかな特徴の一つは，水位変化に

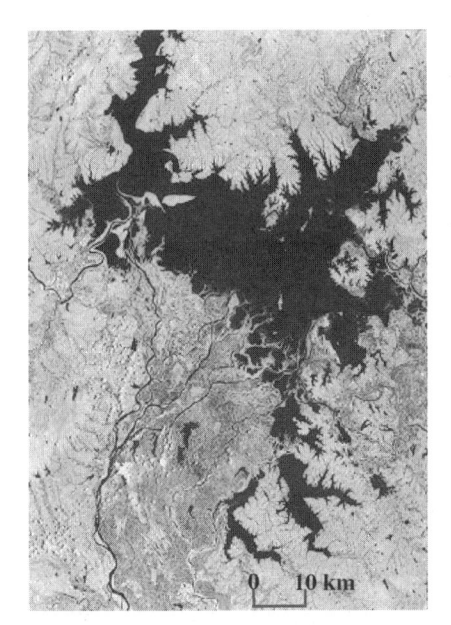

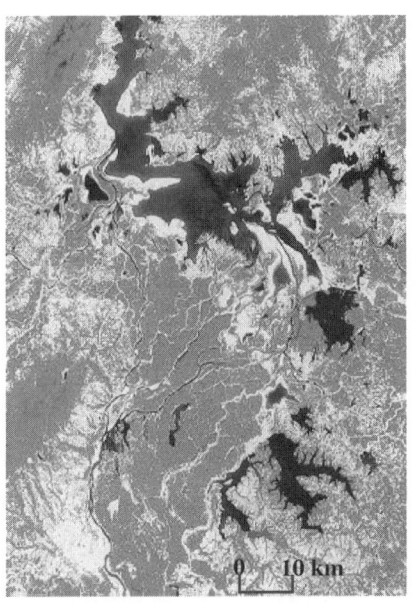

図 2-5-2　鄱陽湖の人工衛星画像
左は高水位時（1975年10月30日），右は低水位時（1973年12月24日）．

伴う形状の急激な変化である．水位が海抜 21.69 m の洪水時には，水面面積は 2933 km², 容積は 149.6×10⁸ m³ であり，このときの長さ，最大幅，平均幅，最大水深，および平均水深はそれぞれ 170.0 km，74.0 km，17.3 km，29.19 m，および 5.1 m であった．とくに鄱陽湖と長江の境目にある湖口の観測所で 1983 年 7 月 13 日に水位が 21.71 m に達したときに，水面面積は 3283 km² になった．図 2-5-2 の左側の写真は 1975 年 10 月 30 日の高水位のときの人工衛星画像である．一方平均水位 10.2 m の低水位のときには水面面積は 146.0 km², 容積は 4.5×10⁸ m³ になり，水は河川と湖盆内の小さな湖内に限って存在した．この時期の湖内の湿地帯の面積は 2787 km² であり，湖内に 41 の島が生じ，最大の島の面積は 41.6 km² であった．低水位のときの画像は図 2-5-2 の右側に示した．このような急激な状態の変化は住民によって「高水位のときは湖であるが，低水位のときは川のように見える」と表現されてい

表2-5-1 鄱陽湖の都昌観測所における月別および年平均水位（1954～94年の間の平均）(Zhu ほか，1997)

月	1	2	3	4	5	6	7	8	9	10	11	12	年
水位(海抜 m)	10.52	11.34	12.44	13.80	15.22	16.73	17.59	15.55	15.94	14.74	12.54	10.73	14.01

る．鄱陽湖の集水域面積は 1.62×10^5 km² で，長江の全集水域面積の9％を占める．長江への流出量は 1.457×10^{11} m³/年に達し，長江の河口近くでの全流量 9.334×10^{11} m³/年の 15.6％を占めている（Zhu ほか，1997）．

鄱陽湖からの長江への流出水量は黄河，淮河，海河(ハイホォ)から海への全流出水量よりも大きい．鄱陽湖の容積は，洞庭湖の1.5倍，太湖の5.9倍，洪沢湖の10.6倍，巣湖の14.4倍もあり（Pu ほか，1994），長江水系の洪水の貯溜や制御に重要な役割を演じている．鄱陽湖には5本の大きな流入河川，すなわち，贛江(ガンジャン)，撫河(フーホォ)，信江(シンジャン)，饒河(ラオホォ)および修河(シューホォ)がある．鄱陽湖の水状態は二つの主要因子，集水域の洪水期と長江の水位状態によって決定される．集水域の洪水期は通常5～7月であり，長江の7～9月の高水位期よりも早い．したがって同湖には水位変動曲線に二つのタイプがある．すなわち，5月から9月（ほとんどは7月から8月）の間に一つのピークがあるタイプと，最初のピークが5月から6月の間に5河川の洪水によって生じ，次いで2番目のピークが7月から9月の間に長江の高水位によって現れる二ピークをもったタイプの二つである．

鄱陽湖の平均水位（都昌観測所で測定．海水面基準は呉松基準面位）は海抜 14.01 m であるが，記録された最高水位は 21.84 m (1954年7月30日)，最低水位は 8.75 m (1979年1月12日) で，水位変化の幅は 13.09 m にも達する．月平均水位は，7月の最高値で 17.59 m，1月の最低値で 10.52 m である（表2-5-1）．

鄱陽湖への土砂流入には二つの源がある．一つは5本の河川（湖の集水域）からの流入であり，もう一つは長江からの流入による．土砂の年間収支は表2-5-2に示されており，堆積速度は 1.3015×10^7 トン/年である（Zhu ほか，1997）．

鄱陽湖の集水域は温湿な気候の亜熱帯湿潤モンスーン域に位置し，年平均温

表2-5-2 鄱陽湖の年間の土砂流入量と流出量（1956～94年の間の平均）（単位：10^4トン）

河川	贛江	撫河	信江	饒河	修河	その他	流入計	流出	堆積
懸濁	1152.0	154.7	242.2	90.0	195.3	270.0	2104.2	1052.2	1052.0
掃流	172.8	23.2	36.3	13.5	29.3	27.0	302.1	52.6	249.5
計	1324.8	177.9	278.5	103.5	224.6	297.0	2406.3	1104.8	1301.5

表2-5-3 鄱陽湖の月別および年平均水温（1956～94年の間の平均）

月	1	2	3	4	5	6	7	8	9	10	11	12	年
水温(℃)	5.9	6.9	11.1	16.8	22.4	26.0	29.4	29.9	25.7	19.9	14.0	8.2	18.0

度は16～18℃である．10℃に基準をおいて，それ以上の日平均温度を加算した積算温度は5515℃，全日射量は$4.63×10^5$ J/cm²/年，全日照時間は1489～2085時間である．年降水量は1340～1780 mmで，その半分は4～6月に集中している．また年蒸発量は800～1200 mmで，その半分は7～9月に集中している．したがってこの地域の気候の特徴は，暖かくて洪水の多い夏と乾燥した秋と言えよう．平均水温は18℃で（表2-5-3），月平均最高水温は29.9℃（8月），月平均最低水温は5.9℃（1月）であった．

鄱陽湖は，水，熱，日射，湿地帯などの自然条件に恵まれているので，生物資源が豊富である．そこには79もの水中および湿地植物種が存在し，魚類や陸上動物の餌になっている．農民は湖から$1.54×10^6$トン/年の新鮮な水草を採取している．湖内には122種の魚類がおり，平均漁獲高はほぼ$1.75×10^7$ kg/年に達する．鄱陽湖は珍しい鳥の生息場として非常に貴重な場所であり，多くの希少種や益鳥―定住性の鳥や渡り鳥が湖で暮らしている（図2-5-3）．同湖内の鳥の種数は37科，150種と非常に多く，そのうちの87種は冬の渡り鳥に属し，22種が1級または2級の重要保護鳥に含まれている．鳥の保護のために，呉城のまわりに224 km²の主要自然保護域が設けられている（図2-5-4）．

三峡ダム事業（The Three Gorges Project，TGPと略称）は長江の中，下流の流量を調節するものである．TGPの鄱陽湖の生態系に及ぼすもっとも顕著

な影響は，TGPが発電と水路輸送の確保のために，貯水池に水を溜める10月に起こる．長江の水位はTGPの開始以前より下がるので，長江の水位が下がる時期に，湿地帯の水位を13m以下に下げないために小型ダムの築造により湖内の水位を調節する対策が進められている．

鄱陽湖の集水域は，江西省のほとんど全域を占めるので，省政府は集水域内の天然資源の開発と生態系の保護のため，一連の対策を講じてきている．山，川，湖を含めて，鄱陽湖の集水域の全生態

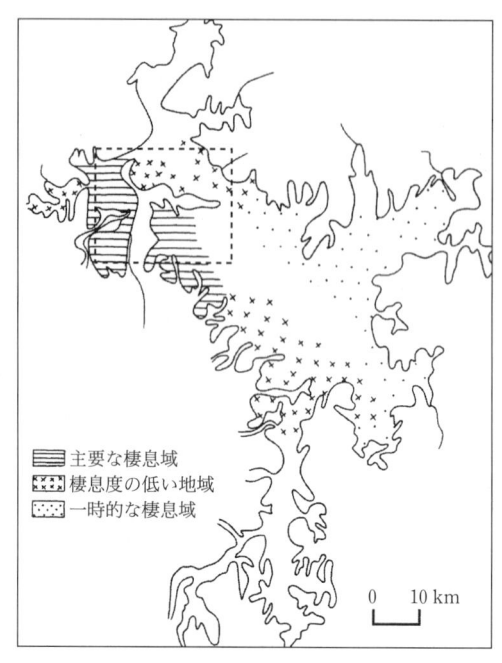

図2-5-3　鄱陽湖における希少種の鳥の棲息域分布図
破線枠内は図2-5-4に示した範囲．

系の修復を図る複雑な計画が立案中であり，江西省庁に，山—川—湖活用局が設けられた．経済森をふくめて森林の復活は，山地における土壌浸食の防止と経済と環境の調和のとれた発展を目的とする山地の主要対策である．鄱陽湖の回復のために3つの主要な提言がなされている．すなわち(1)長江への出口に，全湖水の調節のために，一つのダムを建設する（鄱陽湖研究論説委員会，1988）．(2)湖水の部分的調節のために，松門山島に2個のダムを建設する．(3)主要な河川と湖域を調節するために，複数のダムを建設する（Puほか，1996）．第3の提案については，(1)集水域からの大部分の洪水（通常2〜6月）を贛江を通じて直接に長江に放流する．(2)年間を通じて魚類資源や水路の保護のために窪みや川へ水を溜め，また長江からの洪水（通常7〜9月）を受けるために湖盆の大部分を空にしておくなどの具体策が提案されている．この提案は，洪水の調節，大きな可能性のある干ばつへの備え，湖内の予備的生産や魚類の

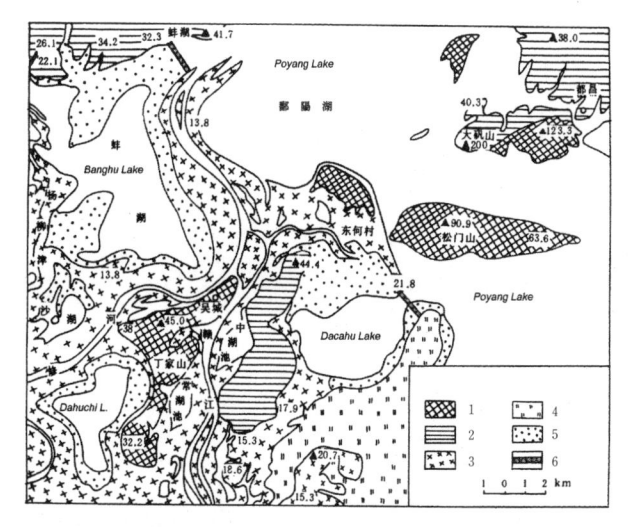

図 2-5-4 鄱陽湖における希少種の鳥の棲息域の環境と湿地の水を保つためのダム
1：水位低下後に陸化した地域，2：丘陵，3：草地，4：湿地性草原，5：泥浜，6：ダム．

生産の改善，湖内の生態系と環境の保護，水路の航行，水力発電などの利益に総合的に結びつくと考えられている．

3　洞庭湖——地形が激しく変化する湖

洞庭湖は北緯 28°44′〜29°35′，東経 111°53′〜113°05′ に位置する湖である．かっては中国最大の淡水湖であったが，1825 年の水面面積は約 6000 km²，1896 年には 5400 km²，1932 年には 4700 km²，1949 年には 4350 km² と次第に縮小してきた（"湖南省データブック"編集委員会，1990）．その急激な減少は，主として 20 世紀の中頃における流入土砂の堆積と，それに続く人為的な埋立によって起こった（図 2-5-5 および表 2-5-4）．

埋立による水面面積と容積の減少は，それぞれ年間当たり 87〜194 km²，5〜10×10⁸ m³ に達した．洞庭湖の 1920〜30 年代からの形状の歴史的変遷は図 2-5-5 に示した．水位が海抜 33.00 m の 1995 年に，水面面積 2432.5 km² を有

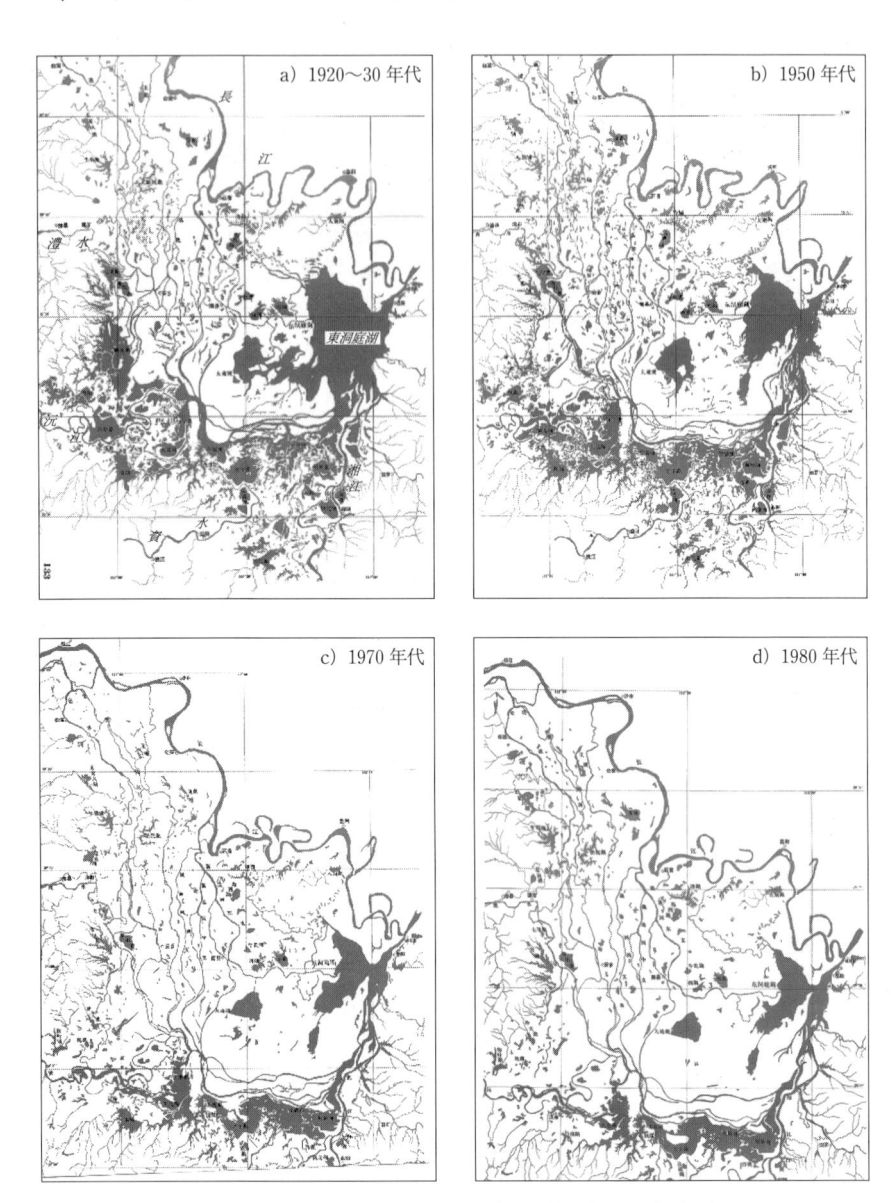

142　第2章　東アジアモンスーン域の湖沼と河川

図 2-5-5　20世紀における洞庭湖形状の年代的変遷

表2-5-4 洞庭湖の水面面積と容積の年代的変化

年	間隔年数(年)	水面面積 値 km²	水面面積 変化 km²	水面面積 年当たり変化 km²/年	容積 値 10⁸m³	容積 変化 10⁸m³	容積 年当たり変化 10⁸m³/年
1825	—	6000	—	—	—	—	—
1896	71	5400	−600	−8.45	—	—	—
1932	36	4700	−700	−19.44	—	—	—
1949	17	4350	−350	−20.59	293	—	—
1954	5	3915	−435	−87.00	268	−25	−5.00
1958	4	3141	−774	−193.50	228	−40	−10.00
1971	13	2820	−321	−24.70	188	−40	−3.08
1977	6	2740	−80	−13.33	178	−10	−1.67
1984	7	2691	−49	−7.00	174	−4	−0.57
1993	9	2625	−66	−7.30	167	−7	−0.78

し，中国第2の大きさの淡水湖であった（Duほか，1995）．そのときの容積，長さ，最大幅，平均幅，最大水深，および平均水深は，それぞれ 155.44×10^8 m³，143.0 km，30.0 km，17.01 km，23.5 m，および 6.39 m であった．

ランドサット画像によると，洞庭湖では極端な洪水期には，水面面積は 2691 km² となるが，干ばつ期には 375 km² と著しく小さくなる（Puほか，1994）．

洞庭湖は現在4つの湖盆に分かれている．すなわち，東洞庭湖，南洞庭湖，目平湖(ムーピンフー)，および七里湖(チーリーフー)（西洞庭湖）の4湖盆である．西洞庭湖の主要部は，すでにヨシで覆われて，湿地帯になっている（図2-5-6）．

洞庭湖は，4本の主要な流入河川（4河川）―湘江，資水，沅江，および澧水から流入を受けるとともに，長江にもつながり，主要な連結箇所の城陵磯以外に，4ヵ所の入口―松滋口，太平口，藕池口，および調弦口を持っている（図2-5-6）．調弦口については，現在もその名前は残っているが，1958年冬に閉じられており，市民用水のための小川になっていて，水理的な水交換の役割は果たしていない．

洞庭湖への年平均河川流入量は，3.162×10^{11} m³/年であり，そのうちの37.3%は長江から4入口を通じて流入したもの，53.9%は4河川からの流入，8.4%は他からの流入である．なお，最大の流入量は 5.628×10^{11} m³/年（1954

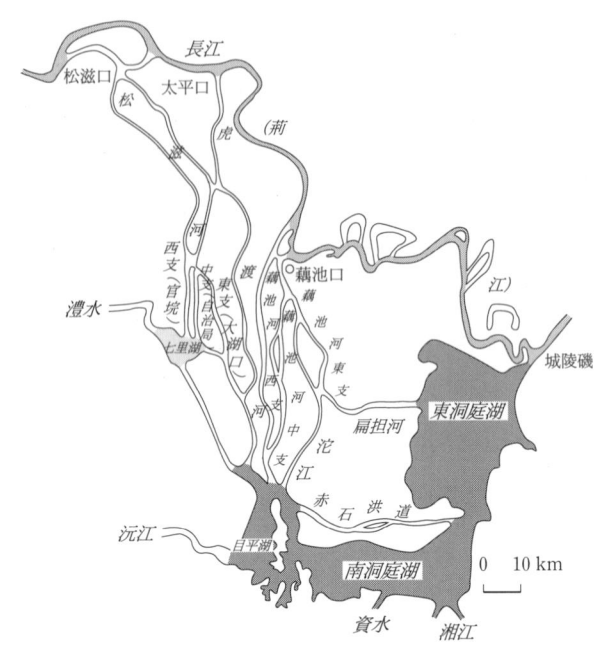

図 2-5-6 洞庭湖の見取図

年) であり，最小の流入量は 1.99×10^{11} m³/年（1978年）であった．

　長江の水の土砂濃度は4河川のそれよりはるかに高いので，長江からの土砂流入は全土砂流入量 1.334×10^8 m³/年の82%を占める．土砂流入量の74%（9.84×10^7 m³/年）は湖内に堆積し，1951～87年の間の平均堆積速度は3.7 cm/年であり，期間を通じての全湖底上昇高は1.37 m であった．堆積速度は場所によって大きく異なり，流入口の付近では1952～88年の37年間の堆積は7～9 m であったが，東洞庭湖の北部における堆積は約1～3 m，同南部では約0.5～1 m であった．同じく37年間の南洞庭湖の堆積厚みは北部で4～5 m，中部と南部で1～3 m，とくに河川からの流入口付近で5～8 m であった．したがって，洞庭湖の水面面積や容積の急速な減少の根本的な原因は，湖内への大量の土砂流入と高い堆積速度であり，干拓は湖内への膨大な土砂流入を反映した結果である．湖内への土砂流入を抑制することは，もっとも重要な方策であ

るべきであろう．

　洞庭湖の水質は，一般には良好で水質階級（中国地表水環境国家基準による，凡例参照）ではⅠ類，Ⅱ類に属している．pH, DO, BOD_5, 非イオンアンモニア, NH_4^+-N, ヒドロオキシベンゼン, CN, Cr, As, Cu, Pb, およびZnの年平均濃度は，水質階級のⅠ類の基準値より低いレベルにある．しかし，COD_{Mn}はⅡ類，バクテリアはⅢ類，全窒素（T-N），全リン（T-P）はⅣ類である．洞庭湖でもっとも重要な問題は富栄養化であり，湖内水質は中栄養状態 (meso-trophic) が70〜80％で，富栄養状態 (eutrophic) が20〜30％である．

　洞庭湖は水生生物資源に恵まれ，湖内には背の高い抽水植物168種が認められ，魚は104種が生存している．漁業は歴史が長く，年間漁獲量は$1.3〜1.7\times10^5$トンに達している．また湿地帯には62種の鳥がいる（Liuほか, 1992）．これらの自然生物資源の保護のために1.9×10^5 km^2の国立鳥保護区が設けられている．

　洞庭湖における非常に深刻な問題の一つは，流量は大きくは変化しないのに，水位がだんだん上昇し，洪水の頻度が高まってきたことである．洪水もしくは大洪水が発生する頻度は，1471〜1524年にはそれぞれ25.9％と3.7％であったが，1959〜96年にはそれぞれ42.1％と31.6％と高くなってきている (Mao, 1998)（表2-5-5）．

　現在進められている三峡ダム事業 (TGP) は，このような長江から洞庭湖に入る洪水と土砂流入の可能性を減少させる．三峡ダムは10月の貯水期に，長江への放流量を減らし長江の水位を下げる．従って，洞庭湖から長江への放流量が増加して洞庭湖の水位が下って，TGP以前よりも広い湿原が露出し，河川流域は浸食されるであろう．要するにTGPは，洞庭湖の土砂堆積を減らして，寿命を長くするプラスの影響をもたらすと考えられる．現在，洞庭湖の容積は16.5 km^3であり，過去15年間の堆積速度は0.076 km^3/年であったから，このままではその寿命は217年と見積もられている．しかし，TGPによって土砂流入が減ると，その寿命は343年に延びると予想される．

表2-5-5 洞庭湖における1471〜1996年の間の洪水頻度 (Mao, 1998)

期間	年数	洪水 数	洪水 頻度(%)	大洪水 数	大洪水 頻度(%)
1471-1524	54	14	25.9	2	3.7
1525-1873	349	103	29.5	28	8.0
1874-1958	85	33	38.8	12	14.1
1959-1996	38	16	42.1	12	31.6
1471-1996	526	166	31.6	54	10.3

洪水：$\bar{f}+(\sigma_f/2) \leq f \leq \bar{f}+\sigma_f$, 大洪水：$f \geq \bar{f}+\sigma_f$
ただし f：流量，$\bar{f}$：平均流量，σ_f：標準偏差．

4 太湖——人口密集流域のなかの大きな湖

太湖は中国における有名な5大淡水湖の一つで，面積は2428 km² である．その中に51の島を持つので，その面積を除くと，水面面積は2338 km² になる（1984年の測量データによる）．その湖岸の長さは405 km で，平均水深1.9 m，最大水深3 m の典型的な浅くて広い湖である（図2-5-7）．位置は北緯30°55′40″〜31°32′58″，東経119°52′32″〜120°36′10″にある．東シナ海に面する太湖の集水域の面積は36500 km² であり，中国領土の0.4％を占める．上海・杭州・蘇州・無錫・常州・嘉興・湖州の大・中の都市，および31の郡が集水域内に分布しており，人口密度は1079人/km² であり，中国で人口密度最大の地域の一つである．この地域には 1.77×10^6 ha の耕地があり，これは全中国の1.7％に当たるが，農業および工業の生産額は全国の1/7 に相当する．

太湖とその周辺の水系は，6174 km² の面積を持ち，集水域の1/6 を占め，水を蓄える巨大な流域であり，太湖とそれに連なる水系網は，湖の集水域における経済的発展に大きな役割を果している．

降水は5月から10月に集中するので，洪水と干ばつの災害を防ぐことは極めて重要である．表流水は飲用，工業用，農業用水の重要な供給源である．その水系からの年間漁獲量は20〜25万トンに達する．この地区の航行水路の長さは1300 km 以上あり，また多くの観光名所が湖の回りに分布している．このように太湖とその水系は，上述したような諸項目において重要な機能を果

図 2-5-7 太湖の深浅図
数値は湖水位が黄海基準面上（海抜）3 m のとき（平均湖水位）の水深を m 単位で示す．

している．

　この地域の地形は，一枚の平らな板に似ており，勾配が小さいので流速が小さく，水の放流のための大水路に不足している．河川系の中での流れは 0.1〜0.3 m/秒と低速であり，したがって，たびたび洪水があり，過去 40 年の間に 3 回（1954，1983 および 1991 年）の大洪水に襲われた．1954 年の雨季における 90 日間の最大降水量は 891.1 mm に達し，洪水が 53 万 2 千 ha の耕地を襲った．また 1991 年の雨季における 90 日間の最大降水量は 820 mm に達し，43 万 3 千 ha の耕地が洪水に襲われ，直接の経済的損失は 1 億 US ドルに達した．

　太湖集水域における年間水資源量は約 13.7×10^9 m^3 であるが，高人口密度のために一人当たり，一年当たりに平均して住民が受け取れる水は約 400 m^3 に過ぎない．例年の自然条件では，年間 2×10^9 m^3 の水資源不足が生じるが，

表2-5-6 太湖の水収支（単位：$10^6 m^3$）

期間		流入			流出						
		P	RI	Σ1	E	RO	Q	Σ2	V	A	R(%)
1977	5〜9月	2093.4	5317.7	7411.0	1163.9	4347.8	15.4	5527.1	1843	41.0	0.6
	年	3391.3	7531.6	10922.9	2097.3	8784.2	33.9	10915.4	513	−505.5	−4.6
1969	5〜9月	1491.1	3340.9	4832.0	1362.1	2732.5	6.2	4100.8	748	−16.8	−0.4
	年	2516.8	6151.4	8668.2	2287.6	6704.0	13.7	9005.2	−504	167.0	1.9
1978	5〜9月	799.7	1618.4	2418.2	1514.4	966.0	21.9	2502.4	−65	−19.2	−0.8
	年	1506.4	3054.8	4561.1	2415.6	3067.8	46.6	5530.0	−788	−180.8	−4.0

P：湖面降水，RI：河川流入，Σ：計，E：湖面蒸発，RO：河川流出，Q：農業用水，工業用水として使用，V：貯水量の変化，A：[流入，流出の差から求めた貯水量変化(Σ1−Σ2)]と[実測した貯水量変化(V)]との差＝(Σ1−Σ2)−V，R：流入Σ1に対するAの相対比＝A/Σ1.

　1971年や1978年のような干ばつの年には，集水域全体で年間 $10〜12\times10^9 m^3$ の水不足が生じる．全流域の降水量データの解析から，3つの典型的水年として1977，1969および1978年をそれぞれ高水，中水，および低水の年として選び水収支を算出したものを表2-5-6に示す（Pu and Yan, 1998）．

　「緑の山々ときれいな水」は，かってはこの地方の典型的な風物であったが，現在この水系は排水流入による深刻な水質汚濁問題に悩んでいる．現在この水系には，飲用に適した水源はない．過去数十年の間に太湖の水質は徐々に劣化しており，ほぼ10年間で水質はI級ほど低下した（図2-5-8）．

　多くの対策が水質の劣化傾向を止めるために取られてきたが，中国においてはこの問題は明らかな進展のないままに残されている．太湖に長江の水を導入して湖水を薄める計画が提案され，短期間のテストが行われた．しかし，この計画は，太湖にとっては良くても，富栄養化した水を長江に流し込み，湖—川—海の生態系を危うくするものである．また太湖流域の汚染した底泥の浚渫という提案がなされ，長さ14406 kmの河川で1998〜99年にわたって $14\times10^3 m^3$ の土砂の浚渫が行われた．さらに，リンを含む洗剤の使用禁止対策も併せて行われたにもかかわらず，河川や湖のリンの濃度は低下しないで，反対に僅かながら上昇した（Puほか，2001）．

　このように汚染した水系中の汚染物質は，最後には長江に入り，最終的には東シナ海に達する．Shenほか（2001）は，年間 9.12×10^5 トンの溶存無機窒素

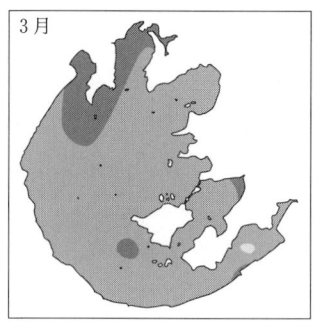

a) 1987 年

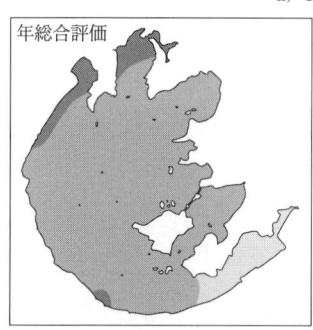

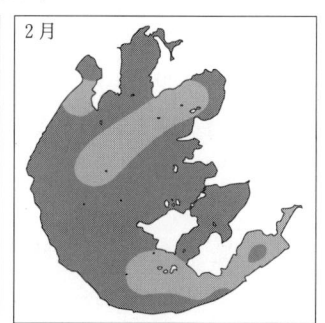

b) 1992 年

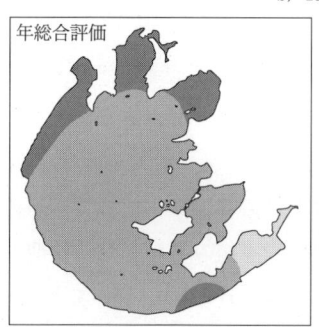

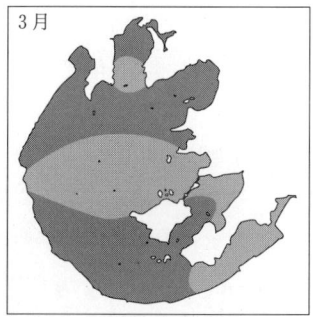

c) 1997 年

図 2-5-8 過去 20 年間にわたる太湖内の水質の変化
水質階級　III：□，IV：■，V：■
水質階級が高いほど水質が劣化している．水質階級は中国地表水環境国家基準による．

(DIN) が長江河口域に流れ入り，そこの DIN の濃度が過去 30 年間に 40 倍に増加したことを示した．

すなわち，中国平原における「不毛の水」は，病気の蔓延のように小さな流域から大きな流域へとだんだん広がり，東シナ海は赤潮の危険にさらされるようになった．赤潮や他の生態的現象による経済的損失は 20〜30 兆ドルに達している．

太湖には大きな栄養塩の流入負荷がある．1987〜1988 年のモニタリングデータによると，T-N の負荷は年間 28106 トン，T-P の負荷は年間 1988.5 トンであった（Huang ほか，2001）．太湖の富栄養化を防ぐためには，T-P 濃度を 0.0035 mg/l（アオコ発生の限界値）（Du ほか，1995）以下に，また T-N 濃度を 0.105 mg/l（T-P の 30 倍）以下に低下させねばならない．ホテイアオイ Waterhyacinth（WH）は 1 日当たり，1 m² 当たり 0.5 kg の一次生産量を持ち，WH の T-N および T-P に対する吸収速度は 1 日当たり，1 km² 当たり，0.79 トン N，および 0.13 トン P であって，湖水中の藻類の吸収速度の 13 倍および 21 倍である．閉鎖的窒素循環微生物技術（The Immobilized Nitrogen Cycle Bacteria "INCB"）は明らかに窒素を 95% まで低下させることができる（Li ほか，2000；Wang ほか，1999）．

これらのデータによれば，太湖における T-P および T-N を削減し，富栄養化を抑制するモデルは開発可能であった．これらのモデルによると，もしわれわれが 71 km² で WH を栽培し，温暖期（6 月から 10 月の 5 ヵ月）に WH を取り除く（生物資源として利用する）ことができれば，流入する T-N，T-P を全部とり出して，それらの濃度をアオコ発生の限界値以下に低下させ得るであろう．ただし，これには INCB 技術や他の技術を組み合わせた「物理―生態工学 Physical-Ecological Engineering "PEEN"（Pu，Hu ほか，1998；Pu ほか，2001；Wang，Pu ほか，1998）」の適用が必要である．さらに WH やほかの水生の生産物から経済的利潤を得る目的の工業的過程を開発するために，生物環境事業 Bio-Environmental Enterprise "BEE" を創設することがきわめて重要である．その主要な方策は天然の太陽エネルギーを基にして物理的また生物学的な手法を用いて，局地的領域からだんだん大きな領域へ，また小さな集水域から大き

な集水域にわたって，水圏環境系の修復を進めることである．現在一連の中規模実験が，太湖およびその集水域の水の富栄養化を抑制するために進められている．

5 洪沢湖——平原における最大の貯水湖

洪沢湖は中国で第4番目に大きい淡水湖であり，淮河の中流域の北緯33°06′～33°40′，東経118°10′～118°52′に位置する．長さ26 km（古い部分も含めると67.25 kmになる）の洪沢湖ダムの築造後は中国平原で最大の貯水湖になり，洪水制御，灌漑，航行水路，漁業，水力発電の機能を有している．1992年の調査結果によると，洪水時の洪水調節水位12.5 m（黄海基準点に基づく海抜高度）の場合に，埋立地を除いた水面面積1575.5 km²，平均水深1.5 m，貯水量23.15×10^8 m³である（図2-5-9，表2-5-7）．

ダムは約800年前に築造され，湖底の高さは海抜約10 mで下流の地面より約6 mだけ高いので，ダムの安全性がきわめて重要視される．湖から灌漑水が約10000 km²の耕地へ自動的に放流される．10000 m³/秒を越える洪水放流は，このダムの南端にある大きな三河ダムのゲートから放出される（Zhuほか，1997）．洪沢湖の水位，水面面積と貯水量の関係を1992年に行われた調査データに基づいて表2-5-7に示す．

洪沢湖は東アジアモンスーン域の北部に位置するので，明瞭な4季節の移り変わりがある．年平均気温は14.8℃であり，1月は平均気温1℃，最低気温−16.1℃，7月は平均気温27.6℃，最高気温39.8℃である．最高の月平均水温は8月の28.3℃，最低の月平均水温は1月，または2月の1.6℃が観測されており，年平均水温は15.6℃であった．

洪沢湖の凍結現象は東中国平原の他の湖より頻繁に起こり，凍結期間は10～20日程度で，1ヵ月には達しない．氷の厚みは通常約10～20 cmで，ときには25 cmになる．全湖凍結現象は1954～84年の30年間に16回起こった．年平均降水量は925.5 mmで，1965年に最高値1240.9 mm，1978年に最低値532.9 mmであった．降雨は6～9月に集中し，年降雨量の65.5%を占めてい

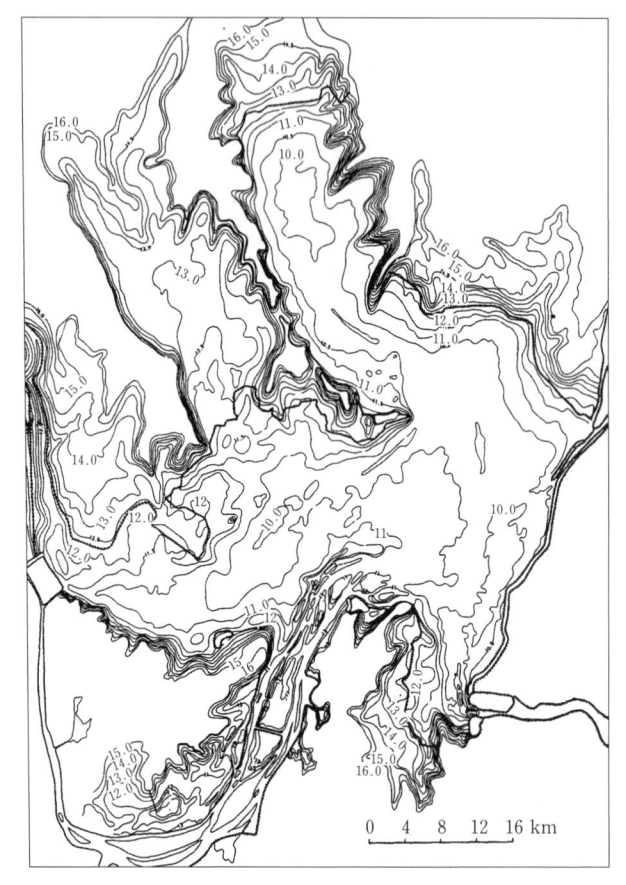

図 2-5-9 洪沢湖の深浅図
等深線の数値は黄海基準点に基づく海抜高度 (m).

る. 年蒸発量は 1592.2 mm で, 月別蒸発量は 8 月に最大の 196.5 mm, 2 月に最小の 60.9 mm であった.

　湖の西側から流入する主要な河川のうち, 淮河による流入は, 全流入の70%以上を占め, 最大流入量は 26500 m³/秒に達する. 流出口は湖の東岸にあり, 3 個の灌漑用の出口と, 洪水を長江を経て直接に東シナ海に放出するための大きな放流水路口がある. 三河ダムゲートは最大の放流調節ゲートで, 最大放出量 10700 m³/秒を記録している. 洪沢湖からの平均年放流量は 342×10^8

表2-5-7 洪沢湖における水位,水面面積,貯水量の関係(1992年調査)

水位 (海抜 m)	埋立地を含む場合		埋立地を除く場合	
	面積 (km²)	貯水量 (10⁸m³)	面積 (km²)	貯水量 (10⁸m³)
10.0	32.9	0.11	32.9	0.11
10.5	353.1	1.34	352.4	1.34
12.5	1861.4	24.90	1575.5	23.15
13.5	2483.9	46.94	1770.0	40.02
14.5	2939.8	74.20	1850.4	50.15
16.5	3906.6	141.60	1970.0	96.20
17.0	4290.0	159.60	2000.0	105.00

m³で貯水量の15倍である.

　洪沢湖は豊富な水生生物資源を有している. 8門141属に属する165種の植物プランクトン, 35科63属に属する91種の動物プランクトン, 36科61属に属する81種の水草, 76種の底生生物, 9綱15科50属に属する67種の魚類が生存している. 年間の漁獲量は1989年には17937トンであった. 自然捕獲の漁獲量は過去数年の間に明らかに減少し, ほとんどの漁獲は人工養殖の囲い網か魚池によるものである.

　15綱44科に属する194種の鳥類がいるが, そのなかの100種は季節移動の鳥で(夏の41種と冬の59種)あり, 51種は渡り鳥である. 野雁, 白や黒のアフリカハゲコウ, 丹頂鶴のような何種かのI級の国家保護鳥, 白眉野性ガチョウ, 大白鳥, 白鳥, こぶ鼻白鳥, 中国おしどり, 灰色アフリカハゲコウ, 何種かの猛禽(11種の鷲, 3種の鷹, その他)のようなII級の国家保護鳥がいる. 洪沢湖地域にいる194種の鳥のなかの105種は, 日中渡り鳥保護協定に登録され, 全登録数の46.3%を占めている. また同地域には豪中協定によって24種の渡り鳥が保護されており, これは全登録数の29.6%を占めている. これらの鳥はほとんどが湖の西部, 北の湿地帯, 三河ダム森林帯やほかの丘陵森林帯に棲んでいる. 自然資源の保護, とくに湿地帯の生物資源や洪沢湖地域の珍鳥, 渡り鳥を保護するために, 湿地保護と自然保存地帯創設の計画が進められてきた. 種の保全, 生物多様性の発展, 環境や生態系構造の改善などのために5つの地域が隔離保存されている. 江蘇省保全地帯が承認され, 目下建設中で

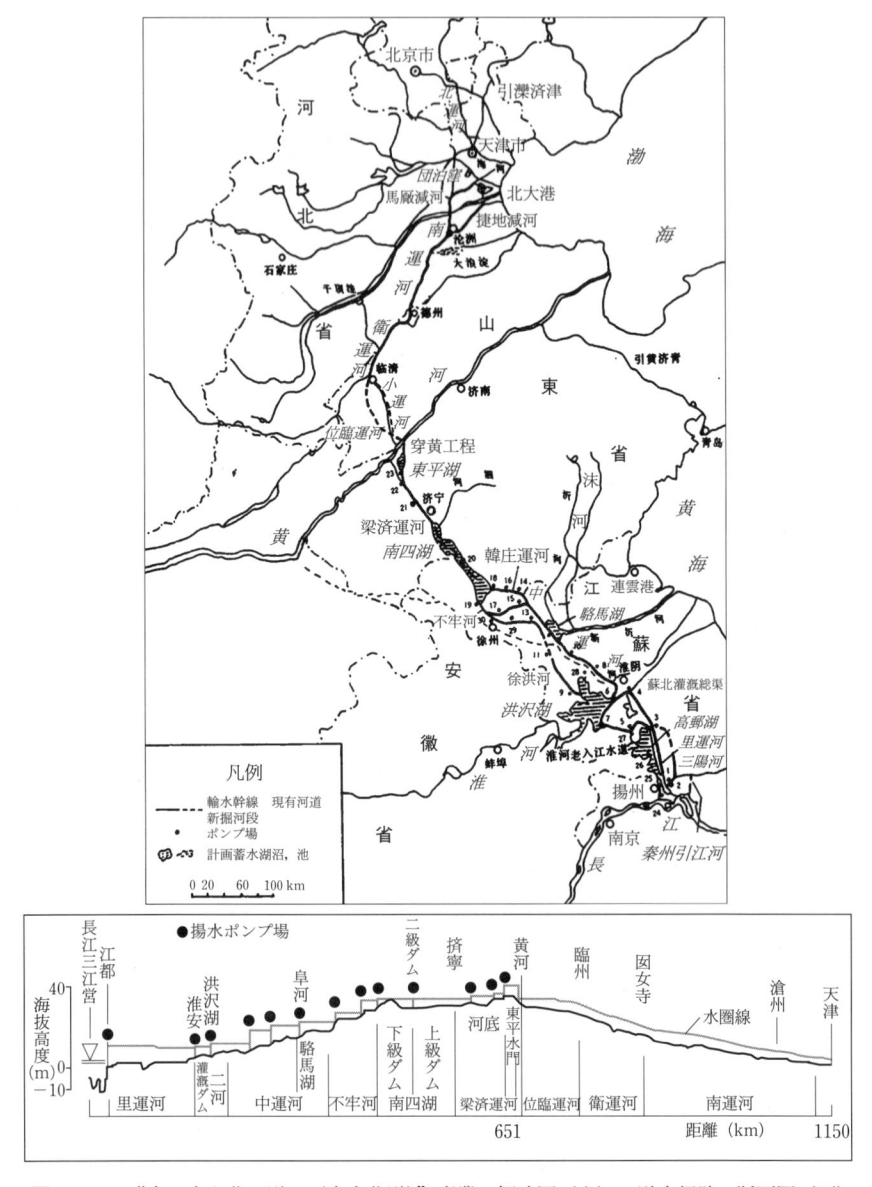

154　第2章　東アジアモンスーン域の湖沼と河川

図 2-5-10　"南の水を北に送る（南水北送）"事業の概略図（上）と送水経路の断面図（下）

ある．

　洪沢湖は，水資源の乏しい北部に水資源の豊かな南部の水を送る「南水北送（東線）事業」の一部にあたり（図2-5-10），1400 m³/秒もの水が長江から江都ポンプ場で汲み上げられ，天津に250 m³/秒の水が届けられている．この事業計画の環境への影響については長年にわたって研究されている．

6　東中国平原湖沼における主要な環境問題とその修復方策

　東中国平原は東アジアモンスーン域に位置し，そこでの豊富な水，熱，日射および土地資源は長い歴史にわたって経済，文化，社会の発展に対するすばらしい貢献をしてきた．

　とくにこの地方に分布する数多くの浅い淡水湖は，この発展に大きな役割を演じ，その平原を中国でもっとも発展した地域の一つに成長させた．とくに太湖流域は，緑の山，きれいな水，高水準の文化と豊富な資源によって中国の歴史において「地上の天国」として賛美された．同湖は洪水と干ばつの災害防御，灌漑用，飲用，工業用の水の供給，漁業，水路交通，観光への貢献に重要な役割を果たしてきた．

　しかし，年ごとに変動するモンスーン気候は，季節および地域における降雨の不均一性をもたらし，それは洪水や干ばつの災害を引き起こしている．これに加えて，経済発展期における非合理的な開発や資源利用は，人口の急増も加わって自然資源と環境の低下を促進してきた．

　中国の平原湖沼が直面する主要な問題は以下の5つに要約される．
　(1)　洪水と干ばつの自然災害
　(2)　土砂堆積による湖と湿地の埋立，とくに洞庭湖と洪沢湖において緊急に解決が必要な問題
　(3)　湖の環境変化による魚類資源と湿地の生物多様性の減少
　(4)　富栄養化と水資源の不足の進行，とくに太湖と巣湖において緊急に解決が必要な問題
　(5)　すべての問題の総合結果としての水環境と水圏生態系の劣化

直面する問題を克服するために，現在下記のような一連の研究や対策が進められている．
(1) 洪水や干ばつの災害の防御のための一連の水管理工学
例えば，三峡ダム事業，南水北送事業，洞庭湖事業，鄱陽湖における"山—川—湖"事業，太湖流域における十大水管理事業
(2) 干拓地を湖や森林に戻す方策
(3) 湖や湿地内の自然資源管理域の創設，例えば，洞庭湖，鄱陽湖，洪沢湖
(4) 表流水に流入する汚濁物質の減少のための対策
(5) 局地的地域から広い地域に向かって拡大してゆく健全な陸—水生態系の修復など，多くの事業が湖と流域の環境や生態系の改良のために進行中である．

これらの内容については下記の文献を参照されたい．
Cheng ほか (2002)；Li ほか (2000)；Pu ほか (1995)；Wei ほか (1999)．
またこれらの課題に関連するウェブサイトのアドレスは下記の通りである．

三峡ダム事業

http://www.china.org.cn/chinese/zhuanti/sanxia/336206.htm

http://www.sanxia.net.cn/sxgc/

http://www.wst.net.cn/sanxia/

http://www.ctgpc.com/

http://www.3g.gov.cn/

南水北送事業

http://www.nsbd.gov.cn/

洞庭湖事業

http://www2.hunan.gov.cn/dongting/

http://www.dongtinglake.8u8.com/

太湖事業

http://www.tba.gov.cn/

水質分類基準

http://www.zhb.gov.cn/

文献

Cheng, X., G. Wang et al. (2002) : Restoration and purification of macrophytes in an eutrophic lake during Autumn and Winter. J. of Lake Sciences, 14 (2) : 139-144.

中国地図出版社（1999）：中華人民共和国自然地理地図集．

Du, H., P. Pu et al. (1995) : An experimental study on culture of Eichhornia crassipes (Mart) Solms on open area of Taihu Lake. J. of Plant Resource and Environment, 4 (1) : 54-60.

Huang, Y., C. Fan et al. (2001) : Water Environments and their Pollution Controlling in Taihu Lake. Science Press, Beijing.

Li, Z. and P. Pu (2000) : Dynamic modeling of purifying nitrogen pollutant by immobilized nitrogen cycle bacteria during Autumn and Winter seasons. J. of Lake Sciences, 12 (4) : 321-326.

Liu, Q. et al. (1992) : Research on wetlands birds in Dongting Lake. Forestry Press, Beijing.

Mao, D. (1998) : Analysis of flood characterisitics of floods in Donting Lake region. J. of Lake Sciences, 10 (2) : 85-91.

Pu, P., S. Cai et al. ed. (1994) : Three Gorges Project and the Environments of Lakes and Wetlands in the Middle Reaches of the Changjiang (Yangtze) River. Science Press, Beijing.

Pu, P. et al. (1995) : A "Jellyfish Engineering Experiment" for purifying water quality in large lakes. Proc. of the 7th International Symposium on River and Lake Environments, Japan Oct. 1～3, 1994, Rep. Suwa hydrobiol., 9 : 149-153.

Pu, P. et al. (1996) : Proposal on the comprehensive harnessing Poyang Lake, in "Centurial Engineering—Exploitation and Harnessing of Mountain-River-Lake in Jiangxi Province". Jiangxi Science and Technology Press, 1996 : 96-96.

Pu, P., W. Hu et al. (1998) : A physico-ecological engineering experiment for water treatment in a hypertrophic lake in China. Ecological Enginering, (10) : 179-190.

Pu, P. and J. Yan (1998) : Taihu Lake—a large shallow lake in the east China Plain. J. of Lake Sciences, (10) (suppl) : 1-12.

Pu, P., G. Wang et al. (2001) : Degradation of healthy aqua-ecosystem and its remediation—theory, technology and application. J. of Lake Sciences, 13 (3) : 193-203.

Shen, Z., Q. Liu et al. (2001) : The dominant controlling factors of high content inorganic N in the Changjiang River and its mouth. Oceanologia et Limnologia Sinica,

32 (6) : 465-473.
Wang, G., P. Pu et al. (1998) : The purification of mosaic community of macrophytes for eutrophic lake water. J. of Plant Resources and Environment, 7 (4) : 35-41.
Wang, G., P. Pu et al. (1999) : Distribution and role of denitrifying, nitrifying, nitrosation and ammonifying bacteria in the Taihu Lake. Chinese J. of Applied and Environmental Biology, 5 (2) : 190-194.
Wang, S. and H. Du ed. (1998) : Descriptive Monography of Lakes in China, Science Press, Beijing.
Wei, Y. and P. Pu (1999) : Abatement of the nitrogen and phosphorus concentration in water by the snail Bellamya in Lake Taihu. Resources and Environment in the Yangtze Basin, 8 (1) : 100-105.
Zhu, H. and B. Zhang ed. (1997) : Poyang Lake—Hydrology, Biology, Sedimentology, Wetlands, Development and Harness, China Science and Technology, University Press Hefei.

(濮　培民，奥田節夫，焦　春萌)

2—6
東アジアモンスーン域の湖をめぐる人と文化

1 モンスーン気候がもたらした暮らしと水

(A) 稲と魚の文化

アジアモンスーン地帯とは,一般には,インド洋上の暑く湿った空気を含んだ季節風であるモンスーンがもたらす気候帯,すなわちインドや中国大陸から朝鮮半島,日本の本州にわたるまでの広大な地域のことを指す.

この広大なモンスーン地帯では,さまざまな民族が多様な生活をかたちづくってきた.表2-6-1で示しているように,中国大陸には,政府に認定されただけでも56の民族が暮らしている[1].それぞれの民族は,言語も宗教も衣服も異なり,独自の文化や習慣を今でも守り続けている.たとえば,本節でとりあげる雲南省だけでも多数の民族が隣接して暮らしているが,それぞれが自分の民族に強い帰属意識をもっているという.

しかしその一方で,東アジアのモンスーン域については,このような民族による多様性を超えた文化的な特徴も指摘されてきた.ある集団が環境に適応してその特性を形成する際,その文化の核となる特色は,生業活動を中心にして形成されるとする考え方がある.この考え方に基づいてもう一度東アジアモンスーン域を眺めてみると,先に述べたような民族の違いはあっても,生業のうえでは,それをこえた一つの共通点を見出すことが出来るのである.それは,毎年のようにもたらされる水と密接に結びついた文化である.本節ではまず,生業や食という視点からこの東アジアモンスーン域の特徴をみておきたい.

図2-6-1は,中国の稲作分布図である.これをみると,耕地のなかでも,とくに水田の存在する地域とモンスーン地帯がほぼ一致していることがわかる.東アジアモンスーン域の気候的な特徴のひとつは,季節風によってもたらされ

表2-6-1 中国の少数民族（政府認定）

民族名	主な居住地	特徴や習慣など
アチャン（阿昌）族	雲南	タイ族と深い交流関係を持ち、小乗仏教を信仰する。大部分が農業に従事しているが、刀作りの優れた集団としても知られる。
イ（彝）族	雲南・四川・貴州	武勇を尊ぶ事で知られている。独自の文字を有し、祭祀や治療を行うシャーマンが存在する。地域ごとに独自の習慣を持つ。
ウイグル（維吾爾）族	新疆	豊富な楽器を持ち、その情熱的な歌と踊りは広く知られる。長くアラビア文字を基本とするウイグル文字を使用している。
ウズベク（烏孜別克）族	新疆	民族の大半は、旧ソ連ウズベキスタン共和国に住み、アフガニスタンにも130万人が住む。中国では都市部で貿易や教職などにつく裕福な家庭が多い。
エヴェンキ（鄂温克）族	内蒙古・黒龍江	狩猟と遊牧を生業とする。シャーマニズムが盛んで、シャーマンという言葉は、ツングース系の民族の間から源を発している。
オロチョン（鄂倫春）族	内蒙古・黒龍江	大、小興安嶺山脈の森林地帯で狩猟生活を行い、シャーマニズムが盛ん。オロチョンは、彼らの自称で「トナカイを駆使する人々」の意味であり、また、「森に住む人々」を意味するとも言われている。
回族	寧夏回族自治区をはじめほぼ中国全土	唐の時代に移住したアラビア人、ペルシア人が源流。歴史的形成が複雑で、苦難に満ちた歴史を歩んで来た。
カオシャン（高山）族	台湾・福建	日本ではかつて高砂族と呼ばれた。台湾に9部族32万人が認められている。その中のブヌン族による倍音唱法の合唱は、特徴的である。
カザフ（哈薩克）族	新疆	アルタイ山中などで羊を中心とした遊牧を行うが、定住して農業を営む集団もある。遊牧の移動距離は、年間を通して数百kmに達することもある。老若男女とも馬術に長ける。
キルギス（柯爾克孜）族	新疆	民族の多くは国境をはさんだキルギスタン共和国に住む。季節に応じて山中の放牧地を移動する遊牧生活を営む。伝承されている長編叙事詩「マナス」は数十万行からなり、世界的に有名である。
コーラオ（仡佬）族	貴州	大部分が海抜1000m以上の山地で、ミャオ族や漢民族などと混住する。トウモロコシを中心に稲、小麦、芋などを栽培している。一部では「かじ屋のコーラオ」と呼ばれるほど鉄細工も盛んである。
サラ（撒拉）族	青海・甘粛	祖先は、中央アジアから移住した敬虔なイスラム教徒。農業を営み、小麦、ソバ、粟、ジャガイモ、大豆、唐辛子などを栽培し、また、果樹園の経営にも優れている。
ジーヌオ（基諾）族	雲南	1979年に55番目の少数民族として認知された。イ族、ハニ族などのイ語系集団と同じく北方から南下したと思われる。洪水神話が伝承されている。男は積極的に狩猟を行い、外出の際は弓矢か猟銃を携帯する。
シェ（畲）族	福建・浙江	貴州、湖南から移り住んだヤオ族の支族とされる。山地で焼畑耕作を行うが、近年、茶の栽培が多く見られる。「高皇歌」という歌はシェ族の発祥と移動を語った著名な史詩である。
シボ（錫伯）族	遼寧・新疆・黒龍江	清朝時代に新疆地区の平定のため、東北地方から多くの兵士と家族が徴用され、そのまま新疆ウイグル自治区に定住している人々と、遼寧省に住む人々がいる。シボ文字は満州文字を改造して考案され、自分たちの言葉を守り続けている。

2—6 東アジアモンスーン域の湖をめぐる人と文化　161

シュイ（水）族	貴州	水稲耕作を営む。「水書」と呼ばれる独特の文字が巫師により伝承されている。周辺のトン族などに共通する「銅鼓」と呼ばれる独特の楽器を有する。シュイ族の葬式儀礼は複雑で、死者がでた場合は特別な祭壇を設け、歌舞が捧げられる。
ジンポー（景頗）族	雲南	地続きのミャンマーにも多く住み、カチン族としても知られる。水稲が盛ん。武勇を貴ぶ民族で、男は、常に長い山刀を離さない。祖先を崇拝し、精霊を信仰する。
ジン（京）族	広西	トンキン湾の沿岸や島で、半農半漁の生活を営む。文化的には現在のベトナムの主要民族キンと共通する。豊富な口承文芸があり、「独弦琴」はキン族独特の楽器である。
タイ（傣）族	雲南	水稲耕作を行う。タイ暦正月の水かけ祭が知られる。祭礼には、叙事詩や語り物を語る職業歌手「ザッハン」が活躍する。小乗仏教を信仰し、村落には多くの寺院がある。独自のタイ文字による文献が豊富で、タイ暦もある。
タジク（塔吉克）族	新疆	海抜3000mを越えるパミール高原で、半遊牧半定住の生活を営む。鷹が英雄のシンボルであり、骨で作った笛を愛用し、鷹の舞いを模した踊りがある。
タタール（塔塔爾）族	新疆	旧ソ連のタタールスタンに同胞が住む。外見は青い瞳の白人系、モンゴル系など様々。中国領内のタタール族は商業と手工業に従事している。
ダフール（達斡爾）族	内蒙古・黒龍江	かなり昔から定住生活を行う。モンゴル系民族に共通の習俗や文化を有し、シャーマニズムが盛ん。「ルリグレ」という女性集団舞踊は遠き日の狩猟生活を表している。
チベット（蔵）族	西蔵・四川・青海・甘粛・雲南	チベット仏教を信仰する。チャンタン高原を中心に今なお遊牧生活を続ける人々と、ヤルツァンポ河流域に定住して農業を営む人々に分けられる。
チャン（羌）族	四川	古代中国の西北部で勢力を誇った遊牧民、羌の一部が祖先とされる。チベット族、漢民族両方の文化的影響を受けながら、古代のシャーマニズムも保たれてきた。
朝鮮族	吉林・黒龍江・遼寧	古くから半島からの移住者があったが、日本の植民地支配の影響も大きい。稲作を東北地方で早くから始めた。
チワン（壮）族	広西・雲南・広東・貴州・湖南	中国の少数民族中最大の人口を有する民族。漢族との交流が長く、黄、陸、莫、儂などの漢字姓を名のるのが特徴的である。歌垣が有名。
トウチャ（土家）族	湖北・湖南・四川	貴州省の一部に古代中国にあった古い仮面劇を伝承する地域がある。祖先を崇拝し、精霊を信仰する。
トウ（土）族	青海	声を高らかに響かせる「ホアル」など民歌の伝統を有する。もともとは、遊牧や牧畜に従事していたが、明代あたりから農業に転じた。
トーアン（徳昂）族	雲南	民族的には、ワー族に近いが、文化的には同地域のタイ族の影響を強く受け、楽器なども共通する。農業に従事し、稲、トウモロコシ、イモ、綿花、茶を栽培している。
トールン（独龍）族	雲南	女性の顔面入れ墨の身体装飾が見られる。世界の万物に聖霊が宿ると信じ、自然を崇拝する。
トンシャン（東郷）族	甘粛	歴史的に様々な民族的要素を取り入れて形成された民族。古くから農業に従事してきた。「ホアル」などの民歌を愛好する。
トン（侗）族	貴州・湖南・広西	農業、林業、養魚などを行う。歌が豊富で、美しいポリフォニーの伝統を有する他、「鼓楼」や「風雨橋」という独特な建築物も有名。

162　第2章　東アジアモンスーン域の湖沼と河川

民族	地域	説明
ナシ（納西）族	雲南	トンパ教を信仰し、象形文字で多くの詩歌、宗教経典などを記録してきた。トンパ経は、民族学の資料として価値が高い。また、納西古楽を伝承しており、多種多様な楽器を有する。
ヌー（怒）族	雲南	自然崇拝が多いが、キリスト教の信者も多い。長くリス族と雑居してきたため、ヌー族のほとんどがリス語を話す。
パオアン（保安）族	甘粛	製刀技術に優れている事でも知られる。民謡が豊富で「ホアル」などの他、「宴席歌」という結婚式に歌われる民歌が有名である。
ハニ（哈尼）族	雲南	有名なプーアル茶を産する他、棚田での稲作、トウモロコシ、綿花などの栽培を行う。祖先崇拝の風習が盛んで、シャーマンも多い。
プイ（布依）族	貴州	主として水稲耕作を行い、正月にはもちを食べる習慣がある。精霊を信仰し、祖先崇拝が盛んであり、シャーマンは宗教を司り、病気治療も行う。
プーラン（布朗）族	雲南	長い間、タイ族と混居してきたため、小乗仏教の信徒が多く、共通する楽器を用いる。ミャンマー東部にも数万人のプーラン族がいる。
プミ（普米）族	雲南	13世紀頃、チベット高原から南下し現在地に定住した。生活している地域は、平均海抜が2600m以上の高原山岳地帯である。以前、ナシ族に支配されていた時期があった。
ペー（白）族	雲南	建築技術に優れ大理三塔は有名。仏教徒であると同時に、道教の影響も強い。村落の守護神「本主」の信仰にまつわる芸能が盛んである。
ホジェン（赫哲）族	黒龍江	ロシア領内にナーナイ族として約1万人の同胞がいる。松花江、ウスリー江、黒龍江（アムール川）などでサケ類、マス類、チョウザメを捕り、優れた漁業技術を持つ。
マオナン（毛南）族	広西	畑作を中心とする農耕民で、漢族とチワン族の文化的影響が強く、多神崇拝を行っている。願かけなどの祭礼は「師公」と呼ばれるシャーマンが執り行う。彼らは同じ姓を持つ者同士で村落を形成する。
満州族	遼寧・黒龍江・吉林・河北・内蒙古・北京	清朝の支配民族であった歴史からほぼ中国全土に分布。漢族との同化が進んでいるが、近年、母語復興の動きも見られる。
ミャオ（苗）族	貴州・雲南・湖南・四川・広西・湖北	銀の飾りを多用した民族衣装、歌垣や龍船競漕などで有名。祭りには大小の芦笙が登場する。地域によって特色ある文化を有し、衣装にも違いがある。
メンパ（門巴）族	西蔵	集居地域である錯那県は中印国境紛争地域に当たり、外国人の入境はいっさい禁止されている。チベット仏教を信仰するが、ボン教信者もいる。口承文芸が豊富である。
蒙古族	内蒙古・遼寧・新疆・黒龍江・吉林・青海・河北・河南	16世紀に導入されたチベット仏教とシャーマニズムが併存する。遊牧は減少している。歌と舞踊を愛好する民族である。
モーラオ（仏佬）族	広西	歌垣に代表される歌謡文化を今日に伝承している。彼らが住む地域は炭鉱が多く、現在、炭鉱労働に従事する者が増えてきた。近隣のマオナン族やシュイ族と共通する文化を有する。
ヤオ（瑤）族	広西・湖南・雲南・広東・貴州	槃瓠を先祖とする神話を伝承している。山地を渡り歩く焼畑耕作民として知られたが、現在では定住化が進んでいる。
ユイグー（裕古）族	甘粛	中央アジアのウイグル族と近親関係にあるとされるが、チベット仏教を信仰する。明代初期までは遊牧生活を維持していた。今は、漢語を日常的に使うが、ユイグー族のアイデンティティは強い。

ラフ（拉怙）族	雲南	対歌や芦笙舞が盛んである.
リス（傈僳）族	雲南	多くは漢族，ペー族，イ族，ナシ族などと雑居している．結婚，狩猟，家屋の新築などの際には，弦楽器や口琴などを用いた歌と踊りを欠かさない.
リー（黎）族	海南	衣装は大陸のワー族とほぼ同じである一方，フィリピンと共通する踊りを有するなど文化混淆が見られる．生活は農耕を中心にしている．リー族の女性は，入れ墨をする伝統などがある.
ローバ（珞巴）族	西蔵	インド領内にも同胞がいる．かつては狩猟も行っていたが，現在は，農業に従事.
ロシア（俄羅斯）族	新疆	帝政ロシア時代，ソビエト革命後に，シベリア地方などから移住して住み着いたスラブ系のロシア人．都市に居住するロシア族は運輸，手工業に従事し，農村地帯のロシア族は小麦などや園芸に携わっている.
ワー（佤）族	雲南	ミャンマーにも同胞がいる．東南アジアと共通する「木鼓」の踊りと歌が伝承されており，祭りなどでは牛とともに重要な地位を占めている.

http://www.allchinainfo.com/ethnic/minority.html（2005年4月）をもとに，加筆修正．
注：政府認定の民族は以上の少数民族に，漢族をあわせた56民族である．この他にも，例えば，本節でとりあげるモソ（摩梭）人のように，自分たちが独立した1つの民族であると主張する人々もいる．

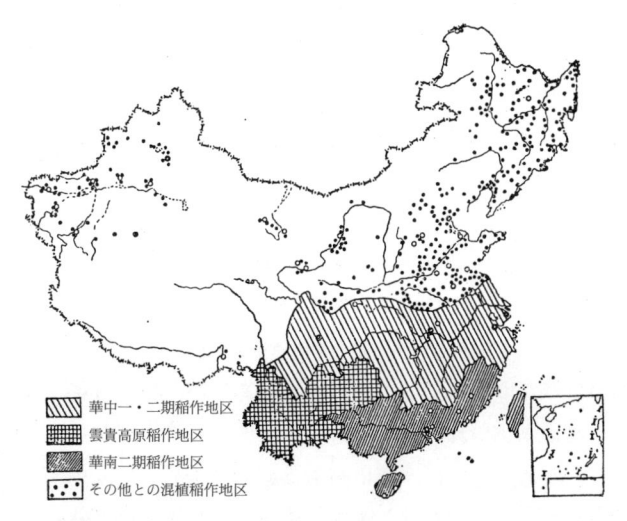

図 2-6-1　中国の稲作分布図（黃就順，1981：257頁）

る夏の雨である．この雨が水田灌漑を可能とし，この地に米に高い価値をおく稲作文化を形成しているのである．

食文化を研究する石毛直道（1990：347頁）は，東アジア・東南アジアの民

衆の食生活について,「コメの主食偏重とでもいうべき食事パターンが一般的」であると述べている．

　もちろん，日本でも中国でも，すべての人びとが稲作を行ってきたわけではないし，米だけで主食をまかなってきたわけではない．山村で米が自給できるようになったのは，戦後しばらくしてからのことである．しかしその一方で，米にたいする思いは強く，苦労して開墾を続けてきたという話は各地で聞くことができる．世界遺産（文化遺産）に登録されたことで一躍有名になったハニ族の棚田（中国雲南省）は，平地で遊牧生活をしていたハニ族が，戦乱を避けるために山奥に住みつき，そこでコツコツと耕地を開墾し，土から石をとりのぞき，数千枚にも及ぶ棚田をつくりあげてきた結果としての姿なのである．

　また，日本においても，農業の歴史を見れば，水田面積が少ない高冷地や東北部にまで水田を広げるために多大なエネルギーがつぎ込まれてきた．灌漑の工夫はもとより，寒冷地でも育つ米の品種改良は，国を挙げて取りくまれてきた．石毛（1990）は，エネルギー源をみると，江戸時代の山村（飛騨）においても，すでに炭水化物・蛋白質ともに一番多い食物が，（自給にせよ余所から購入しているにせよ）米であったことを報告している．

　石毛は，これら稲作卓越地域における食文化について，さらに興味深い指摘をしている．すなわち，これらの地域における食の特色は，主食の米と副食となる淡水魚（朝鮮半島では海産魚が用いられる）の組み合わせにあるというのである．生業という点からみればそれは，稲作という主生業と，それを利用した漁業が一体化した「水田漁業」とでもいうべき生活様式である．

　水田は稲の生育環境としてつくられるのであるが，魚から見れば，代掻きがはじまって水路に水がいれられたり，雨季に増水して水田が冠水すると，そこは川と水続きになる．そこに，河川からコイやフナやドジョウ，ナマズなどがやってくるのである．魚たちは，水田に水が入るリズムにあわせて，川と水田を往復するのだという（安室，2003）．琵琶湖岸では，雨によって増水した水田にナマズが産卵にやってくることはよく知られている．人間にとっても，一面平らにならされた水田は，魚とりには最適の場所である．琵琶湖北のある村では，水田でできる稲は田の持ち主（や耕作者）のものであるが，そこに魚が

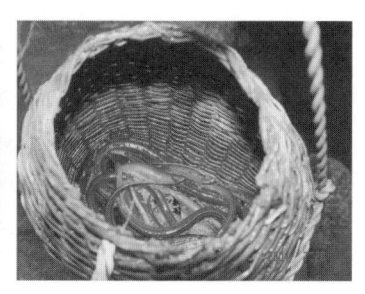

図 2-6-2　朝になると棚田の水路にしかけた魚籠を回収に行く．右はとれたドジョウ（2004年7月撮影）
雲南省緑春県的松村（ハニ族）にて．

やってくると，それは誰が獲ってもよい．増水によって魚たちが水田にはいってくると，女や子供をはじめとして，人々は，競争して田のなかに来た魚を獲ったという．

長野県の佐久地方には水田で育つ「ターカリブナ」（安室，1998）を食べる習慣があり，灌漑用のクリークがはりめぐらされた佐賀平野では，恵比寿に供える鯛のかわりにクリークでとれた鮒を昆布巻きにして煮込んで食べる「フナンコグイ」などの習慣が現在でも残っている．

図 2-6-3　家の裏につくられた養魚場（2004年7月撮影）
雲南省緑春県（タイ族）にて．

さらに積極的な水田漁業もある．中国の内陸部では古くから淡水魚が食されてきたが，三国時代から，越や江南では水田や水塘（溜池）を利用してコイなどの魚の養殖もさかんに行われていたという（図2-6-2，図2-6-3）．広東省

(珠江デルタ地帯)では，水稲や果樹，桑栽培と池での養殖といった，水・陸間の連鎖的な資源利用が古くから行われ，耕地の作り方から池に入れる魚の組み合わせ方などに関する記録も残っている[2]．池を利用して草魚や青魚，レン魚，ヨウ魚の養魚がさかんになると，それらの養殖魚は「家畜」と同様，「家魚」と呼ばれるようになった（周，1972：128頁）．日本にも魚を養殖していたという地方は多い．例えば先にあげた長野県の佐久地方ではコイの水田養殖がさかんで，コイ自体の収益のほかに，コイが泳ぎまわることによる水田の雑草防除効果や，堆肥等の投入で発生するミジンコをコイが餌として管理するなどの効果があったという（安室，1998）．

　農民にとっては貴重な動物性蛋白源であったにもかかわらず，日本や東南アジアのナレズシが商業ベースにのらず注目もされてこなかったのは，このような水田漁業の担い手が子どもや女性であったこと，専業化した漁民ではなく農民のおかずとりであったことが原因であると石毛（1990）は推測している．

　また，加工品にまで目を広げると，日本を含めた東アジアは，世界のなかでもっとも醱酵食品が発達した地域でもある．味噌，醬油，酒，酢などのコウジを利用した醱酵食品のほかに，魚醬（塩辛の仲間の食品）やナレズシ（おもに米飯を漬け床として魚介類やときには鳥獣肉と塩をまぜて乳酸醱酵させた食品）のように，塩と魚と米からそれ自体の酵素の働きで醱酵させて独特の「うま味」をつくる食品が，この地域の食文化の特徴としてあげられる．

　琵琶湖の特産品として有名なフナ寿司は，水田でとったフナと米を醱酵させてつくったフナのナレズシである．フナ寿司つくりの伝統をもつ湖北（西浅井町）の村の人は，90年代になってブラックバスが増えはじめると，ブラックバス寿司もつくりはじめていた．朝鮮半島においても古くからナレズシをつくる伝統があり，米のかわりに小麦を用いたナレズシもつくられた．

　石毛（1990）によると，日本では，各地にあったナレズシが酢でつくるインスタント型の生寿司にとってかわられた．中国においても，いまでは苗族やタイ族，トン族，台湾に住む少数民族などのあいだにしか残っていないという．ただ，一部の少数民族の間でナレズシが作り続けられているのは，ナレズシが祭りや行事の宴会食としての性格をもって伝統と結びついていること，漢族の

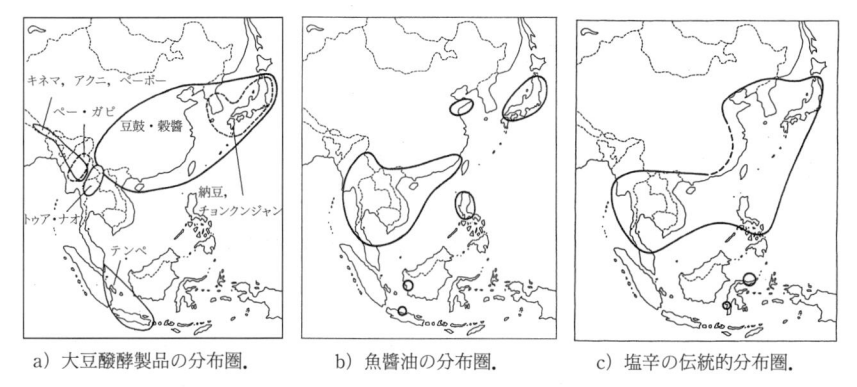

a) 大豆醱酵製品の分布圏.   b) 魚醬油の分布圏.   c) 塩辛の伝統的分布圏.

図 2-6-4 加工食品の分布図（石毛，1990）

ように流通が発達していないため食品を保存する必要があることなどが原因として考えられるという．

この地域の食や生業について述べる際に，さらに触れておかねばならないのは，焼畑農耕による雑穀や芋類の栽培を基礎とする暮らしから生まれた，文化的な共通性である．中尾佐助（1966）は，ネパールからアッサム，東南アジア北部の山地，雲南高地，中国の江南地方の山地を経て日本の西南部にいたる暖温帯（樫・椎・楠・椿などの照葉樹林が広がっている）に，食事文化や物質文化のうえで数多くの共通点が見られることを指摘し，それを照葉樹林文化と名づけた[3]．

照葉樹林文化とよばれる，山と森の世界に生まれ育った文化を特徴づけるのは，森を切り開いて行われる「雑穀とイモを主作物とする焼畑農耕」を主生業とし，森林で営まれる狩猟，採集，木工，養蚕などさまざまな活動によってささえられた暮らしである．そのなかで共通して，ワラビやクズや半栽培のイモ類などの水さらしによるアク抜きの技術，茶を飲む習慣，絹・漆の利用，味噌や納豆や醬油などの大豆の醱酵食品，餅の利用などがみられるという．図2-6-4をみると，大豆の醱酵製品は，魚醬や塩辛の分布域と重なりながら広く東アジアモンスーン域全体に広がっていることがわかる．

このような物質文化だけではなく，たとえば，祖先の霊は山に赴き，祭りの

日に村々や家々を訪れて再び山に戻るという他界観，旧暦8月15日の満月の夜に儀礼を営む慣行なども共通しているという．

　稲作以前からあったとされるこれらの文化は，東へと伝わりながら，また焼畑から水田稲作へと変化しながらさまざまな展開をとげたといわれる．日本の農村の多くでは，米つくりを生業としながらも，家の近くでは自家用の野菜をつくり，山に木の実や山菜や，ときには熊や猪や鹿をとりに行き，水田やそこに注ぎ込む小川にやってきた魚をとって食べる．米や雑穀の副食として，あるいは保存食としてさまざまな食べ物をつくりだしてきたのである．食や生業という点からみれば，稲作文化と照葉樹林文化という二つの流れは入りまじりながら，東アジアモンスーン域の人びとの現在の食や暮らしをかたちづくっているのだといえる．

(B) 水利用の知恵と水信仰

　モンスーン気候では，風の季節的交代とともに，乾湿の季節的交代を伴う．雨季の雨は農業に不可欠であるが，年によっては雨が十分に降らず，水不足になって農産物が育たなくなる．そのため，農耕を続けるには，水を治めることが最も重要な課題でもあった．水利や灌漑の技術については土地によって多様な工夫が試みられ，それについての記録や研究も多い．

　ここでは，ハニ族の水利用の一端を見ておきたい．雲南省緑春県のハニ族によると，ハニ族は山の上のほうには必ず神の森をもっていて，その管理については年に一度，村人全員が集まって決めるという．その神の森のなかでも大きな木については，村の長老以外は触れてはならず，落ちた枝も拾ってはいけないという．このような習慣は，棚田や飲み水の水源を確保するためだと解釈する者もいる．

　いずれにせよ，上流部の森から湧き出した水は，その下に広がる棚田には欠かせないものである．水田の表面は十分に平らに整地されることが要求される．王永強（2002）によると[4]，ハニ族の祖先は，この整地にも水を使ったという．傾斜のきつい山の上流部から何度も放水することによって水の力で田の表面を平らにしてきたのである．稲作に従事する農民は，肥料の運搬にもまた

水を利用している．ハニ族の村には，村ごとに公用の堆肥池が築かれ，家畜の糞便がそこに蓄えられる．この池の水が長い年月を経て醱酵すると，耕作期の前に池の畦が掘られ，糞の水が水田へと押し流されていく．村人は先を争って鋤などで糊状の黒い肥料水をかき回し，下へ下へと押し流すという．用水路沿いには肥料を流す役目を負った村人が配置され，肥料は全ての水田にあまねく行渡るようにする．こうして骨の折れる肥料運搬の仕事を省いているのである．

しかし，このような人間の知恵や力ではどうしようもないこともある．水に対する人間の祈りは，神話や，さまざまな日常の祈願のなかにあらわれている．たとえば中国の中原[5]を発祥の地とする漢民族には，洪水ではじまる創世神話の後に，治水の伝説が続く[6]．紹介しよう．

神話上の人物である堯の時代に大洪水があり，人々は高い山の洞窟や木の上にしか住めなくなったため，堯は鯀に治水をするよう命じた．命をうけた鯀は，土で川を封じることにし，毎日水位の上昇に応じて土を積み上げていった．9年ものあいだ同じことを繰り返したが，効果はない．やがて，水を治めたい一心から天帝の「息石息壌（自動的に成長する石と土）」を盗んだ鯀は，天帝に殺されてしまう．

その死体から生まれた男の子が水の神といわれる禹である．禹の相貌は非凡であった．身長は3mあまり，虎の鼻，駢の歯，鳥の口を持ち，耳には三つの穴があいている．禹は，父の治水の失敗をたいへん悲しみ，父の願いを実現することを誓った．禹は地形の高低に応じて川を疎通し，洪水を流すという方法を思いつく．この方法が見事に成功し，洪水は治まった．禹の一番大きな功労は黄河を疎通したことである．黄河の三門峡はもともとは湖であった．しかしよく氾濫するので，禹は「開山斧」を使って山に三つの門を作り出し，「划水剣」を使って水を川の中に誘導したという．

禹は家に帰る暇も惜しんで治水の指揮をし，自らも働いた．働きすぎたため，手の爪が抜け落ち，足も病気でちんばになった．顔は黒く，痩せて首も細くなり，呼吸をするのも困難になったが，伝説では360歳まで生きた．そして，死んだ後に水の神になったという．このようにして生涯を治水のために尽

くした禹は，漢民族にとって水の神であるだけではなく，漢民族が困難と戦う精神の象徴にもなった．

　洪水とは逆に，雨乞い祈願の行事は，各地で民間的に行われた．雨乞いは，漢時代の仏教の普及とともにもたらされた「龍」信仰と結びついてゆく．中国では，川，湖，井戸があるところにはほとんど，龍の祠，龍の壇，或いは龍の像が造られている．文献・図像学的解釈によると，龍は，魚や蛇など鱗のあるものの長であり，地上の具体的な河川や湖池に棲んで地上の水流などに精通している一方で，天にも自由に行き来できた存在であるという（林，1993：45頁）．

　また，元の時代から「二月二日は，龍が頭をあげる」という言い伝えがあった．豊作祈願を表すために，2月2日の日に麺を食べる習慣があるが，この日に作った麺は龍須麺，麺で作ったパンは龍鱗，餃子は龍歯とよばれる．

　龍の信仰はモンスーン域の東端にある日本にも伝わり，琵琶湖の水の神（蛇）を物語った「三井寺の晩鐘」の話[7]は有名である．また，日本の各地にも龍王山や龍を祀った石があって雨乞い祈願の対象とされている．1990年代，雨不足が続いた夏に，大阪府北部の農村で，何十年も忘れられていた龍の石像に雨乞いの祈願をしたらその数時間後に雨が降り始めたという話や，村人たちがお寺に雨乞い祈願を要請したという話は，現在でも各地で聞くことができる．

　沖縄や長崎に伝わる龍船競漕（ハーリー，ペーロン）は，同じような儀式が中国各地でも見られるという．雲南省の多くの民族も同様の祭りを執り行うが，祭りの形式や意味は類型化されておらず，「雨乞い」「豊作祈願」「水の神の祭り」「水死者の鎮魂」「災厄払い」「屈原の供養」など，水や耕作にかかわるさまざまな祈願と結びついているという[8]．

　その他，日常的な祈願にも龍や魚は多く登場する．中国の食器やかまどには龍の形をかたどったものが多く見られる．また，魚は繁殖力が強く成長も速いので，家族繁栄，子孫繁栄を象徴した．春節（旧正月）の大晦日の日には必ずまる一匹の魚料理が出され，食べる際には，少し食べ残すのが慣わしである．「年年有余」（毎年余りがある＝生活が豊かになる．魚は余と同じ発音である）を祈

るためである．日本においても，祝い事の席には鯛のまる焼きがつきものである．

2　湖辺の暮らし

以上，東アジアモンスーン域における食と文化についての大きなイメージをつかんできた．本項ではさらに，現在の湖と人とのかかわりの具体的な姿をみておきたい．紹介するのは，最も変化の大きい湖のひとつである東中国平原の巣湖[9]，そして，かつて秘境といわれてきた雲南からチベットにかけての湖[10]の例である．
（チャオフー）

(A) 巣　湖

巣湖は長江の中下流（中国安徽省巣湖市）にある湖で，面積は 753 km²，中国における5大淡水湖の一つである．湖周辺は，昔から「魚と米の郷」と言われた美しい地域であった．しかし，周辺にできた製紙工場，セメント工場，鋼鉄工場，プラスチック工場，及び農薬などによって水の汚染が進み，現在，中国政府によって重点的に水質保全政策の対象地とされている．

すくなくとも改革・開放政策がはじまる1979年までは，巣湖はたいへん豊かな湖で，40〜60％の人が半農半漁の生活を営んでいたという．人びとは，シラウオ，面魚，刀魚，そしてコイ，レン魚，青エビなどをとって収入源としていた．しかし，汚染がすすんだ現在，漁獲量は減り，規制も厳しくなったため，巣湖に面して住んでいる人たちであっても漁業を続けている者はわずかである．かろうじて漁を続けている者たちも，収入は少なく，食べるのにギリギリであるという．

現在，巣湖を管理しているのは巣湖開発公司で，稚魚の放流や漁期の管理をしている[11]．また，漁業権は巣湖漁業開発管理会社（巣湖地区に属し，行政機構である）によって管理され，漁をするためには許可証や入漁料（平均すると家あたり年に3000元）が必要となった[12]．

湖周辺に住む人たちの多くは，製紙工場による汚染がひどくて水が飲めない

一部の地域と，井戸のある石梗村(シーゲン)を除いて，現在でも直接に巣湖の水を飲んでいる．巣湖の水は混濁しているので，飲む前に明礬を入れなければならない．合肥市(ホーフェイ)（安徽省の首府）の人は消毒後の巣湖の水を飲んでいるが，郊外の無圩村(ウーイ)では，洗濯には巣湖の水をそのまま用い，米を洗う時や飲み水などは湖の水に明礬をいれて使う．4人家族で年間2kgの明礬を使うという．

湖のもうひとつの変化は，深さの変化である．20年前は，巣湖の面積はいまよりも小さく，一番深いところは水深11〜13mもあった．現在は面積が増えた一方で水は浅くなり，深いところでも7〜9m，平均3〜5mになった．

1）石梗村の暮らしの変化

石梗村は旺店村(ワンディアン)[13]の中に含まれる戸数30戸あまりの自然村である．現在，旺店村の20％が半農半漁の生活をしている．平原には水田と畑がある．生産隊[14]の時代はみなで一緒に耕作したが，その後個々人に，0.3畝[15]の水田，0.3畝の畑，あわせて一人0.6畝の土地が分配された．水田では稲を，畑では綿を作っている．

石梗村は巣湖に面しているが，集落は巣湖から離れているので，昔から井戸水を飲んできた．20年前は巣湖の周りに水草も多く，魚がたくさんいた．10年前までは，巣湖周辺に散在する池[16]もまた広くて深く（水深は2〜3m），水もきれいだったので，生活用水はすべて池の水を用いることができた．池には，朝から晩まで人が集まり，にぎやかであった．井戸からは飲み水しかとらなかったため，井戸は村に一つで十分であった．

しかし，池が汚れ，水量が減るにつれ，井戸の数も20個に増えた．昔から住んでいる家はみな自分の井戸を作り，そこで洗濯もしている．新しくきた人びとは，飲料水はその井戸を使わせてもらい，洗濯は巣湖か池でするという．

当時は，池の水を生活に用いていたので，みなが池の水を管理していた．たとえば10年前までは，池の中の泥を掘り出して水田の肥料にする人もいた．しかし，水田が個人のものになってからは，泥を利用する人がいなくなり，みなが化学肥料を使うようになった．以前は水田の中にエビやドジョウも多かったが，農薬を大量に使いはじめると，魚はほとんどいなくなった．それとともに，水が臭いため人もあまり行かなくなり，現在ではただアヒルが泳いでいる

だけである．現在，池の深さは 1 m しかない．

2)「圩ウ」のある村

石梗村の隣にある無圩村の人は，半農半漁で暮らしをたてているものが多い．大きな船を持っている家は漁業だけで生活している．漁業法上は許可されていないが，鵜で魚をとる家もある．その年収は，3000〜4000元/年くらいになる．入漁料が払えない人は隠れて釣りをする．漁業をしていた人たちも，水汚染のため魚が取れなくなってからは外に出稼ぎにでる人が多い．

平原にいる人はみんな水田を持って二期作を行っているが[17]，田が足りないので，耕作は家にいる老人と女の人が行い，男は外に出稼ぎにいく．畑では綿花，ピーナツ，ごま，芋，野菜などが栽培されている．

a) 圩に囲まれた水田と池，家は圩の上にある．

b) 家の裏は巣湖に面している．

図2-6-5 「圩」のある風景（2002年7月撮影）

この村には，湖を利用した独特の居住形態が残っている．それは「圩ウ」とよばれる居住形態である．「圩」は図2-6-5のように，湖を囲んでつくられた土の壁である．山の土を積み上げてつくられた圩はたいへん大きな堤防で，車も通れるし，家もその壁の上にある．人の生活は土壁の上にあり，その前面の低いところ，壁で囲まれた中の部分に水田がある．この村で漁業をするのは，この，湖に面した「圩」に住んでいる者たちである．

圩は昔からあった．圩の上の家は非常に簡粗なものである．平均3〜4年ご

とにやって来る大水によって圩は突き破られ，そのたびに家が倒れ，水田も水浸しになる．圩の人たちはみんな平原に逃げ，政府の救済で生活する．大水が治まると，巣湖の泥を運んで圩を修復する．この時，平原の人も圩の人と一緒に泥運びをしなければならない．泥運びの量はそれぞれの家がもっている水田の畝数に応じて決められる．泥運びしない人はお金を払って，ほかの人に代わりに運んでもらう．労働力もお金もない場合，借金してでも払わなければならない．修復には10日程度かかるが，ひどい大水の時には20日程度かかるという．

　今の村人たちは昔から圩に住んでいた人もいるが，平原からやってきた人もいる．平原の人口が増えて水田が足りなくなったため，くじをひく方法で一部の人を圩に移住させた．このような経緯があって，平原の人もいっしょに圩を作ったり修復したりせねばならないのである．圩にいく人は圩のなかに田を貰い，戸籍も圩に移し，以後は平原には戻れない．したがって，一人息子しかいない家は，娘か父親を圩に行かせ，後の世代が平原に残り続けられるようにするという．

　1979年[18]までは圩はすべて生産隊のものであった．1979年から一人で0.45畝の水田が圩の人に分配された．池は村のものであるが，養殖に用いる場合は個人下請けの形で利用権が売買されるようになった．池を利用する場合は，一畝あたり60元を村に払わなければならない．しかし，エビは池の中ではあまり成長しないので，池では魚しか飼うことができない．池のなかの魚も，いい値段で売れないうえに，二年に一回，池の中の水がほし上げられて，その中の泥を圩の壁に使うので養殖が中断される．そのため，平原に比べると，圩での暮らしは苦しいものとなっている一面で，圩をつくることができたからこそ，平原で養いきれなくなった人口を養うことができたのも事実である．

　3）葦の利用

　十数年前までは，巣湖の中には葦がたくさんあった．当時は，家を立てるときや茣蓙をつくるときに葦が使われたので，それがよい収入になった．したがって専門的に葦を植え，管理する人もいた．葦の生えているところは，漁民

の身隠れの場所にもなった．

　葦のもう一つの用途は薪であった．地元の人は，経済が発達したのだから，石炭とガスを使うべきだと考えているため，現在では燃料として石炭とガスを使っている．葦が燃料として使われた当時は，燃えた灰は肥料として水田に施され，水田の土は黒くて肥えていた．化学肥料を使うようになって，土の色は黄色くなり，固くて痩せた土になってしまった．有機肥料を使っていた時は，有機肥料と化学肥料を同時に施し，畝あたり 20 kg の化学肥料で十分であった．現在は，有機肥料を使わないので，畝あたり 30 kg かそれ以上の化学肥料を施肥している．それが農民の経済的負担にもつながり，水田の汚染にもつながっている．水田の中にいたエビやドジョウや小魚は，いまはもういない．

　しかし多くの農民は，土地の質がだんだん悪くなっているにもかかわらず，やはり現在の生活のほうがよいと言う．化学肥料を使うほうが簡単で労働力も少ないからだ．

　現在，生活のなかで使われなくなり，管理されなくなった葦は，そのまま自生自滅したり，牛の餌となっている．巣湖のほとりではもうほとんど葦の姿は見られず，わずかに，牛が食べられない湖中に残っている程度である．葦が多かった時は，葦が波を防ぎ，圩の土を保つこともできた．景色もきれいであった．葦が使われなくなると，波がますます土地を侵食する．そのため，いまは風がふくと砂ばかりの黄色い湖になる．

(B) 瀘沽湖

　巣湖と同じように，伝説の神である禹がつくったという三門峡（河南省）においても，人々は，川や湖の近くに暮らしているにもかかわらず，その水を利用できないという事態が生じている．2003 年，黄河では記録開始以来最悪の汚染が発生し，黄河から済南，天津への水供給が取りやめられた．また黄河流域の河南省三門峡市の住民は，浄水場で処理された黄河の水を飲まず，常にお金を払って井戸水，泉の水を買っているという．中国では，水質汚染は大きな社会問題となっている．

　水質の汚染は，かつて秘境とよばれた湖にも徐々に押し寄せている．次にと

りあげる瀘沽湖(ルーグーフー)は，この数年のあいだに，観光化の波が押し寄せ，それにたいして住民たちも動きをおこしている事例である．

　瀘沽湖は雲南省と四川省にまたがる湖で，1999年に全国レベルの重点観光発展項目にとりあげられてからは，沿海部からの観光投資が続々と誘致され，雲南省の五ヵ年計画にも瀘沽湖周辺の観光インフラに総額3億元を超える投資が盛り込まれた．それにともなう観光客の増加で，1990年代後半から，瀘沽湖の水質は急激に悪化し始めたという．

　雲南側の瀘沽湖辺の落水村で民宿経営をしていた30代の女性たちや，木の実を売り歩いていた少女たちは，近年の観光化と，それにともなう水の汚れを指摘する．以下は，これらの人からの聞き取りである．

　「湖畔にいくつかの村があるが，直接的に湖に接している集落は摩梭人(モソ)の住む落水村ひとつであり，現在の戸数は70戸強である．移動には馬を使う．この数年のあいだに観光化が進み，漢民族の移民も増えて戸数が増えつつある．トウモロコシやジャガイモを主食とし，野菜も自給している．金持ちは米を食べる．屎尿はトウモロコシの肥料となる．ブタを飼っていて，主に冬に殺して食べる．薪は近くの山からとってくるが，それは政府の山であるため，生木を切ることは禁止されていて，乾いた木のみが許されている．6月から9月の禁漁期以外には，蛋白源として湖の魚を食べる．どこの家でも船をもっていて，父親が毎朝漁に出るが，獲るのは自家消費用のみで，売ることはない．干した魚はたいへん安くしか売れず，かといって冷蔵庫がないので生魚を遠くに売りに行くこともできないからである．この数年は雨が増えた．雨季には増水して家の庭まで水が来ることもある．したがって，どこの家も庭に木を植えている．飲み水は，湖の水ではなく，山からパイプでひいてきている．衣類や食器は庭で洗い，その水は庭（石が敷き詰めてある）に撒き捨てて太陽光で乾かすので湖には流れない．魚は，銀魚と鯽魚の二種類がいる．湖の水は，観光化される前は今よりもきれいだった」（図2-6-6）．

　観光化や生活様式の変化による湖の汚れにたいして，落水村の摩梭人の対応は素早かった．松村（2002）によると，村では，まずは村民委員会でリン系洗剤の使用を禁止し，観光客の絶えない里務比島のゴミ拾い・持ち帰り運動を展

図 2-6-6 朝になると，瀘沽湖辺では女性たちが魚を捌いている姿があちこちで見られた．菱の実や干した小魚を売っている老女もいる（2001 年 4 月撮影）

開した．続いて，民宿に限らず各家に汚水池の設置を義務付けて，一切の生活排水を瀘沽湖に直接垂れ流すことを禁じ，下水道の埋設工事も行った．水質悪化の要因となっていた魚の養殖も 2000 年 7 月から全面的に禁止され，エンジン付きの遊覧船なども水質汚染につながるとの理由で禁じられたという．

一方で，同じく湖に面する四川側は魚の養殖について収入向上の手段としてむしろ奨励している．また，2000 年末，涼山州政府が深圳市深華集団と四川側瀘沽湖の共同開発に合意し，土地使用権の譲渡というかたちで観光開発を民間企業に事実上丸投げすることになったという（松村，2002）．

(C) 神々の湖

最後にとりあげるのは，青海湖(チンハイフー)と然烏錯(ランウーツォ)である（図 2-6-7）．先に述べた東アジアモンスーン域の生業や食の共通性という点からみて興味深いのは，瀘沽湖も青海湖も然烏錯も，同じラマ教を信仰する人びとが暮らしているのであるが，モンスーン地帯のなかにある瀘沽湖の摩梭人が積極的に魚を食べたり養殖を行うのに対して，後の 2 つの湖のチベット族たちの生活はまったく異なっていることである．

然烏錯は，チベット高原の湖（海抜 3924 m）で，現在のところほとんど観光

図 2-6-7　青海湖（左）と然烏錯（右）（2001 年 5 月撮影）

化されておらず，人びとは，冬にジョ（主食であるツァンパの材料となる蕎麦科穀類，5ヶ月くらいでできる）をつくり，夏はヤクやゾー（ヤクの雌），羊，山羊などの家畜をつれて放牧に出かける．商売をしている人は税金を払うが，それ以外の人は，税金もなく，政府から食べ物や米をもらう．湖周辺に暮らしているのは，軍隊や道路公団の漢民族を除いては，ほとんどがチベット族である．

「二年前までは湖で魚をとったが，今は禁止されている．チベット族はあまり魚を食べないので，食べるのは兵隊と建設会社の漢族である．魚の種類は一種類だが，大きいものから小さいものまでたくさんいる．魚に名前はない．漁が禁止されたのは，漢族の人がたくさん食べて湖が汚れるからである．それまでみな舟をもっていたが，政府がとりあげた．この湖は神聖な湖なので汚れたら神様が怒り，みんなが病気になる．湖には虎（湖の神）がいる．年をとった人はそれが見えるようになる．湖のなかには，〈湖のおばあさん〉といわれる石がある．その前（陸地）に標識があって，決まった日はないが，そこに年に一度行って，お祈りをする」．

青海湖は，黄河の上流部，崑崙山脈のふもとにある鹹水湖である．湖の周辺には大きな村が 13 あり，一つの村の中にいろんな民族が暮らしている．家畜は，それぞれが，山羊なら 200～780 匹，ヤクは 20～130 頭，馬は 3～17 匹，羊は 3～15 匹くらい飼っている．油をとるための菜の花と麦をつくっている．20 代の若者は，「将来はこの村が香港のような場所になってほしい」と言った．以下は，青海湖の近くに暮らす 20 代から 50 代のチベット族の男性たちか

ら，通訳をとおして聞き取った内容である．

「日常生活で湖の水を使うことはない．湖の水で洗濯をするのは変な人だけ．洗濯は地下水をつかって，自分の家でする．下水は畑にいれる．湖は冬（12月下旬から4月まで）は厚い氷で覆われる．そのときに魚をとるが，チベット人はあまり魚を食べない．15年前には漁船があった．7，8月には泳ぐ人もいる．昔はもっと水位が高く，広かった．かつて，水の中にラクダと龍のあいだの姿をした「水怪」がいて，毎日午後5時ころに水から浮き上がって見えた．それはよい神様で，見た人は多い．17，8年ころ前，大きな船が湖にでるようになってからはだれも見なくなった．水怪がどうしていなくなったかわからない」．

3 変化の中の湖

前項で紹介したいくつかの湖での話からは，人間の湖とのかかわり方の変化が，湖の状態にも大きな影響を与えていることがうかがえる．それは具体的には，水質や生態系の変化としてあらわれていた．

象徴的には，湖と人との関係の変化は，神々の変化としてもあらわれている．生活形態がさほど変化していないチベットの然烏錯では神々が存在し，人びとはそれを畏れているのに対して，青海湖ではいつの間にか神が姿をみせなくなったという．

さらに，直接的・間接的な人間の働きかけが，水の汚染のみにとどまらず川や湖沼の消滅や災害につながる場合もある．琵琶湖にはかつて数多くの内湖が存在したが，戦中戦後の農地造成を目的とした干拓によってそれが次々と埋め立てられた．近年になって，内湖がもつ生態学的・文化的価値が見直され，巨額をつぎ込んで内湖再生にむけた計画が行われていることは有名である．

大陸の中国の場合は，話はさらに大きくなる．中国の長江中流域では，この50年のあいだに多くの池や湖が消失し，その合計面積が3分の1にまで減少したという．長江の水土流出によって，遊水池でもあった中流域の池や湖が埋められ，そこが農地や工場用地として干拓されてゆくのである．高見邦雄

(2003：333頁）によると，長江流域では，はるか昔から洪水がくりかえされてきたが，森林伐採による土壌流出，それを受け止める遊水地の消滅という事態を考えると，近年における大洪水は人災的な側面が強いという．

それぞれの民族，あるいは個々の湖の周辺に暮らす人たちは，どのようにこれらの変化を受け止め，どのようなかたちで新しい水との関係をかたちづくってゆくのだろうか．

湖の，何をどのように保全してゆくかという問題については，これまで毎日の暮らしの中で水を管理し，水を監視してきた人びとの目から，すなわちそこで暮らす人の生活や文化のかたちという側面からおさえておくことも，長い目で見ると大切であろう．

そのときに，巣湖の農民が言う，「今の生活のほうがいい」，「化学肥料を使うほうがずっと簡単でのんびりできる」という言葉は重い意味を持つ．大切なのは，人びとが無知だとか意識が低いときめつけて，行動を制限することではない．地元に暮らしている者たちが，湖の汚染で最も被害をうけている当事者でもある．彼らが，自分たちの健康や生活の幅を狭めるような行動をとっているとすれば，一部の行動を制限するのではなく，むしろ，そうせざるをえない理由を考えねばならないだろう．

そして，環境の変化に対する自然科学的な対処の必要性を認めたうえで，人びとの暮らしから生み出されてきた水にたいする価値観（やその変化）にまで踏み込んで考えること，そして，水をめぐる人びとの共同のありかたや水利用の変化，意志決定のあり方まで含めて，そこで暮らす人びとの生活のなかから湖を見ることも必要であろう[19]．

注
1) 歴史をひも解くと，中国の民族の歴史は混血の歴史でもあり，客観的な基準によって厳密に区別されるものではない．文化人類学者の周達生は，古代においてさえ，漢族と異民族の差は人種ではなく風俗習慣などの違いであったこと，すなわち，民族の違いとは，漢族に同化し漢族の習慣をとりいれた民族とそれ以外の民族という差でしかなかったことを指摘している（周，1972：116頁）．
2) 溜池やその他の資源を利用しての中国農業の特徴については，郭文韜ほか（1989）を参

照.
3) 佐々木高明（1982）『照葉樹林文化の道』NHK ブックス参照．照葉樹林文化論については，上山春平，中尾佐助や佐々木高明による多数の著書があるので参照されたい．
4) 王永強（2002）「元陽の段々畑とハニ族の『長街宴』」，『人民画報』(http://www.rmhb.com.cn/chpic/htdocs/rmhb/japan/200205/6-1.htm)
5) 河南省の洛陽を中心とした黄河の中流域．漢族を中心とした中国古代文明の発祥地，古代政治史の中心地とされる．
6) 中原の伝説については，佐賀大学文化教育学部（2002 年当時）中国人留学生である胡蓉より聞き取り．
7) 鳥越皓之・嘉田由紀子編（1984）1 章参照．
8) 比嘉政夫（1999）は，沖縄から中国まで幅広く龍船競漕について調査し，競漕という華々しさの背景にある信仰や儀式の意味について，考察を加えている．
9) 巣湖についての聞き取りは劉．時期は 2002 年 7 月．
10) 瀘沽湖，青海湖，然烏錯の聞き取りは，通訳をとおして藤村が担当．2001 年 5 月．
11) 湖辺の村々に 7 つの事務所を構え，200 人程度で湖の管理をしている．毎年 3 月に稚魚を湖に投入し，4 月末まで一切の漁業が禁止される．
12) エビ：1000 元/年，シラウオ：560 元/年，毛魚：2860 元/年，大きな魚：1100 元/年（船あたり）．
13) 旺店村（行政村）は現在 1974 人，戸数 480 戸．
14) 1950 年代後半に中国で成立した政社合一の共同組織である人民公社は，公社管理委員会―生産大隊―生産隊という三段階で指揮，管理，運営が行われ，生産隊別の集団作業を主とした．人民公社による共同農作業は農民のやる気を削ぎ，非効率だったため，文化大革命後の十一期三中全会後 79 年から鄧小平のもとで改革開放政策が始まると，解体の方向に向かい，85 年に廃止された．人民公社から，各農家が土地を借りて一定の作物や現金を納めれば残りは自分たちが自由に処分できる「生産請負制」へ転換すると，農民の労働意欲がかきたてられるようになり，農業の増産と農民所得が向上したといわれる．
15) 中国の単位である 1 畝は，約 6.66 アール．
16) 自然にできたものか，作られたものかは，聞き取りでは不明．村にいくつかの池があり，溜池として使われたり，養殖のために使われている．
17) 稲は二期作である．早稲は 43 元/50 kg，晩稲は 49 元/50 kg．早稲は自分で食べ，残った分は付近で売る．
18) 1979 年は，文化大革命で「革命」を声高に叫んでいた中国が，西側諸国の資金と技術を導入して 4 つの現代化を進めようという方針に転換した時代．この「改革・開放」を支援することは，日本の対中政策の根幹ともなった．このころから中国の経済は大きく変化してきたといわれる．

19) 琵琶湖では，1980年代に生活環境主義という方法論が提唱されている．それについては，鳥越皓之・嘉田由紀子編（1984）『水と人の環境史―琵琶湖報告書』御茶の水書房参照．

文献
安室知（1998）：水田養魚にみる自然と人為のはざま．篠原徹編『民俗の技術』，朝倉書店．
安室知（2003）：漁・食・祭．滋賀県立琵琶湖博物館編『鯰』，淡海文庫．
郭文韜ほか（1989）：中国農業の伝統と現在，農山漁村文化協会．
林巳奈夫（1993）：龍の話，中公新書．
比嘉政夫（1999）：沖縄からアジアが見える，岩波書店．
黄就順（1981）：現代中国地理，帝国書院．
石毛直道（1990）：魚醬とナレズシの研究，岩波書店．
松村嘉久（2002）：「女の国」で村おこし―瀘沽湖観光開発の現状と課題．『自然と文化』第69号，日本ナショナルトラスト．
中尾佐助（1966）：栽培植物と農耕の起源，岩波書店．
佐々木高明（1971）：稲作以前，NHKブックス．
高見邦雄（2003）：水の悩みも大国―中国．嘉田由紀子編『水とめぐる人と自然』，有斐閣選書．
鳥越皓之・嘉田由紀子編（1984）：水と人の環境史―琵琶湖報告書，御茶の水書房．
王永強（2002）：元陽の段々畑とハニ族の「長街宴」，『人民画報』．
周達生（1972）：中国．『社会科のための文化人類学』，東京法令出版．

(藤村美穂，劉　琳)

第 3 章

雲南高原の湖沼と流域の環境動態
──琵琶湖との比較研究を軸に

3—1
地球物理的特性と環境動態からみた
撫仙湖と琵琶湖の比較

1 はじめに

　本節では,東アジアモンスーン域における湖沼の中でも,特に,中国南西部に位置する雲南省の撫仙湖(Lake Fuxian)と日本最大の湖である琵琶湖について,地球物理学的特性と環境動態からみた比較研究に重点を置く.日本と雲南省の交流は昔から深く,米や酒,ワサビ,麺,茶,藍染め,仏教といった農作物や生活様式の伝播,文化交流など,共通している点が多いと言われている.特に,湖の周辺で稲作を中心とした農業が盛んに行われており,ノンポイントソース(非特定汚染源)から流入する栄養塩類が,湖の富栄養化に大きな影響を与えている点でも類似点が多い.このように周辺の社会構造と密接な関係を保ってきた撫仙湖と琵琶湖の比較研究は,将来の湖沼管理の方法を模索する上で双方にとって有意義であると思われる.

　本書2―4節でも示されているように,撫仙湖と琵琶湖は,ともに地殻変動によって形成された構造湖であり,また,10万年以上の歴史を持つ古代湖でもある.雲南省は,今から3億年前までは海底にあり,その後のユーラシアプレートとインドプレートとの衝突によるヒマラヤ造山活動などの地殻変動で隆起したものと見られ,撫仙湖の周辺では,脊椎動物の化石としては世界最古の標本の一つである原始的な魚類 *Myllokunmigia* (海口カンブリア紀前期,推定約5億3000万年前)が発見されている(Shuほか,1999).湖の北東にある中国科学院南京地質古生物研究所付属の澄江古生物研究站では,カンブリア紀中期の澄江動物群の化石を公開展示しており,湖周辺の地形成因を知る上でとても興味深い.このように,さまざまな生物が急激な進化を遂げたカンブリア紀(5億4500万年前から5億年前)に海底であったことから,撫仙湖の周辺にはリン

鉱石が多く存在し，開発に伴う湖へのリン負荷量増大のリスクが懸念されている．同様な状況は，2—3節で触れられているモンゴルのフブスグル湖周辺でも見られ，モンゴル国政府機関内において開発についての慎重な議論が行われている．

　雲南高原湖沼の中でも，富栄養化が著しく進んでいる滇池(ディエンチ)(Lake Dianchi)と星雲湖(シンユンフー)(Lake Xingyun)では，アオコの発生が恒常化している．滇池は1960年代以前には美しい湖として知られ，古くは漢詩にも歌われ水生生物の宝庫であったが，昆明市の発展・拡大に伴って未処理の下水が流入し，湖は一気に富栄養化した．維管束植物に例をとれば，1950年代には28科44種であったのが，1970年代には22科30種，1980年代には12科20種，1990年代にはさらに激減し，絶滅の危機に瀕している．湖底の嫌気化も進んでおり，ヘドロ化して硫化水素が発生しているところもある．中国政府はこれまで，すでに400億円以上の大規模な改善事業を実施してきたが，十分な効果をあげていないと言われている(Zhang and Yang, 1998)．

　一方，珠江(ジュージャン)支流南盤江(ナンパンジャン)上流域に位置し，周辺の農業の拡大や人口集中で汚染が進んだ星雲湖は富栄養状態となっており，四季を通してアオコが発生している．そして大量の植物プランクトンを含んだ水が全長2.2kmの隔河(ゴオホオ)という水路をへて，中国第2の水深をもつ撫仙湖南西端へ流入している(図2-4-3)．ちなみに中国で最も深い湖は北朝鮮との国境に位置する長白山天池(チャンパイシャンテンチ)で，最大水深は373mであるが，面積は9.8km^{2}しかなく，まさに針を突き刺したような湖である．表3-1-1に示したように，撫仙湖の面積は琵琶湖の約3分の1，最大水深は157mと琵琶湖の約1.5倍あり，湖岸から急に深くなっているのが特徴である．表中に示された湖沼形状指標は，湖面積÷(最大水深×湖岸線長)で定義されており，数値が大きいほど混合しやすく水質は上下に均質であり，数値が小さいほど混合しにくく水質は上下非均質になりやすい．この指標によると，撫仙湖・濾沽湖・琵琶湖は上下に混合しにくい湖であることがわかる．

　また，表3-1-1に示された滞留時間は，湖の水が完全に交換するのに必要な時間を示しており，大きな数字ほど水の入れ替わりに時間がかかる．ただし，

表3-1-1 雲南省の湖沼と琵琶湖の諸元比較

湖沼	面積 km²	湖岸線長 km	海抜高度 m	平均水深 m	最大水深 m	容積 10⁸m³	流域面積 km²	透明度 m	滞留時間 年	湖沼形状指標
撫仙湖	212.0	90.6	1721	90.1	157.0	191.8	1053	8.6	146.4	15.1
星雲湖	39.0	36.3	1722	5.9	9.6	2.0	378	0.6	2.6	111.9
程 海	77.2	45.1	1503	15.0	36.9	27.0	318	5.6	16.3	46.3
杞麓湖	37.0	32.0	1796.8	4.0	6.8	1.94	363	0.5	1.76	170.0
滇 池	305.0	150.0	1886	5.0	8.0	15.7	2920	0.45	2.75	255.0
洱 海	250.0	116.9	1974	10.5	20.7	28.8	2470	1.48	3.5	103.3
瀘沽湖	51.8	44.0	2685	40.0	73.2	20.72	247.0	13.5	29.6	16.1
琵琶湖	670.0	254.7	84.5	42.9	104.1	280.9	3174	4.3	5.8	25.3

雲南省の湖沼データは雲南省水文水資源局（2000）より引用，琵琶湖のデータは，琵琶湖・環境科学研究センター測定値．滞留時間については本文参照．

　滞留時間の計算は，中国の湖では容積を流入量で割るのに対し，琵琶湖では容積を流出量で割っていることに注意しなければならない．撫仙湖の滞留時間が146.4年と非常に長いということは，容積に比べて河川からの流入量が小さいことを意味している．Guo（2001）によると，年間の撫仙湖への河川流入量は，約1.3億トンなので，琵琶湖の年間流出量約50億トンに比べてはるかに小さい．100年以上の滞留時間を有する撫仙湖は，琵琶湖と比べてはるかに水の交換が悪い湖である．つまり，上下混合が小さく，滞留時間が長い撫仙湖は，一度汚染されたら琵琶湖以上に回復が困難な湖であると言える．

　栄養塩の流入濃度は高いが，流入量が小さいので負荷量としては小さいこと，そして，水深が急に深くなっており湖底に到達するまでに有機物が分解してしまうことが，これまで撫仙湖の水質をきれいに保ってきた要因である．しかし，農業や観光の開発によって周辺からの負荷量が増加していることに加えて，後述するように近年の気温上昇によって全循環が抑制され始めており，100mより深い水深での溶存酸素濃度が減少してきていることが，大きな環境問題となりつつある．

2 気候の変化

東アジアにおける近年の気温上昇は，北から南へ順に移動しているように思われる．このことは特に，冬季の気温上昇と関連しているようである．図3-1-1 に，撫仙湖（北緯 24°21′〜24°38′，東経 102°49′〜102°57′），琵琶湖（北緯34°58′〜35°31′，東経 135°52′〜136°17′），モンゴル国にあるフブスグル湖（北緯50°30′〜51°35′，東経 100°15′〜100°40′）の3つの大湖沼における湖畔で計測された 1971 年から 2000 年までの 30 年間の年平均気温の変化を示す．これによると，フブスグル湖では 1975 年頃から，琵琶湖では 1985 年頃から，撫仙湖では1995 年頃から気温上昇が顕著化していることがわかる．

このような気温の上昇は，水循環に大きな影響を及ぼす．フブスグル湖は，表面積が 2760 km²，最大水深が 262 m あるモンゴル国最大の淡水湖で，蒼く美しい湖である．この湖では，1970 年代から水位の上昇が続いており，40 年間で約 0.6 m 水位が上昇している（熊谷・占部，2002）．過去のデータを用いてフブスグル湖の水収支を計算した結果，1963 年から 2003 年の 40 年間に，蒸発量が 35%，地下水流入量が 56% 増加していることがわかった．一方，年平均気温は年間に 0.05°C 上昇し，年平均地温は 0.085°C 上昇していた．湖からの流出量は蒸発量のほぼ半分であるが，特に大きな変化はなかった．これらの結

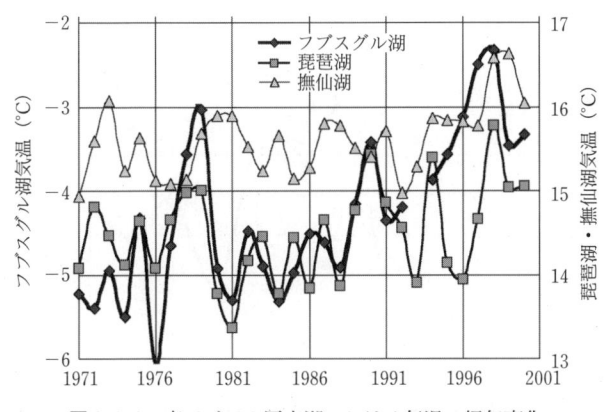

図 3-1-1 東アジア 3 巨大湖における気温の経年変化

果から，気温上昇に伴って地温が上昇し，永久凍土や氷河の融解を促進し，結果として湖面水位が上昇していることが推定された（Kumagaiほか，2005）．地球規模での気温の上昇がモンゴルの凍土を融かし，蒸発量が上昇し，砂漠化が進行しているという報告はその他の地域からもなされており，東アジアの水収支に深刻な問題を投げかけている．

一方，撫仙湖は，かつて中国海軍の潜水艦訓練場として利用されてきたが，冷戦の終わりとともに1990年代後半より観光資源として開発されるようになってきた．周辺人口の増加，農業の発達が，隣接する星雲湖の富栄養化を加速させ，撫仙湖への有機物負荷も増大させてきている．図3-1-2に，1990年から2000年にかけての撫仙湖における降水量と透明度の変化を示した．この図から降水量が多い年に，透明度が低下しているように思われる．このことは，降雨によって集水域からの濁水や栄養塩が流入したことが原因であろう．逆に，雨が少ない年に透明度が高いのは，琵琶湖の変化とよく似ており，大きくて深い湖沼の特徴である．また1990年代半ばより年々透明度が低下しているようである（Liほか，2001）．一方，撫仙湖における気温の上昇は，冬季の全循環を抑制し，大気から湖底への酸素供給量の低下を招き，湖底付近の低酸素化や無酸素化を加速させているが，これについては本節4項で議論する．

琵琶湖周辺の年平均気温は，過去20年間に北部で約1.5℃，南部では1.0℃

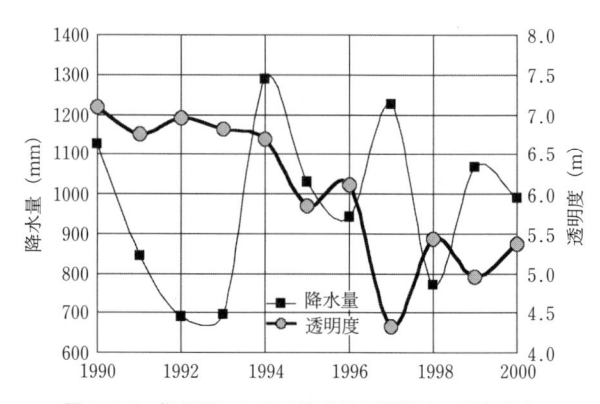

図3-1-2 撫仙湖における降水量と透明度の経年変化
透明度は，1970年代に10〜12 m，1980年代に7〜10 m，1990年代に4.3〜7 m，以降年間約0.3 mずつ低下している．

上昇した．また，南北間での年平均気温の較差は，1980年代には1.5℃であったが，今では1.0℃以下となっている．つまり，気温の急激な上昇と南北間の温度差の減少が特徴となっている（熊谷ほか，2006）．このような気温上昇は，先に述べたフブスグル湖周辺の気温上昇以上であり，琵琶湖にも深刻な影響を与えている．例えば，Kumagaiほか（2003）は，彦根で計測された1月から3月の気温と湖底の年最低酸素濃度の関係を調べ，冬季の気温が4℃に近いと年最低酸素濃度が高く，気温が高くなると年最低酸素濃度が低くなる傾向があることを示した．このことは，冬季の気温上昇が，全循環の低下を引き起こすため，湖底に十分な酸素が供給されない可能性を示唆している．つまり，仮に琵琶湖における富栄養化の進行が解消されたとしても，深水層の低酸素化を抑止できなくて，結果的に内部負荷の増加を引き起こす可能性が高い．

このように，地球規模での気温上昇は，さまざまな形でいくつかの大湖沼に影響を与えている．現段階ではそれほど懸念する必要もないかもしれないが，今後の推移の如何によっては，湖沼の生態系や水質に深刻な影響を与える可能性もある．

3 湖流の比較

(A) 星雲湖における湖水の混合特性

2000年5月から2001年2月にかけて，流速計とCTDを用いて星雲湖における湖水の混合状態を調査した．5月の調査時において，すでにラン藻類の増殖が支配的であった．雨季にはいって8月には，周辺の農地が冠水して大量の栄養塩が湖に供給され，アオコが発達してマット状になっていた．また，この時期は断続的な風が吹き，湖には流速10 cm/秒程度の吹送流が発達していたが，水深が浅い割には十分な混合は起こらず日成層が翌日に残ることもあった．11月になってさらに風が強まると，湖底泥が巻き上げられ，星雲湖南部では茶色に水色が変化していた．午後には風波が発達し，大小の浮遊物が北部にある隔河流出口付近に吹寄せられていた．2月になるとアオコのマットは見られなくなり，植物プランクトンの量も減少し，クロロフィルa蛍光は10

表3-1-2 撫仙湖の季節変化（2000〜01年）

	5月	8月	11月	2月
表水層厚さ（m）	16	12	30	−
表水層水温（°C）	17.5	23.0	18.7	13.8
深水層水温（°C）	13.4	13.5	13.7	13.6
表水層DO（％）	135	100	100	100
深水層DO（％）（水深60m）	70	70	70	78
変温層のChl（μg/l）	+	2	+	5

μg/l程度まで下がった．

雨季（5月から9月）にかけて，星雲湖から撫仙湖へ流出する隔河は増水する．撫仙湖の水位にもよるが，河道流速は30〜50 cm/秒，流量は10〜20 m³/秒となり，星雲湖の富栄養化した水が，貧栄養湖である撫仙湖へ流出される．一方，乾季（10月から4月）には隔河の河川流量が小さくなり，河道流速は5〜7 cm/秒，流量は1〜2 m³/秒まで減少する．したがって，星雲湖から隔河を経て撫仙湖へ流入する植物プランクトンのフラックスは，春から夏にかけての雨季に多い．このことは，春に撫仙湖南部の隔河河口付近でラン藻類が増えるという事実と一致している．つまり，撫仙湖における春のブルームは，星雲湖で増殖した藻類が移動してきたものが原因であり，それに伴って一次生産が上昇するので，撫仙湖の表水層における溶存酸素濃度の増加を説明することができる（表3-1-2）．

(B) 撫仙湖における湖水の流動特性

撫仙湖は，湖岸から沖合いに向かって傾斜が10％と急激に深くなっているので，雨季には河口に近い湖岸から流入するラテライトを含んだ紅い濁水が，一気に水深50〜100 m層まで流下し，密度流として湖心の下層に貫入することが考えられる．実際，口絵18に示したように，西岸の水深50 m付近に酸素濃度の高い水塊があり，環流の中心付近まで達している．一方，口絵19に示した水温分布には同様な変化が見られないことから，この高濃度な酸素を含んだ水は，冷水による密度流ではなく，土壌粒子を多く含んだ濁水の密度流に起因するものと思われる．

撫仙湖の慣性周期[1]は28.9時間である．撫仙湖の緯度が南にある分だけ，琵琶湖の慣性周期20.8時間より長くなる．長軸方向（31.5 km）における単節の表面静振[2]と，夏季における内部静振[3]の周期は，それぞれ42分および40時間である（南京地理与湖泊研究所，1990）．2001年11月に行った北部横断観

測において，湖心付近で低温層の盛り上がりがみられ，琵琶湖と同様に左回りの環流の存在が示唆された（口絵19）．実際，2001年8月の漂流板を用いた湖流調査では，撫仙湖北部に反時計回りの流れ5 cm/秒が認められた．沿岸帯が狭く，湖岸から湖心へ向かって急激に深くなるという湖盆形状のわりに顕著な環流が存在するようである．しかも循環が始まる11月においても，湖心において低温層の盛り上がりが見られることから，環流を維持する安定的な物理過程の存在が示唆される．これについては，東岸で温泉が湧き出して湖へ流入しており，これが熱源となって環流が維持されているという指摘もある．

(C) 琵琶湖における環流

成層期の琵琶湖を代表する湖流である環流は，1920年代に存在が知られ（Sudaほか，1926），継続的な水温観測や1970年代以降の数値解析により研究されてきた（Endohほか，1995）．環流成因の説明として，風成論と熱成論がある．それぞれ，風による運動量や太陽熱による加熱が，湖岸部で大きくなることで流れが発生し，地球自転の影響を受けて反時計回りの渦流が形成されるとしている．

2000年7月14日に，彦根—多景島測線上の測点DとF（水深23 mおよび12 m）に底置式超音波ドップラー流向流速計を設置し琵琶湖北湖で夏に発達する第1環流を測定した．図3-1-3には湖面から水深0.4 m毎に測定した流速分布と，CTDで測定した水温分布を示す．水深3 mまでの湖面近くには風による擾乱の影響を受ける極表層が存在する．その下方にあたる水深3 mから水深7 mにかけて北東の向きに流速17 cm/秒の安定した環流が存在している．この環流の直下に厚さ1.2 mほどの遷移層が存在する．遷移層の下に変温層（水温躍層の上部）があり，そこに，通常，吹送流の水面近傍に形成されるものと同様な流れのスパイラル構造が発達していることを確認した．

Ekman（1905）が提唱した原型に近いスパイラルと実測値の比較を図3-1-4に示し，その構造を議論する．今，流速の東西成分をu，南北成分をvとすると，流速成分は以下のように書ける．

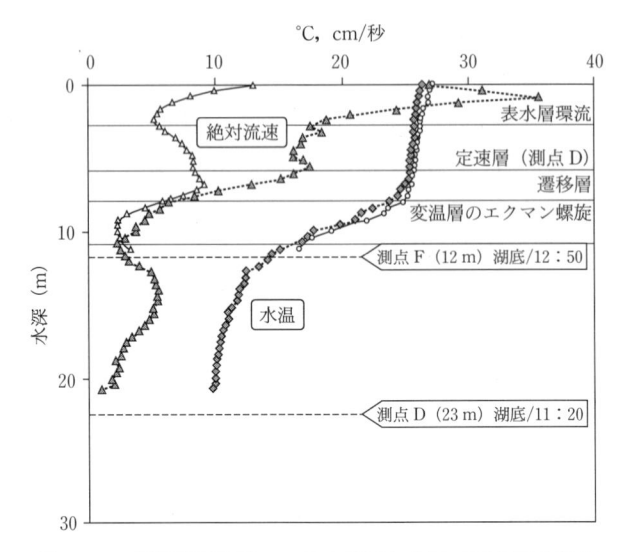

図3-1-3 琵琶湖環流域における流速と水温（2000年7月14日測定）

測点Dは水深23 m地点，測点Fは水深12 m地点である．

$$u = V_0 \exp(-\pi z/D) \cos(\pi/4 - \pi z/D),$$
$$v = V_0 \exp(-\pi z/D) \sin(\pi/4 - \pi z/D)$$
(3-1-1)

ここに

$$D = \pi\sqrt{2\nu/f}, \quad V_0 = u_*^2/\sqrt{f\nu}$$
(3-1-2)

で，νは渦動粘性係数[4]，fはコリオリパラメータ[5]，u_*は摩擦速度である．また，東西成分uを鉛直積分した単位幅あたりの流量

$$q_E = u_*^2/f$$
(3-1-3)

はエクマン輸送[6]による水温躍層内の発散を表している．このスパイラル構造は，吹送流の発達する水面近傍ではなく，水温躍層の上部に存在し，定点では流向・流速とも一定である環流の「応力」によって駆動されている．

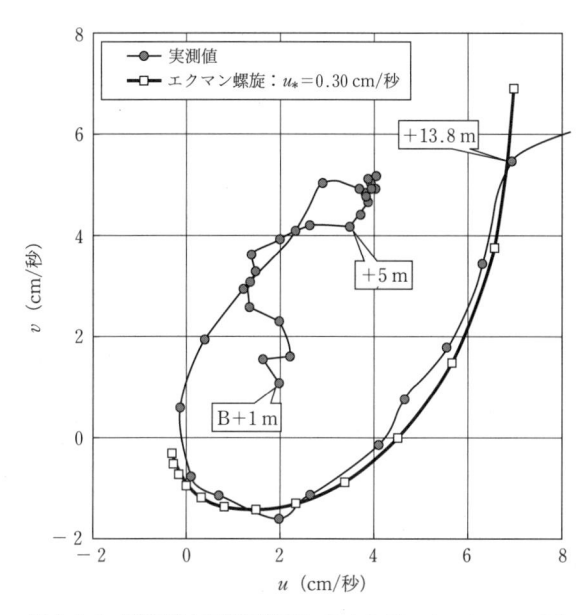

図 3-1-4 琵琶湖水温躍層付近に見られるエクマン・スパイラル（2000 年 7 月 14 日測定）
●印は実測値，□印は $\nu=10^{-4}$ m²/秒としたときの式（3-1-1 および 3-1-2）から求めた流速である．数値は湖底からの高さで 0.4 m 間隔でプロットしてある．

　同時に多項目水質計を用いて計測したクロロフィル a 蛍光は水深 4-8 m 層（環流の流動層にほぼ一致する）で高く，植物プランクトンが環流にのって湖岸から湖心へ輸送されてきたことが推定された．さらに，水深 8-10 m 層にも高濃度のクロロフィル a 蛍光が存在することから，上記のスパイラル深度範囲（エクマン輸送 q_E の岸向き流れ）を通って湖岸に帰る流れのパスが存在しているように思われる．この事実は，Ishikawa ほか（2002）が指摘しているような第 1 環流の構造に強く依存した植物プランクトンの空間分布を，うまく説明できることを示している．このように環流に適応し，効率よく維持されるプランクトンの増殖形態がみられる生態系を，環流生態系と呼ぶことができるだろう．そして，同じような環流が存在する湖沼においては，琵琶湖と同様な生態系を見出すことが可能だと思われる．

(D) 湖沼間の相似

　環流の存在が指摘される中国第二の深い湖である撫仙湖と，日本最大の琵琶湖との関係を議論する．先にも述べたように，撫仙湖は水路で星雲湖と連結している．撫仙湖は琵琶湖北湖と同様に深い湖であり，星雲湖は琵琶湖南湖に似た浅い湖である．大量のアオコが発生する星雲湖の水が，隔河という水路を経て撫仙湖に流入していることは，すでに述べた．1997年以降，アオコを形成するラン藻類が，夏季に琵琶湖北湖環流域で優位となっている現状と比較して，星雲湖から大量のラン藻類が流入する撫仙湖の将来も決して楽観できるものではないだろう．

　撫仙湖は亜熱帯に位置するが，湖面の海抜高度は1700m（0.8気圧）あり，季節変化が明瞭である．8月には水温23℃の混合層が水深12mまで達し，その下の水深12～30mに水温差9℃の水温躍層が形成される．この水深付近に植物プランクトンが多く分布している．水深15mより深い無光層は，植物プランクトンの活性が低い．このため，水深20mまで100％の飽和状態であった溶存酸素濃度も，水深60mでは70％に落ちる．

　この地方の年降水量は1400mmで日本ほど多くはないが，星雲湖は雨季に増水し農地から栄養が供給されるので，ラン藻類のブルームが発生する．アオコ状態となったラン藻は，隔河を経て撫仙湖へ運ばれ，図3-1-5に示したような湖流にのって全体に広がる．

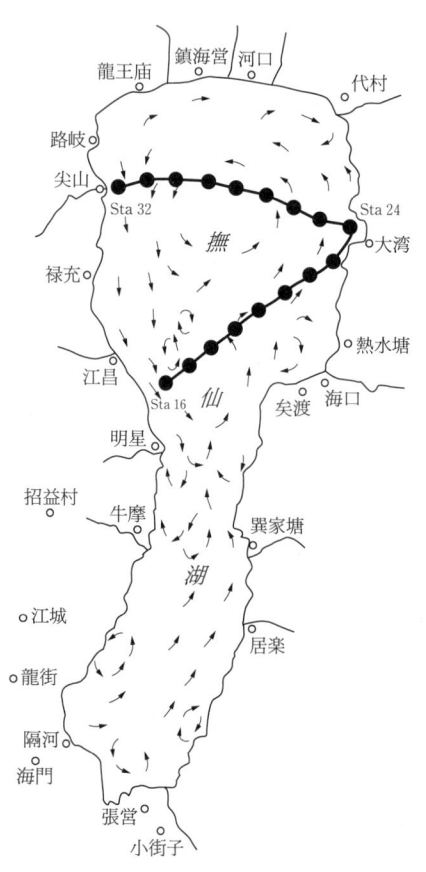

図3-1-5　撫仙湖における流況（一部，南京地理与湖泊研究所（1990）より）

式 3-1-2 の摩擦影響深度 D から渦動粘性係数を逆算すると次のようになる．

琵琶湖：$f=8.4\times10^{-5}$(rad/s)，$D=4.8$(m)，$\nu=1\times10^{-4}$(m²/s)

撫仙湖：$f=5.9\times10^{-5}$(rad/s)，$D=11.6$(m)，$\nu=4\times10^{-4}$(m²/s)

(3-1-4)

つまり，撫仙湖の渦動粘性係数は，琵琶湖の渦動粘性係数の 4 倍大きな数値であり，このことは，緯度の低い撫仙湖の方が鉛直方向に混合されやすいことを示している．

一方，琵琶湖の環流に対し撫仙湖の環流の流速は 1/3 程度である．地球自転効果の影響を表すロスビー数は，

$$Ro=\frac{V}{fb}$$

(3-1-5)

と書ける．ここで，b は主湖盆の直径である．以下の数値を代入して，琵琶湖と撫仙湖におけるロスビー数を求める．

琵琶湖：$V=15$cm/s，$b=20$km，$Ro=0.089$

撫仙湖：$V=5$cm/s，$b=9$km，$Ro=0.090$

(3-1-6)

すると，二つの湖でよく似た値となり，結果的に，琵琶湖と撫仙湖の間にロスビー相似が成立している，つまり地球自転の影響が同程度であると言える．

4　溶存酸素濃度の減少

図 3-1-6 は，2003 年 3 月の撫仙湖で計測した水質の鉛直プロファイルである．表層と底層の鉛直水温差は 1.5℃で，日成層の水温変化と同程度であるが，水温躍層と底層において酸素低下が認められ，リン酸態リンやシリカなどの栄養塩が，深水層で増加している．3 月というのに，早くも水質は夏型の鉛直分布を示し，4 月になれば，表層の一部で酸素過飽和になるほど植物プランクトンによる光合成が活発になることが予想された．

夏の撫仙湖の透明度は 4〜5 m で，有光層は高々12〜15 m である．植物プラ

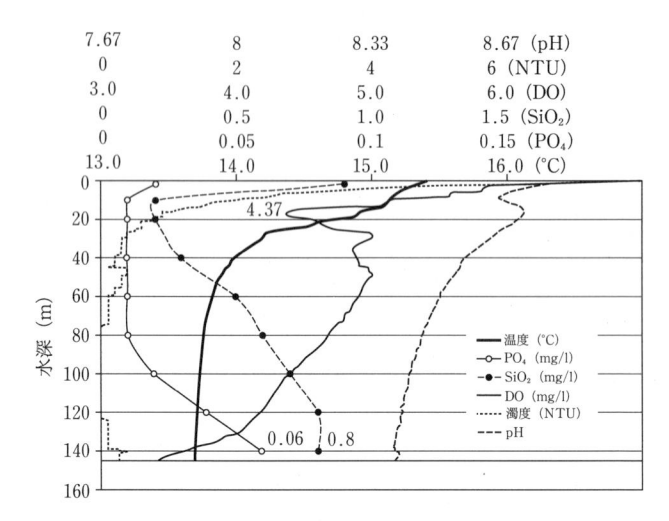

図 3-1-6 撫仙湖における水質の鉛直プロファイル（2003 年 3 月測定）

ンクトンは最大水深 157 m に向かって沈降しながら捕食・分解される．分解の際のバクテリア呼吸によって深水層中の溶存酸素が消費され，10 月頃には湖底近傍でほぼ無酸素状態となる．このような溶存酸素の増減サイクルは 1980 年頃にはすでに観測で見出されており，最近まで，おそらく変わることもなく繰り返されてきたと考えられる（南京地理与湖泊研究所，1990）．11 月になると混合が進み，水温躍層の深度も低下する．水温も低くなり隔河を通った星雲湖の水が，撫仙湖に入ると河口で潜入するようになる．風速は夏より増加して，午後には気圧の低下に伴って南風が吹くことが多くなる．2 月の撫仙湖は，表層水温が 13.8℃で，湖底との水温差 0.3℃の極微小な成層が認められた．

図 3-1-7 に，2000 年 4 月から 2003 年 1 月まで，計 7 回にわたって撫仙湖の最深部で計測した水深 120 m 以深の層における平均水温の変化を示した．水温変化の直線回帰式は，$y = 0.082(x - 2000) + 13.36$ （$R^2 = 0.94$, $p < 0.0001$）であった．このことは，2000 年以来，水深 120 m より深い場所の水温が，年間に 0.082℃上昇しており，冬季にいたっても完全な全循環が起こらず深水層に

熱が貯熱されていることを意味している．

一方，同じ層での溶存酸素濃度の変化を図 3-1-8 に示した．溶存酸素濃度の直線回帰式は，$y = -1.667(x - 2000) + 6.1$ ($R^2 = 0.87$, $p < 0.0001$) であった．このことより，溶存酸素濃度は，年間に約 1.7 mg/l 減少していることがわかった．実際，口絵 18 に示したように，湖底付近に酸素濃度が非常に低い水塊が見られる．このことは，近年の温暖化に伴って撫仙湖では全循環が停止し，湖底付近で慢性的な低酸素状態が発生している可能性を示唆している．

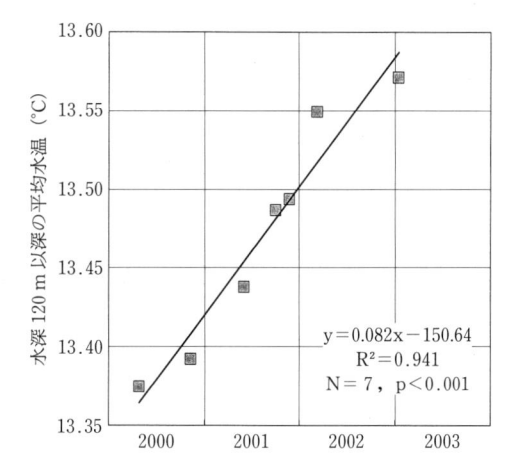

図 3-1-7 撫仙湖の水深 120 m 以深における平均水温の変化

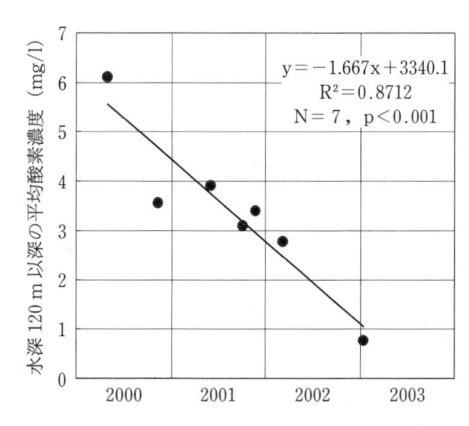

図 3-1-8 撫仙湖の水深 120 m 以深における平均酸素濃度の変化

5 全循環欠損

4 項で議論したように，明らかに撫仙湖では全循環によって酸素飽和度が 100％回復していない状態，すなわち全循環欠損が起こっており，循環湖から部分循環湖へと変わりつつあることがわかった．同じような状態は，すでにジュネーブ湖（レマン湖）で起こっている．ただ，ジュネーブ湖も，完全な部分循環湖ではなく，数年から 10 数年毎に全循環が発生している．撫仙湖でも，全循環が完全な年と，不完全な年を繰り返している可能性が高い．したがって，ここでは，全循

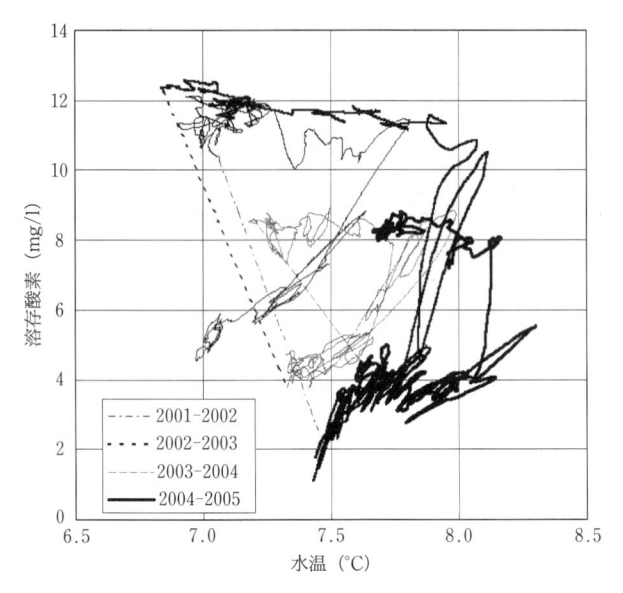

図3-1-9 琵琶湖北湖水深95m地点の湖底上1mにおける水温と酸素濃度の関係（24時間移動平均値）

環が不完全な状態を，全循環欠損と呼ぶことにする．

2001年から2005年の冬季にかけて，琵琶湖北湖水深95mの湖底上1mに自記式の水温・酸素計（SBE16）を設置して，連続的な計測を行っている．この記録によると，2001年から2002年と2002年から2003年の冬にかけては，湖底付近の酸素飽和度は100％以上となっており，完全に全循環が発生したことが認められたが，2003年から2004年と2004年から2005年の冬にかけては，80％程度しか回復していなかったことがわかった．また，湖底付近の水温は2001年から2005年にかけて，約0.6℃上昇していた．

図3-1-9に，湖底付近の水温と溶存酸素濃度との関係を示した．数値は，SBE16で測定したデータを24時間の移動平均を行って求めた．琵琶湖における酸素の回復は，二つの段階を経て起こる．すなわち，12月ころから2月初旬にかけて，密度の大きい水が徐々に深く貫入しながら鉛直的な混合を引き起こすので，水温の上昇と共に酸素濃度も急激に回復する．いずれの年にも，溶

存酸素濃度は，急激な回復をした後，再び下がり，数日後に再び回復して安定した．最初の急激な回復を「全循環の開始」と呼ぶことにする．その後，冷たくて密度が大きい水が湖底まで達するようになると，今度は水温の減少を伴いながら酸素濃度はゆっくりと上昇する．このときの水温低下と酸素供給が十分でない

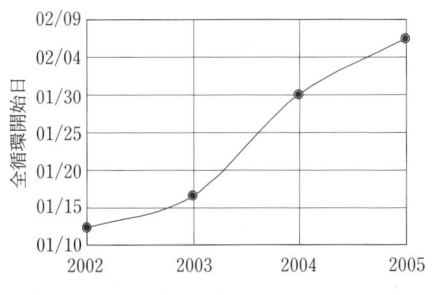

図 3-1-10　琵琶湖湖底における全循環開始時期の変化

と，不完全な状態から春先の成層期に入ることになる．成層が発達すると湖底付近の鉛直混合は抑制されるが，内部波による鉛直混合があるので，水温はゆっくりと上昇する．一方，有機物の分解が進むので，溶存酸素濃度は低下し，湖底付近は低酸素状態になる．したがって，成層期における湖底付近の水温上昇は，台風などの強い風による鉛直混合が卓越するほど大きくなり，酸素濃度は見かけ上回復するが，深水層全体に酸素が供給されるわけではない．

　これを整理すると，次のようになる．すなわち琵琶湖の深い場所における水温と酸素の変化は，第Ⅰ段階（水温上昇と酸素の急激な上昇），第Ⅱ段階（水温低下と酸素上昇），第Ⅲ段階（ゆっくりとした水温上昇と酸素低下）という水温―酸素トライアングルを描きながら推移している．図 3-1-9 から明らかなように，2001 年秋から 2005 年春にかけて水温―酸素トライアングルは，徐々に高水温―低酸素濃度のほうへ移行してきている．このことから，地球温暖化の進行と共に，琵琶湖における全循環欠損がさらに加速されることが予想され，やがてジュネーブ湖や撫仙湖のように，慢性的な低酸素状態が出現する可能性が高いことを物語っている．

　また，全循環の開始時期が，遅くなってきていることも懸念される．図3-1-10 に示したが，2002 年には 1 月 12 日だった全循環の開始時期が，2003年には 1 月 16 日，2004 年には 1 月 30 日，2005 年には 2 月 6 日となった．さらに遅くなると，春を迎え湖は再び成層する．そうすると，湖面からの酸素供給が減少するので，全循環欠損が慢性化し，やがて部分循環湖に変わる可能性

が高い．その場合には，湖の生態系が，全く異なった環境に曝されることになり，琵琶湖全体に大きな異変がもたらされるだろう．今後，全循環の開始時期が，単調に遅れるとは思われないが，このようなシナリオは非現実的なものではないので，継続的な注意が必要である．

6 おわりに

我々は，2000年から，中国第2の深さを持つ撫仙湖（雲南省）と，日本最大の湖である琵琶湖（滋賀県）の比較研究を行ってきた．

撫仙湖は，集水域面積が小さいので，琵琶湖より栄養塩類の負荷量が小さい．したがって，有機物生産が少なく，深水層における酸素消費量も小さい．また，緯度が低いことから鉛直混合が深い場所まで届くので，湖面からの酸素供給も大きい．したがって，湖底付近の低酸素化は発生しにくいことが予想された．

しかし，過栄養湖である星雲湖で発生した大量の植物プランクトンを含んだ水が，隔河を通して撫仙湖へ流入していること，強い環流の存在が鉛直循環を抑制していること，冬季の気温が急激に上昇しており全循環が小さくなっていることなどの影響で，深層水における溶存酸素濃度の低下が予想以上に大きいことがわかった．例えば，2003年1月には，120m以深の溶存酸素濃度が，1mg/l以下であった．

一方，琵琶湖は，冬季における気温がまだ低く保たれているので，湖岸や湖面付近の酸素の豊富な水が，密度流として湖底に供給されている．しかし，2003年から2005年にかけての冬季に，十分な量の酸素が供給されていない状況，すなわち全循環欠損が発生していることが観測された．

現在，世界における撫仙湖や琵琶湖と同じような大きさの湖沼において，地球温暖化の影響が出ている．その顕著な事例が，全循環欠損である．冬季に十分な鉛直混合が発生しないと酸素が湖底まで供給されなくなり，湖底付近に低酸素層が形成されるようになる．酸素が少なくなると生物活動ができなくなるし，底泥から栄養塩の回帰も起こる．そうなると，深水層は，生物量が少な

く，栄養塩の巨大なプールとなる．さらに深刻化すると，底泥から硫化水素が発生するようになる．地球温暖化は今後なお進行することが予想されるので，国際的な協力の下に，撫仙湖や琵琶湖のような大湖沼の監視体制を強化することが必要である．

＊中国雲南省地質鉱物研究所の宋教授には資料の提供を受けましたことを感謝いたします．

注
1）慣性周期：自転している地球上で運動する物体には，コリオリの力が働く．この力だけが働く場合に起こる流れを慣性流と呼び，等速円運動を形成する．この円運動の周期は，注5のコリオリパラメーターfを用いると$2\pi/f$と書ける．これを慣性周期と呼ぶ．
2）表面静振：セイシュともいう．セイシュとは，湖沼や港湾に起こる水面の固有振動をさす．初めは，ジュネーブ湖における長周期の水面振動につけられた方言であったが，広く用いられるようになった．水深に比べて波長の長い定常波で，両端で腹，中央部は節となる．湖の長さをLとすると，基本（単節）振動の周期は，$T=\dfrac{2L}{\sqrt{gh}}$で表される．ここで，gは重力加速度，hは水深である．
3）内部静振：上下に密度の異なる2つの流体の境界面に発生する波動を，内部波（内部静振）と呼ぶ．風が吹くと境界面が傾き，風が止むと元に戻ろうとして振動を始める．湖の大きさと上下の密度差によって周期は異なるが，琵琶湖のような中緯度に位置する大きな湖沼では，内部波の周期は数日のオーダーになるので，地球自転の影響で旋回性をもつようになる．
4）渦動粘性係数：水や空気など流体の不規則な渦（乱流）によって生じるみかけの粘性で，係数が大きくなるほど流体の運動が減衰しやすくなることから，分子動粘性係数のアナロジーとして渦動粘性係数と呼んでいる．
5）コリオリパラメーター：角速度ωで自転している地球上で，緯度ϕの地点を運動する物体に働くコリオリ力を決定するパラメーターで，$f=2\omega\sin\phi$と書く．
6）エクマン輸送：風が，水面上を一定の方向に同じ強さで吹きつづけると，水流は，深さとともに向きを変えながら減少する．これをエクマン・スパイラルと呼ぶ．この流れを深さ方向に積分すると，風の方向に対し右向きに水が輸送されるが，これをエクマン輸送と呼ぶ．

文献

Ekman, V. W. (1905): On the influence of the Earth's rotation on ocean currents. Arkiv

for matematik, astronomi, och fysik, 2 : 1-52.
Endoh, S. (1995) : Review of geostrophic gyres. In Okuda, S., J. Imberger and M. Kumagai (eds.), Physical Processes in a Large Lake : Lake Biwa, Japan. Coastal and Estuarine Studies 48, AGU, pp. 7-13.
Guo, H. (2001) : The pollution actuality of nine larger plateau lakes in Yunnan. Abstracts, RMEL2001, Kunming, 81-86.
Ishikawa, K., M. Kumagai, W. F. Vincent et al. (2002) : Transport and accumulation of bloom-forming cyanobacteria in a large, mid-latitude lake : the gyre-*Microcystis* hypothesis. Limnology, 3 : 87-96.
熊谷道夫・占部城太郎（2002）：モンゴルの草原と湖．地理，47：50-55．
熊谷道夫・石川可奈子ほか（2006）：琵琶湖の深刻な問題．熊谷道夫・石川可奈子編『地球温暖化と湖沼―課題と展望―』，古今書院，東京．
Kumagai, M., W. F. Vincent, K. Ishikawa et al. (2003) : Lessons from Lake Biwa and other Asian lakes : Global and local perspectives. In Kumagai, M. and W. F. Vincent (eds.), Freshwater Management―Global versus Local Perspectives―, Springer-Verlag, Tokyo, pp. 4-33.
Kumagai, M., J. Urabe, C. E. Goulden et al. (2005) : Recent rise in water level at Lake Hovsgol in Mongolia. In Goulden, C. E., T. Sitnikova, J. Gelhaus et al. (eds.), The Geology, Biodiversity and Ecology of Lake Hovsgol (Mongolia), Backhuys Publ., Belgium.
Li, Y. X. and L. Wang (2001) Analysis of tendency of eutrophication in Fuxian Lake. Abstracts, RMEL2001, Kunming, 76-77.
南京地理与湖泊研究所（1989）：中国湖泊概論，科学出版社，北京（in Chinese）．
南京地理与湖泊研究所（1990）：撫仙湖，海洋出版社，北京（in Chinese）．
Shu, D. G., H. L. Luo, S. C. Morris et al. (1999) : Lower Cambrian vertebrates from south China. Nature, 402 : 42-46.
Suda, K., K. Seki, J. Ishii et al. (1926) : The report of limnological observation in Lake Biwa (I). Bull. Kobe Marine Obs., 8 : 104 (in Japanese).
雲南省水文水資源局（2000）：雲南省水資源総合調査．
王洪道・竇鴻身ほか（1989）：中国湖沼資源，科学出版社，北京（in Chinese）．
Zhang, X. and S. Yang (1998) : The aquatic vegetation recovery plan in Dianchi Lake. China. J. Lakes Sci., 10 : 129-134.

（熊谷道夫，大久保賢治，焦　春萌，宋　学良）

3—2
湖沼の地球化学的特性と環境動態

(1) 雲南高原湖沼の無機化学的動態と物質循環

1 雲南高原湖沼群の無機化学的概観

　雲南高原湖沼群は緯度からすれば亜熱帯域に位置するが，標高が海抜1300～3400 m にあるので陸水学的には温帯的な湖沼の特性を示す．湖の大きさは最大水深157 m，表面積212 km² という大きなものから，表面積が1 km² 以下の小さなものまで広範囲にわたる．湖の水質も様々に異なる．このため，わが国の湖と類似の陸水学的特性を持ち，相互の比較研究をするに好適な湖も多い．

　表3-2-1には雲南高原25湖沼での無機化学成分の濃度範囲と平均値を示した．25湖沼の中で化学的性質が特徴的な10の湖については，個別の濃度も同表に掲げた．全ての成分について濃度は2～3桁の広範囲に及んでいる．湖沼間の化学的特性の違いが大きいことが分かる．例えば，栄養度からすれば，翠湖や滇池のように全リン（T-P）濃度が100 μg/l を越える過栄養な湖もあれば，濾沽湖のようにそれが1 μg/l しかない貧栄養湖もある．異龍湖はT-P濃度とともに全窒素（T-N）濃度もとても高い値を示す．この湖はケイ酸（SiO_2）濃度も非常に高い．程海は極めて高い電導度とマグネシウム（Mg），ナトリウム（Na），炭酸水素（HCO_3）濃度を持つ．逆に，月湖の化学成分はどれも濃度が低く，カルシウム（Ca）を除き全て平均値以下である．

　このように多様な水質を持つ雲南湖沼であるが，琵琶湖の無機化学成分との比較を行うと（表3-2-2），これらの湖が一つの特徴的な性質を持つことが分かる．それは全ての湖が琵琶湖より高い硬度を示し，CaとMgが高濃度に溶存

表3-2-1　雲南高原湖沼の化学成分

		最小	最大	平均	撫仙湖	星雲湖	洱海	瀘沽湖	程海	翠湖	滇池	異龍湖	月湖	大屯海
最大水深	(m)	2.5	157.0	29.8	157.0	9.6	20.7	73.2	36.9	—	8.0	7.0	—	3.0
表面積	(km²)	<1	305	45.4	212	39	250	52	77	<1	305	31	3	18
電導度	(μS/cm)	150	1043	304	270	344	216	210	1043	233	350	507	202	375
Ca	(mg/l)	6.5	55.4	31.9	26.5	25.4	27.3	29.3	6.5	25.2	34.5	34.6	41.6	55.4
Mg	(mg/l)	3.8	73.8	19.9	24.2	29.5	13.0	8.5	73.8	10.8	20.5	43.0	3.8	12.3
K	(mg/l)	0.4	15.7	3.7	2.5	5.3	2.3	1.1	11.0	4.1	7.8	15.7	2.5	4.0
Na	(mg/l)	0.4	193.3	15.2	7.0	15.0	8.0	10.2	193.3	8.4	32.9	19.6	0.5	8.5
T-N	(mg/l)	0.11	5.05	0.76	0.11	0.50	0.21	0.14	0.46	2.63	1.59	5.05	0.20	1.76
T-P	(μg/l)	1	242	30	1	18	7	1	7	242	144	66	4	5
SiO₂	(mg/l)	0.0	16.8	2.7	0.1	0.5	0.2	0.2	0.4	0.7	0.2	16.8	0.1	1.1
Cl	(mg/l)	0.0	42.4	7.8	2.1	9.4	1.8	8.2	15.9	9.5	42.4	22.6	0.8	19.5
SO₄	(mg/l)	1.0	122.1	18.9	10.7	17.7	6.2	5.0	4.7	24.6	21.3	15.6	6.0	122.1
HCO₃	(mg/l)	70.5	886.7	205.5	207.3	235.0	162.2	140.1	886.7	112.0	206.5	338.8	141.9	70.5

前3列：雲南高原25湖沼での溶存化学成分に関するWhitmoreほか（1997）の報告値をもとに、それらの最小値、最大値、平均値を示した。後10列：雲南高原25湖沼の中で化学的性質が特徴的な10の湖での溶存成分の濃度を示した。T-N：全窒素濃度、T-P：全リン濃度。
"—"はその成分が測定されていないことを示す。

3—2 湖沼の地球化学的特性と環境動態　205

表3-2-2 雲南高原4湖沼と琵琶湖の化学成分

		撫仙湖		星雲湖		洱海		瀘沽湖		琵琶湖	
〈溶存成分〉											
pH		7.8-8.3	(8.2)	8.7-9.2	(8.9)	7.9-8.0	(8.0)	7.9-8.1	(8.1)	6.7-9.1	(7.4)
Ca	(mg/l)	25.2-27.9	(26.5)	19.3-23.7	(22.0)	28.1-28.3	(28.2)	27.2-27.5	(27.4)	10.1-13.6	(11.5)
Mg	(mg/l)	19.7-22.3	(21.3)	21.8-24.4	(23.2)	11.2-11.2	(11.2)	7.2-7.3	(7.3)	1.9-2.5	(2.2)
K	(mg/l)	2.20-2.69	(2.48)	6.20-7.80	(6.97)	2.20-4.20	(3.20)	0.93-0.96	(0.95)	1.36-1.87	(1.74)
Na	(mg/l)	6.37-6.97	(6.67)	14.2-14.6	(14.4)	7.70-7.90	(7.80)	7.85-8.27	(8.05)	6.21-6.97	(6.58)
Si	(mg/l)	0.00-0.69	(0.11)	0.00-0.54	(0.18)	0.31-0.34	(0.33)	0.12-0.30	(0.17)	0.04-2.09	(0.89)
Sr	(μg/l)	90.4-99.0	(94.6)	54.9-61.5	(58.2)	114-115	(115)	144-146	(145)	56.1-77.3	(64.5)
Ba	(μg/l)	43.3-48.5	(46.3)	41.4-44.6	(43.0)	21.9-22.0	(22.0)	6.9-7.0	(7.0)	10.1-13.8	(12.3)
P	(μg/l)	0.0-21.9	(3.2)	0.2-0.7	(0.5)	2.9-3.3	(3.1)	0.2-1.0	(0.5)	0.0-16.6	(5.8)
V	(μg/l)	0.68-0.75	(0.73)	0.82-1.09	(0.95)	0.92-0.93	(0.93)	—		0.06-0.26	(0.12)
Cl	(mg/l)	0.57-4.90	(1.84)	—		—		1.59-1.88	(1.75)	6.1-7.5	
SO$_4$	(mg/l)	10.4-16.0	(11.7)	—		—		9.4-9.6	(9.5)	6.8	
〈懸濁成分〉											
Chl-a	(μg/l)	0.0-5.1	(2.1)	18.5-62.8	(41.7)	1.2		1.6-2.4	(1.9)	0.0-34.9	(2.2)
Pheo	(μg/l)	0.0-1.2	(0.5)	0.4-0.8	(0.5)	0.5-0.9	(0.7)	0.0-0.1	(0.1)	0.0-2.2	(0.7)
T-C	(μg/l)	22.2-446	(177)	1323-6677	(3310)	128-353	(241)	132-172	(154)	35.2-2431	(238)
Org-C	(μg/l)	10.0-336	(108)	5614		—		72.8-95.1	(83.2)	—	
N	(μg/l)	0.0-60.9	(23.4)	157-841	(423)	32.4-39.5	(35.9)	15.6-27.3	(21.8)	0.5-483	(35.7)
Al	(μg/l)	2.1-117	(21.8)	88.6-756	(327)	20.1-45.2	(32.7)	10.9-15.4	(13.3)	7.8-319	(29.9)
Ca	(μg/l)	4.6-43.5	(17.2)	99.2-400	(124)	8.5-11.3	(9.9)	4.8-10.3	(7.9)	1.5-32.3	(6.8)
Fe	(μg/l)	1.9-55.5	(13.1)	104-178	(136)	14.5-32.1	(23.3)	10.1-14.7	(12.3)	1.0-162	(20.3)
Mg	(μg/l)	1.3-20.1	(6.0)	31.1-89.8	(53.6)	3.6-6.0	(4.8)	2.5-3.9	(3.2)	1.03-36.1	(4.23)
Mn	(μg/l)	0.26-16.9	(1.54)	30.1-34.2	(32.8)	0.94-1.49	(1.22)	0.75-1.76	(1.09)	0.15-40.4	(5.04)
K	(μg/l)	0.7-12.8	(4.9)	58.9-102	(80.7)	8.4-44.8	(26.6)	3.4-6.0	(4.8)	0.5-87.9	(9.8)
Na	(μg/l)	0.2-13.3	(1.8)	7.8-12.5	(10.1)	1.2-2.3	(1.7)	1.8-2.8	(2.4)	0.3-21.1	(3.3)
P	(μg/l)	0.06-4.58	(2.45)	18.2-63.8	(36.8)	3.34-3.97	(3.65)	2.69-3.38	(3.05)	0.26-14.5	(4.58)
Ti	(μg/l)	0.19-5.47	(1.59)	7.21-12.9	(10.7)	1.13-2.61	(1.87)	1.62-2.43	(1.99)	0.16-11.8	(1.23)

それぞれの湖での値は、最小値-最大値（平均値）を示す。"—"はその成分が測定されていないことを示す。雲南高原4湖沼での濃度は、2001年2月から2002年7月にかけて著者が行った調査での測定値である。

していることである．このため HCO₃ 濃度（琵琶湖での平均濃度は約 34 mg/l）も pH も雲南湖沼では高い値にある．これは集水域に炭酸塩岩地質帯が多いことによっている．

　琵琶湖よりも硬度が高いという特徴は，湖の物質循環にも影響している．pH と Ca 濃度がともに高いために，雲南湖沼では炭酸カルシウム（CaCO₃）沈殿が生成しやすい．このために懸濁態の Ca や無機炭素（Inorg-C）の濃度が琵琶湖よりも高い．琵琶湖では懸濁粒子や沈降粒子中に Inorg-C は殆ど存在しない．粒子中の全炭素（T-C）に占める Inorg-C の割合は 1％以下である．ところが，撫仙湖（フーシャンフー）や星雲湖（シンユンフー）では多いものでは T-C の 50％以上が Inorg-C である．堆積物でも T-C の 30〜50％を Inorg-C が占める．このため湖での物質循環にとって炭酸塩はとても重要となる．

　雲南湖沼の化学動態の考察において注目すべきもう一つの特徴は，琵琶湖に比べて冬季循環期の湖水の鉛直循環が微弱なことにある．このことは撫仙湖（最大水深 157 m）のように水深の深い湖で重要となる．雲南湖沼は高い海抜高度にあるために，冬季には湖面冷却による湖水の鉛直循環が起こる．しかしその位置は北緯 25°周辺にあるので，冷却の程度が弱く，ときには湖底までの完全な鉛直混合が起こらず，次の成層期（停滞期）を迎えることもある．このため底層水の滞留が越年して長期化する．したがって琵琶湖に比べて湖で起こる生物地球化学的反応の記録が底層水に蓄積されやすい．このことが後述する底層水中での栄養塩や酸化還元活性元素の特徴的分布を現出させる．本節ではこのような雲南高原湖沼の特徴的な無機化学的動態と物質循環を，琵琶湖との比較によって概説する．

2　主成分の化学動態

　雲南高原の 4 つの湖，撫仙湖，星雲湖，洱海（エルハイ），瀘沽湖について，洱海（2001年 2 月）と瀘沽湖（2002 年 3 月）では 1 回，星雲湖では 2 回（2001 年 2 月と 6 月），撫仙湖では 4 回（2001 年 2 月・6 月，2002 年 2〜3 月・7 月）の調査を行った．水深の浅い星雲湖と洱海は表面水のみを，撫仙湖と瀘沽湖では水深別

の試料を採取・分析した．溶存・懸濁成分についての結果を，琵琶湖北湖での値とともに表 3-2-2 に示した．

既に述べたように，雲南湖沼では琵琶湖に比べ湖水の pH が高い．pH の最大値は雲南湖沼よりも琵琶湖のほうが高いが，これは夏季の生物生産の増大によるものであって，夏季停滞期の深水層や循環期の pH は琵琶湖では 7 前後である．一方，撫仙湖では深水層でも 1 年を通して 8 近くの pH を示す（図 3-2-1）．このため pH の平均値は琵琶湖よりも雲南湖沼のほうが高い．

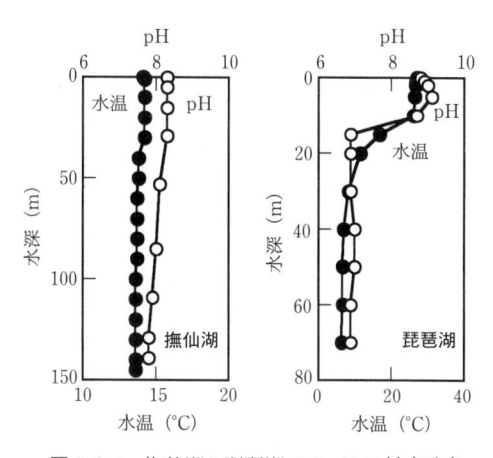

図 3-2-1 撫仙湖と琵琶湖での pH の鉛直分布
撫仙湖：2002 年 3 月，F 2 地点（最深点）．
琵琶湖：1986 年 9 月，Ie-1 地点（水深 75 m）．

溶存主成分については，その濃度の湖による違いはあっても，鉛直方向の分布はどの湖でもほぼ均一である（例として Ca の分布を図 3-2-2 と 3-2-3 に示した）．これは溶存量に比べ生物に取り込まれる量や化学的に沈殿する量が少なく，これらの反応が溶存濃度に影響することは稀なためである．一方，同じ元素であっても懸濁態の濃度には，生物地球化学的反応の影響が強く現われることがある．撫仙湖での懸濁態 Ca の鉛直分布がそうであって，表層での $CaCO_3$ の沈殿生成の影響が強く現われている（図 3-2-2）．懸濁態 Ca の濃度は表水層で高く，水温躍層以下では急減する．この分布は，植物プランクトン量の指標であるクロロフィル-a（Chl-a）のそれとよく似ている．Ca は地殻起源粒子の主成分でもあるが，その指標とされる懸濁態アルミニウム（Al）の分布とは明らかに異なっている．生物生産の増大に伴う pH の上昇が，表水層での $CaCO_3$ 沈殿の生成を引き起こし，懸濁態 Ca を増加させていると推測される．琵琶湖ではこのような傾向は鮮明でない（図 3-2-3）．懸濁態 Ca の分布は懸濁態 Al のそれに類似している．地殻起源粒子の寄与が大きいために，生物活動

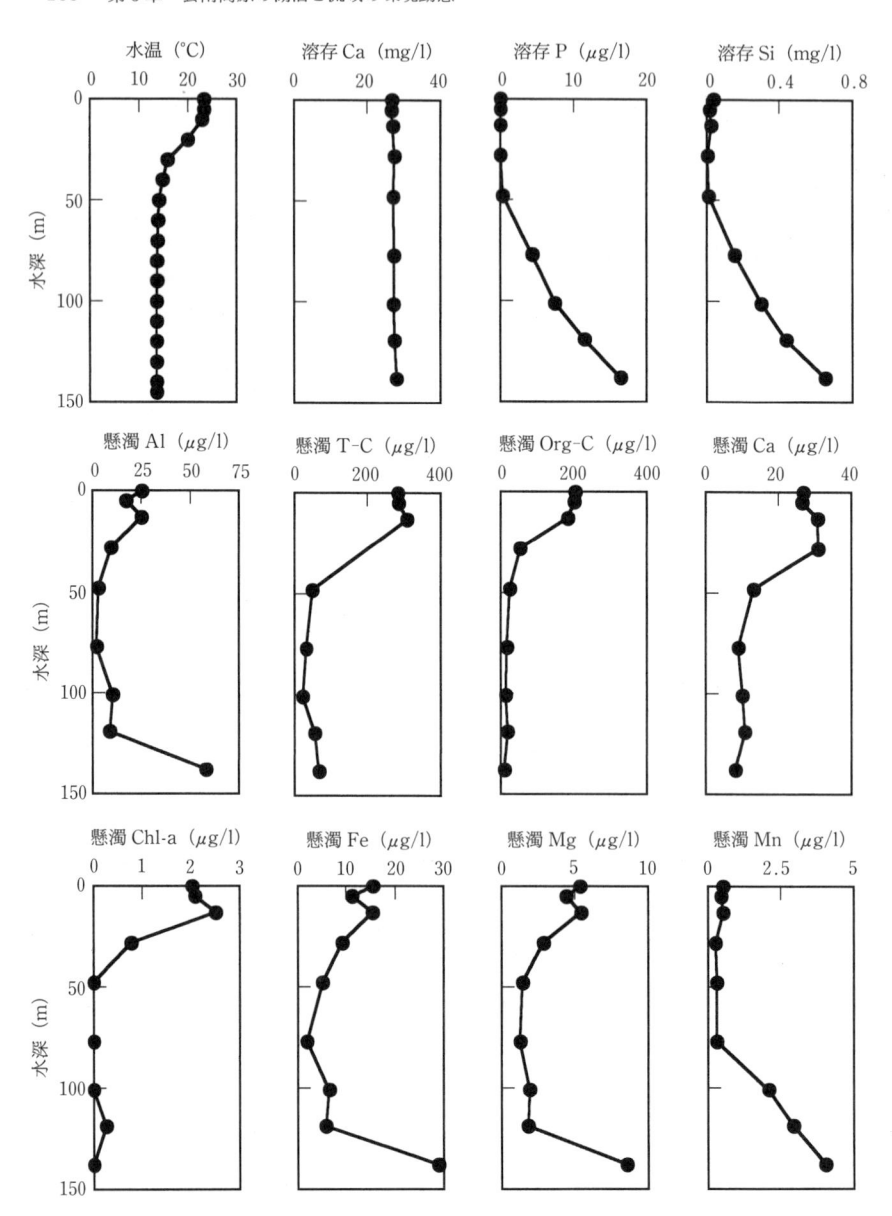

208　第3章　雲南高原の湖沼と流域の環境動態

図 3-2-2　撫仙湖での溶存態と懸濁態の化学成分の鉛直分布 2002年7月，F2地点（最深点）．

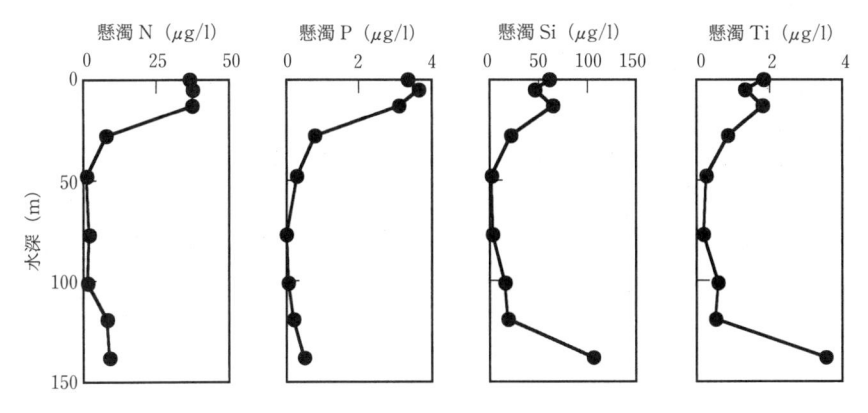

図 3-2-2　撫仙湖での溶存態と懸濁態の化学成分の鉛直分布（つづき）

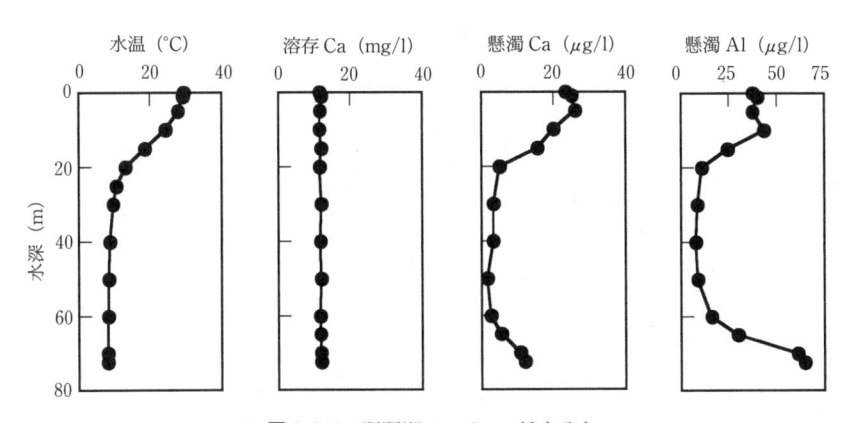

図 3-2-3　琵琶湖での Ca の鉛直分布

1998 年 8 月，Ie-1 地点（水深 75 m）．

の影響が隠蔽されるからである．

3　栄養塩の化学動態

表 3-2-2 に示した P や N，有機炭素（Org-C），Chl-a の濃度からすれば撫仙湖，洱海，濾沽湖は琵琶湖と同程度，あるいはそれ以下の栄養度にある．星雲

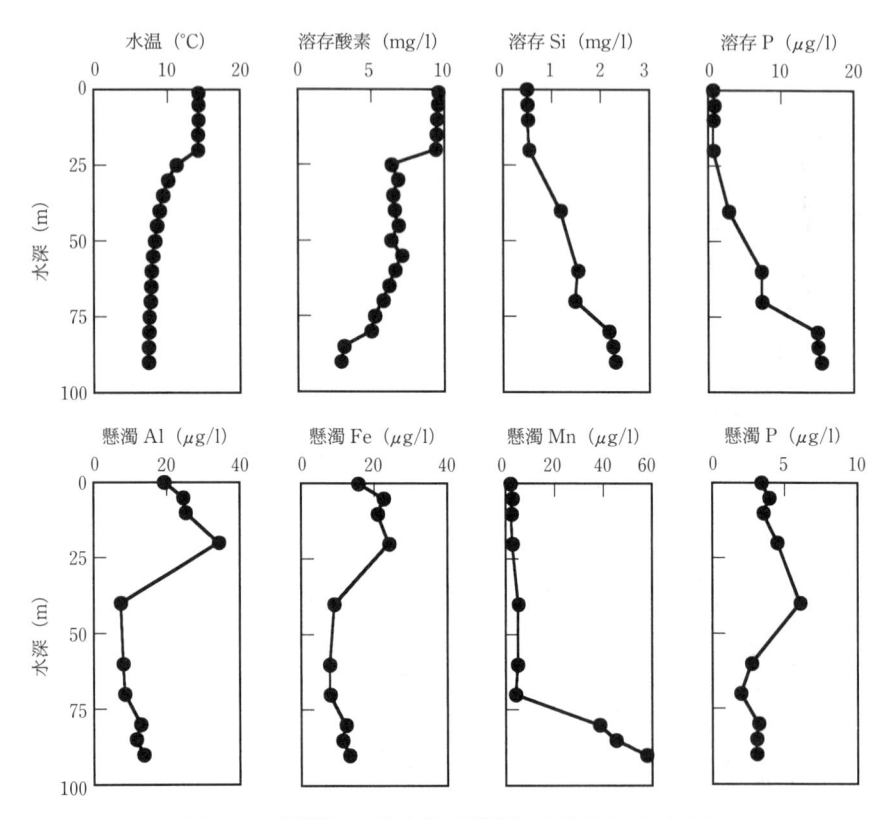

図 3-2-4　琵琶湖での溶存態と懸濁態の化学成分の鉛直分布
2002 年 11 月, 北湖, 水深約 95 m.

湖は上述の値の全てが琵琶湖のそれより極めて高く, 富栄養から過栄養の状態にあることが分かる.

撫仙湖では P や Org-C, N, ケイ素 (Si) の濃度が特徴的な鉛直分布を示す (図 3-2-2). 懸濁態の P や Org-C, N の濃度は, 表水層で高く水温躍層以深では急減する. この分布は Chl-a のそれと一致していて, 生物起源粒子の影響によりこのような分布が形成されていることが分かる (懸濁態 Si は珪藻量の指標でもあるが, 地殻起源粒子の主成分でもあるので, 多量に存在する同粒子により生物起源 Si の分布が隠蔽されてしまい, P のような鉛直分布を示さない). 一方, 溶

存の P と Si の鉛直分布は懸濁態のそれとは全く対照的である．これらの濃度は表層から水深 50 m までは涸渇しているが，それ以深では深さとともに急増する．こうした分布は，［生物による表水層での有機物粒子の生産］／［表水層から深水層に向けての有機物粒子の沈降］／［深水層での有機物粒子の分解］に伴って，表水層では［生物による溶存栄養成分の取り込み］と［懸濁態栄養成分の増加］，深水層では［有機物粒子からの栄養成分の溶解］と［溶存栄養成分の増加］が起こっていることを示している．このような栄養成分の分布は海洋外洋域では一般的なものである．水深や底層水の滞留時間に海洋とは大きな違いのある撫仙湖でも，同様の生物地球化学的過程が進行していることが分かる．

撫仙湖での溶存 P・Si の分布と同様の分布は，琵琶湖でも観測される．しかし，懸濁態 P の分布には，撫仙湖のような特徴ははっきりとは見られない（図 3-2-4）．撫仙湖に比べ琵琶湖では懸濁態 P の分布に対する地殻起源粒子の影響が強いためと考えられる．

4 懸濁粒子中の C：N：P 比と生物生産制限元素

懸濁態の Org-C と N は，殆ど全て生物粒子によるものであると仮定するなら，生物起源の懸濁態 P 濃度が分かれば，生物粒子中の C：N：P 比が求められる．C：N：P 比から，水域における生物生産の制限元素が P であるか N であるかを判定できる．

生物起源の懸濁態 P 濃度は，次式を用いて全懸濁態濃度から地殻起源粒子による寄与を除くことによって見積もった．

$$P_{Bio} = P_T - (C_P/C_{Al}) \times Al_T \tag{3-2-1}$$

ここで P_{Bio} は生物起源の懸濁態 P 濃度（mol/l），P_T は全懸濁態 P 濃度（mol/l），C_P/C_{Al} は地殻起源粒子中での P と Al の存在比（mol/mol），Al_T は全懸濁態 Al 濃度（mol/l）である．Al_T は地殻起源粒子量の指標として用いられた．これは，pH が中性の天然水中で Al は化学的にも生物学的にも反応性が

表3-2-3 懸濁粒子中でのC：N：P比 (mol/mol)

湖	採水時	地点	水深 (m)	Chl-a (μg/l)	C/N	C/P	N/P
撫仙湖	2001年6月	F2	0	3.1	6.4	298	46
		F7	10	5.1	6.5	185	29
		LSP*		−	10.1	286	28
	2002年3月	F2	0	4.5	4.5	96	21
	2002年7月	F2	13	2.5	5.7	165	29
		F7	11	2.8	5.9	152	26
星雲湖	2001年6月	XT	0	62.8	7.8	247	32
	Redfield比				6.6	106	16

*LSP：孔径25μmのプランクトンネットを用いて採取した水深0〜30mに存在する表層の大型懸濁粒子．
F2：最深点，F7：湖南部．"−"はその成分が測定されていないことを示す．

乏しく，水中での溶解や沈殿生成が起こりにくいとされるからである．C_P/C_{Al}は地殻起源粒子の主要供給経路である流入河川水に含まれる懸濁粒子中でのP/Al比の測定値のうち，最も低い値（撫仙湖：7.76×10^{-3}mol/mol，星雲湖：5.96×10^{-3}mol/mol）とした．河川懸濁粒子にもいくらかの生物起源粒子が含まれていたために，この措置を取った．こうして求めたP_{Bio}濃度は表水層中では全P濃度の90％以上を占め，同層での懸濁態Pは殆ど生物粒子によっていることを示していた．

算出したP_{Bio}濃度を用いて，懸濁生物粒子中のC：N：P比を求めた．採水日と，採水地点ごとに最大のChl-a濃度を与えた水深におけるその値を表3-2-3に示した．Redfieldほか（1963）によれば，栄養塩の分布から求めた外洋域での植物プランクトン中の平均C：N：P比は106：16：1とされる．表3-2-3の結果をみると，Redfield比との差はどの試料でも，C/N比よりC/P比，N/P比のほうが大きい．この傾向は，プランクトンネットで採取した表層の大型懸濁粒子（LSP）についても同様である．このことから，撫仙湖や星雲湖の生物生産はPによって制限されていることが分かる．

5 微量金属元素の化学動態

溶存の微量金属元素の濃度は極めて低いために測定が困難で,現時点ではまだその分布を明らかにできていない.しかし,懸濁態元素の分布からは興味深い結果が得られている.

撫仙湖での懸濁態金属元素の鉛直分布を見ると,Al,鉄 (Fe),Mg,チタン (Ti) は互いによく似た分布にある (図 3-2-2).これは Al,Fe,Mg,Ti の分布が主に地殻起源粒子の影響を受けているためである.一方,マンガン (Mn) の分布はこれらの元素とは全く異なった傾向を示す.Mn 濃度は表水層で低く,深水層では水深とともに増加し,湖底付近では表層の約 10 倍の値を示した.同様の分布は他の調査時にも観測された.図 3-2-5 は 2001 年 6 月の調査結果を示している.ここでも深水層での Mn の分布は Al とは明らかに異なっている.このような分布は,湖底堆積物からの Mn の還元溶出と底層水中での再酸化析出に起因している.図 3-2-5 の溶存酸素濃度の分布に示されているように,底層での溶存酸素は表層の 30% 程度でしかなく,湖底付近は弱酸化的になっている.このことが堆積物からの Mn の還元溶出を引き起こしている.

撫仙湖と同様の Mn の分布は,琵琶湖でも停滞期末期に観測される (図

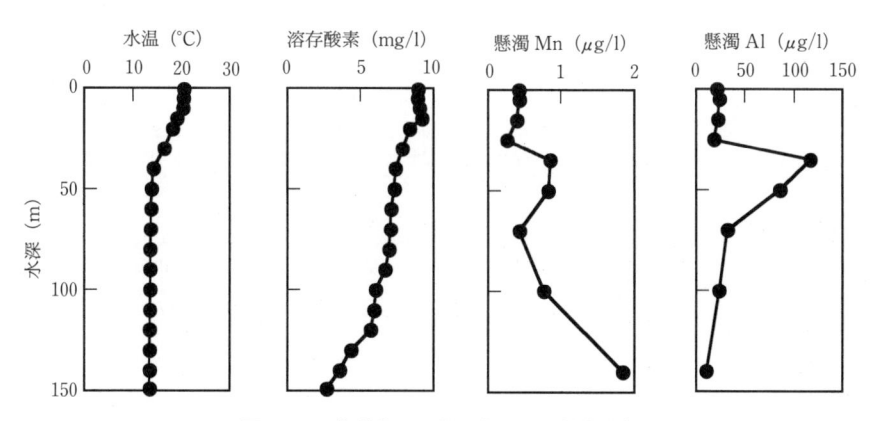

図 3-2-5 撫仙湖での懸濁態 Mn の鉛直分布
2001 年 6 月,F 2 地点 (最深点).

3-2-4). しかし, 琵琶湖底層での濃度は, 撫仙湖に比べてはるかに高い. 2つの湖における堆積物中の Mn 濃度・湖底付近の酸化還元環境・懸濁粒子の沈降や底層水の流動機構の違いが, 影響していると考えられる.

6 粒子の沈降と物質輸送

セジメントトラップ（沈降粒子捕集）実験により求めた撫仙湖 F 7 地点（水深：約 70 m）の湖面からの水深 30 m における沈降粒子束を表 3-2-4 に示した. 全粒子束（乾燥重量）とその有機物画分（灼熱減量）の 3 月の値が, 他の月に比べて高い傾向にある. Chl-a とフェオ色素（Pheo）の粒子束も 3 月に高く, 生物起源粒子の沈降が活発であることが分かる. これに伴って, 栄養塩の P や N の粒子束も高い値にある. Org-C は 6 月と 3 月はよく似た値を示すが,

表3-2-4 撫仙湖と琵琶湖における沈降粒子束（mg/m²/日）

捕集日	Mn	Fe	Mg	Cu	Ti	Al	Ca
2001年6月16日	0.472	24.7	8.20	0.798	3.11	38.5	18.1
2002年3月7日	1.21	23.2	7.13	0.192	4.22	34.5	16.6
2002年7月24日	0.571	19.5	8.26	0.052	2.96	31.5	117
平均	0.750	22.5	7.86	0.347	3.43	34.8	50.7
琵琶湖年平均	4.51	33.5	6.34	0.054	2.48	53.2	5.51

捕集日	Ba	Zn	Sr	P	Na	K	Si
2001年6月16日	0.105	0.931	0.009	1.63	−	−	85.2
2002年3月7日	0.254	0.431	0.052	3.15	1.78	9.89	155
2002年7月24日	0.304	0.322	0.126	1.37	0.663	3.80	78.9
平均	0.221	0.561	0.062	2.05	1.22	6.85	106
琵琶湖年平均	0.460	0.153	0.057	2.17	5.24	17.6	401

捕集日	N	T-C	Org-C	乾燥重量	灼熱減量	Chl-a	フェオ色素
2001年6月16日	18.3	143	113	713	285	1.3	0.3
2002年3月7日	21.9	157	118	904	420	1.8	1.2
2002年7月24日	15.8	143	68.1	892	357	0.4	0.7
平均	18.6	147	99.5	836	354	1.2	0.7
琵琶湖年平均	13.4	101	−	1401	298	0.4	1.7

"−" はその成分が測定されていないことを示す.

7月のそれは，6月・3月の約60％でしかない．夏季停滞期には表層での生物生産が活発になるが，これに対応して有機物の分解も盛んとなるので，有機物の沈降量は表層での生産量ほどには増加しない．一方，冬季循環期では湖水の鉛直移流が起こるので，下方への物質輸送量が増加する．したがって，これらのことにより3月に生物起源粒子の沈降量が増加したものと考えられる．琵琶湖でも同様の季節変化が見られる．

月別の沈降粒子束の比較で注目されるのは，7月のCaの粒子束が極めて高いことである．T-CとOrg-Cとの差として求められるInorg-Cの粒子束も7月の値が高い．図3-2-2に示した懸濁態Caの濃度も7月の値が最も高い．生物生産の増大とpHの上昇に伴うCaCO₃沈殿の生成によるものと考えられる．しかし，Inorg-Cの増加をすべてCaCO₃によるものと考えることには疑問が残る．7月のCaの粒子束は117 mg/m²/日（2.92 mmol/m²/日），Inorg-Cのそれは74.5 mg/m²/日（6.21 mmol/m²/日）である．これらの粒子束が全てCaCO₃に起因するものであるとすると，粒子束のCaとInorg-Cのモル比がCaCO₃のそれに一致しない．懸濁態のCaとInorg-Cの値についてもCaのモル量はInorg-Cのそれよりもかなり小さい．これらのことは7月だけでなく全ての観測時について同様である．撫仙湖の物質動態に対して，CaCO₃が重要な働きをしていることは確実であるが，CaやInorg-Cの存在形態について，今後更に詳細な検討が必要とされる．

SiとMnの粒子束は3月に高い値を示した．Siの増加については，地殻起源粒子あるいは珪藻の寄与によるものと考えられる．しかし，Siと同じように地殻起源粒子の主成分であるAlやFeには粒子束に目立った増加は見られない．このため，珪藻の沈降が影響していると思われる．これを明らかにするには植物プランクトン数の計数や生物画分Siの測定が必要とされる．Mnの粒子束の増加には，底層に蓄積した懸濁態Mnが湖水の冬季部分循環によって上層にもたらされることが影響していると考えられる．

表3-2-4には琵琶湖北湖（水深約75 m, Ie-1地点）の湖面からの水深30 mで測定した沈降粒子束も示してある．2つの湖の粒子束を比較して注目されることは，全粒子束（乾燥重量）は琵琶湖での値が大きいが，Org-C（琵琶湖の

場合 T-C を Org-C とみなして構わない）や灼熱減量にはあまり差はないことである．撫仙湖（表面積：212 km²，容積：192×10⁸m³，湖水滞留時間：139年（湖外流出水量から算出），最大水深：157 m，平均水深：90 m，集水域面積：1053 km²）と琵琶湖（表面積：670 km²，容積：281×10⁸m³，湖水滞留時間：5.8年，最大水深：104 m，平均水深：43 m，集水域面積：3174 km²）の諸元を比べると，琵琶湖のほうが容積に対する集水域面積の比が大きく，湖水の滞留時間は短い．平均水深も浅い．このため，琵琶湖は撫仙湖に比べて，集水域からの流入物質の影響をより強く受ける．したがって，地殻起源粒子の付加が多く，全粒子束が高くなっていると考えられる．地殻起源粒子の主成分である Al, Fe の粒子束が大きいのもこのことによっている．また，Na, K の値が高いのは，琵琶湖の集水域に火成岩地帯が多いことを反映していると考えられる．一方，Org-C や灼熱減量，N, P などの生物活動関連成分の粒子束に 2 つの湖で大差がないのは，湖がともに中栄養のレベルにあり生物生産量にあまり違いがないためと考えられる．琵琶湖での Si の粒子束が撫仙湖でのそれの 2 倍以上の値を示すのは，地殻起源粒子に加えて，琵琶湖では珪藻がしばしば優占植物プランクトンとなることが影響していると推測される．Inorg-C と Ca の値が撫仙湖で大きく，Mn の粒子束は琵琶湖で高い．この理由はすでに述べた通りである．

7 粒子の堆積と分解

堆積物中の濃度と沈降粒子束の値から，化学成分ごとの堆積速度が算出される．前述のように，pH が中性近傍の水域では，懸濁態 Al は生物地球化学的に不活性である．沈降の途中で粒子束が変化せず，水平方向への粒子の移動と粒子束の季節変動が無視できるとするならば，Al の沈降粒子束は，そのまま湖底への堆積速度と考えてよい．したがって，ある化学成分 M の湖底への堆積速度 S_M （g/m²/年）は，堆積物中でのその成分の濃度 C_M （g/g），堆積物中での Al の濃度 C_{Al} （g/g），Al の沈降粒子束 F_{Al} （g/m²/年）から

$$S_M = (C_M/C_{Al}) \times F_{Al} \qquad (3\text{-}2\text{-}2)$$

の式によって求められる．撫仙湖 F7 地点での堆積物中の化学成分の濃度と堆積速度を，琵琶湖 Ie-1 地点での値とともに表 3-2-5 に示した．

全堆積速度（乾燥重量）は 207 g/m²/年の値にあった．これを構成する成分の中で最大の堆積速度を持つものは Si であり，次に Fe と Al が続く．これらは地殻起源粒子の主成分である．このことは，沈降粒子束では生物起源の Org-C の値が高かったことと対照的であり，湖底への沈降の途中や堆積の後に，生物起源粒子の分解が起こっていることを表わしている．こうした沈降途中や堆積後における変成の度合いは，堆積速度/沈降粒子束の比によって見積もられる（表 3-2-5）．生物起源粒子の寄与が大きい N や Org-C の値は 0.07～0.10 で，全粒子（乾燥重量）での値 0.678 に比べて格段に低い．P は N

表3-2-5 撫仙湖と琵琶湖における堆積速度

		Mn	Fe	Mg	Cu	Ti	Al
撫仙湖	堆積物中の濃度 (mg/g)	2.41	76.9	11.3	0.094	8.50	61.4
	堆積速度 (g/m²/年)	0.499	15.9	2.34	0.020	1.76	12.7
	堆積速度/沈降粒子束	1.82	1.94	0.815	0.154	1.40	1.00
琵琶湖	堆積物中の濃度 (mg/g)	8.76	47.1	6.76	0.047	2.87	58.2
	堆積速度 (g/m²/年)	2.92	15.7	2.26	0.016	0.958	19.4
	堆積速度/沈降粒子束	1.78	1.28	0.974	0.794	1.06	1.00

		Ca	Ba	Zn	Sr	P	Na
撫仙湖	堆積物中の濃度 (mg/g)	48.6	0.516	0.147	0.113	1.90	―
	堆積速度 (g/m²/年)	10.1	0.107	0.030	0.023	0.392	―
	堆積速度/沈降粒子束	0.544	1.325	0.148	1.03	0.525	―
琵琶湖	堆積物中の濃度 (mg/g)	3.73	0.567	0.158	0.051	1.97	6.17
	堆積速度 (g/m²/年)	1.24	0.189	0.053	0.017	0.656	2.06
	堆積速度/沈降粒子束	0.618	1.128	0.974	0.817	0.828	1.08

		K	Si	N	T-C	Org-C	乾燥重量
撫仙湖	堆積物中の濃度 (mg/g)	―	193	2.38	33.2	18.0	1000
	堆積速度 (g/m²/年)	―	40.0	0.492	6.86	3.72	207
	堆積速度/沈降粒子束	―	1.03	0.072	0.128	0.102	0.678
琵琶湖	堆積物中の濃度 (mg/g)	13.9	132	4.54	39.8	―	1000
	堆積速度 (g/m²/年)	4.65	44.1	1.51	13.3	―	334
	堆積速度/沈降粒子束	0.725	0.324	0.311	0.359	―	0.652

"―" はその成分が測定されていないことを示す．

やOrg-Cに比べれば高いが，全粒子のそれよりは小さく分解が進行しやすいことが分かる．一方，MnやFeは1.8〜1.9の値にあり，沈降途中や堆積後に粒子態の付加が起こることを示している．前述した底層水中でのMnの再酸化・沈殿生成や堆積後の続成作用による堆積層内部から表面に向けてのMnとFeの移送・蓄積が起こっているためと考えられる．

撫仙湖の堆積速度を琵琶湖の値と比較するなら，湖の物質動態に対して，$CaCO_3$沈殿が重要な働きを持つ撫仙湖の特徴が分かる．地殻起源のAlの堆積速度は撫仙湖の値が琵琶湖より小さいが，Caの堆積速度は撫仙湖の値が琵琶湖のそれの約8倍にあたる．撫仙湖では$CaCO_3$の堆積量が琵琶湖より格段に大きいことが分かる．しかし，堆積速度/沈降粒子束は0.544であることから，表層で生成した$CaCO_3$沈殿も沈降途中や堆積後に溶解していると推測される．Org-CやNについてみると，沈降粒子束は2つの湖でほぼ同じであるのに，堆積速度は撫仙湖の値が格段に小さい．Pについても同様である．生物起源粒子の分解は撫仙湖が卓越していることが分かる．これは堆積速度/沈降粒子束の値にも見て取れる．この特徴は視点を変えるなら，堆積物中へのC，N，Pの保持能力は撫仙湖よりも琵琶湖のほうが優れていることになる．生物起源粒子の続成作用について詳しい比較研究が望まれる．

文献

Redfield, A. C., B. H. Ketchum et al. (1963): The influence of organisms on the composition of sea water. The Sea, Vol. 2: 26-77, Interscience, New York.

Whitmore, T. J., M. Brenner et al. (1997): Water quality and sediment geochemistry in lakes of Yunnan Province, southern China. Environmental Geology, 32: 45-55.

(杉山雅人，宋　学良)

(2) 雲南高原湖沼の有機物特性

1 湖の有機物

　湖沼の水中には粒子状または溶解した形（コロイドを含む）で有機物が存在する．粒子状有機物の多くは植物プランクトンやバクテリアをはじめとする微細生物である．植物プランクトンが湖沼の富栄養化によって増殖するため，湖水中の有機物濃度は富栄養化の指標として考えられることが多い．しかし実際には，湖水中の有機物には生物以外のもの，すなわち生物の遺骸やその破片，陸域からの土壌や植生由来の有機物が存在しており，むしろそれらの方が量としては多い．湖水中に溶解している有機物は溶存有機物と呼ばれ，粒子状有機物より3～11倍ほど濃度が高い（Wetzel, 2001）．本節では，富栄養化指標としての有機物に限らず，湖水中の有機物全般の視点から考える．

　湖沼における有機物の流れは，おおよそ次のようなバランスで考えられている（Lerman, 1978）．

$$I+P \approx R+E \tag{3-2-3}$$

I：湖外からの有機物の流入，E：湖外への有機物の流出，P：湖内の光合成生産，R：湖内の従属栄養的呼吸（有機物の分解）

　湖沼の有機物には，湖内の光合成生産による有機物と陸域から河川などを通じて流入する有機物があり，その割合が湖沼の生態系や水質へ影響を及ぼす．湖内の光合成で生産される有機物は，その多くが湖内の微生物などによって速やかに代謝消費されることにより湖内の生態系を支えている．一方，陸域より運ばれる溶存有機物には，土壌や植生に由来するフミン物質と呼ばれる有色（黄色や褐色など）で複雑な化学構造をもつ有機物が多く含まれる．それは湖の透明度を下げる原因となるだけでなく，水中の微量金属や有害化学物質と相互作用をもつことから水質との関係が深い．また，貧栄養湖では，陸域，湿地な

どから運ばれる溶存有機物が，湖の従属栄養生物の活動を支えるエネルギーの源として湖の生態系を支えることがある．こうしたことから，陸域からの有機物の流入を把握することが，湖沼の水質や生態系の状態を判断する上で重要な情報であるといえる．

本節でははじめに，雲南省撫仙湖(フーシャンフー)の調査研究で明らかとなったこの湖の有機物の特性について報告する．次に東アジアという地域からみた撫仙湖の有機物の特徴について考察する．そして最後に雲南高原湖沼群のうち代表的な3湖沼（滇池(ディエンチ)，洱海(エルハイ)，撫仙湖）の湖水中の有機物の現状について紹介し，雲南高原湖沼の今後の課題について考える．

2 撫仙湖の有機物収支

撫仙湖は中国雲南省の海抜1721 mの高原にあり，湖面積212 km^2，平均水深90.1 mの構造湖である．湖の周囲を山に囲まれ，透明度が高く，青く美しい湖である．撫仙湖の上流には星雲湖(シンユンフー)という湖面積39.0 km^2，平均水深5.9 mの湖があり，撫仙湖と星雲湖は隔河という運河によって結ばれている．星雲湖の周囲には田園が広がり，湖水は農業用水・産業用水として用いられている．1980年代後半より星雲湖は，周囲での耕地の増加，産業排水や都市・集落からの栄養塩負荷や有機汚濁負荷により富栄養化しており，アオコの発生が見られる（Jin, 1995）．

撫仙湖水に含まれる有機物がどこからきたものかを明らかにするため，2000年11月及び2001年6月，11月に，撫仙湖・星雲湖及び集水域河川の有機物を調査した．湖水・河川水を採取し，水中の有機炭素を懸濁態，溶存態に分離して冷凍保存により日本へ持ち帰った後，有機炭素量の測定および蛍光分析を行った．また，2001年6月と11月の調査では，撫仙湖と星雲湖の光合成生産速度を^{13}C添加法[1]により推定した（Hayakawaほか, 2002）．

撫仙湖，星雲湖および周囲の河川の全有機炭素（TOC，＝懸濁態有機炭素＋溶存有機炭素）濃度を図3-2-6に示す．撫仙湖に比べ，星雲湖ではTOC濃度が7倍ほどあり，隔河を通して星雲湖水が撫仙湖へ流入することは，撫仙湖に

とって有機汚濁負荷となっている。集水域の河川もすべて撫仙湖よりTOC濃度が高く、湖にとって負荷となっている。調査した河川のうち、流域に比較的集落が少ない西河上流、尖山河はTOC濃度が低いのに対して、集落や都市部を通過する他の河川はTOC濃度が1〜7 mgC/l程度高く、それらの河川は生活排水・産業排水によって有機汚濁していると考えられた。

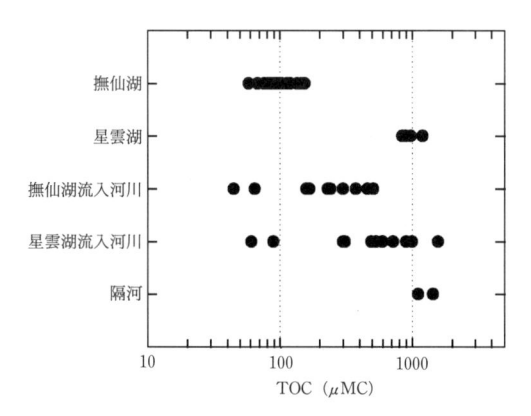

図3-2-6 撫仙湖、星雲湖及びその流入河川のTOC濃度

 2001年6月に24時間で測定した光合成による有機物生産量(有光層内の積算値)は、撫仙湖中央で415 mgC/m²/日、南側の星雲湖中央で1960 mgC/m²/日であった。南京地理与湖泊研究所(1990)は、1980年5月の撫仙湖の光合成生産量が、168.8 mgC/m²/日であったことを報告している。それぞれ1度の測定データであり単純に比較することは根拠として弱いが、それでも2001年6月の光合成生産量は1980年の2.5倍ぐらいあり、撫仙湖の光合成生産がこの20年間で増加している可能性を示唆する。

 湖の有機物に占める湖内生産と外部からの負荷の割合を算出するため、調査結果をもとに撫仙湖の有機炭素の収支を概算した(Hayakawaほか、2002)。光合成生産量以外の算出は、南京地理与湖泊研究所(1990)にまとめられた撫仙湖の水収支を用い、水収支に有機炭素濃度をかけて年間の有機炭素収支を求めた(表3-2-6)。概算した有機炭素収支では、全体の有機炭素負荷のうち93%が湖内生産によって占められていた。河川からの有機物負荷量は全体の7%にすぎず、さらにそのうちの約8割が隔河を通して星雲湖から流入するものであった。よって、水中の有機物のほとんどが湖内で作られた有機物といえる。

表3-2-6 撫仙湖の有機炭素収支（Hayakawa ほか，2002）

生産・流入	有機炭素（tC/年）	%	消失・流出	有機炭素（tC/年）
光合成生産	23539	93	分解・堆積	ND
河川流入	362	1	河川流出	183
隔河流入	1403	6	農業・産業利水	35
計	25304	100	計	ND

ND：未測定．
本表の計算に用いた水収支値は本文中に述べているように，南京地理与湖泊研究所（1990）にまとめられた値を用いている．この水収支は，主に1959～79年の降水量及び流出河川水量，その他原単位による試算に基づく．よって，精度が十分であるとはいえないことと，気候変動その他の要因により修正される可能性がある．

光合成で作られる有機物とは，微生物を構成する粒子状の生体有機物であり，その多くは生体内の呼吸もしくは従属栄養生物の分解により最終的には無機化（二酸化炭素）される．Sugiyama ほか（2002）は，セジメントトラップによって沈降粒子の有機炭素量を測定していて，湖面からの水深 30 m の沈降有機炭素量が光合成生産の 27%（113 mgC/m²/日）に相当していた（表3-2-4参照）．そのため，光合成生産の約 7 割は表層にとどまり，その多くが無機化していると考えられる．これは撫仙湖だけの特別なことではなく，琵琶湖でも同様に沈降フラックスが光合成生産の 20% 程度であることが報告されている（Yoshimizu ほか，2001）．

3 撫仙湖の溶存有機物特性

光合成生産有機物が呼吸などにより無機化される以外には，一部が溶存化して溶存有機物となる．陸域からの有機物の多くは溶存有機物であり，透明度や化学物質との相互作用の観点から，溶存有機物がどのような特性をもっているかを知る必要がある．

溶存有機物の化学的な構造や性質は現代化学でもまだ不明な点が多いが，全体の性質を把握する手法の一つに光学的手法（紫外可視吸収，蛍光分析）がある．特に溶存有機物は蛍光をもつことが知られていて，励起・蛍光スペクトルからその性質を把握することができる．最近は機器の進歩により，連続的に励

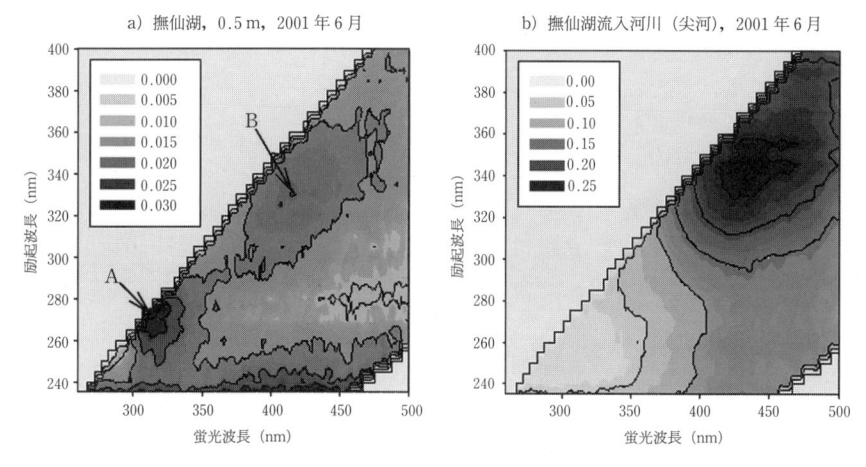

図 3-2-7 撫仙湖水と流入河川水の三次元蛍光スペクトル

起波長を与え，それぞれの波長で生じる蛍光スペクトルを測定する三次元励起・蛍光光度法（三次元蛍光）が用いられている（Cobleほか，1990）．溶存有機物がもつ蛍光スペクトルには，フミン物質やタンパク質に由来する数種類の蛍光シグナルがあり，シグナルの有無で溶存有機物の特徴について把握できる（Senesiほか，1991）．

撫仙湖水の溶存有機物の三次元蛍光を測定した結果，図 3-2-7 a にみられるようなスペクトルが得られた（Hayakawaほか，2004）．湖水の蛍光スペクトルには2つの山が見られ，Ex/Em 280-290nm/330-350nm 付近に1つ，Ex/Em 330-340/420-440nm に大きな山が見られる．前者をピーク A，後者をピーク B とした．Coble（1996）がまとめる三次元蛍光特性と比較して，前者のピークシグナルはタンパク質に由来する蛍光，後者のピークシグナルはフミン物質に由来する蛍光と一致した．撫仙湖周辺の河川水では，タンパク質の蛍光が見られないか存在していても非常に弱いものであった（図 3-2-7b）．湖水や河川水中の溶存有機物の蛍光特性は，溶存有機炭素（DOC）とそれぞれの蛍光ピークの関係をみるとはっきりする．湖水中の DOC 濃度と三次元蛍光ピーク A の蛍光強度の間にはよい相関が見られた（図 3-2-8 a）．湖水中の溶存有機物の主成分はタンパク質に関係が深いと考えられる．溶存有機物は非生物体であるけ

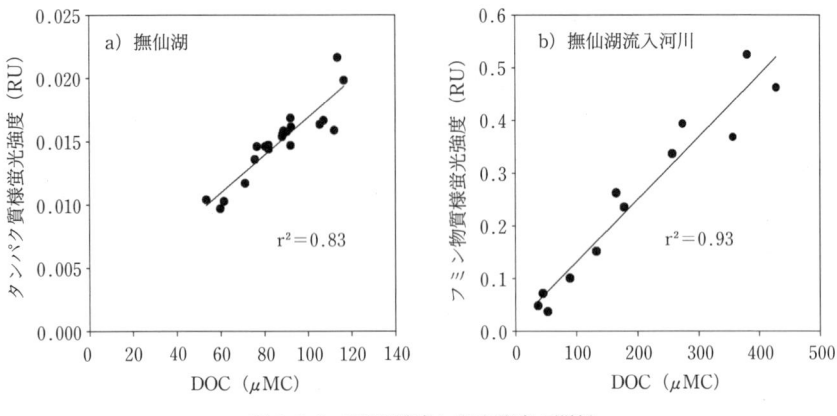

図 3-2-8　DOC 濃度と蛍光強度の関係
a）撫仙湖水の DOC とタンパク質様蛍光強度の関係．
b）撫仙湖流入河川水の DOC とフミン物質様蛍光強度の関係．

れども，その主成分がタンパク質と関係があることは，微生物に由来する生物の分泌物，遺骸や破片の溶解物であると推定される．一方，河川水では DOC 濃度と蛍光ピーク B の蛍光強度によい相関が見られた（図 3-2-8 b）．蛍光ピーク B のフミン物質は，土壌や植生に由来し陸域起源の有機物に多いため，河川水中の溶存有機物は陸域のフミン物質がその主成分であると考えられる．湖水中に蛍光ピーク B が見られたことは，フミン物質が湖水中に含まれていることを示している．ただし，フミン物質は湖内でも生成されることがあるため，すべてが陸域起源であるかどうかはわからない．仮定として湖水中のピーク B がすべて陸域のフミン物質であるという前提をおくと，河川水のピーク B の蛍光強度と DOC の比率から撫仙湖水中のピーク B 強度を用いて湖水中に含まれる陸域起源有機物の割合を計算できる．湖内での蛍光ピーク B と DOC の関係性は微生物と光分解作用により変化するので，その部分を実験的に求めなければならないが（Hayakawa ほか，2004），最終的な結果として，溶存有機物に占める陸域の有機物の割合は平均 10.4％と計算された．湖内生成性フミン物質が存在すれば，それは陸域フミン物質の寄与を下げる方向にあるので，この試算値を最大値とみなすことができる．すなわち，湖水の蛍光スペクトルから得られる結論としては，溶存有機物においても湖内生物生産に由来す

るものが卓越しており，陸域からの有機物の寄与は小さいといえる．

ここまで，撫仙湖の有機物の特性について述べてきたが，調査研究の結果，有機炭素収支からも溶存有機物の特性からも撫仙湖は湖内で作られた有機物に富んだ湖であることが明らかとなった．

4 東アジア大湖沼の溶存有機物

撫仙湖の有機物の特徴について，有機炭素収支，溶存有機物の特徴の2点から眺めてきたが，撫仙湖の有機物はその多くが湖内で作られた有機物によるものであることがわかった．しかし，Wetzel (2001) によると，貧・中栄養の大きな湖では一般に湖内生成性の有機物と湖外からの流入有機物量を比較したとき，湖内生成性の有機物が多い傾向があるとしている．そこで，撫仙湖の特性をより明らかにするため，撫仙湖と他のアジアの大きな湖沼と比較する．比較にあたって，湖沼の水質は基本的に水深が浅いか深いかによって大きく異なるため，ここでは撫仙湖クラスまたはそれ以上の水深が深く，湖面積も大きな湖沼に限定した．表3-2-7にアジアにある4つの大湖沼における湖水DOC，蛍光強度のデータを示し，有機物と湖沼の関係を考えるため，地形や水中の化学・生物パラメータの情報を加えた．

DOC濃度は，一般に地下水で50 μmolC/l程度，腐植栄養湖で最大2500 μmolC/l程度の値をとりうるが（Wetzel, 2001），4つの湖のDOC濃度はそのようなバリエーションはなく，各湖間での濃度差は60～180 μmolC/lである．このことは，大湖沼（貧・中栄養湖）のDOC濃度の特徴といえるかもしれない．

DOC濃度及び蛍光強度と表に示したパラメータの間にデータ数が少ないことから統計的に有意な関係は存在しなかったが，おしなべて4つの湖の中で，琵琶湖と撫仙湖のDOC濃度および蛍光強度が他の2つに比べ高かった．この理由としては2つのことが考えられる．1つめとして，琵琶湖や撫仙湖が他の2つに比べクロロフィル濃度が高いことから，湖内生物の高い生産性がDOC濃度を高くしていると考えられる．その高い生産性は比較的豊富に存在する窒

表3-2-7 東アジア大湖沼のDOCと蛍光強度の比較

湖	フブスグル湖 (モンゴル)	バイカル湖 (ロシア)	撫仙湖 (中国)	琵琶湖 (日本)
〈溶存有機物成分〉				
DOC（μMC）	91-95	88-114	61-118	75-164
フミン物質様蛍光強度（10^{-2}RU） Ex/Em 340-350nm/420-440nm	0.50-0.77	1.0-4.5	1.8-3.6	3.2-4.8
〈地形〉				
湖面海抜高度 (m)	1645	454	1721	85
最大水深 (m)	262	1620	157	104
湖面積 (km²), A_o	2770	31500	212	670
集水域面積 (km²), A_d	4940	560000	1053	3174
A_d/A_o	2	18	5	5
水の滞留時間（年）	129	328	139	5.8
〈化学成分〉				
Ca^{2+} (mg/l)	20	15	27	11
Mg^{2+} (mg/l)	9	4	24	1.9
NO_3^--N (μg/l)	5-25	10-80	(100-210)*	40-200
$PO_4^{3-}-P$ (μg/l)	0.5-2	0.5-0.6	(0.1-6)*	0-0.6
〈生物〉				
Chl-a (μg/l)	0.2-0.9	0.2-2	1-5	5-10

＊：全窒素,全リン.
Hayakawaほか (2003);ILEC (1993);宋私信,熊谷私信より作成.
滞留時間は,湖水容積を湖外流出水量で割った値としている.撫仙湖の滞留時間を計算するための流出水量は,南京地理与湖泊研究所 (1990) による流出河川（海口）の1959～79年の平均値と灌漑と工業利水による純支出（統計資料より試算）を用いた.

素やリンによって支えられている.また,琵琶湖や撫仙湖では他の2つに比べ水温が高いことも生産性に関係があるかもしれない.もう1つの理由は,琵琶湖や撫仙湖ではフミン物質,栄養塩濃度が高いことから,陸域起源の物質が豊富に運ばれる環境にあることが考えられる.湖水の栄養塩濃度が高いことは,湖外からの栄養塩供給が豊富であることを示しており,それは先に述べたように湖内の有機物生産を高い状態で維持することにつながる.また,フミン物質は湖内生成性,陸域起源の両者が考えられるが,特にフミン物質が陸域起源と仮定すれば,集水域からのフミン物質の供給が湖内の高い蛍光強度を支えているといえる.

以上のことは科学的に十分証明されていないが,湖沼の有機物量をつきつめ

ていくと湖の生物量，集水域環境，水循環と切り離すことができないものである（Rasmussen ほか，1989）ことは間違いない．それゆえ，撫仙湖や琵琶湖がアジアという地域で見れば有機物濃度の高い傾向にあり，その理由に活発な湖内生物生産や集水域からの豊富な物質輸送が関係していることは自然なことであるかもしれない．豊富な物質輸送とは，湖へ流入する水量が豊富ということであり，湖が存在する地域で降水量が多いことに起因する．これらを通じてみえてくるものは，東アジアモンスーン域での湖沼の特徴といえるのではないだろうか．すなわち，多雨である東アジアモンスーン域では集水域や湖内で活発な物質輸送があって，外来性有機物の流入や高い生物生産の維持があり，それらが湖水中の有機物濃度の上昇に結びついている．季節的な高温も湖内の生物生産を押し上げる方向に働くため，結果として湖水中の有機物濃度の上昇につながる．これらの因果関係は今後さらに詳しく調べる必要があるが，以上，アジアの巨大湖の比較から，東アジアモンスーンの湖の特徴と高温多雨な環境との関係性が見られた．

5 雲南湖沼の有機汚濁

撫仙湖の調査研究の結果，撫仙湖は湖内生成性の有機物に富む湖であり，それは東アジアモンスーン域の湖沼の特性であることが見えてきた．したがって，撫仙湖を代表とする雲南高原湖沼では，湖外からの有機物の影響よりも湖内での生物生産性を増加させる要因を重視して，湖の有機汚濁について検討する必要がある．ここに現在の雲南湖沼の現状について紹介する．

過去の資料に，雲南の3湖沼を比較したデータがある（南京地理与湖泊研究所ほか，1989，表3-2-8）が，中国では化学的酸素要求量（COD：Chemical

表3-2-8 雲南3湖沼の COD（南京地理与湖泊研究所ほか，1989）

湖沼	撫仙湖				洱海				滇池			
季節	春	夏	秋	冬	春	夏	秋	冬	春	夏	秋	冬
COD (mg/l)	1.29	3.05	1.15	0.47	2.17	2.12	1.91	2.26	5.69	7.22	5.35	3.88

表3-2-9 撫仙湖の透明度とCODの推移（Xi and Li, 2001）

	1980	1990	2000
透明度 (m)	7.9	7.1	5.37
COD (mg/l)	0.67	0.81	0.94

Oxygen Demand）によって有機物量が見積もられている。3湖沼のうちで，滇池は平均水深が5.0 mと最も浅く，植物プランクトン量が最も多いため，CODが高い．Jin (1995) によれば，滇池は1980年代に富栄養化が進んでおり，滇池の中で草海と呼ばれる特に浅い水域では1981年から1988年にかけてCODが1.6倍に増加した（約10 mg/lから16 mg/lへ）としている．洱海や撫仙湖でも程度の違いこそあれ，1980年代以降に湖の富栄養化が起こっていることが問題となっている．

撫仙湖の有機物について最新のデータ (Xi and Li, 2001) によると，過去から現在にかけてCODは増加傾向にあるものの，いまだ汚濁した状況には至っていない（表3-2-9)[2]．しかし，撫仙湖の上流に位置する星雲湖では，CODが12年間に1.6倍になっていて（3.2 mg/lから5.12 mg/lへ，Xi and Li, 2001)，星雲湖の栄養塩類の豊富な水が流れ込むことにより撫仙湖の富栄養化が懸念される．

以上，雲南高原湖沼の現状は富栄養化問題を抱えており，湖水のCODも富栄養化に応じて増加するものと考えられる．今後，富栄養化が進行すれば，事態はさらに深刻なものになりかねない．今日，温暖化などによる地球規模の気候変動が懸念されており，将来の気温や降水量の劇的な変化が心配される．それらは雲南高原湖沼にどのような影響をもたらすであろうか．本研究からは，気温や降水量の変化は湖の有機物と無関係であるとはいえない．例えば，水温の増加はますます生物生産性を上げることにつながる可能性があるが，降水量の変化によっては水の滞留時間が変わり，湖水中の有機物濃度が増減する可能性がある．いずれにせよ，東アジアモンスーン域の湖沼の有機物は，気候変動にも敏感に反応する可能性があり，今後も見守っていく必要があるだろう．

注

1) 植物プランクトンの光合成生産速度を測定するための一手法．炭素の安定同位体（^{13}C）で標識した炭酸水素ナトリウムを培養瓶に添加して，植物プランクトンがそれを取り込

む量を計測する.
2) 表3-2-8 と表3-2-9 では,1980年の撫仙湖水のCOD 値が一致していない.分析方法の違いによる値の違いであると想像されるが,どちらの出典にも詳しい分析方法が書かれておらず,著者には真偽を判断する材料がないため,文献値をそのまま引用した.

文献

Coble, P. G., S. A. Green, N. V. Blough et al. (1990): Characterization of dissolved organic matter in the Black Sea by fluorescence spectroscopy. Nature, 29: 432-435.

Coble, P. G. (1996): Characterization of marine and terrestrial DOM in seawater using excitation-emission matrix spectroscopy. Marine Chemistry, 51: 325-346.

Hayakawa, K., M. Sakamoto, M. Kumagai et al. (2004): Fluorescence spectroscopy characterization of dissolved organic matter in the waters of Lake Fuxian and adjacent rivers, Yunnan, China. Limnology, 5: 155-163.

Hayakawa, K., M. Sakamoto, J. Murase et al. (2002): Distribution and dynamics of organic carbon in Lake Fuxian. Yunnan Geographic Environment Research, 14: 34-40.

Hayakawa, K., T. Sekino, T. Yoshioka et al. (2003): Dissolved organic carbon and fluorescent property of Lake Hovsgol: factors for reducing humic content in lake water. Limnology, 3: 25-33.

International Lake Environment Committee (ILEC) (1993): Data Book of World Lake Environments. A Survey of the State of World Lakes. 1. Asia and Oceania. Otsu Shigyo Photo Printing, Otsu, Japan.

Jin, X. (1995): Lake in China—Research of their environment. Vol. II. China Ocean Press, Beijing, China.

Lerman, A. (ed) (1978): Lakes, chemistry, geology, physics. Springer-Verlag, New York Inc.

南京地理与湖泊研究所 (1990):撫仙湖,中国海洋出版,北京,中国 (in Chinese)

南京地理与湖泊研究所,蘭州地質研究所ほか (1989):雲南断陥湖泊環境与沈積 Environments and Sedimentation of Fault lakes, Yunnan province. 科学出版社,北京,中国 (in Chinese)

Rasmussen, J. B., L. Godbout, M. Schallenberg (1989): The humic content of lake water and its relationship to watershed and lake morphometry. Limnology and Oceanography, 34: 1336-1343.

Senesi, N., T. M. Milano, M. R. Provenzano et al. (1991): Characterization, differentiation and classification of humic substances by fluorescence spectroscopy. Soil Science, 152: 259-271.

Sugiyama, M., J. Sasaki, H. Yoshida et al. (2002) : Chemical dynamics of Yunnan lakes in China described from the viewpoint of suspended and settling particles. Yunnan Geographic Environment Research, 14 : 20-33.

Xi, L. and W. Li (2001) : Analysis of tendency of eutrophication in the Fuxian Lake. An International Workshop on the Restoration and Management of Eutrophicated Lakes, Abstracts, 76-77.

Yoshimizu, C., T. Yoshida, M. Nakanishi et al. (2001) : Effects of Zooplankton on the sinking flux of organic carbon in Lake Biwa. Limnology, 2 : 37-43.

Wetzel, R. G. (2001) : Limnology. Lake and River Ecosystem, 3rd edition. Academic Press, San Diego, USA.

(早川和秀, 宋　学良)

3—3
流域環境の変化と湖沼

(1) 表土流出と湖内沈泥——農地を得る人々と湖の闘い

　雲南高原湖沼の集水域は，人為撹乱が世界で最も大きい生態系の一つである．この集水域では，数世紀にわたる人口増加，社会発達，急速な都市化の結果，湖沼の環境が悪化してきた．現在進みつつある地球温暖化も無視できない影響を湖沼に与えつつある．

　雲南高原に分布する浅い湖には，湖底堆積物中に鉄含量の高い赤色の粘土層があり，下層に位置する灰色粘土層と明瞭に区別できる．雲南高原集水域の土壌は赤色であるので，湖底堆積物中の赤色粘土層の層序[1]から，流域表土の流出と湖底への沈泥の経過を知ることが出来る．では，雲南流域では，いつごろから表土流出が始まり，いつごろそれが加速されたのであろうか．

　湖底堆積物には，湖内生物活動による内生堆積物と，湖外から運ばれてきた外来堆積物がある．内生堆積物は湖内生物活動で生産された生物体有機物と生物の殻などから成り，外来堆積物は集水域の土壌鉱物由来のアルミニウム (Al)，鉄 (Fe)，珪素 (Si)，カリウム (K)，ナトリウム (Na) を主成分とする．昆明の南 120 km にある杞麓湖（ジールーフー）（平均水深 4 m，湖面積 37 km²）から採取した長さ 11 m の柱状湖底堆積物試料 (Qc-1) を調べた結果，表 3-3-1 に示した 3 層に分けられた．

　Al, Fe, Si, K, Na など粘土鉱物元素を多く含む中層堆積物は，下層堆積物よりも鉄含量が高い．中層堆積物の平均堆積速度は 3.5 mm/年，133 mg/年で，下層堆積物の堆積速度より 5.6〜5.8 倍大きい．中層の鉄含量の高い赤色の堆積物（以下，多含鉄赤色粘土層と略す）は，集水域から表土流出があった証拠であり，人間による集水域の撹乱を暗示する．

表3-3-1 杞麓湖の柱状湖底堆積物試料（Qc-1）の層序

層	堆積物の深さ（m）	堆積物	²¹⁰Pb 推定年齢
上層	0-0.06	黒色有機泥	1983年
中層	0.06-0.85	多含鉄赤色粘土	250年前
下層	0.85-11	灰色粘土	

表3-3-2 多含鉄赤色粘土層の基底位置と年代

湖沼	深さ(m)	²¹⁰Pb 推定年齢
杞麓湖	0.85	250年前
星雲湖	1.60	550年前
滇池	0.85	680年前

杞麓湖の多含鉄赤色粘土層の基底部は、底泥表面から0.85mの深さにあり、²¹⁰Pbによる推定年齢で250年前であった。他の湖では、多含鉄赤色粘土層の基底の深さと、その深度の²¹⁰Pb推定年齢は、星雲湖の1.60m層の堆積物では約550年前、滇池の0.85m層の堆積物で約680年前であった（表3-3-2）。土地造成、森林伐採、湖底浚渫、湖内沈泥など人間による撹乱は、集水域の人口増加に伴い強まり、湖沼の変化が進んだ。しかし、この流入土砂の湖底堆積は湖内で進んだため、陸上からは気付かれることなく今日に至った。

現在、雲南省の人口は4000万人である。入手可能な最古の記録によると、雲南では、1382年から1902年までの500年間に、人口が1000万人増えた。その60年後の1963年までに1000万人増え、続く14年間でさらに1000万人、最近の19年間でさらに1000万人増え、今日に至っている。

過去の記録から考え、農地を得る人々の闘いは、数世紀前に始まったと判断される。現在は流出河川のない杞麓湖の東岸近くで、元王朝時代（1279～1368）の水だめが発見されており、元王朝後、湖底泥を堀って水位を下げ、土地を拡げたと推察される。しかし、明王朝時代（1368～1644）の終りになると、浚渫による水位変化は少なくなった。水位は海抜1797mでほぼ安定化し、造成湖堤の近くで集落が発達するようになった（Brennerほか、1991）。この浚渫による湖岸堤埋め立て工事の時期は、湖底堆積物記録にある堆積速度の大きくなった時期とほぼ一致している。

雲南南部の異龍湖は、湖面積31 km²、流域面積360 km²、湖容積1.2×10⁸

表3-3-3 滇池の湖面積，水深，湖容積の変化（Zhang，1987）

年	湖面積 km²	最大水深 m	平均水深 m	湖容積 10⁸m³
1957	330	6.00	4.55	13.65
1983	305	5.70	4.10	12
減少	−25	−0.30	−0.45	−1.65

m³ の湖である．過去200年の間，農地を拡げるための河川浚渫が進められた．1918年には湖水位は海抜1418 m，湖容積 3×10^8m³ であったが，この工事により，1952年に，湖水位は1416.8 m，湖容積は 2.1×10^8m³ に低下した．さらに1952〜82年の間に，湖水を灌漑に過剰に使用したため，水位が低下して乾燥化が進み，湖容積は79％減少した．1982年には湖容積はわずか 0.44×10^8m³ となった（Zhangほか，1987）．

記録によると，滇池では，元時代の1284年から1287年にかけて，洪水管理と農地を得るために河川浚渫が行われたため，水位が3 m低下し，50 km² が湖岸に露出した．元時代の浚渫時期は，堆積物の多含鉄赤色粘土層が堆積した年代とほぼ一致している．浚渫による農地拡張工事は，1950年代から1970年代まで続いた．杞麓湖では，1958年における灌漑による湖水摂取量は，年約 5×10^7m³ と従来より数倍大きくなった．このため，1957年に 1.72×10^8m³ あった湖水量は，1982年に 0.51×10^8m³ に減少した（Xiang，1989）．

滇池では，湖岸堤工事による土地拡張が1950年代から始まり，1970年代には，全湖面積の8％にあたる23.8 km² と，湖容積の 1.65×10^8m³ が減少した（表3-3-3）．以上のべたように，集水域の表土流出や湖内の泥堆積，湖岸浚渫は，湖容積を減少させるとともに富栄養化を促進する．このような陸上工事が富栄養化に及ぼす影響については，本書3—4節で論ずる．

注
1) 湖底堆積物は，機械的撹乱がないかぎり，生物遺骸や土砂が堆積年代順に積み重なった多層構造を持っている．この堆積層の積み重なりの順序を層序という．表層から堆積物の層序を調べることで，堆積年代における環境変化などを知ることができる．

文献

Brenner, M., Y. Dorsey et al. (1991) : Paleolimnology of Qilu Hu, Yunnan Province, China. Hydrobiologia, 214 : 333-340.

Zhang, J., Q. Yang et al. (1987) : Synthetic ecological consequence caused by nonrational use of Lake Dianchi resources. Scientific and Technical Press of Yunnan Province, Kunming, China.

Xiang, X. (1989) : Development History of Kunming City, Yunnan People Press.

(宋　学良，張　子雄，張　必書，和　樹庄)

(2) 水文地形環境の変動と人口及び土地利用形態の変化

1 はじめに

雲南高原はチベット高原の東縁部に位置し，その中心部の平均高度が約2000m，西北部は3000〜4000mとなり，チベット高原に連なっている．ここでの気候はアジアモンスーンと密接な関係がある．さらにこの地域はヒマラヤ・チベット高原を迂回する偏西風の流れの変化を鋭敏に感知しており，日本の気候変動とも密接な関係がある．

完新世に入って現在の気候システムが確立したと考えられているが，完新世でもいくつかの大きな気候変動が認められる．例えば，中世温暖期や小氷期である．現在，声高に叫ばれている地球温暖化問題は，この小氷期を終えた後の温暖期の現象であるから，人為的な問題を論じる際には，自然の推移に関する正確な認識が必要であることは当然である．雲南地域と日本は，地形条件や人為的な条件は異なるが，共通の気候変動の背景があり，さらに過去数千年は文書としていくつかの関連情報が残されている可能性がある．これらのことは，現在も含めた歴史時代の地球環境変動を論ずるには，極めて有利な条件である．

本節では気候変動が密接に関係する水文環境の変動と地形の変化（人為的な

土地利用形態の変化も含む),いわば水文地形環境の変動を,主として湖沼堆積物情報と流域情報に基づいて議論を進める(柏谷ほか,1988).過去1000～2000年が解析あるいは議論の対象であるが,その多くは資料の豊富な観測時代の現在および過去数十年を中心とする.

2 過去数千年の水文環境変動

中国では過去数千年間にのぼる記録が文書として残されているので,各種の記録から過去の環境変動の復元が試みられている(例えば,Chu, 1973).雲南省は中原から離れ,長らく蛮族の住む土地と考えられていたこともあり,中国中央部に比べれば現在のところ有効な資料は多くはない.特に,地表の物理環境の変動に密接な水文環境の記録に関しては,断片的なものが残されている可能性はあるが,連続的なものは他の手法(代替資料)によって復元する必要がある.陸域における代替資料として現在用いられているものは,樹木の年輪,氷のコア試料,湖沼堆積物等である.中でも湖沼堆積物には流域の物理環境のみならず,生物環境等も記録されていると考えられ,環境の記録計としての重要な役割を果たしている.本研究でもこの湖沼堆積物の記録を中心に議論を進める.

筆者らは1988年にチベット高原の中央部での湖沼・地形調査を開始したが(Kashiwayaほか,1991;1995a),1990年代にはチベット高原の東縁部の四川省・雲南省での湖沼・地形調査も進めてきた(例えば,Hyodoほか,1999).ここでは,これまでに得られた知見のいくつかをまとめて,過去数千年の水文環境の変動を推察する.本項で報告する湖沼―流域系は雲南高原中央部の洱海と程海(チェンハイ),北部の四川省との境界にある瀘沽湖(ルーグーフー)である.それぞれを図3-3-1 (a, b, c) に示す.ここでは連続的な観測資料は入手できなかったが,近傍の約過去10年間の平均的な月降水量を図3-3-2 (a, b, c) に示す.北部にある寧浪はやや降水量が少ないが,いずれの地点も夏の雨季と冬の乾季が明瞭な降水量分布を示す.これらの湖沼―流域系ではいくつかのコア試料が得られ,分析・解析が進められたので,それを中心に議論する.コア試料の採取には重力式採

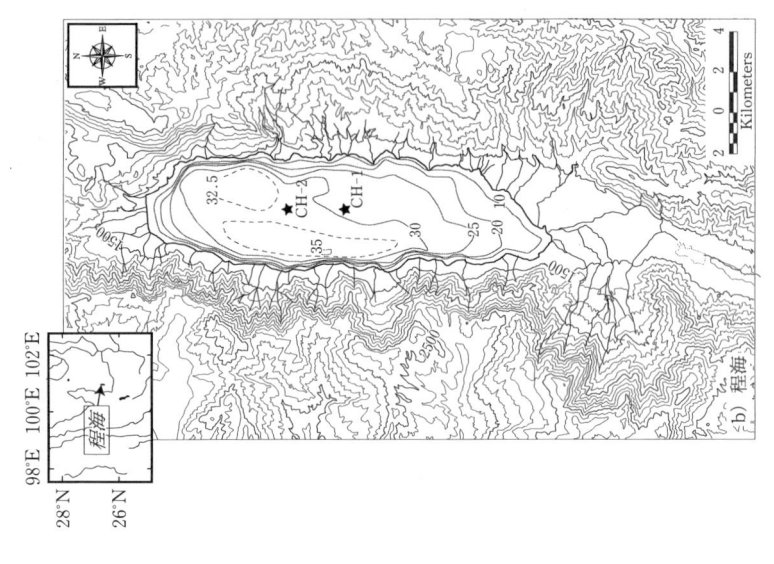

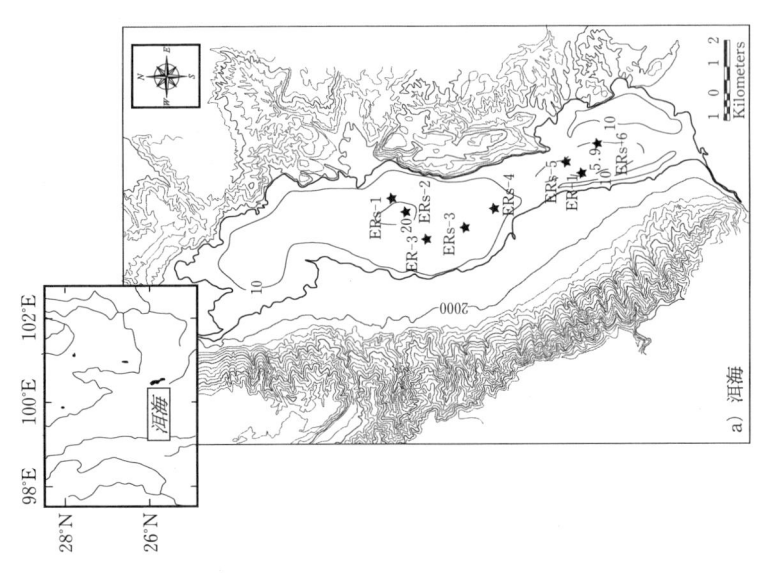

236　第3章　雲南高原の湖沼と流域の環境動態

図 3-3-1　調査湖沼とコア試料採取地点（★）
a）洱海，b）星海．

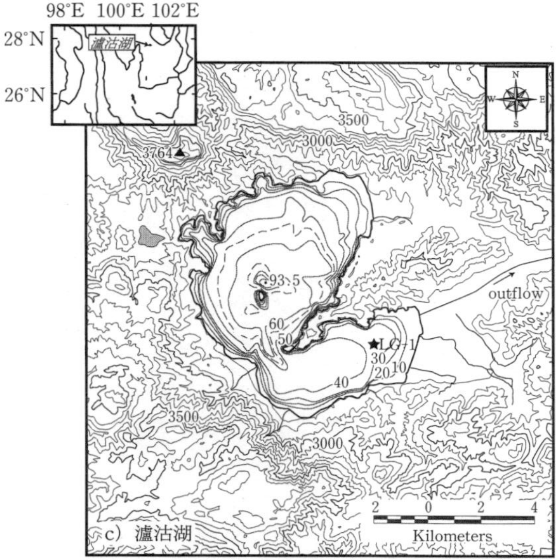

3−3 流域環境の変化と湖沼 237

図 3-3-1 調査湖沼とコア試料採取地点（★）（つづき）
c）瀘沽湖.

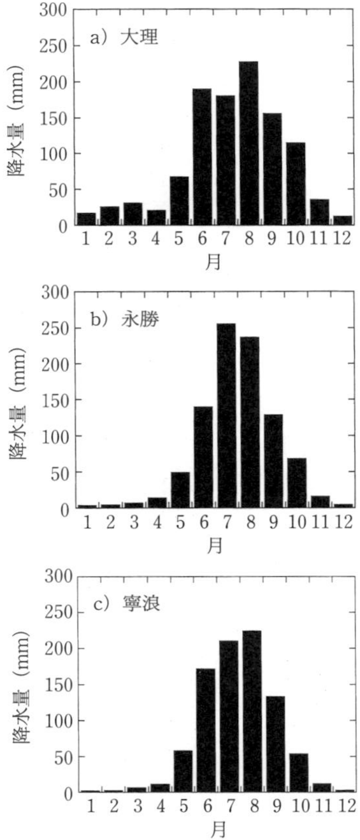

図 3-3-2 平均月降水量
a) 大理（洱海），b) 永勝（程海），c) 寧浪（瀘沽湖）．

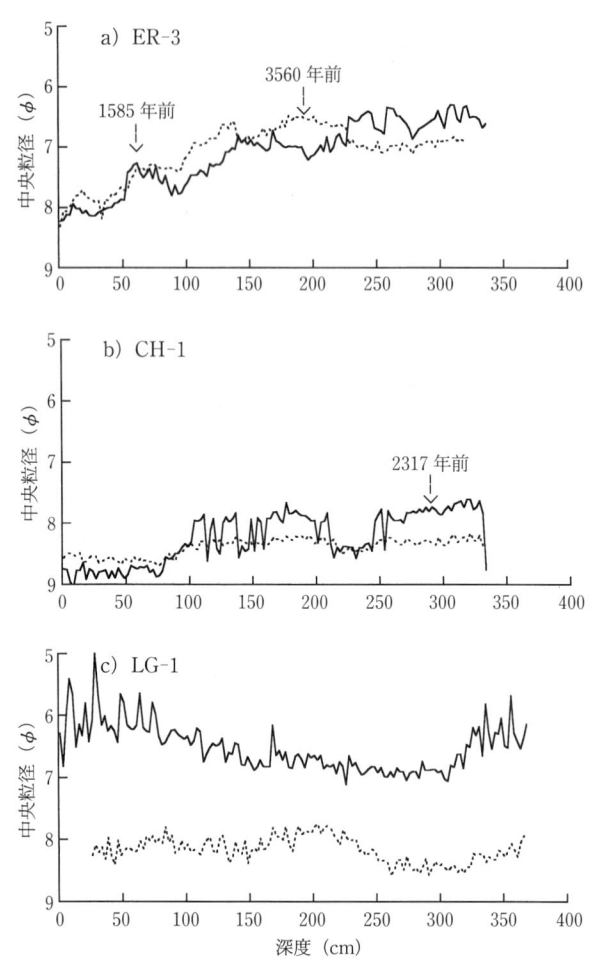

238　第3章　雲南高原の湖沼と流域の環境動態

図3-3-3　コア試料における物理量の変動（全粒径（実線）および鉱物粒径（点線））
a) 洱海，b) 程海，c) 濾沽湖．ER-3の年代はHyodoほか(1999)，CH-1の年代は増澤（私信）による．

泥器が用いられ，分析項目は含水比，粒子密度，粒度（全成分および鉱物成分），生物起源珪藻量等の物理量である．

　図3-3-3は各湖沼において採取された湖沼堆積物コア試料について，粒度[1]

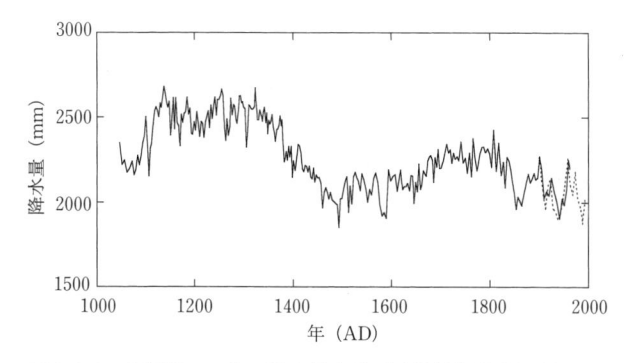

図 3-3-4 余呉湖における降水量変動（鉱物粒径変動）（嶋田ほか，2002）

（全成分および鉱物成分）の変動を示したものである．絶対年代が十分に得られていないので細かな議論はできないが，この地域の大きな変動傾向は推定できる．雲南高原は地震多発地帯でもあり，湖沼においては地震時におけるタービダイト（乱泥流）[2]の発生も考えられるので，粒径の急激な粗粒化現象に対しては慎重な対処が必要である．一般的には，湖沼堆積物の平均粒径（鉱物）は降水量の変動に対応することが多い（柏谷ほか，1988；嶋田ほか，2002）．^{14}C法により堆積年代がいくつか得られた中部の洱海と程海では，いずれも平均粒径が過去数千年間に細粒化する傾向（降水量が減少する傾向）が認められる．平均粒径は1000～1500年前に一度は上昇するが，その後また減少するようである．この一度の上昇期は年代的には中世温暖期に対応する．中国側の資料ではこの時期の降水量の増加が推定されている（Fang, 1991）．数千年間の長期的な乾燥化傾向は，中央チベット高原の資料からも推察され（Kashiwayaほか，1995a），チベット高原からその東部に共通な傾向を示唆している．過去数千年間における乾燥化傾向は，琵琶湖や余呉湖でも認められており（図3-3-4），中世温暖期における降水量の増加も推定されている．雲南高原の湖沼で認められたような傾向は，東アジアモンスーン域共通の現象の可能性がある．

3 現在の水文地形環境変動

湖沼堆積物に記録された情報の適切な解釈のためには，流域プロセスおよび湖沼プロセスの解明が不可欠である．これらのプロセスの解明には多くの場合観測資料が必要となる．過去約百年間の観測時代の気象資料は多くの地域で測器によるものが得られているが，地球全体を考えれば，地域的にはかなりの隔たりがある．水文地形現象についても必要に応じて測器による資料が得られているが，その多くは地形改変，自然災害への対応等の目的に関係しており，地域的にも空間的にもかなり限定されている．従って，観測時代に対応するような水文環境の変化や地形環境の変化を連続的に把握する場合には，新たな「測器」が必要である．一般に湖沼は流域環境の「測器」として有効であり，すでに堆積物として記録を保持している場合が多い（柏谷，1996，2003；柏谷ほか，1988，1997；Kashiwayaほか，1995b）．流域プロセスと「記録」を厳密に対応させるためには，更に綿密な調査や観測が必要であることは当然であるが，支配的な傾向はいくつかの観測記録や文書との対比から明らかになることがある．ここではいくつかの観測記録や短い湖沼堆積物コア試料から推定できることについて，先とは別の四個の湖沼—流域系を対象として議論する．

(A) 降水量

水文・地形環境変動の解析のための基礎資料の一つは降水量である．本研究で調査を行った地域およびその近傍の降水量資料について述べよう．観測点の地名，緯度・経度は表3-3-4に示す．

雲南省の省都昆明市とその南部約70 kmに位置する玉渓市（調査地の撫仙湖，星雲湖，杞麗湖に比較的近い）の過去40年の年降水量の時系列を図3-3-5に示す．昆明市に比べ玉渓市はやや少なめであり，昆明市はやや増加傾向を，玉渓市は減少傾向を示

表3-3-4　降水量観測地点の地名と緯度・経度

観測点	北緯	東経
中甸	27°50′	99°42′
元謀	25°44′	101°52′
昆明	25°01′	102°41′
東川	26°12′	103°26′
江川	24°17′	102°46′
景洪	21°52′	101°04′
西盟	22°44′	99°27′

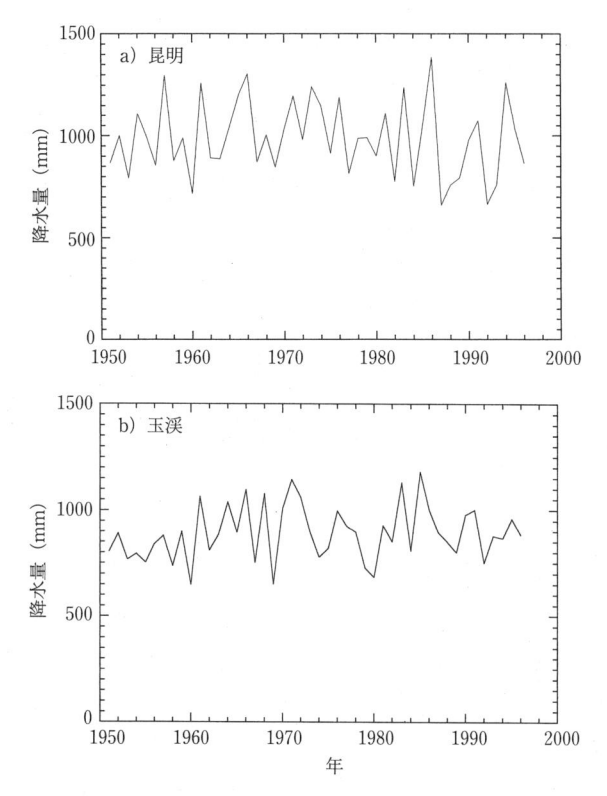

図 3-3-5 年降水量の変動
a) 昆明，b) 玉渓．

すという多少の相違はあるが基本的には同様の傾向である．

連続した記録は得られていないが，調査対象地に近い地域の月降水量の平均的な分布状況として，雲南省北部の碧塔海近傍の中甸，星雲湖南岸に位置する江川，雲南中央部の昆明，その北西約100 kmの元謀，土石流（泥流）の多発する雲南省東北部の東川（Tang, 2001, 2002；Tang and Zhu, 2001, 2002）および雲南省南部の熱帯（サバンナ）気候に属する西双版納（景洪）と西盟の資料を図3-3-6に示す．これらの資料は主として雲南省水利水電庁（1984）の報告に基づく．気候区分としては北部の中甸から中部の昆明そして南部の景洪はそれぞれ冷温帯から温帯そして亜熱帯であるが，基本的には夏が雨季で冬が乾

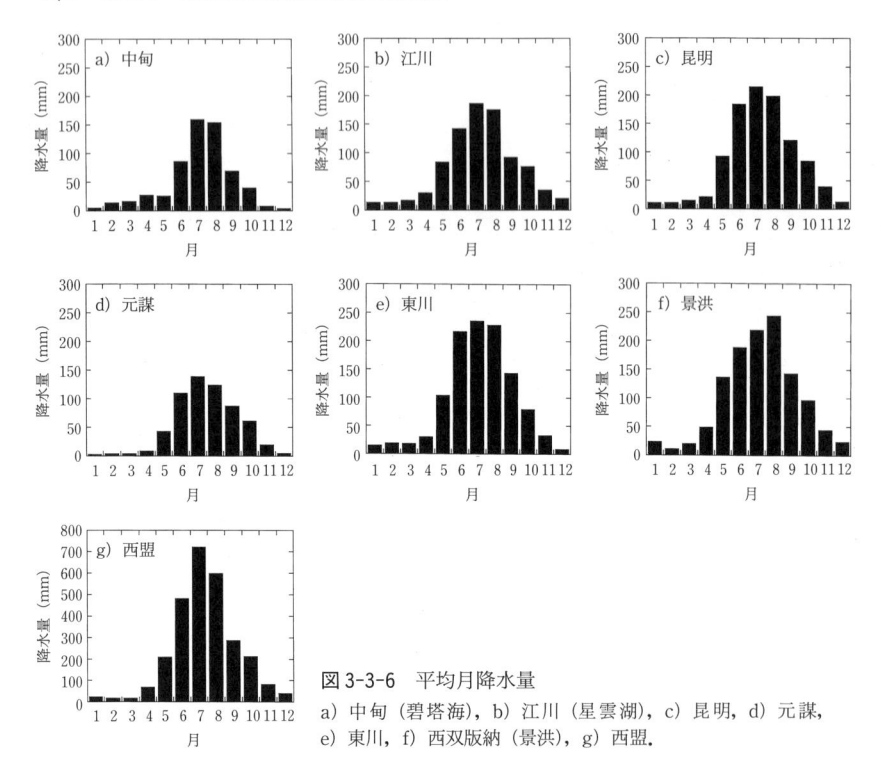

図 3-3-6　平均月降水量
a) 中甸（碧塔海），b) 江川（星雲湖），c) 昆明，d) 元謀，e) 東川，f) 西双版納（景洪），g) 西盟．

季である．

(B) 流域条件

1) 土地利用

　流域の土砂移動は降水量・植生・風化層等の自然条件と同様に土地利用形態が大いに関係する．以下で対象とする湖沼は，雲南省中部地域で人口が比較的多く，これまでも流域での農耕が活発で集約的な土地利用が進められてきた星雲湖と杞麗湖，星雲湖と繋がっており，近年観光化のために湖岸での土地利用が集中的に進められ，湖水の汚染が懸念されている撫仙湖，および省北部に位置し流域には定住人口はなく，最近観光施設が設置された碧塔海の4湖沼である（図3-3-7）．採取コアの概要を表3-3-5に示す．現在の土地利用条件の実態

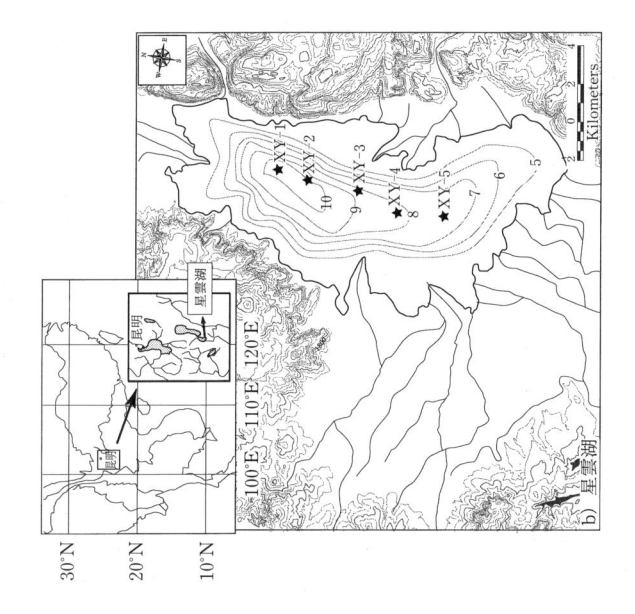

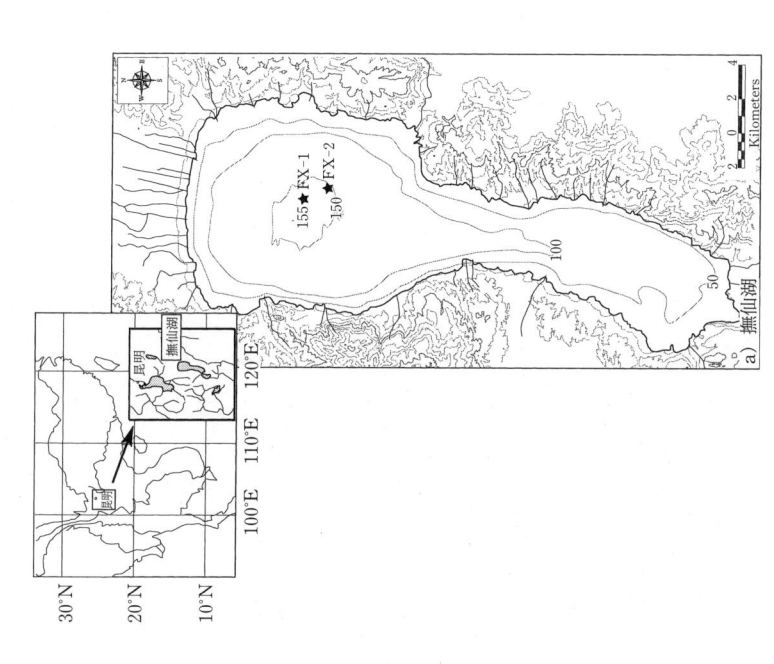

図 3-3-7 調査湖沼とコア試料採取地点 (★).
a) 撫仙湖, b) 星雲湖.

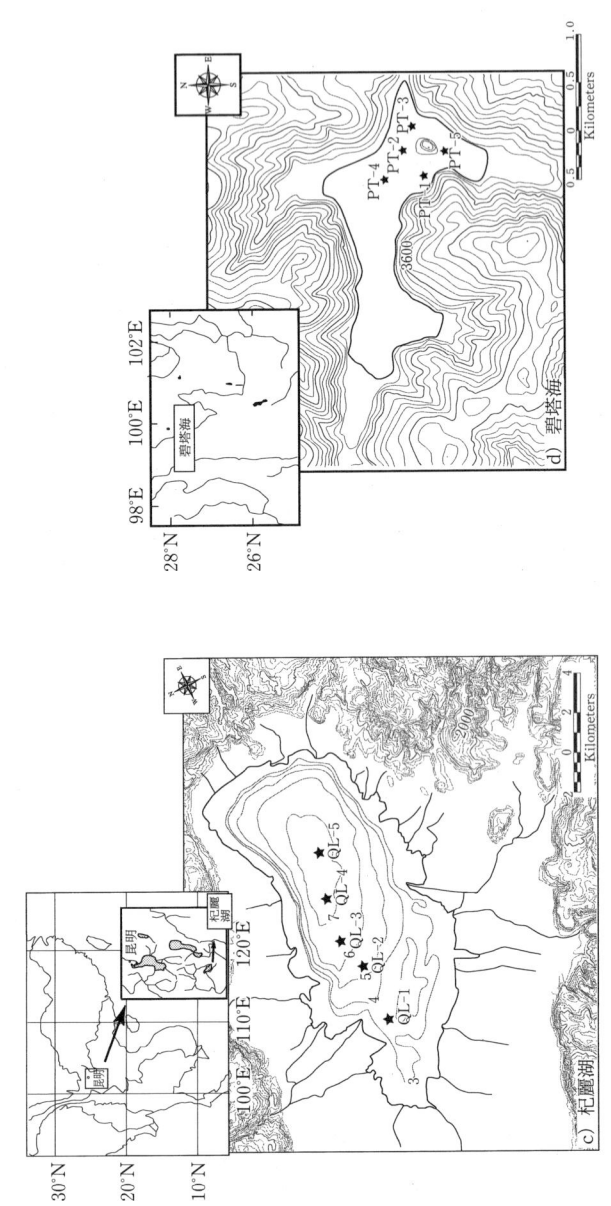

図3-3-7 調査湖沼とコア試料採取地点（★）（つづき）
c）杞麗湖，d）碧塔海．

表3-3-5 採取コアの概要

コア	場所 北緯	東経	コアの長さ cm	切断間隔 cm	採取日
FX-1	24°34′	102°51′	79.3	2.2	
FX-2	24°31′	102°53′	77.5	2.2	
XY-1	24°22.29′	102°47.71′	52.7	2.2	
XY-2	24°22.16′	102°47.77′	37.5	2.2	
XY-3	24°21.34′	102°47.13′	32.5	2.2	2000年11月
XY-4	24°20.64′	102°46.65′	65.5	2.2	
XY-5	24°20.09′	102°46.30′	52.3	2.2	
QL-1	24°08.81′	102°44.36′	22.5	1.0	
QL-2	24°09.68′	102°45.06′	64.1	2.2	
QL-3	24°09.68′	102°45.17′	54.1	2.2	
QL-4	24°09.47′	102°45.43′	51.1	2.2	
QL-5	24°09.30′	102°45.65′	55.9	2.2	
PT-1	27°49.18′	99°59.38′	51.5	1.0	
PT-2	27°49.19′	99°59.50′	未計測		
PT-3	27°49.19′	99°59.60′	未計測		2002年5月
PT-4	27°49.32′	99°59.38′	37.5	1.0	
PT-5	27°49.00′	99°59.52′	未計測		

表3-3-6 流域の平均的な地形条件と推定された土地利用条件（Jers-1画像資料利用）

湖沼	地形条件 起伏(m)	平均傾斜($\tan\theta$)	土地利用条件 面積（％） 都市域	裸地	緑地 疎	密	耕作地
撫仙湖	277.78	0.269	9.3	24.7	23.4	26.9	15.7
星雲湖	155.79	0.113	8.0	19.4	38.5	18.9	15.1
杞麗湖	150.83	0.141	3.5	18.8	32.1	19.8	25.8
碧塔海	193.21	0.293	0	4.0	19.8	76.2	5.6

は衛星写真（JERS-1）に基づいて推定された．流域の平均的な地形条件と推定された土地利用条件を表3-3-6に示す．

2）人口変動・土地利用の変動

土地利用条件の相違・変動の背景には人口の稠密性が深く関わっている．雲南省の人口統計が十分に長い期間得られているわけではないが，統計が残され

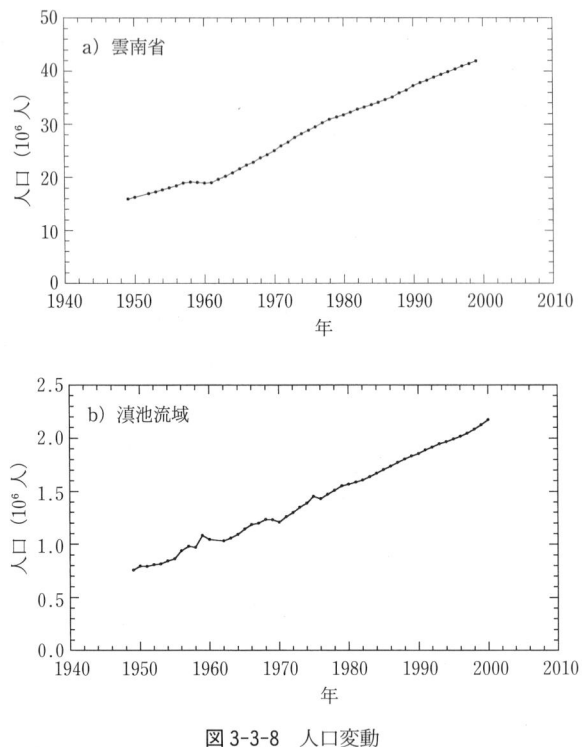

246　第3章　雲南高原の湖沼と流域の環境動態

図 3-3-8　人口変動
a) 雲南省，b) 滇池流域（昆明市街域を含む）.

ている新中国成立以来の土地利用の変動と人口変動について少し考えてみよう．

　水文地形環境の変動に影響を及ぼすものとして，ここでは人口の変動，土地利用の変動そして農作物の作付面積の変動について取り上げる．新中国の成立 (1949年) 以降の雲南省および滇池流域（昆明市街地を含む）の人口の変動を図 3-3-8 に示す．省人口は 1949 年から 1999 年までに約 1600 万人から 4200 万人と増加しており，中国本土の人口増加率（同期間の増加は 7 億人から 13 億人）を上回っている．1958 年から 1961 年の停滞は，「大躍進運動」期における大規模な環境破壊と自然災害（推定餓死者 400〜1500 万人）(野口, 2000) が関わっている可能性がある．1980 年代前半までの増加は，主として農業人口の

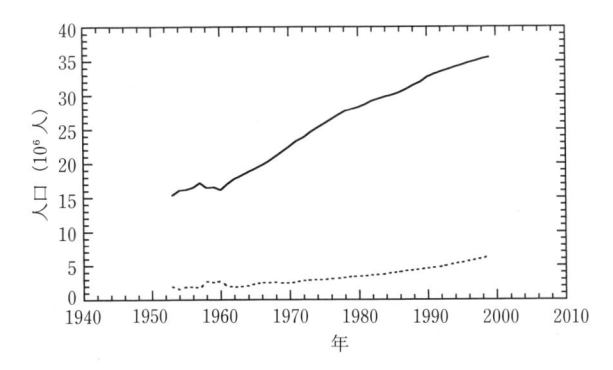

図3-3-9 雲南省の農業人口（実線）と非農業人口（点線）の変動

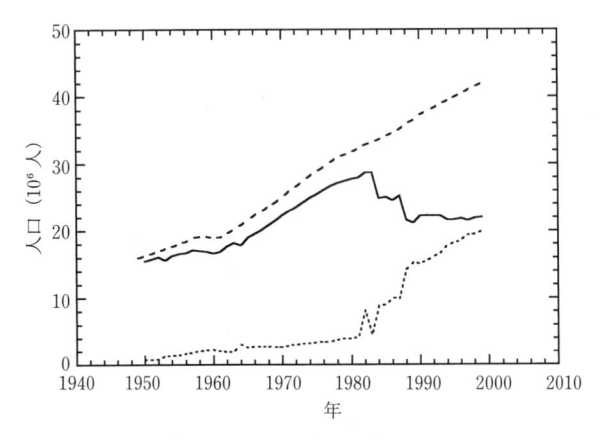

図3-3-10 雲南省の全地域（破線），都市域（点線）および非都市域（実線）の人口変動

増加を反映している（図3-3-9）．この図でも「大躍進運動」期の影響が農業人口の減少，非農業人口の増加という形で及んでいるようである．図3-3-10は都市域と非都市域の人口増加を示しているが，1980年代に入り急速な都市域の人口の増加が認められる．この背景には1980年前後から推進されてきた「改革・開放政策」があると考えられる．1980年には都市域人口が非都市域人口の僅か1/7であったのに対し，1999年にはほぼ拮抗する状態になっている

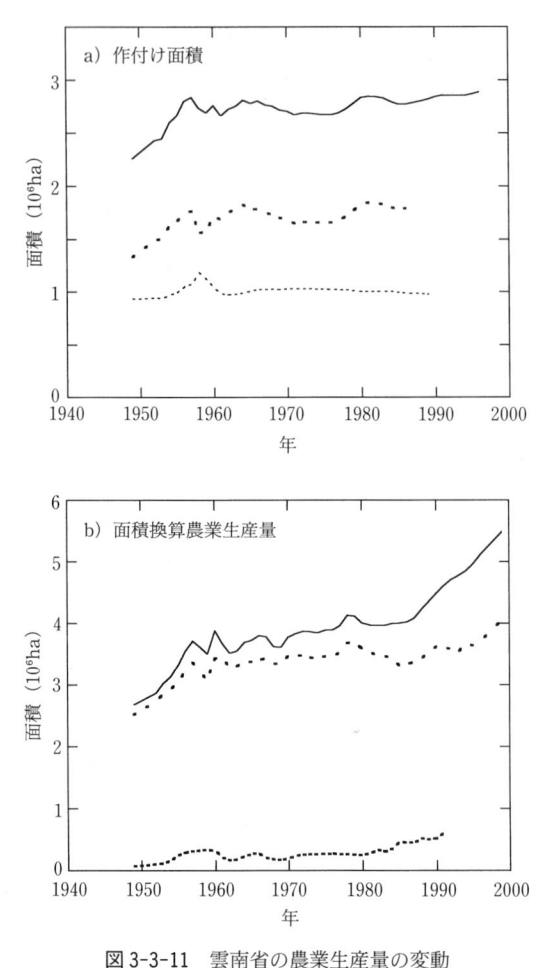

図 3-3-11 雲南省の農業生産量の変動
a) 作付け面積の変動：米（破線），他の作物（点線），実線は合計，b) 面積に換算した農業生産量の変動：穀物（破線），他の作物（点線），実線は合計．

ことを考えれば，この 20 年間にこの地域にはかなり劇的な変化が起こったことが読み取れる．滇池流域（昆明市も含まれる）の人口も，1949 年の約 70 万人から 2000 年の 220 万人と省人口の増加率を上回る急速な増加であり（図 3-3-8 b），滇池の湖沼環境に多大の影響を及ぼしてきていると考えられる．ま

た，1960年前後の停滞がここでも認められる．

次に土地利用の変化および農業生産の変化を見よう．図3-3-11aは，米作そして他の農作物の作付面積およびその合計である．総作付面積は1957年頃までは急速に増加するが，それ以降は大躍進期の減少（米の作付面積はこの時期には増加している），その後の増加，1970年代における減少，そして1980年以降の増加と変化している．しかし，増減は急速なものではなく耕作可能面積がある閾値に近づいていることを示唆している．面積に換算した農業生産量（2毛作等は回数に対応して換算）の変化を図3-3-11bに示す．資料は完全なものではないが，1949年から大躍進期までの増加そして1980年代半ば以降の増加は著しい．特に「改革・開放政策」が背景にある1980年以降の増加は，耕作面積の増加とは対応していないので，耕作地の改善や技術革新を反映していると推定される．

以上のように人口・土地利用形態の変動のなかで，水文地形環境に影響を及ぼしうるものとしては，先ず急速な人口の増加，とりわけ1980年以降の都市域への集中が考えられる．そして1949年から1958年頃までの耕作地の増加，1980年以降の耕作地の改良や技術革新等も考えられよう．

4 堆積物試料

堆積物試料は各湖沼から複数本採取されたが，ここでは年代が推定されている試料を中心に議論を進める．試料については各種の物理量・化学量に関する測定が行われたが，ここでは主として物理量（粒径等）について取り上げよう．

堆積年代決定のために ^{137}Cs と ^{210}Pb が測定されたが，ここでは ^{137}Cs 濃度のピークである1963年を利用した議論を行う[3]．

撫仙湖および星雲湖の堆積物の粒径分析結果を図3-3-12aおよび図3-3-12b，杞麗湖の結果を図3-3-12c，碧塔海の結果を図3-3-12dにそれぞれ図示する．比較的長期の資料が得られた撫仙湖の記録は，他の長期の記録と同様に長期的な乾燥化傾向（細粒化）を示している．またこの資料には急速な粗粒化が

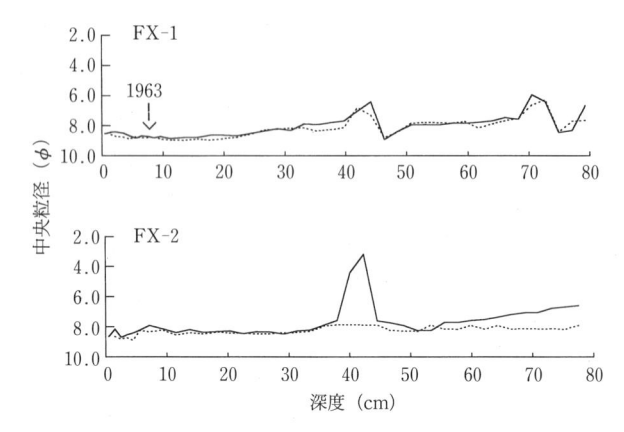

図 3-3-12 a　コア試料における物理量の変動（撫仙湖）
全粒径（実線）および鉱物粒径（点線），図中矢印は ^{137}Cs 濃度より推定された 1963 年．以下同じ．

2 ヶ所認められる．密度や含水率の低下も認められ，乱泥流の発生が推定される．李ほか（1997）はこの湖沼の堆積物には多くの地震が記録されていると報告しているが，地震と堆積物記録との対応には，直接の乱泥流の発生やその後の豪雨による乱泥流の発生等についての検討も必要であり，地震との関係を議論するためにはもう少し資料を蓄積しなければならない．1960 年以降の比較的近年に見られる多少の粗粒化は，星雲湖の資料と同様の傾向を示しており，水路で結ばれる両者の似通った水文環境を示唆している可能性がある．

杞麗湖の結果に認められる 1970 年代以降における急速な粗粒化は水文環境の顕著な変更を示唆している．この背景には主として二つの自然要因が挙げられる．一つは 1970 年 1 月の通海地震である．杞麗湖の別称は通海であり，震央は湖内であり，M 7.7，死者約 16000 名の新中国成立以降，唐山地震に次ぐ被害規模であった．文化大革命の最中であったためその内容の詳細は報道されることはなかったが，30 年後の 2000 年に公表され，その大きさが明らかになった．地震による乱泥流の発生は勿論のこと，流域内物質の可動性が増すということは予想され，堆積速度の増加や粗粒物質の流入の可能性が想定される．もう一つは 1980 年代における寡雨による水位低下である．定量的な資料

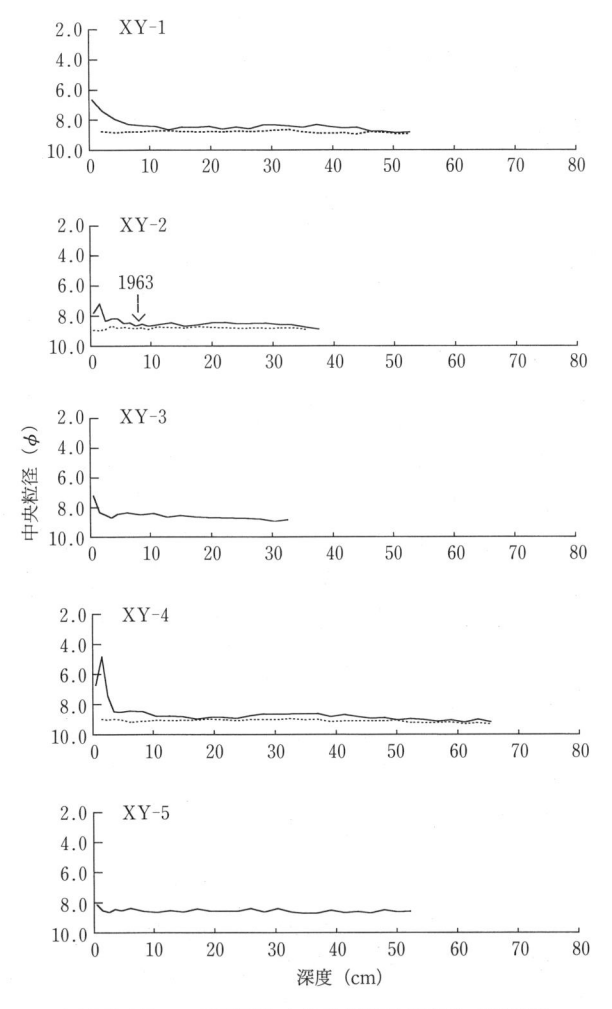

図 3-3-12 b　コア試料における物理量の変動（星雲湖）

は得られていないが，現地の住民の話では水位が低下して湖の縮小が見られたということである．この場合でも強雨時における湖心域での粗粒化が想定できる．従って，いずれの要素がどの程度影響を及ぼしているかを明らかにするためには，これまでの資料だけでは不十分である．しかしながら，湖沼の堆積物

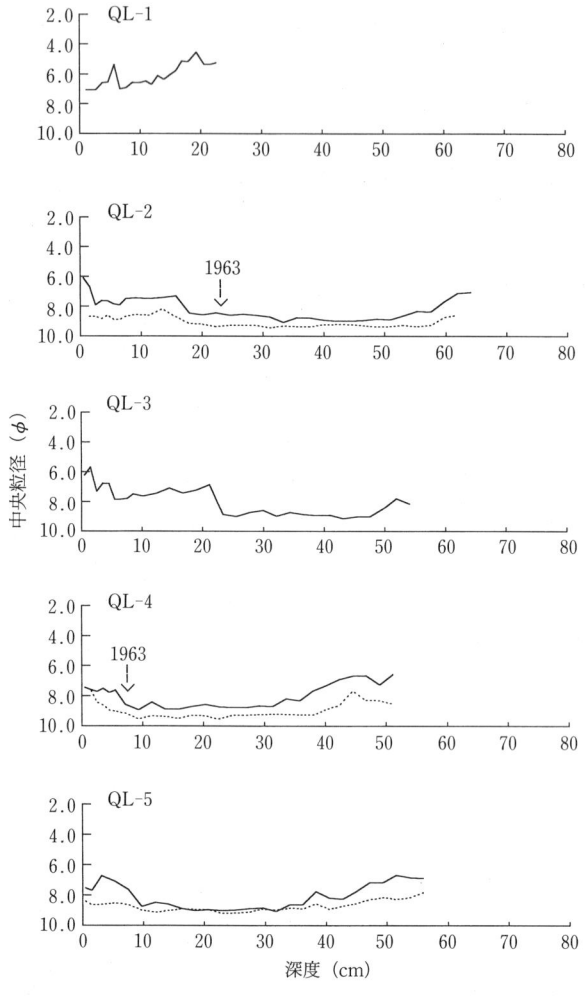

図 3-3-12 c　コア試料における物理量の変動（杞麗湖）

に記録された地震の影響や豪雨の影響は，神戸（1995年阪神淡路大地震，1938年阪神大水害）でも認められており（Kashiwayaほか，2004），ここでも堆積物は，水文環境の記録計と同時に地殻変動（地震活動）の記録計としても活用できる可能性がある．これまで星雲湖，杞麗湖の集水域で進められてきた集約的

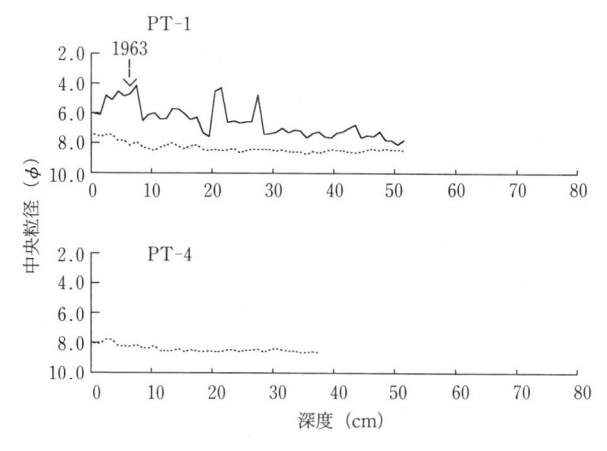

図 3-3-12 d　コア試料における物理量の変動（碧塔海）

な農業，そして近年の観光開発が進展している撫仙湖の湖岸地域を考慮すれば，人間活動も堆積物に記録されている可能性がある．これについては化学特性の分析結果も踏まえて，別の機会に報告する予定である．

5　流域条件と侵食・運搬・堆積

次に上述の流域条件と物質移動環境について考えてみよう．流域の物質は，侵食・運搬の過程を経て最終的には湖沼に堆積する．従って，流域の物質移動環境は，大まかには堆積環境に反映している．厳密には流域内渓流での堆積や再移動の問題も考慮しなければならないが，堆積環境と流域条件を関係付けることは，十分に意味のあることである．堆積速度を取り上げ，流域環境との対応について考えてみよう．堆積速度は ^{137}Cs 濃度から推定した 1963 年以降のものを用いた．測定点が限られており，必ずしも湖沼を代表するものではないが，ここでは一つの目安として議論を進める．ここでは流域の自然条件として降水量，地形量（流域内平均傾斜），土地利用形態としては都市域，耕作地，緑地（疎，密），裸地に分類した．土地利用形態の推定には主として JERS-1 の画像資料（1997 年 3 月 10 日撮影）を利用し，現地調査で補足した．

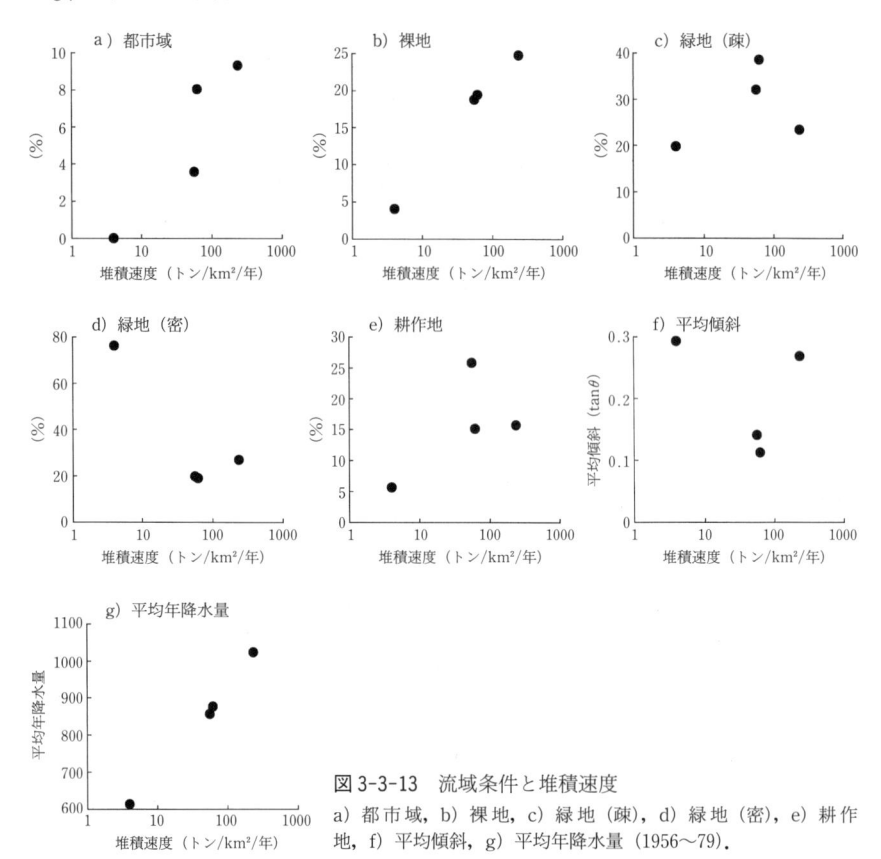

図 3-3-13 流域条件と堆積速度
a) 都市域, b) 裸地, c) 緑地 (疎), d) 緑地 (密), e) 耕作地, f) 平均傾斜, g) 平均年降水量 (1956〜79).

　流域面積を考慮した堆積速度（相対堆積速度）と，それぞれの流域条件との関係を図 3-3-13 に示す．これらの図から堆積速度は，裸地面積および年間降水量とは比較的明瞭な正の相関関係があり，緑地面積とは大まかに負の相関関係があることがわかる．地形量との関係がそれほど明瞭ではない（f 図左上の点で示される碧塔海が他とは異なる）理由の一つには流域内における移動可能な物質の大小，あるいは風化層の大小が関係していると考えられる．一般に湖沼の相対的堆積速度（Z）を

$$Z = (質量堆積速度 \times 湖沼面積) / 流域面積 \qquad (3\text{-}3\text{-}1)$$

と定義すれば，流域条件の間には次のような関係式が考えられる（Kashiwayaほか，1997）；

$$Z \propto G_f \times L_f \times W_f \times R_f \qquad (3\text{-}3\text{-}2)$$

ここでG_fは地形ファクター，L_fは土地利用形態ファクター，W_fは風化ファクター（侵食可能層の大小あるいは侵食されやすさの指標），R_fは降水量ファクターである．従って，相対的な侵食されやすさの指標としてW_fを含んだ可動指標（M_f）を

$$M_f = Z/(G_f \times L_f \times R_f) \qquad (3\text{-}3\text{-}3)$$

と考えることができる．今地形ファクターとして流域平均傾斜，土地利用形態ファクターとして裸地面積，降水量ファクターとして年降水量を考慮すれば流域の侵食されやすさ（物質の移動しやすさ）の指標，可動指標（M_f）は，撫仙湖（3.62），星雲湖（3.31），杞麗湖（2.65）そして碧塔海（0.69）となる．この結果は，撫仙湖流域での物質移動が最も容易であるが，それと繋がっている星雲湖とそれ程変わらず，碧塔海が最も移動が容易ではないことを示している．尤もここでの計算は限られた資料に基づいた第一近似的なものであり，流域間の比較を行うためには，更に資料の積み重ねが必要である．またこの指標の経時的変化も湖沼—流域系の環境変動を考察するためには重要な意味を持つので，可動指標の物理的な意味も含めた更なる検討が必要である．

6 まとめ

チベット高原東縁部雲南高原の湖沼—流域系の調査は現在も進行中である．これまで得られた試料の分析もまだ終了していない段階である．従って，ここでの内容は中間報告的なものである．しかしながら，以下に述べるように，おおまかな傾向についてはある程度の見通しがついて来たように思われる．つまり，過去数千年の水文環境の変動は，長期的には乾燥化傾向が認められるが，中世温暖期では一時湿潤傾向にあった可能性がある．この傾向は中部日本にお

ける水文環境の変動とも対応し，広く東アジアモンスーン域に共通の傾向がある可能性を示唆している．

近代以降に対応する堆積物資料には，地震活動や水文変動の痕跡が認められる．撫仙湖の記録には1600年代前半や1700年代初期と思われる乱泥流の痕跡があり，地震活動やその後の強雨を反映していると考えられる．また1970年の通海地震の震央に位置する杞麗湖では，その頃以降の粒径の粗粒化傾向が認められ，1980年代に知られている水位低下現象とともにその関係がうかがわれる．

雲南高原湖沼の地域的な比較，つまり湖沼間の比較では，地形条件，気候条件（降水量条件）や土地利用条件を考慮し，流域における相対的な物質移動指標を導入した．その結果，撫仙湖流域では最も大きな値となり，物質移動が最も容易であることを示した．それと連結している星雲湖では，僅かに小さな値となり，杞麗湖はそれよりも小さな値であるが，大きな差ではない．それらと比較して，碧塔海流域はかなり小さな値をとり，流域での物質移動が容易ではないことを示している．これらの結果は，雲南中部に位置する三湖沼流域（撫仙湖，星雲湖，杞麗湖）と北部の碧塔海流域とはかなり異なることを表している．これらの相違に関する詳細な検討は，今後の課題であるが，各条件の個々の検討とともに，地質・地殻条件，植生条件そして人間活動に関係する諸条件の考察が不可欠である．とりわけ1980年代以降における急速な都市化は，流域条件の変動に大きな影響を及ぼしていると推測されるが，これまでの結果ではそれ程明瞭なものにはなっていない．

人間活動に関係する資料として，ここで取り上げた人口の推移，土地利用等は，雲南省の一般的な背景を示す資料である．従って，湖沼―流域系を対象とした研究には，物質移動（土砂移動）に関係する詳細な降水量の資料，対象流域における人口の推移，土地利用形態の変化等の情報が必要であることはいうまでもない．また，この地域は地震多発地帯であり，先に述べたように今回対象とした湖沼―流域系でもその影響が考えられるものがあった．従って，水文地形環境の変動に関する全体像を得るためには，地震活動に関係した資料の入手も必要であろう．雲南地域は，今回報告した調査地域はもちろんのこと，気

候変動,地震活動を含めた地殻変動,そして人間活動が湖沼—流域系の水文地形環境に及ぼす影響を探るためには絶好のフィールドの一つである.経済活動の活性化が進行しているこの地域は,人間活動と自然の調和に関しても重要な示唆を与えてくれるように思われる.今回の報告はその意味でも,チベット高原東縁部・雲南地域の水文地形調査のための端緒とし,新たな資料の入手も含めて今後の計画に反映させたい.

＊本節を,この6月22日(2005年)急逝した畏友,増澤敏行君(名古屋大学大学院環境学研究科教授)に捧げたい.本節では彼との共同作業の結果を随所に用いた.

注
1) 図中の粒度(中央粒径)は ϕ スケールを用いている.これは以下のように定義される.$d(mm) = (1/2)^{\phi}$:つまり $\phi=0$ のとき,$d=1$ mm である.
2) タービダイト(乱泥流)は密度流の一種であり,地震や豪雨などが引き金となって発生する湖内における物質の集合運搬現象である.
3) 近年の堆積物の年代決定には主として ^{210}Pb と人工放射性核種の ^{137}Cs が用いられている.^{210}Pb は半減期が22.3年であり,その適用限界は約200年といわれている.^{137}Cs は核実験が最盛期であった1963年の堆積層を決定するのに好都合である.

文献
Chu, Ko-chen (1973) : A preliminary study on the climate fluctuation during the last 5,000 years in China. Scientia Sinica, 6 : 168-189.
Fang, J. (1991) : Lake evolution during the past 30,000 years in China and its implications for environmental changes. Quaternary Research, 36 : 37-60.
Hyodo, M., A. Yoshihara, K. Kashiwaya et al. (1999) : A Late Holocene geomagnetic secular variation record from Erhai Lake, Southwest China. Geophysical Jour. Int., 136 : 784-790.
柏谷健二 (1996):地形環境の変動と湖沼の堆積過程.地形,17:233-243.
柏谷健二 (2003):地表環境の変動と湖沼堆積物情報の解析.地形,25:1-10.
Kashiwaya, K., K. Yaskawa, B. Yuan et al. (1991) : Paleohydrological processes in Siling-co (lake) in the Qing-Zang Plateau based on the physical properties of its bottom sediments. Geophysical Research Letters, 18 : 1779-1781.
Kashiwaya, K., M. Masuzawa, H. Morinaga et al. (1995a) : Changes in hydrological

conditions in the central Qing-Zang (Tibetan) Plateau inferred from lake bottom sediments. Earth and Planetary Science Letters, 135: 31-39.
Kashiwaya, K., T. Okimura and T. Harada (1997): Land transformation and pond sedimentation. Earth Surface Processes and Landforms, 22: 913-922.
Kashiwaya, K., T. Okimura, T. Kawatani et al. (1995b): Surface Erosional Environment and Pond Sediment Information. Steeplands Geomorphology, 219-231.
柏谷健二・沖村孝・八藤仁美 (1997):六甲山系の侵食環境の変遷と池沼堆積物. 地形, 18: 263-275.
柏谷健二・太井子宏和・沖村孝ほか (1988):六甲山系の湖沼堆積物の粒度組成の変動と崩壊環境. 地形, 9: 192-200.
Kashiwaya, K., Y. Tsuya and T. Okimura (2004): Earthquake-related geomorphic environment and pond sediment information. Earth Surface Processes and Landforms, 29: 785-793.
李杰森・宋学良・孫順才ほか (1997):雲南撫仙湖現代沖流沈積物的磁化率測定及与地震相関性分析.
野口鉄郎 (2000):資料中国史―近現代編, 白帝社.
鳶田敏行・柏谷健二・兵頭政幸ほか (2002):余呉湖湖沼堆積物解析から推定される後期完新世の湖沼―流域系水文環境変動. 地形, 23: 415-431.
Tang, C. (2001): GIS based hazard zone prediction of earthquake triggered landslides. Journal of Seismological Research, 2001 (1): 73-81.
Tang, C. (2002): Regional assessment of slope stability in Yunnan Province, China. Journal of Hydrogeology and Engineering Geology, 2002 (1): 1-6.
Tang, C. and J. Zhu (2001): Hazard zonation of debris flows in the Three River Parallel Area of Northwest Yunnan, China. Journal of Soil and Water and Conservation, 2001 (1): 84-85.
Tang, C. and D. Zhu (2002): Risk assessment of debris flow of Yunnan Province by using GIS. Scientia Geographica Sinica, 2002 (3): 233-241.
雲南省水利水電庁 (1984):雲南省地表水資源.

(柏谷健二, 楠本貴幸, 唐　　川)

(3) 流域生態系の変化と湖沼影響
—— 洱海と琵琶湖の比較研究から

1 洱海と琵琶湖の流域生態系

　筆者は，雲南省北西部の点蒼山(デンツァンシャン)山麓の大理市に隣接する洱海について，その水質と水草に及ぼす点蒼山の影響を研究している．本節では，この点蒼山が洱海に及ぼす影響を，滋賀県における湖西の山々と琵琶湖の関係と比較しながら論ずる．比較研究対象とした2つの湖のうち，琵琶湖は北緯34°58′～35°31′に，そして洱海はそれより低緯度の北緯25°36′～25°58′と台湾北部と同緯度に位置するが，湖面海抜高度1974mと高い位置にあるため，平均気温では海抜85mの琵琶湖と大きな差は見られない．しかし，図3-3-14から明らかなように，洱海では最高気温と最低気温の差が約10℃しかなく，琵琶湖の年較差20℃の半分に過ぎないし，年降水量も前者は1000mm程度で琵琶湖の6～7割程度しかない．

　琵琶湖流域は，西，北，東側が1000m級の山系に取り囲まれ，特に西側の比良山系は急峻で，琵琶湖と接するように位置している．洱海も周囲を山に取り囲まれ，琵琶湖に比べ平野面積ははるかに少なく，地形を特徴づけるのは，西岸部に位置する4000mを超える点蒼山連峰（蒼山とも呼ぶ）である．位置や形状は琵琶湖と比良山との関係に類似しているが，湖面から山頂までの比高は2000mと，比良山の倍もあ

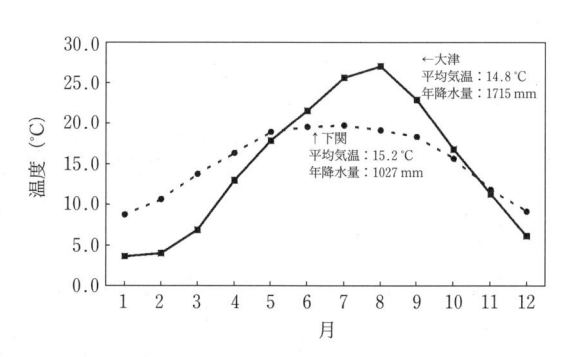

図3-3-14　琵琶湖南端の大津と，洱海南端に位置する下関の月平均気温変化

各々の観測年は，大津：1961～90，下関：1960～85．

り，山腹斜面はより急峻で，山麓の農耕地の幅は，比良山同様広くない．

2 集水域環境としての森林――琵琶湖と洱海の森林帯

植物分布には，気温・降水量などの気候要因のほか，土地的，地史的，人為的なさまざまな要因が影響する．琵琶湖流域では，1000 m級の山々と，南北差によって，月平均気温で約6℃，暖かさの示数（WI）で約60℃・月（吉良，1976）の差がある．この中に，暖温帯照葉樹林帯（WI 85以上）とブナ等が優占する冷温帯落葉広葉樹林帯（WI 85以下）が分布する．照葉樹林帯はさらにシイ等が優占する照葉樹林帯下部（WI 105以上）とアカガシ等のカシ類が優占する照葉樹林帯上部（WI 105〜85）とに分けられる．滋賀県は，降水量が夏に多く，冬に少ない太平洋気候区と，冬にも多い日本海気候区とが接しているので，太平洋側要素の植物と，多雪地に適応した日本海側要素の植物とが分布する．一方，降雨量が少ない点蒼山では，琵琶湖流域に比べ，熱帯モンスーンの影響で，雨季と乾季が明瞭であり，6月から9月の4ヶ月間に年降水量の70〜80%が集中する．暖かさの示数で，照葉樹林帯下部（大理でのWIは

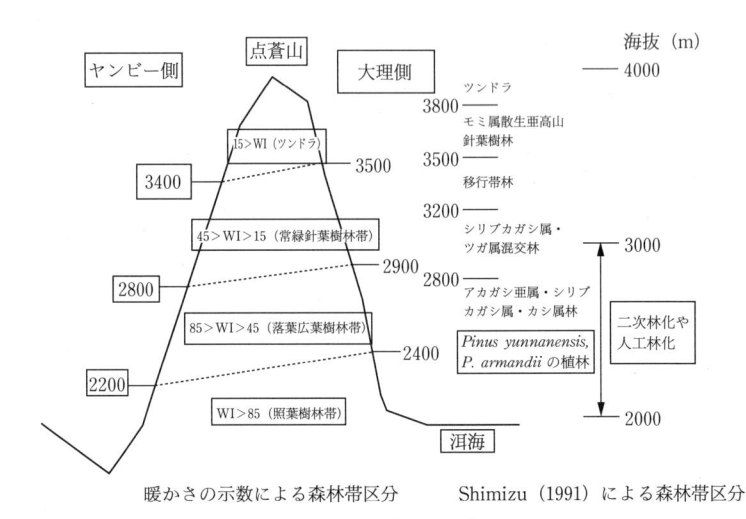

図3-3-15 点蒼山での森林帯分布

120°C・月) から針葉樹林帯, 森林限界以上を含む (図3-3-15). Shimizu (1991) は点蒼山の森林帯を5つに区分するとともに, 特徴として照葉樹林から落葉広葉樹林帯を経ずして針葉樹林へ移行することを挙げている.

点蒼山は, かつては森林で密に覆われていたが, 数度にわたる森林伐採により, 森林は破壊され, 現在は点蒼山から洱海までの地域に11.4%が残るに過ぎない. 洱海集水域の他地域も事情は同じで, 集水域全体の森林面積率は11.9%ときわめて低い. かろうじて残存する森林も, 大部分は人工的に植栽された雲南松 (*Pinus yunnanensis*) (ウンナンマツ) や, 華山松 (*Pinus armandii*) の若齢から中齢のマツ林や灌木林でしかなく, 水保持機能は低い. このため, 点蒼山から流入する18河川のみならず, 洱海に流入する最大河川である弥苴(ミジュ)河や羅時(ホォ)江(ローシージャン)を始め, 主要河川でも乾季には涸れ上がってしまう. 逆に雨季には洪水となり, 多くの土砂を湖に持ち込む. このため, 点蒼山の表土浸食は深刻であり, 湖でのシルトの供給や栄養塩負荷は大きいと考えられている (Zhang and Du, 1990).

3 琵琶湖流域の森林変化

琵琶湖の流域にほぼ相当する滋賀県域の植生状況を表3-3-7に示す. 森林資源は豊かで, 琵琶湖を除いた面積における森林被覆率は約6割に達する. 現在比較的安定した状態にあるこれら森林も, 数十年前にはかなり荒廃していた. 全国の伐採面積の推移をみると, 特に戦中, 戦後の1940～60年には異常に高い伐採率が記録されており (図3-3-16, 東洋経済新報社, 1991; 滋賀県資料), 森林伐採面積は, 滋賀県面積の1%にあたる4000 ha/年にも達していた.

4 森林からの流出負荷

森林地域からは, ふだんは澄んだきれいな水が流れ出ているが, 1雨が200 mmを越す豪雨時は, 無降水日の600日分にも相当するリン (T-P) が流出するなど (國松, 1988), 雨天時にはかなりの流出負荷量がある. また, 琵琶湖

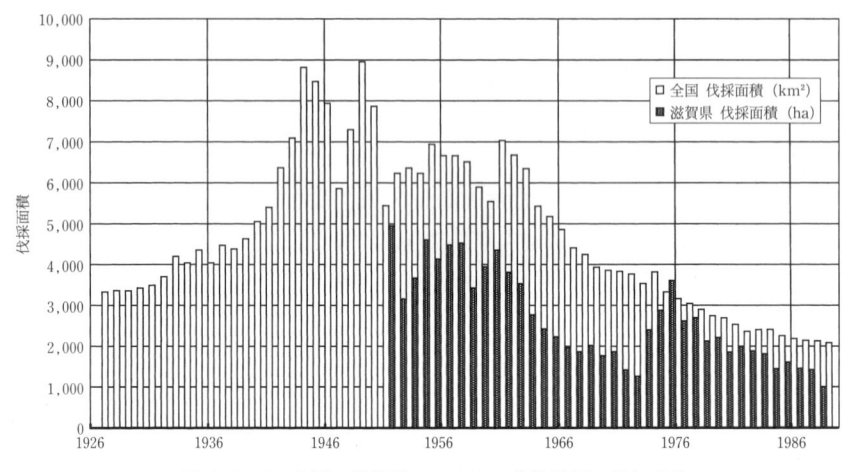

図3-3-16 全国と滋賀県とにおける森林伐採の経年変化

表3-3-7 滋賀県の土地利用タイプ別面積と最近25年間の変化

土地利用タイプ	林務緑政課 (1996) 面積 km²	面積比 %	小林 (1981) 面積比 %
自然林	66.48	1.7	2.3
落葉広葉樹二次林	561.93	14.0	16.4
マツ林	709.61	17.7	20.4
植林・竹林	660.57	16.4	10.2
低木林	97.30	2.4	3.4
草原・湿原	63.71	1.6	1.7
耕作地（水田，畑地）	772.25	19.2	20.7
市街地など	374.79	9.3	7.4
開放水域	710.45	17.7	17.6
合計	4017.08	100.0	100.0

流域の森林での野外実験により，一流域の全樹木を伐採すると，伐採直後に渓流水の全窒素（T-N）や全リン（T-P）濃度が一時的に増加し，伐採後半年を経た夏ごろから硝酸態窒素（NO_3-N）も増加することもわかった（図3-3-17）．実験流域の渓流水の NO_3-N 平均濃度は，伐採前に 0.03 mg/l 程度しかなかったが，伐採後2年目には 0.32 mg/l と10倍以上に増加し，その高濃度状態は数年間続いた（浜端ほか，2002）．森林伐採に伴う森林からの NO_3-N 流出はよく知られており（例えば Likens ほか，1970 など），その濃度増加には立地が大きく寄与している．森林生態系では，窒素の90％以上が土壌に集積されており（堤，1987），その大部分は有機態窒素である．それが無機化され，NH_4-N に，そして陰イオンの

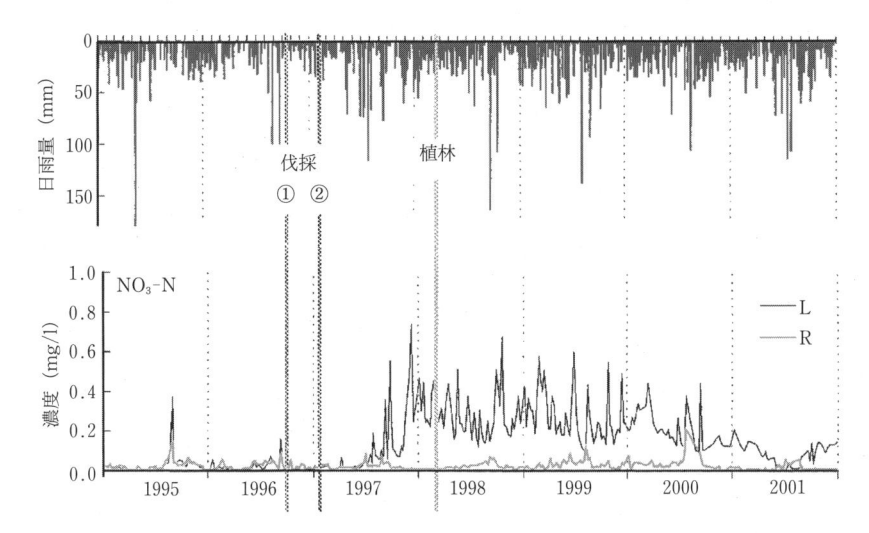

図 3-3-17 伐採流域（L）と保存流域（R）での渓流水における硝酸態窒素の濃度変化
伐採は，本伐採①を 11 月下旬に行ったが，その後積雪で中断し，雪解けを待って翌春に残りの伐採②を行った．

NO_3-N に変化し，渓流に流出し，林地からのロスとなる．伐採後に NO_3-N のロスが多くなるのは，窒素の肥沃な森林であると考えられている（Vitousek ほか，1982）．

5 森林伐採の湖沼への影響と湖内現象

上記の野外実験のように，湖沼流域で森林伐採を行うと，流出水が流入する湖沼に森林から硝酸態窒素（NO_3-N）などが付加される可能性が高い．それゆえ洱海流域でも，かっては，森林伐採の後で，懸濁態の窒素やリンとともに，硝酸態窒素の流出があったと考えられる．また，現在のような荒廃した山地状況だと，森林土壌の保水能力が低下するため，雨季には表面流が増加し，大出水となり，懸濁態の窒素やリンを伴う土砂流出をもたらす．そして乾季には河川の涸渇を生じる．ただ，土壌中の腐植有機物の堆積量が少なくなっているので，森林伐採に伴う硝酸態窒素の流出は顕著とはならないだろう．

点蒼山での数回に及ぶという森林伐採の歴史についての詳細な情報を，現在は持ち合わせていないが，1957年での洱海の透明度が最大で3.0m以下しかなかったのは（李・尚，1989），そのころまでにかなりの伐採が進行し，湖への土砂や栄養塩の流入があったことによると考えられる．しかしその後，1977年には最大透明度が3.0mに，1983年には4.0m（李，1980；李・尚，1989）へと増加し，1992年5月の我々の調査時には10mの透明度を記録するまでになった（浜端，未発表）．

　これは1977年以降の水草帯回復と関係があるようだ．水草帯の回復は，洱海下流部での水力発電のために，流出口が掘り下げられ水位が低下したことによる（図3-3-18a）．水位低下で光条件が改善し，水草帯が急速に増加し，透明度が上がったと考えられる．さらに透明度の増加により，1977年には，苦草（*Vallisneria gigantea*）（セキショウモ属）が水深7mまで，そして1983年には黒藻（*Hydrilla verticillata*）（クロモ）と苦草が10mの水深にまで分布するようになった（李・尚，1989）．

　琵琶湖の南湖でもこの10年間で，沈水植物群落の分布面積の拡大が続き，2000年には南湖面積の52%に水草が分布するまでになり（表3-3-8），透明度を始めとする水質に改善が見られるようになってきた（Hamabata and Kobayashi, 2002）．この変化の直接の契機は，1994年の渇水による−123cmまでの水位低下と考えられる（図3-3-18b）．この水位低下は夏の渇水としては1939年以来55年ぶりとなるもので，クロモなどの在来種の生育期に，晴天日が続き，その上，水位が下がることによって水面下の光条件が改善され，沈水植物群落の回復が始まったと考えられている．この単年度の水位低下だけではなく，1992年から琵琶湖水位操作規則で制限水位（6月16日〜8月31日の基準水位は−20cm，9月1日〜10月15日の基準水位は−30cm）が設定され，その後の夏の水位が恒常的に低く維持されていることも影響している．

　沈水植物群落の発達は，底泥の巻き上げを抑制したり，沈水植物の栄養塩をめぐる植物プランクトンとの競争，アオコ抑制物質の放出などによって透明度を増すと考えられているが（たとえば宝月ほか，1960；Faafeng and Mjelde, 1998；Wetzel, 2001など），近年注目されているのは，それらの要因に加え，

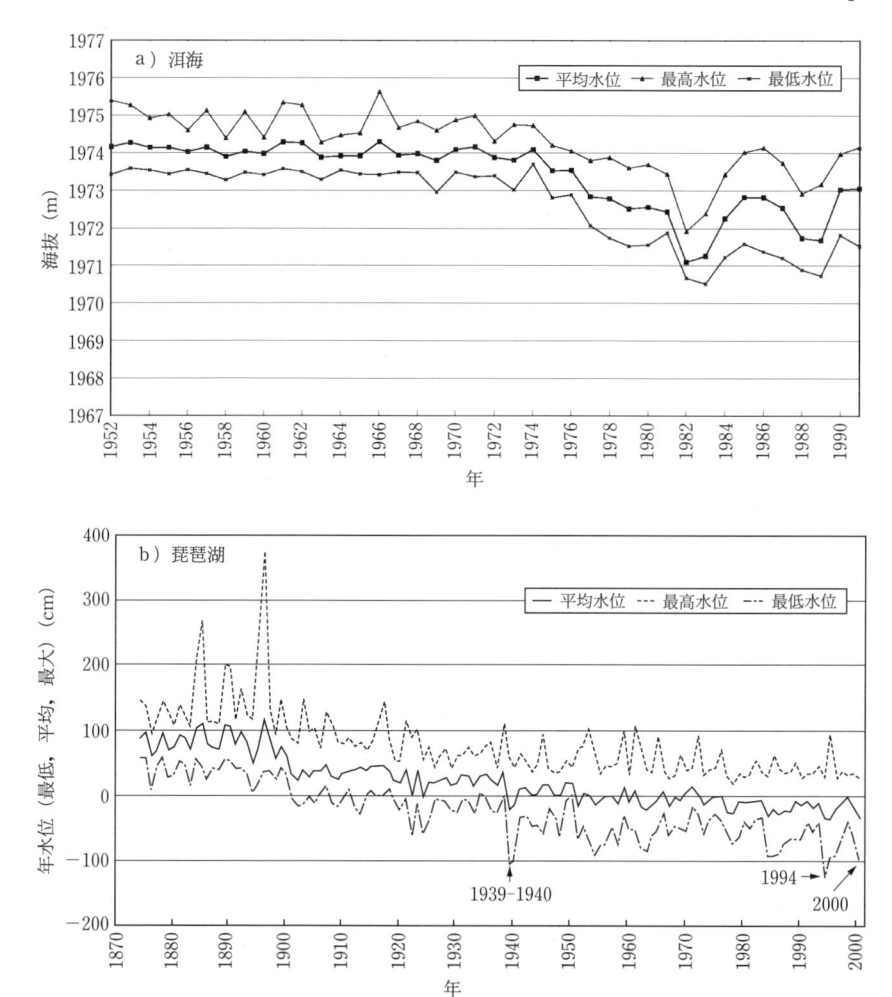

図 3-3-18 洱海（図 a）と琵琶湖（図 b）における湖面水位の経年変化

動物プランクトンや魚類をも加えた水界生態系全体で説明しようとする考えである。沈水植物が一定密度以上（沈水植物によって占拠された水体の体積の比率（PVI（percentage volume infestation））＞15〜20%）になると，魚の感受性が低下し，動物プランクトンの被食圧が低下（Schriver ほか，1995），そして動物プ

表3-3-8 琵琶湖における1994年と2000年との沈水植物帯面積比較

年	被度階級	南湖 (56km²) 100-75%	75-50%	50-10%	<10%	小計	北湖 (614km²) 100-75%	75-50%	50-10%	<10%	小計	琵琶湖全体 合計
1994	面積(ha)*	20.2	208.4	236.4	157.5	622.5	24.4	1125.2	1511.0	722.6	3383.1	4005.6
	面積×被度(ha)**	17.7	130.2	70.9	7.9	226.7	21.3	703.2	453.3	36.1	1214.0	1440.7
2000	面積(ha)*	2.4	1740.2	584.7	599.3	2926.6	42.4	1674.7	1299.0	1127.9	4144.1	7070.6
	面積×被度(ha)**	2.1	1087.6	175.4	30.0	1295.1	37.1	1046.7	389.7	56.4	1529.8	2825.0

＊水草が生育する面積
＊＊生育面積×おのおのの被度階級の平均値

ランクトンの増加，動物プランクトンの採食圧の増加，植物プランクトンの減少，透明度の増加といった一連の系が回り始めるというものである．一度そうした沈水植物群落が形成されると，植物プランクトンの増殖は抑えられ，一層透明度を増す方向へと進み，それがさらに群落を安定的なものへと導くことになる．

6 今後の課題

　一時期，洱海の透明度が低下していたが，それは洱海流域での森林伐採により山地からの土砂流出や栄養塩の流出によると考えられた．しかしこうした湖水の状況は，たまたま行われた人為的な水位低下とその後の沈水植物群落の繁茂により改善が図られ，洱海の透明度に関しては，集水域での森林伐採の影響を湖内の沈水植物群落が補完した形となった．

　洱海周辺の山々では，1992年時点でも，家庭用燃料のための薪の採取を目的として，かつての日本の里山で行われていたのと同様の利用が行われ，若い状態で萌芽更新をしている林が多く見られるなど（図3-3-19），森林の過度の利用が続けられていた．こうした利用が停止されたとしても，若い森林が再生し，湖沼環境の維持に働くまで，数十年の時間が必要となるだろう．その森林再生を支える山地環境の保全は，湖沼環境や生態系保全のためにも，当面の最重要課題と考えられる．

　また水位低下に伴う水草帯の回復と水質の変化は，琵琶湖に20年先行して洱海で起こっている．洱海での沈水植物群落や水質についての近年の状況は明

らかではないが，90年代後半にアオコの大発生が起こったことが知られている．それがどのようなメカニズムで起こったのか，それに先行する沈水植物の繁茂と関係があったのか，琵琶湖で水草を研究するものとしては研究対象として，また琵琶湖の将来を予測する上からも無関心ではいられない．3500 km も離れたこれら2つの湖は，集水域や湖沼の形態のみならず，生態系としても類似している点が多く，湖沼・流域管理という面で互いに学ぶべき点はまだまだ多く残されている．

図 3-3-19　洱海東岸で見られたカシ萌芽林（1992年5月16日撮影）

文献

Faafeng, B. A. and M. Mjelde (1998) : Clear and turbid water in shallow Norwegian lakes related to submerged vegetation. In Jeppesen, E., M. Søndergaard, M. Søndergaard and K. Christoffersen (eds.), The Structuring Role of Submerged Macrophytes in Lakes, Springer-Verlag, New York, pp. 361-368.

浜端悦二・國松孝男・草加伸吾（2002）：硝酸態窒素の流出に及ぼす森林伐採の影響―琵琶湖集水域での野外実験から．月刊海洋，34（6）：396-401．

Hamabata, E. and Y. Kobayashi (2002) : Present status of submerged macrophyte growth in Lake Biwa : Recent recovery following a summer decline in the water level. Lakes & Reservoirs : Research and management, 7 : 331-338.

宝月欣二・岡西良治・菅原久枝（1960）：植物プランクトンと大型水生植物との拮抗的関係について．陸水学雑誌，21：124-130．

吉良竜夫（1976）：陸上生態系，共立出版，東京．

小林圭介編（1981）：滋賀県現存植生図（4葉）．滋賀県自然保護財団，大津．

國松孝男（1988）：河川からの汚濁負荷流出機構と琵琶湖への汚濁負荷量の推定．滋賀県琵琶湖研究所5周年記念誌『琵琶湖研究―集水域から湖水まで』，滋賀県琵琶湖研究所，大津，pp. 49-63.

Likens, G. E., F. H. Bormann, N. M. Johnson et al. (1970)：Effects of forest cutting and herbicide treatment on nutrient budgets in the Hubbard Brook watershed-ecosystem. Ecol. Monogr., 40：23-47.

李恒（1980）：雲南高原湖泊水生植被的研究．雲南植物研究，Vol. 2（2）：113-141.

李恒・尚楡民（1989）：雲南洱海水生植被．山地研究，Vol. 7（3）：166-174.

Schriver, P., J. Bøgestrand, E. Jeppesen et al. (1995)：Impact of submerged macrophytes on fish-zooplankton-phytoplankton interactions: large-scale enclosure experiments in a shallow eutrophic lake. Freshwater Biology, 33：255-270.

滋賀県農林水産部林務緑政課（1996）：平成7年度森林情報システム調査事業報告書．

Shimizu, Y. (1991)：Forest types and vegetation zones of Yunnan, China. Journal of faculty of science, the University of Tokyo, Sect. III, 15：1-71.

東洋経済新報社編（1991）：完結昭和国勢総覧第一巻，東洋経済新報社，東京．

堤利夫（1987）：森林の物質循環，東京大学出版会，東京．

Vitousek, P. M., J. R. Gosz, C. C. Grier et al. (1982)：A comparative analysis of potential nitrification and nitrate mobility in forest ecosystems. Ecol. Monogr., 52：155-177.

Wetzel, R. G. (2001)：Limnology. Lake and River Ecosystems, 3rd edition. Academic Press, San Diego, USA.

Zhang, J. and B. Du (1990)：Eutrophication and management planning of Lake Erhai. In Jin, X., H. Liu et al. (eds.), "Eutrophication of lakes in China", The 4th International Conference on the Conservation and Management of Lakes, "Hangzhou '90", Beijing, pp. 390-412.

（浜端悦治）

3—4
湖の富栄養化の現状，変動経過，原因

(1) 窒素，リンの外部供給による雲南高原湖沼の富栄養化——非生態学的な経済発展がもたらしたもの

1 雲南高原湖沼の富栄養化の現状

雲南高原湖沼の富栄養化状態は，集水域からの栄養塩を含んだ汚水の流入度合と湖容積により大きく左右される．9つの高原湖沼を富栄養化度で分けると，過栄養1，富栄養1，中—富栄養2，中栄養2，貧栄養4である（表3-4-1）．

滇池(ディエンチ)の北湖盆である草海(ツァオハイ)（口絵7）は，滇池への栄養塩全負荷の半分以上が流入するため，著しく富栄養化しており，水質段階で最悪のⅤ類型（凡例7参照）にある．他方，撫仙湖(フーシャンフー)（口絵8）は，貧栄養状態を維持しており，水質段階のⅠにある．しかし，次第に透明度が低下し，水中のアンモニウム濃度も

表3-4-1 雲南高原主要湖沼の水質（2000年度平均値）

湖沼	COD_Mn mg/l	BOD_5 mg/l	T-P mg/l	T-N mg/l	水質類型	富栄養化度
滇池(草海)	12.5	15.38	1.06	11.89	>Ⅴ	過栄養
滇池(外海)	6.71	5.47	0.28	1.98	>Ⅴ	富栄養
撫仙湖	0.94	0.86	0.00	0.07	Ⅰ	貧栄養
洱海	2.46	1.12	0.027	0.32	Ⅲ	貧栄養
星雲湖	4.67	2.63	0.05	0.88	Ⅳ	中栄養
杞麓湖	5.69	3.12	0.04	2.69	Ⅳ	中栄養
異龍湖	8.89	3.25	0.039	2.60	Ⅴ	中栄養
陽宗海	1.73	1.14	0.030	0.28	Ⅳ	貧栄養
瀘沽湖	0.97	0.50	0.000	—	Ⅰ	貧栄養
程海	4.59	0.56	0.045	—	Ⅳ	中栄養

増加しつつあり，湖岸では水質がII～III類型のところもある．

2 窒素，リン濃度とプランクトン量

撫仙湖集水域は経済発展度が低く工場が少ないので，主な汚染源は農地などからの面源負荷であり，同湖へのT-N，T-P負荷の56～70%に寄与している．生活排水の寄与は29～42%であり，場所によっては影響は無視できない（表3-4-2）．撫仙湖では，水温成層期にN，Pの明瞭な鉛直変化が認められる．表水層では，懸濁態のリンが多く，水温躍層より下の深水層で急減するが，溶存態のリンは，逆に深水層で増加する．深水層で沈降物の分解無機化が進むためと考えられる（Sakamotoほか，2002；図3-2-2，表3-4-10，3-4-11参照）．成層状態の撫仙湖では，中層まで溶存酸素が飽和に近いが，それ以下では急減し1 mg/l以下となる．これは，深水層で分解が進んでいることを示すのかも知れない．

経済成長と人口増加の著しい昆明市が集水域に位置する滇池では，汚濁原因物質の主要発生源は，点源の生活排水と工場排水であり，流入河川を経て湖に流入している．汚濁負荷の影響は雨季と乾季で大きく異なり，水位が低い乾季の3～4月に湖水の窒素（N），リン（P）濃度が最大値となるが，雨季には大量の雨による稀釈，流出により低下したあと，再び8～9月に2度目のN，P最大値が出現する．湖北部に隣接する昆明市では，主要発生源である生活排水と工場排水の流入があるので，湖内のN，P濃度は，昆明市に隣接する草海で

表3-4-2 撫仙湖の主要汚染源からの年負荷（李，2001による）

汚染負荷	T-N トン/a	T-N %	T-P トン/a	T-P %	COD$_{cr}$ トン/a	COD$_{cr}$ %	SS* トン/a	SS* %
全負荷量	338.32	100	43.74	100	3546.4	100	14248.1	100
工場排水	3.07	0.9	0.67	1.5	86.57	2.4	146.08	1.0
生活排水	99.51	29.4	18.56	42.4	1069.4	30.2	906.32	6.4
表面流出	235.74	69.7	24.51	56.1	2390.3	67.4	13195	92.6

*浮遊物．

高く，昆明市より離れた南湖盆の外海(ワイハイ)で低い（表3-4-3）．2000年度のモニタリング調査によると，草海の湖水の平均T-N濃度とT-P濃度は，11.89 mgN/l，1.06 mgP/lであり，水質III類型の基準値より，それぞれ39.6倍，42.4倍高かった（表3-4-1，凡例7参照）．

滇池におけるN，Pと植物プランクトンの季節変化を見ると，N，P濃度とともに，植物プランクトン量も季節変化するが，ピーク出現に時間的ずれがある．3～4月にN，P濃度のピークが見られ，4～5月に植物プランクトンのピークが現れる（Jinほか，1990）．1988～94年の滇池の年平均N/P比は

表3-4-3 滇池の水質（1982年度）

湖盆	透明度 m	DO mg/l	T-N mg/l	T-P mg/l	COD$_{Mn}$ mg/l	BOD$_5$ mg/l	pH	SS mg/l
草海	0.35	4.59	2.91	0.14	6.17	9.02	8.92	40
外海	0.99	5.37	0.625	0.032	3.88	2.79	8.88	18

Zhangほか（1987）；南京地理湖沼研究所ほか（1989）の資料により作成．

表3-4-4 滇池外海における水質の経年変化（N/P比以外はmg/l）

年度	T-P	T-N	N/P比	BOD$_5$	COD$_{Mn}$
1983	0.031	0.59	19.0	2.82	—
1984	0.079	—	—	1.57	—
1985	0.071	—	—	2.56	—
1986	0.075	—	—	2.35	6.35
1987	0.064	—	—	2.19	7.29
1988	0.12	1.33	11.0	2.26	6.33
1989	0.09	1.13	12.6	2.22	6.90
1990	0.09	1.22	13.5	2.61	7.70
1991	0.142	1.513	10.7	3.30	9.50
1992	0.130	1.60	12.3	3.04	8.33
1993	0.135	1.46	10.8	3.94	9.53
1994	0.272	3.534	13.0	4.85	12.47
1995	0.169	1.496	8.9	3.38	5.26
1997	0.22	1.95	8.9	5.0	6.29
1998	0.29	1.98	6.8	6.04	6.12
1999	0.33	2.10	6.4	6.02	6.71
2000	0.28	1.98	7.0	5.47	6.71

1988年よりアオコ発生．

10.7～13.5であった（表3-4-4）。植物プランクトン成長に好適なN/P比（重量比）は，12～13とされるので，1988～94年は植物プランクトンの増殖に最適に近い条件にあった。しかし，1995年以後はPが過剰状態になったと判断される。

3 雲南高原湖沼における富栄養化度の変遷

雲南湖沼の富栄養化の進行過程は，次の2段階に分けて考えられる．

(A) 富栄養化初期段階：1950年代～1980年代

この時代の富栄養化の主因は，集水域の人口増加に伴う汚濁負荷増加である．過去の記録によると，滇池では，1950年代末までは水質は良かった．1957年の調査報告によると，透明度が草海で0.8～1.0m，外海で2mあり，pHは8.3～8.5，溶存酸素は7mg/lであった．水深4m以浅の湖面の9割で，水草が繁茂していた．これらの事実から，水質はIII類型にあったと考えられる．

QuとLi（Li, 1980）の1976～78年の調査と，Zhangほか（1987）の1982～83年の調査によると，1960年代～1970年代における滇池の水質は次のようであった．(a)透明度は外海で0.7～1.1m，草海で0.3～0.6m，(b)pHは外海で8.6～9.1，草海8.5～9.2，(c)溶存酸素は外海で5.54mg/l，草海で4.59mg/l，(d)T-Nは外海で0.59mg/l，草海で2.92mg/l，(e)T-Pは外海で0.037mg/l，草海で0.147mg/l．1970年代にはいると，水草分布は，湖面の20%，2m以浅に縮小し，種類数も1950年代の14種から，1970年代の11種に減った．シャジクモ群落の密度が低下し，ミズオオバコとセンニンモ群落が消失し，汚染に強いリュウノヒゲモ群落が発達した（本書3―4節(3)参照）．植物プランクトンの密度は増え，1983年には草海で7070×10^{4}cell/lとなった．

滇池の富栄養化の主要因である流域人口の変化を見ると，1950年の73.75×10^{4}人から，1982年に164.66×10^{4}人へと増加している（表3-4-5）．このような人口増加に伴って富栄養化が促進された主な理由として，以下が挙げられ

る．①人口増加に伴いより多くの土地が必要なので，湖を浚渫し湖岸を埋め立て土地を広げる結果，湖容積が減少する．②人口増を賄う農作物の生産を高めるために，化学肥料の投与量が増加した．1956年に0.07×10^4トンの投与量

表3-4-5 雲南省の人口と工業農業全出荷額（1949〜2000）

年	人口（10^4人）		工業農業全出荷額（相対出荷額）
	人口	1949年を1	
1949	1595.0	1	100
1983	3330.8	2.09	1049.4
2000	4240	2.66	5396.9

が，1980年には27.43×10^4トンに増えている．③工場廃水の排出量が9.54×10^4トン/日に，生活廃水排出量が7×10^4トン/日に増加した．その結果，他の排水も含めて年間の全排出水量は1.766×10^8トンに増え，湖への全流入負荷の25.6%を占めるようになった（Zhangほか，1987）．

(B) 富栄養化進行段階：1980年代以降

1983年以後，滇池の水質は草海，外海ともにさらに悪化した．表3-4-4に外海における水質の経年変化を示す．湖水のT-P濃度は1984年以後，水質III類型レベルを超え，1988年の夏からラン藻のアオコが発生するようになった．1999年には，湖水のT-P濃度が1983年度の10倍になった．現在，T-N負荷量は，9000トン/年，T-P負荷量は500トン/年である（Puほか，2001）．汚染がより著しい草海では，年平均T-N濃度，T-P濃度は，それぞれ11.89 mg/l，1.06 mg/lと極めて高くなった（表3-4-1と表3-4-3を比較）．このような過去10年間の滇池の顕著な富栄養化は，雲南高原における急速な経済成長と時を同じくしており，経済成長が富栄養化の主因と判断される．

滇池流域における2001年度の人口は，227.5×10^4人，人口密度は794人/km^{2}であり，都市居住者がその68.8%を占める．主汚染源は点源であり，流域N負荷の76%，P負荷の70%を占める．都市域では，点源負荷の90%を生活廃水が占めている．洗濯機の保有台数は，1980年には100家庭で1台であったが，1999年には96台に増加した．昆明市では，水洗トイレの使用者が1978年は10%に過ぎなかったが，現在は都市域では一般化している．

撫仙湖は雲南省で最も深く，最大深度157 m，湖面積212 km^2，湖容積

表3-4-6 撫仙湖における透明度，T-N，T-P，植物プランクトン量の変化（1980～2000）

水質項目	1980	2000
透明度（m）	9.7	7.0
T-N（mg/l）	0.11	0.18
T-P（mg/l）	0.0093	0.01
植物プランクトン量（cell/l）	12.78×10⁴	41×10⁴

$191.8 \times 10^8 m^3$ の貧栄養湖である．近年，農地などからのNとPの供給により，水質が悪化してきている．大きく変化した水質項目は透明度，植物プランクトンとクロロフィル量である（表3-4-6）．1980年から2000年までに，透明度が9.7mから7.0mに低下し，植物プランクトンが12.78×10⁴cell/lから41×10⁴cell/lに，クロロフィルが1.8 mg/lから8.5 mg/lに増加した（Whitmoreほか，1996）．

撫仙湖の湖底近くの深層水の溶存酸素濃度低下は，深刻な問題である．2001年8月に深層水の溶存酸素は2 mg/lであったが，2003年1月に，表層よりわずか水温の低い80m層で殆ど0になった．このような水温や溶存酸素の鉛直分布は，湖水の鉛直混合状態を知る良い指標になる（Forest Survey and Planning Institute of Yunnan Province, 2001）．

昆明における過去100年間の年平均気温の経年変化を見ると，一般傾向として気温が上昇傾向にある．1940年代に最大上昇を示した後，1970年代に一度低下，1980年代は初期から，再び上昇を始めた．5年平均気温の変化を見ると，昆明では，過去30年間に気温が上昇しつつある．この気温上昇は，深湖の冬季の湖水全循環を妨げている可能性が高い（本書3-1節参照）．

4 雲南高原湖沼の環境問題

雲南高原湖沼は，自然環境と人為作用の影響で，生態学的に脆弱である．本書3-3節に述べた問題も含めると，雲南高原湖沼の環境問題はつぎの3つにまとめられる．

1）集水域の表土流出と湖内堆積

　雲南高原は急速な人口増加に関わらず農作物の生産性が低い．このため農地を広げる必要から，湖を浚渫して新たな土地を得る闘いは，数世紀前に始まった．滇池では，浚渫による土地つくりは，1970年代初期まで続けられ，湖に多くの負荷を与えた．この様な湖岸の土地造成により生産性を高める努力は，その後，単位面積当たりの穀物生産量を高めることで解決されている．現在，雲南では湖の浚渫による湖岸土地造成はなくなり，造成された農地を湖に，そして森林に戻しつつある．

2）深い湖の深層水の低酸素化

　撫仙湖における深層水の貧酸素化問題の発見は，日中共同研究の成果である．この研究が行われた2001年以前は，この現象には誰も気がつかなかった．深層水の低酸素化の原因は，N，P過剰供給による富栄養化進行と，水文，気象要因にあり，気温変化により，深層水が完全混合しなくなることが関係している．

3）浅い湖の富栄養化

　滇池では，N，Pの過剰供給により水質が急速に悪化し，T-P濃度が0.33 mg/l，T-N，T-P流入負荷が，それぞれ9000トン/年，500トン/年となった．これは，富栄養化基準値の35倍，19倍である（Puほか，2001）．この急速な富栄養化進行は，中国の急速な経済発展と密接に関連している．日本では1960年代の急速な経済発展が，多くの湖で顕著な富栄養化をもたらした．この富栄養化を防止するために，雲南省では，多くの費用を投じ汚染湖沼の修復を進めている．これら湖沼の変化とそれへの対策は，30年前に日本で起きた環境問題の再現である．工業化，都市化に伴う環境問題は，今後，他の場でも起こり得るであろう．雲南湖沼の富栄養化問題の研究は，現在，成長過程にある他国への警告的意義がある．人間活動の湖沼環境への影響について系統的研究が，今後必要とされる．

文献

Forestry Survey and Planning Institute of Yunnan Province (2001) : Investigation

Report of Forest Vegetation.
Jin, X., H. Liu et al. (1990): Eutrophication of Lakes in China. The 4th International Conference on the Conservation and Management of Lakes, Hangzhou, China.
Li, H. (1980): A study on lake vegetation of Yunnan Plateau. Acta Botanica Yunnanica, 2 (2): 113-141.
南京地理湖沼研究所,蘭州地質研究所ほか (1989):雲南断陥湖泊環境与沈積.
Pu, P., G. Wang et al. (2001): How can we control eutophication in Dianchi Lake? Abstract, RMEL2001, Kunming, China, 13-18.
Sakamoto, M., M. Sugiyama et al. (2002): Distribution and dynamics of nitrogen and phosphorus in the Fuxian and Xingyun Lake system in the Yunnan Plateau, China. Yunnan Geographic Environment Research, 14 (2): 1-9.
Wang, R. (2001): Cyanobacterial bloom and biodiversity of phytoplankton in Dianchi Lake, Kunming, China. Abstracts, RMEL2001, Kunming, China, 67.
Whitmore, T. J., M. Brenner et al. (1996): Water quality and sediment geochemistry in lakes of Yunnan Province, Southern China. Environmental Geology, 32 (2): 44-55.
Zhang, J., Q. Yang et al. (1987): Synthetical Ecological Consequence caused by nonrational use of Lake Dianchi Resources. Scientific and Technical Press of Yunnan Province, Kunming, China.

(宋　学良,張　子雄,張　必書,和　樹庄)

(2) 雲南高原湖沼の植物プランクトンフローラと富栄養化

1 雲南高原湖沼の植物プランクトンフローラ

(A) 滇池,洱海の植物プランクトン

高原湖沼を代表する滇池,洱海,撫仙湖では,古くから植物プランクトンフローラが調べられている.Weiほか (1994) は,これら三大湖沼の植物プランクトンフローラ調査を1989年春に実施し,1957年に行われた調査結果と比較して,富栄養化の進行について報告している.

1957年の滇池調査では,*Cymbella* spp.(クチビルケイソウ),*Gomphonema*

spp.（クサビケイソウ）などの珪藻類が主な構成種として報告されているのに対し，1989年春には *Micocystis* spp. などのラン藻類，*Oocystis lacustris*, *Pediastrum* spp.（クンショウモ）などの緑藻類，珪藻類としては *Aulacoseira granulata* など，より栄養レベルの高い湖沼において出現する植物プランクトンが優占種として観察されるようになり，滇池が富栄養湖へと変化したことが報告された（Wei ほか，1994）．滇池の富栄養化は1970年代から80年代に急速に進行していたのであるが，1989年に *Microcystis* によるアオコが全湖を覆うようになって，その深刻な状況がはっきりすることとなった（吉良，2001）．この湖の富栄養化対策は国家プロジェクトをはじめとして様々な形で検討・実施されているが，常春と言われる雲南の気候条件のもと，程度の差はあれ一年中アオコが発生している状態が現在も続いている．

洱海における1957年と1989年の植物プランクトン調査結果からは，滇池のような顕著な富栄養化の進行が見られてないことを示している．しかし，1957年の珪藻類が中心の植物プランクトン組成から，1989年には珪藻と *Sphaerocystis schroeteri* など緑藻類もみられる状況へと変化し，貧〜中栄養レベルになったことが示された（Wei ほか，1994）．1996年9月には湖の南側で *Anabaena* による大規模なアオコも報告されるようになり，富栄養化の進行が危惧されている（浜端・吉良，2001）．

(B) 撫仙湖と星雲湖の植物プランクトン

撫仙湖における植物プランクトン調査を見ると，構成種から判断して1957年と1989年の間では，ほとんど富栄養化は進行しておらず，貧栄養湖と判断された．しかし，1957年において既にラン藻 *Aphanizomenon flos-aquae* var. *klebaunii* や緑藻 *Eudorina elegans* が優占種として挙げられており，中栄養レベルを示す植物プランクトン種もよく観察されている．また，1957年には確認されていなかった接合藻 *Mougeotia* sp.（ヒザオリモ）が1989年には優占種の一つとして挙げられた（Wei ほか，1994）．

2000年11月と2001年6月に，辻村が行った撫仙湖の植物プランクトン調査では，細胞体積密度で，*Mougeotia* sp. が圧倒的に優占しており，混合層にお

ける現存量は0.3〜0.5 mm³/l であった．その他の植物プランクトンは，緑藻類の *Pseudodidymocystis* sp. と *Tetraedron minutus*，黄金色藻類の *Dinobryon* sp.（サヤツナギ）がよく観察された．2000年11月の調査では，羽状目珪藻類 *Synedra ulna*（マルクビハリケイソウ）と *Synedra rumpens* がよく見られたが，2001年6月の調査では全く観察されず，羽状目珪藻類の *Nitzschia acicularis* などがわずかに見られるだけであった．同時期の化学分析データ（本書3—2節(1)参照）によると，2001年6月の湖水中のケイ素（Si）濃度が0.1 mg/l 以下となっており，珪酸制限によって珪藻類の増殖が抑制されていたのかもしれない．アオコの原因種となるラン藻 *Aphanizomenon* sp. や *Cylindrospermopsis* sp. も珪藻類と同様に11月の調査時には出現していたが，6月には観察できなかった．

　Mougeotia は水深の深い中栄養レベルの大湖沼において，優占することが知られており，その出現状況から，弱光に耐性があり，リンの取り込み特性に優れるが，硝酸塩不足には競争力の弱い植物プランクトン種と考えられている（Sommer, 1986；Salmaso, 2000）．撫仙湖では，混合層が深く発達し，高 N/P 比の水質であることが，*Mougeotia* が優占する要因として考えられる．

　撫仙湖と連結する星雲湖(シンユンフー)は，1990年頃までは中〜富栄養湖とされていた（Yang, 1995）．しかし近年，富栄養化が急速に進行し，現在では滇池と同様に一年中アオコがみられる過栄養湖となっている．本研究において，辻村が行った2回の調査においても，高密度のアオコがみられており，その主体は *Microcystis* spp. であった．その他のアオコを形成するラン藻類として *Anabaena* や *Planktothrix* などの種が観察された．それ以外の植物プランクトンとしては緑藻類の *Pediastrum simplex*（ヒトヅノクンショウモ）が比較的多く観察された．2000年6月に採水した星雲湖から撫仙湖へ流れ込む隔河の試水からは，約21 mm³/l に達する *Microcystis* spp. がみられ，多量のアオコが撫仙湖に運ばれていることが示された．これらの *Microcystis* は現在のところ撫仙湖において増殖していないようであるが，撫仙湖への有機汚濁の負荷源となっていると判断される．これら星雲湖のアオコ形成ラン藻類は，将来，撫仙湖の富栄養化が進行したときには，撫仙湖のアオコ形成の細胞供給源となるのでな

いかと危惧される．

2 滇池のラン藻アオコと植物プランクトンの多様性

滇池は，自然湖沼遷移の老齢期にある容積の小さい湖である上に，人口200万の昆明市から，都市下水など汚水の流入を受けるため，生態学的に脆弱な湖となっている．1970年代の後半から湖の汚濁が始まったが，90年代に入り，富栄養化が著しく促進された．現在，水質汚濁段階のV類型にある．水質悪化とともに，ラン藻のアオコが頻繁に発生するようになった．1992年1月29日から2月8日にかけて，滇池の南湖盆である外海(ワイハイ)で高濃度にアオコが発生し，100トン近くの魚が斃死した．これを出発点に外海では，毎年ラン藻のアオコが出現するようになった．2001年9月から2002年7月まで行った外海の20地点の連続調査結果によると，毎調査時にアオコが出現しており，アオコ形成種は *Microcystis aeruginosa, Microcystis weissenbergii, Microcystis viridis* のミクロキスティス属3種であった．冬から春にかけてはネンジュモ科のラン藻の *Aphanizomenon flos-aquae* もアオコを形成した．最高細胞数は 1.1×10^9/l，最低 4.4×10^6/l であった．昆明市に近い滇池北部の草海(ツァオハイ)では，$1 \sim 4 \times 10^8$/l の高濃度が10ヶ月観測された．しかし，外海では細胞濃度は低く，半年にわたり $5 \sim 60 \times 10^6$/l を維持した．*Microcystis* は，その最高出現時には，全生物量の $61.0 \sim 93.6\%$ を占めたが，ラン藻の *Aphanizomenon*，緑藻の *Pediastrum* と *Scenedesmus* も共存した．しかし，1982～83年は緑藻が優占し，とくに *Mougeotia* （ヒザオリモ）が突出して多かった．

植物プランクトン生物量に占める *Microcystis* の割合が増すにつれて，植物プランクトンの多様性が急減した．1982～83年の調査では，外海の植物プランクトンの種類数は変種を含め205種であったが，1992年には110種，2001～02年では100種に減少した．ラン藻以外のプランクトンは，クリプトモナス門，渦鞭毛藻門，珪藻門，緑虫藻門，緑藻門の6門，13目，27科，44属であった．そのうち，緑藻門がもっとも多く，19属，51種＋変種で，湖沼全出現種の51%を占めた．ついで多いのは珪藻門で，13属，28種＋変種で，

全種数の28%を占めていた.ラン藻門は,8属,17種で,全種数の17%であった.1982年度と比べると,全種数は51.2%減少した.この減少のうち,85.7%が渦鞭毛藻門,43.3%が緑藻門,41.7%が珪藻門であった.黄金色藻門と黄緑藻門のプランクトン種は殆ど消失し,とくに,*Mougeotia*属,*Surirella robusta*(コバンケイソウ),*Cymatopleura Solea*(ハダナミケイソウ)など細胞容積の大きな種は一様に消失しており,植物プランクトンが小型化している傾向が認められた.

文献

浜端悦治・吉良竜夫(2001):洱海(エルハイ)―かつての琵琶湖をしのぶ.滋賀県琵琶湖研究所編『世界の湖』(増補改訂版),人文書院,pp. 60-66.

吉良竜夫(2001):滇池(ディエンチ)―湖が死ぬとき.滋賀県琵琶湖研究所編『世界の湖』(増補改訂版),人文書院,pp. 50-60.

Salmaso, N. (2000): Factors affecting the seasonality and distribution of cyanobacteria and chlorophytes: a case study from the large lakes south of the Alps, with special reference to Lake Garda. Hydrobiologia, 438: 43-63.

Sommer (1986): The periodicity of phytoplankton in Lake Constance (Bodensee) in comparison to other deep lakes of central Europe. Hydrobiologia, 138: 1-7.

Wei, Y. et al. (1994): A survey of the phytoplankton and assessment of the water quality and trophic characteristics of three big lakes from Yunnan Plateau. In Shi, Z. et al. (eds.), Compilation of Reports on the Survey of Algal Resources in South-Western China. Science Press, pp. 371-405 (in Chinese with English abstract).

Yang, S. (1995): Lake Fuxian in Yunnan Province. In Jin, X. (ed.), Lakes in China. Vol. 2. China Ocean Press, pp. 142-161.

(1:辻村茂男,2:王 若南)

(3) 雲南高原湖沼の水生植物群落とその生態

雲南高原湖沼は水草の生育条件から2つのタイプに大別される.そのひとつは,複雑な湖岸線と緩傾斜の湖岸勾配を持ち,湖底に有機物が厚く蓄積してい

る浅い湖である．滇池，星雲湖，長橋海，異龍湖，剣湖などがその例である．このタイプの湖では，水生植物が繁茂し，水面の大部分が水生植物で覆われる．もうひとつのタイプは，水深が非常に深く，直線的な湖岸線と急な湖底勾配を持ち，湖底の有機物堆積量が少ない湖である．湖底傾斜が緩い場所では少量の砂礫の堆積が見られるが，急傾斜の深水域では岩壁や岩石，あるいは浸蝕を受けた岩石の露頭がよく見られる．湖中で生育する植物種はわずかで，しかも生育範囲は浅水域に限られているため，無植生の湖面が大部分を占める (Li, 1980). 撫仙湖，程海などがその例である．

1 雲南高原湖沼の水生植生の変遷——滇池を例に (Li, 1985a)

(A) 多くの水草種の絶滅（表3-4-7）

1950年代では，滇池には脆輪藻（*Chara fragilis*；シャジクモ属）など，少なくとも8種類のシャジクモ科の植物が存在したが，70年代末までに，全く見られなくなった．シダ植物の水蕨（*Ceratopteris thalictroides*；ミズワラビ），被子植物の水毛莨（*Batrachium trichophyllum*；バイカモの一種），睡菜（*Menyanthes trifoliata*；ミツガシワ），微歯眼子菜（*Potamogeton maackianus*；センニンモ），馬来眼子菜（*P. malaianus*；ササバモ），亮葉眼子菜（*P. lucens*；ガシャモク[1]）などは，80年代の初めまでに滇池から消滅した．世界的に有名な海菜花（*Ottelia acuminata*；ミズオオバコ属）は，かつて長い間繁茂し，海菜花群落が南湖盆の草海一面を覆っていた．80年代に入ってから，雲貴高原のいくつかの湖沼では，海菜花群落が部分的に生育しているが，現在は，昔の面影はない．

(B) 植物の群落密度の低下

湖に固有の沈水植物で滇池に今も広く存在するのは狐尾藻（*Myriophyllum spicatum*；ホザキノフサモ），菹草（*Potamogeton crispus*；エビモ），苦草（*Vallisneria gigantea*；セキショウモ属），紅綾草（*P. pectinatus*；リュウノヒゲモ）など少数の水草だけである．以前の滇池，あるいは自然環境が類似したその他の

表3-4-7 滇池維管束植物目録

科　中国名（和名）	科ラテン名	中国種名（和名）	種ラテン名	1957年	1977年	生活型
苹科（デンジソウ科）	Marsileaceae	田字萍（デンジソウ）	Marsilea quadrifolia	∨	∨	浮葉
槐葉萍科（サンショウモ科）	Salviniaceae	槐葉萍（サンショウモ）	Salvinia natans	∨	∨	浮遊
満江紅科（アカウキクサ科）	Azollaceae	満江紅（アカウキクサ）	Azolla imbricata	∨	∨	浮遊
水蕨科（ミズワラビ科）	Parkeriaceae	水蕨（ミズワラビ）	Ceratopteris thalictroides	∨	−	沈水
毛茛科（キンポウゲ科）	Ranunculaceae	水毛茛（バイカモ亜属）	Batrachium trichophyllum	∨	−	沈水
		回回蒜（コキツネノボタン）	Ranunculus chinensis	∨	∨	抽水雑草
		石龍芮（タガラシ）	R. sceleratus	∨	∨	抽水
金魚藻科（マツモ科）	Ceratophyllaceae	金魚藻（マツモ）	Ceratophyllum demersum	∨	−	沈水
睡蓮科（ハス科）	Nelumbonaceae	蓮（ハス）	Nelumbo nucifera	∨	∨	抽水栽培
蓼科（タデ科）	Polygonaceae	両栖蓼（タデ属）	Polygonum ambricata	∨	∨	浮葉
		酸膜（キブネダイオウ）	Rumex nepalensis	∨	∨	湿生雑草
小二仙草科（アリノトウグサ科）	Haloragaceae	狐尾藻（ホザキノフサモ）	Myriophyllum spicatum	∨	∨	沈水
		輪葉狐尾藻（フサモ）	M. verticillatum	∨	∨	沈水
莧菜	Amaranthaceae	水花生（ナガエツルノゲイトウ）	Alternanthera philoxeroides	∨	∨	抽水（帰化）
菱科（ヒシ科）	Trapaceae	菱（ヒメビシ）	Trapa bicornis（本文では incisa）	∨	−	浮葉栽培
鳳仙花科（ツリフネソウ科）	Balsaminaceae	水鳳仙（ツリフネソウ属）	Impatiens uliginosa	∨	∨	湿生
千屈菜科（ミソハギ科）	Lythraceae	円葉節節菜（ホザキキカシグサ）	Rotala rotundifolia	∨	−	湿生
睡菜科（ミツガシワ科）	Menyanthaceae	莕菜（アサザ）	Nymphoides peltata	∨	∨	浮葉
		睡菜（ミツガシワ）	Menyanthes trifoliata	∨	−	湿生 浮島上
玄参科（ゴマノハグサ科）	Scrophulariaceae	石龍尾（キクモ）	Limnophila sessiliflora	∨	∨	沈水養殖場
		水苦蕒（オオカワヂシャ）	Veronica anagallis-aquatica	∨	∨	抽水湖水路
狸藻科（タヌキモ科）	Lentibulariaceae	黄花狸藻（ノタヌキモ）	Utricularia aurea	∨	−	沈水
水鼈科（トチカガミ科）	Hydrocharitaceae	水篩（スブタ属の一種）	Blyxa sp.	∨	−	沈水
		黒藻（クロモ）	Hydrilla verticillata	∨	∨	沈水
		水膏薬（トチカガミ）	Hydrocharis dubia	∨	∨	浮葉
		海菜花（ミズオオバコ属）	Ottelia acuminata	∨	−	沈水
		苦草（セキショウモ属）	Vallisneria gigantea	∨	∨	沈水
澤瀉（オモダカ科）	Alismataceae	澤瀉（サジオモダカ）	Alisma plantago-aquatica var. orientale	∨	∨	抽水雑草
		剪刀草（オモダカ属）	Sagittaria sagittifolia ssp. leucopetala	∨	∨	抽水雑草

3―4 湖の富栄養化の現状,変動経過,原因　283

眼子菜科（ヒルムシロ科）	Potamogetonaceae	菹草（エビモ）	Potamogeton crispus	∨	∨	沈水
		亮葉眼子菜（ガシャモク）	P. lucens	∨	∨	沈水
		微歯眼子菜（センニンモ）	P. maackianus	∨	−	沈水
		馬来眼子菜（ササバモ）	P. malaianus	∨	∨	沈水
		紅綾草（リュウノヒゲモ）	P. pectinatus	∨	∨	沈水
		絲草（イトモ）	P. pusilus	∨	∨	沈水（抽水水路）
		鴨子草（ヒルムシロ属）	P. tepperi		∨	浮葉
		穿葉眼子菜（ヒロハノエビモ）	P. perfoliatus	∨	∨	沈水
茨藻科（イバラモ科）	Najadaceae	大茨藻（イバラモ）	Najas marina	∨	∨	沈水
		小茨藻（トリゲモ）	N. minor	∨	−	沈水
谷精草科（ホシクサ科）	Eriocaulaceae	滇谷精草（ホシクサ属）	Eriocaulon schochianum	∨	−	湿生
雨久花科（ミズアオイ科）	Pontederiaceae	水葫芦（ホテイアオイ）	Eichhornia crassipes	∨	∨	浮遊（帰化）
		鴨舌草（コナギ）	Monochoria vaginalis	∨	∨	抽水雑草
天南星科（サトイモ科）	Araceae	菖蒲（ショウブ）	Acorus calamus	∨	∨	抽水
浮萍草科（ウキクサ科）	Lemunaceae	浮萍（コウキクサ）	Lemna minor	∨	∨	浮遊
		紫萍（ウキクサ）	Spirodela polyrhiza	∨	∨	浮遊
灯芯草科（イグサ科）	Juncaceae	小灯芯草（ヒメコウガイゼキショウ）	Juncus bufonius	∨	−	湿生
莎草科（カヤツリグサ科）	Cyperaceae	碎米莎草（コゴメガヤツリ）	Cyperus iria	∨	−	湿生
		沼針藺（マツバイ）	Eleocharis acicularis	∨	−	湿生雑草
		飄浮（テンツキ属）	Fimbristilis diphylla	∨	−	湿生雑草
		水蜈蚣（カヤツリグサ属）	Kyllinga brevifolia	∨	−	湿生雑草
		磚子苗	Mariscus cyperoides	∨	−	湿生雑草
		扁莎草（アゼガヤツリ）	Pycreus globosus	∨	−	湿生雑草
		水葱（フトイ）	Scirpus validus	∨	∨	抽水
		牛毛氈（ハリイ属）	Eleocharis yokoscensis	∨	−	湿生雑草
禾本科（イネ科）	Poaceae	看麥娘（スズメノテッポウ）	Alopecurus aequalis	∨	−	湿生雑草
		狗牙根（ギョウギシバ）	Cynodon dactylon	∨	∨	雑草
		水稗（イヌビエ属）	Echinochloa crus-galii	∨	∨	雑草
		李氏禾（サヤヌカグサ属）	Leersia hexandra	∨	∨	水路水辺雑草
		双穂雀稗（キシュウスズメノヒエ）	Paspalum distichum	∨	∨	水路水辺雑草
		芦葦（ヨシ）	Phragmites communis	∨	∨	抽水
		早熟禾（スズメノカタビラ）	Poa annua	∨	∨	広分布雑草
		棒頭草（ヒエガエリ）	Polypodon higegaweri	∨	∨	広分布雑草
		菰（菱草）（マコモ）	Zizania latifolia	∨	∨	抽水

1957年：全63種類,その内農耕地の雑草18種,湖沼の植物45種.
1977年：全45種類,その内農耕地の雑草15種,湖沼の植物30種.

水体では，ホザキノフサモ，エビモは常に3〜5株/m²程度の密度を持ち，被度は80%以上となる．苦草は多くの場合，深い水域（2〜4 m）で優占種となり，あるいは純群落を形成し，90%の被度に達する．しかし，現在の滇池では，これら水草は非常にまばらで，群落が水面を覆う割合は，60%以下である．通常，ホザキノフサモあるいはエビモは1m²当たりに1〜2株しかなく，その上分枝も少ない．リュウノヒゲモは広い生態分布をする植物であるが，出現するのは浅い水域のみであり，その数もかなり限られている．元来，いろいろな水草が繁茂する草海では，70年代末に水草の種類は大幅に減少するとともに，群落もまばらとなり，ほとんど全域が無植生の水体になった．これは水草種類数が減少するだけではなく，生物生産量も大幅に低下したことを意味している．

(C) 植物群落類型数の減少

湖沼の種類組成の貧弱化は，水生群落の類型数の減少と深く関連している．滇池では，20年という短期間に，シャジクモ科，海菜花（Li, 1985b），センニンモ，ササバモの各群落が相次いで消失した．現在，草海には，安定した沈水植物群落はほとんど残っていない．マツモ群落や苦草群落は，本湖南端の入江に分布する以外，あまり見られなくなった．

(D) 植物分布面積の減少

50年代の末には滇池の湖面積の90%以上が水生植生に覆われ，水深4 m以浅には水草が生育していた．1980年代の初めに，水生植生の占める面積は20%以下になり，水生植物の分布は水深2 m以浅（草海は水深1.5 m以内）となった．すなわち水草が生育する湖岸域が，水深4 mという広大な水域から，2 m以浅の水域へと後退した．現在の滇池の全湖での水草の生産量は，50年代の1/5にすぎない．また，80年代の初歩的推計による単位面積当たりの水草現存量は，50年代の1/6に及ばない．その結果，滇池の近年の水草生産量は，50年代のおおよそ1/30となる．今の状態が続くと，滇池固有の水生植生は完全に絶滅する可能性が高い．

(E) 外来植物の急速な増加

ブラジル原産の抽水植物（湿生植物）の水花生（*Alternanthera philoxeroides*；ナガエツルノゲイトウ）は，50年代に初めて雲南に持ち込まれた．現在すでに帰化しており，滇池の一部の小河川や浅い湖畔では，旺盛な新興水生植物群落として一面を覆っており，人力で一掃しても，拡大が止まらない．南米原産の水葫芦（*Eichhornia crassipes*；ホテイアオイ）は，風波の弱い湖の一部湾部で，強靱な浮遊群落として出現する．昆明市から滇池へ通じる大観河（ダーグヮンホォ）では，ホテイアオイはその一部が漂流し，流出する以外は，山のように積み重なり，船舶の通行に深刻な影響を及ぼすため，航運会社は不定期にそれを刈り取るしかない．

2 植生の変遷と生態条件の関係

滇池の植生変化の主な傾向は，水草の種類数の減少，群落密度の低下，植生面積の縮小である．こうした現象は自然環境の変化と，生態構造の破壊とに密接に関連している．

(A) 溶存酸素の減少が植物の呼吸に及ぼす影響

皮革，製紙，染色，木材加工などの企業からの有機性汚水と，昆明市全体の生活廃水とによって，水中の酸素を消費する物質が大量に滇池に流れ込み，酸素欠乏状態を引き起こした．滇池の溶存酸素濃度は，1958年ごろは7mg/l以上であったが，1970～75年には草海の観測地点の16%において，4mg/l以下まで低下し，最低値は1mg/l以下となった．1980年以降は，草海の溶存酸素濃度はさらに低下し，酸素欠乏の状態となり，植物の呼吸を制限し，植物（特に沈水植物）を窒息死させた．現在，草海（最大水深2m）の95%以上の水域で水生植物は生育しないが，溶存酸素不足がその主要な原因となっていると考えられる．

(B) 湖水の濁りによる光合成作用の妨げ

沈水植物も光合成には光を必要とするので,湖水の濁りは水草の光合成に影響する.滇池,特に草海では,工場排水や生活汚水物質が水中に浮遊しているとともに,石炭灰,粉塵などの無機物流入に加え,湖沼中のプランクトンの激増によって,湖水は濁り,植物の光合成に影響する.50年代草海で,最大2mあった透明度が,1977年4月末には40〜60cm,1983年にはわずか20〜40cmとなった.水中を透過する光エネルギーの不足により,水草の生育域は次第に浅い湖畔に移動する.このような光のエネルギーの不足による水深1.5〜2m以深での水草帯の消失が,滇池で植生面積を大きく減少させた重要な原因である.

(C) 洗剤や農薬に敏感な植物色素の破壊

これら毒性物質と植物の生死の関係について,私達は深く研究したことはないが,湖周囲での農業生産の発展と人口の増加に伴って,滇池の農薬と洗剤の濃度は50年代に比べて増加している.私達の試験によると,洗剤濃度が10ppmであると,海菜花,黒藻(*Hydrilla verticillata*;クロモ),金魚藻(*Ceratophyllum demersum*;マツモ)の葉緑素が低下し,正常な成長に影響を及ぼす.殺虫剤などの農薬はそれよりも更に影響が大きい.草海における多種の水草の衰退には,それが関係していると考えなければならない.

(D) ソウギョの過度の養殖による,餌植物の減少と絶滅

滇池の在来種である海菜花,クロモ,シャジクモ科,苦草などの沈水植物は,ソウギョが好んで食べる水草である.1957年に,水産部門が滇池にソウギョを投入し,養殖を開始したため,水草の群落構造は深刻な破壊を受けることになった.先に述べた諸要素の影響で,水草の生産量がすでに低くなっていたが,さらにソウギョ投入により大被害を受け,収支バランスを失った.いくつかの種類,例えば海菜花,センニンモなどは滇池で急速に絶滅に至った.残った水草はソウギョが忌避するか,あまり好まない植物(例えばホザキノフサモ,ホテイアオイなど)である.水質汚染が深刻ではない外海(ワイハイ)(草海をのぞく

本湖部分)で水草が生育しなくなったのは，ソウギョの養殖によると考えられる．この理由から，1975年以降，滇池へのソウギョの放流が停止された．しかし，破壊された生態系のバランスは容易に回復せず，投入されたソウギョを完全に捕獲することも不可能に近い．植生の状態は，外海においては安定しているようであるが，草海では依然として年々悪化している．

(E) 湖沼の富栄養化による，汚染に強い抽水植物や浮遊・浮葉植物への，生長・繁殖に有利な条件の提供

滇池は自然遷移において，すでに富栄養化段階に入っていたが，近年の汚濁は富栄養化をさらに押し進めた．ある種の抽水植物と浮遊植物（茭草（*Zizania latifolia*；マコモ）），ホテイアオイ，荇菜（*Nymphoides peltata*；アサザ）は，有毒物質を集積する機能を備えている．大気中で光合成と呼吸とを行うので，水中の酸素欠乏と濁りに影響されないし，根系により水と土の両方から養分を利用することができるので，沈水植物に比べより優越した生育条件を保持できる．他方，ソウギョが食べないホテイアオイやアサザは，それらの生育に適した水域（水深が浅く，流速の遅い内湾）において，前例のない繁殖を示す．また，湖沼の汚染により成長が促進されるマコモは，経済的に栽培される水生植物になっている．

3　雲南高原湖沼の水生植物

1970年代末までに調査した湖沼において，14類型の沈水植物群落が観察された（Li, 1980；Li and Shang, 1989）．抽水植物群落は，どの湖の周りにも普遍的に存在するというわけではなく，例えば湖岸の傾斜が急で，湖岸近くでも水深が深い撫仙湖や程海では，抽水植物群落は発達しない．星雲湖，滇池，異龍湖などの浅い湖では，抽水植物群落は湖岸生態系の一部を構成している．抽水植物群落は，雲南省内外の沼沢地域に固有なものである．湖の中で比較的安定している浮遊植物群落はホテイアオイ群落だけであり，明らかに，その存在は栽培と関係がある．

表3-4-8 雲南高原湖沼の水生植物群落分布表（Li, 1980）

群落類型	滇池	洱海	茈碧湖	剣湖	星雲湖	異龍湖	撫仙湖	杞麓湖	陽宗海	濾沽湖	程海
〈抽水植物群落類型〉											
芦葦（ヨシ）群落	∨	∨			∨	∨			∨	∨	
薏苡（ハトムギ）群落						∨					
茭草（マコモ）群落	∨	∨		∨	∨			∨		∨	
水葱（フトイ）群落						∨				∨	
香蒲（ガマ）群落										∨	
菖蒲（ショウブ）群落			∨								
禾稗群落			∨	∨				∨			
〈浮遊植物群落類型〉											
水葫芦（ホテイアオイ）群落	∨										
〈浮葉植物群落類型〉											
荇菜（アサザ）群落	∨			∨	∨		∨				
鴨子草（ヒルムシロ属）群落		∨	∨	∨						∨	
菱（ヒシ）群落		∨									
茈碧花（ヒツジグサ）群落			∨								
〈沈水植物群落類型〉											
金魚藻（マツモ）群落		∨		∨							
狐尾藻（ホザキノフサモ）群落	∨	∨			∨	∨		∨	∨	∨	∨
石龍尾（キクモ）群落			∨								
黒藻（クロモ）群落			∨	∨							
亮葉眼子菜（ガシャモク）群落			∨	∨		∨			∨		
馬来眼子菜（ササバモ）群落	∨	∨					∨	∨	∨		
菹草（エビモ）群落	∨	∨									
絲草（イトモ）群落				∨							
紅綾草（リュウノヒゲモ）群落	∨	∨									
微歯眼子菜（センニンモ）群落			∨	∨	∨						
茨藻（イバラモ）群落						∨					
海菜花（ミズオオバコ）群落			∨	∨				∨	∨	∨	
苦草（セキショウモ）群落	∨	∨	∨	∨	∨	∨	∨	∨	∨		∨
輪藻（シャジクモ）群落			∨			∨		∨			∨
総計	9	12	13	9	6	8	3	7	6	8	3

（ ）内の和名は，中国名が総称で使われていると思われるものについては，代表的な和名を用いた．

　この項では1970年代末の調査結果に基づき，雲南の高原湖によく見られる浮葉植物群落と沈水植物群落について（表3-4-8），自然条件下での生態を述べると共に，この20年間の水質悪化を原因とする植生変化についても言及する．

(A) 浮葉植物群落類型

この群落類型の植物は，根系を底泥の中に固着させ，葉身を水面に浮かべる．そのため，群落の種構成は比較的安定している．雲南地区によく見られる群落は次の通りである．

1) 莕菜（アサザ）群落　Comm. *Nymphoides peltata*

滇池，星雲湖，剣湖，杞麓湖（ジールーフー）の入江と水路に分布する．公園の池では水面の観賞植物として常に栽培されている．通常2mまでの水深で，湖底に泥が厚く堆積した立地に生育する．群落の総被度は80〜100%になる．優占種はアサザで，多く分枝し，茎は水中に沈んでおり，不定根を生じる．地下の匍匐茎は泥層内で織り重なり，節から葉を出し，葉柄は1〜2mの長さに達して，葉は心臓形卵形で，非常に大きい．表面は鮮緑色で，秋になると多くは紫色を帯びる．密な葉群は水面を漂う．花は黄色で束生し，相前後して開花する．アサザは，日々開花し閉花する（一日花の）習性を備え，春から秋まで，朝から夕方の一日に緑〜黄緑の景観が入れ替わり，たいへん趣がある．

アサザ群落は浮葉と沈水との二層構造を持ち，浮葉層ではアサザの葉を除くと，鴨子草（*Potamogeton tepperi*）と水膏薬（*Hydrocharis dubia*；トチカガミ）があり，また，水の浅い所には田字萍（デンジソウ；*Marsilea quadrifolia*）などの浮葉がある．満江紅（*Azolla imbricata*；アカウキクサ），槐葉萍（*Salvinia natans*；サンショウモ）などの浮遊植物は，この群落において常に繁殖している．沈水層はホザキノフサモと苦草を主とし，上層の被度が比較的低い場合，しばしば重要な地位を占める．その他，量的に多くはないが，穿葉眼子菜（*Potamogeton perfoliatus*；ヒロハノエビモ），マツモ，クロモなどがあり，群落の岸に近い側では抽水植物群落としばしば隣接し，そのため水葱（*Scirpus validus*；フトイと同種とする考えもある），マコモ，ナガエツルノゲイトウなどの抽水植物が，群落に常に侵入している．アサザはブタの飼料，緑肥とすることができ，また，美しい水面の観賞植物でもある．

2) 鴨子草（ヒルムシロ属）群落　Comm. *Potamogeton tepperi*

この群落は，西双版納（シーサンパンナ）以外の雲南の大部分の地域でよく見られる水生雑草群落である．水路や池，水田では大量に繁茂するが，湖沼ではあまり見られな

い．瀘沽湖，剣湖，茈碧湖の一部でだけで生育する．分布水深は 3.5 m に達し，底質は泥あるいは微砂である．

優占種の鴨子草は，匍匐する根茎を持ち，枝分かれはきわめて多く，繁殖は速い．沈水葉と浮葉を持つ．浮葉は比較的大きく，色は青緑色で，水面で積み重なるほど密集する．しばしば被度 80〜100% に達する純群落を形成する．湖沼環境下では，鴨子草群落の組成は単純で，沈水層によく出現するのは，海菜花，ホザキノフサモとヒルムシロ属の植物である．

鴨子草は水田にあっては害草であり，農業における除草の主要な対象となっている．湖の中でも，適当に除去されるべきである．

3）菱（ヒメビシ）群落　Comm. *Trapa incisa*

この群落は剣湖，茈碧湖，洱海でよく見られ，分布水深は 2 m 以内，湖底は通常灰黒色の堆積泥である．群落の総被度は 30〜100% である．優占種のヒメビシ（以後，菱をヒメビシとする）は，その茎に羽状に細く裂けた沈水葉を持ち，茎の先端部にはひし形の浮葉を叢生する．その葉柄の中部には紡錘形で大きく膨れた，海綿状の浮き袋を持つ．葉の色は暗緑色あるいは紫色を呈し，放射状に配列し，上面を平らに広げて，規則的な色図柄を構成する．紫色の花は水面の葉層の上に少し突き出る．群落は通常 2 層に分かれ，上層は浮葉層で，ヒメビシ以外ではアサザがある．茈碧湖では茈碧花（*Nymphaea tetragona*；ヒツジグサ）が加わる．それ以外にも，数種類の浮遊植物が見られる．沈水層にクロモやホザキノフサモが多数見られる．また，茈碧湖には石龍尾（*Limnophila sessiliflora*；キクモ），シャジクモ科，小茨藻（*Najas minor*；トリゲモ）などが見られる．沈水層の植物の多さは浮葉層の植物の多さと被度とに直接に関係している．群落の岸に近い外縁部では，ガマ，ヒシなどがまれに群生している場合がある．

4）茈碧花（ヒツジグサ）群落　Comm. *Nymphaea tetragona*

この群落は洱源県の茈碧湖に固有のものであり，少なくとも前世紀から現在まで保存されてきたものである．群落立地の水深は 0.5〜3 m で，湖底までみえるほど湖水が澄み，pH は 8.2 で，湖底は灰白色の泥層となっている．

優占種は茈碧花（ヒツジグサ）で，茈碧蓮とも，子午蓮とも言う．直立の根

茎を持つ浮葉植物で，その根茎から 40〜50 枚の葉を叢生する．葉柄の長さは 2〜3 m に達し，葉は緑色で光沢がある．水面に浮かび，集まって団地状の葉層となる．各集団は直径 2〜3 m である．花は蓮に似るがやや小形で，白色あるいは辺縁部が錦色を帯び，すがすがしい香りを有し，清楚な純白の色彩で湖面をかざり，はなはだ美しい．群落の総被度は通常 60〜90％ となる．層構造は明瞭で，水面の浮葉層は常にヒメビシを伴い，被度は 50〜70％ を超えない．そのため沈水層は比較的良く発達し，クロモ，海菜花，ガシャモク，ササバモ等の種類組成を持つ．浅水域ではしばしば大量のシャジクモ科が湖底を敷き詰め，水中の緑色のカーペットとなる．

(B) 沈水植物群落類型

沈水植物群落は雲南高原の湖沼や淵（龍潭），池（水塘）の植生の主体をなし，下記の群落がよく見られる．

1) 金魚藻（マツモ）群落　Comm. *Ceratophyllum demersum*

海抜高度 2700 m 以下の湖沼や池，水路および水田に分布し，湖沼中では水深 4〜5 m まで生育する．比較的富栄養な水質や底質を好むが，汚染度合が高い水体では，群落は被害を受けることが多い．

湖沼での群落の総被度は通常 40〜85％ までである．優占種のマツモは分枝が多く細長く，節に仮根を生じる．6〜10 枚の葉を輪生状につけ，各葉は 2〜4 次に又状に分かれ，裂片は細く狭い．花果は葉腋に生じ，目立たない．春から夏までは鮮緑色の群落であるが，秋に褐色に変わる．マツモは広く分布するが，群落の優占種となることは少ない．その理由は，本種の生育には水が澄んでいて，一定の深さがあり，風が凪ぎ，波の静かなことが要求されるからである．洱海におけるマツモは，2 m 以深の深い場所にかなりの面積で純群落を形成している．群落上部から水面まで，常に 1 m 以上の水層が有り，表層の波浪の衝撃を避けている．

通常，この群落は一層しかなく，湖底に沈んでおり，層の厚さ（群落高）は 1〜3 m である．マツモのほかの深水性の沈水植物ではクロモ（時には同程度の優占度となる）がよく見られ，苦草，海菜花などがそれに続く．浅い湖沼で

は，この群落中に通常はホザキノフサモやササバモ，エビモ等の沈水植物種が出現する．

マツモは魚の餌，豚の餌とすることができるとともに，水槽用の鑑賞植物として用いられる．

2) 狐尾藻 (ホザキノフサモ) 群落　Comm. *Myriophyllum spicatum*

省全域で，各大湖沼や河川，池に広く分布している．比較的大きな湖沼では多少帯状に分布する．底質や水質には関わらず，水深4m以浅の場で生育している．pHが9.2と高い程海でも，群落を発達させることができる．

群落の総被度は常に80%以下であるが，水質や底質の条件が良くない水域では20〜30%にしか達しない．通常は2層に分かれ，上層部は水面と平行し，その被度は30〜70%となる．優占種のホザキノフサモは，匍匐茎を持ち，十数本の直立茎が株立ちとなる．分枝は多くなく，羽状に細裂した輪生葉を茎の上部から下部までつけている．夏から秋にかけて，枝先につけた黄色から赤色の穂状の花を水面上に抽出する．上層を構成する随伴種にはササバモやヒロハノエビモ，ガシャモクなどがある．瀘沽湖には，浮葉の鴨子草がまばらに見られる．滇池ではつねにエビモを伴う．群落の第二層は水面下に深く沈み，常に水面から0.3〜1.5m離れている．主要な構成種はリュウノヒゲモ，クロモ，マツモ，センニンモ，海菜花などである．雲南の大多数の湖沼において，苦草は本群落の沈水層の重要な構成種となっている．ただし，高山環境にある瀘沽湖では，苦草は全く出現しない．ここでの著しい特徴の一つは，品藻 (*Lemna trisulca*；ヒンジモ) が量的に非常に多く，群落の上下で浮遊状態となることである．

程海では，ホザキノフサモ群落の種類組成は最も貧弱である．高等植物はホザキノフサモとリュウノヒゲモだけで，個体数もわずかしかなく，総被度は20%を超えない．程海は，pHが高く，硬度も大きく，鉱化度も高く，大多数の沈水植物は生育出来ず，群落はまばらで，種類も単調である．

ホザキノフサモは，汚染やアルカリにも耐え，生態幅が広く，水草の乏しい湖において，重要な魚の餌や産卵場所となる．しかし水草が多く見られる水域においては，魚類の採食圧は低下するので，人為的に除去し，緑肥として用い

るべきである．

3) 石龍尾（キクモ）群落　Comm. *Limnophila sessiliflora*

洱源県の茈碧湖の外湖にだけ見られ，分布水深は4m程度である．湖底は微砂質で灰色，勾配は緩やかで，湖水の透明度は3〜4mである．

茈碧湖のキクモ群落は，比較的多くの種類から構成され，群落構造もより整った水生植物群落である．群落の総被度は50〜85％となり，一般的に上，中，下の三層に分けられる．上層は被度が10％程度で，光を好む少数の種類からなり，浮葉植物のヒツジグサと鴨草草，他に沈水性のササバモ，ガシャモク，狸藻（*Utricularia aurea*；ノタヌキモ）などが湖底から叢生し，水面に達する．中層がこの群落の中核をなし，キクモが優占種となる．被度は50％前後を占め，この層の上部から水面までの距離は0.5〜1.0mである．キクモは分枝が少なく，羽状に細裂した葉身の長さは5〜6cmに達し，4〜6枚が輪生する．植物全体の外観は円柱形で，太さが等しい．中層の出現頻度の高い種として，大型の葉を持つ海菜花，リュウノヒゲモ，センニンモ，苦草，クロモ，マツモなどがある．形状は種によって異なり，個々の茂みを構成し，それらが入れ子状になっている．下層は茨藻（イバラモ属），輪藻（シャジクモ科）からなり，常に半球形の茂みとなっており，高さは1〜1.5m，直径は50〜80cmの半球状の茂みとなり，上層や中層の植物被度が低い場所に出現する．

キクモは60年代の滇池において比較的よく見られたが，汚水に敏感な植物で，近年ではすでにその痕跡もない．

4) 黒藻（クロモ）群落　Comm. *Hydrilla verticillata*

雲南省の大部分の湖沼に広く分布し，また，水路や，水の入った水田，池や淵にもよく見られる．洱海と茈碧湖における最大分布水深は7mに達する．生育場の底質は堆積した泥あるいは腐植質を多く含む微砂である．汚染された滇池では，クロモの群落はほぼ完全に消失し，pHと水質硬度の高い程海でも，クロモは跡形もない．

群落の総被度は水深の増加とともに低下する．洱海の水深7mまで達しているクロモ群落の被度は40〜60％である．茈碧湖でこの群落が生育できる最大水深は約5mで，群落の総被度は常に90％に達する．湖沼という条件下に

あっては，群落は2層構造をとり得る場合もあり，上層は水面に接近し，その被度は10%足らずである．ホザキノフサモやガシャモク，ヒロハノエビモ，ササバモなどの光を好む種類から構成され，水深が3.5m以上の水域では，上層は全く無くなってしまう．下層はより深く沈んでおり，被度は80%に達する．クロモは，密な分枝をし，青緑色の小さな葉をつけ，絶対的な優位を占め，団塊状の植叢が厚いカーペット状となる．花や実は顕著ではないが，人を喜ばせる景観で水面下を飾る．下層で出現頻度の高い種としては，マツモ，センニンモ，苦草，リュウノヒゲモなどがある．これらの種は耐陰性に優れ，時には下層の分布水深が透明度の深さよりも深い場合もある．

クロモは魚の餌やブタの飼料に利用でき，また，水槽に入れて魚を飼うこともできる．教材としては，葉緑体の回転運動を観察する実験材料としても用いられる．薬用としては，解熱解毒作用，皮膚病や腫れに対しての治療効果がある．

5）亮葉眼子菜（ガシャモク）群落　Comm. *Potamogeton lucens*

濾沽湖，苴碧湖，洱海，異龍湖に分布している．濾沽湖では，最も深い所に分布する維管束植物の群落として，水深7mまで分布し，環状に湖心を完全に取り巻いている．異龍湖においては，この群落の占有面積が最も広く，主に水深が1～1.8mで，泥が厚く堆積している西半分に分布する．

群落の外観は黄色であり，海菜花の白色が彩りを添える．群落の総被度は70～90%となり，老年期にある異龍湖においては100%に達することもある．洱海の江尾（河尾）の一帯にある．湖水が比較的濁っているため，水深は深くなく，被度は50%前後しかない．群落の構造は2層に分けられる．上層は水面に接し，優占種のガシャモクは，分枝数が多く細長くて，枝先に葉を密につける．多くは枝先が水面に接して傾いた形で漂い，直径30～100cmの塊状の葉層を形成する．長さ3～4cmの淡緑色の穂状の花序を，水上にまっすぐに立て，果実は晩秋に熟し水面に散布される．上層ではホザキノフサモ，ヒロハノエビモあるいはササバモがよく見られるが，一般的に個体数は多くない．下層は水面下に深く沈み，その構成は湖によって異なる．濾沽湖では，主に波葉海菜花（*Ottelia acuminata* var. *crispa*；ミズオオバコ属）の葉叢があり，その間に

マツモ，クロモあるいはリュウノヒゲモがやはり葉叢をなして存在しあって，少量の扁茎眼子菜 (*Potamogeton compressus*；エゾヤナギモ) も生育している (Li and Hsu, 1979). 異龍湖，茈碧湖においては，群落の下層部で多く見られるのは海菜花，輪藻，トリゲモなどである．

ガシャモクは汚染に敏感な植物の1つであり，以前は滇池で広範囲に成長していたが，現在ではすでに見つけるのが困難になった．

6) 馬来眼子菜 (ササバモ) 群落　Comm. *Potamogeton malaianus*

洱海，剣湖，撫仙湖，杞麓湖，陽宗海(ヤンゾンハイ)及び多くの流水小川に分布している．この群落は水深の2〜3m以浅に適応しており，水の透明度が高く，一定の流速のあることを必要とし，風波には耐性がある．水体の透明度がより劣る洱海，剣湖では，流出口の周辺部によく現れる．河に流れ込む清水の小川に，しばしば河床いっぱいに広がり繁茂する．一部の水のきれいな池でも見られるが，水田では生育しない．

群落は緑褐色で，総被度は60〜90％となる．上層では優占種のササバモが繁茂し，分枝する．茎の長さは3.5mに達し，河川の中で流れに沿って延びる．湖や池においては，水面まで伸び，その後広がる．葉腋につけた穂状花序は水面に直立し，花後には水中に垂れる．茂みの間にホザキノフサモが常に散在して生長しており，時にはアサザや，ガシャモク，ヒロハノエビモ，鴨子草，エビモなどの光を好む沈水植物も見られる．第2層の被度は20〜30％で，クロモ，リュウノヒゲモ，苦草が比較的よく見られる．剣湖では，マツモはこの層で重要な地位を占め，杞麓湖ではかなりの量のシャジクモ科が分布し，薄緑色の植物の茂みは高さ約30cm，被度は40％となり，この湖におけるササバモ群落を特徴づける．

ササバモの茂みは，各種のエビ類の生息場所や草食性魚類の餌場であるとともに，多くの経済魚の産卵場でもあり，水産養殖業に対して意義を持つ．

ガシャモクと同様，ササバモも汚染に敏感な植物である．60年代の滇池においては，ササバモは深さの2〜3mの広大な水域で帯状に分布していたが今では見られない．

7) 菹草 (エビモ) 群落　Comm. *Potamogeton crispus*

滇池，洱海の沼沢化した入江部分に分布している．亜熱帯や温帯の地域の，池，水田，小川でも，よく見られ，分布水深は1.5m以内，富栄養化の著しい水体で，泥が厚く堆積し，風波の影響の少ない場所を好む．

群落の優占種のエビモは，茂みになって成長して，分かれた枝が生い茂る．エビモは葉の縁が波状に起伏し，葉脈は赤味を帯びるので，識別は容易である．春季の成長が盛んで，群落は明るい緑色を呈している．ピンク色の花穂は水上に立ち，盛夏を過ぎると花はしぼみ，果実が成熟し，水中に沈む．枝葉は枯れて，蓮台状で硬質な殖芽を多く形成し，湖底に散布する．秋になると，生育期間が長くかつ水位の上昇に適するホザキノフサモ群落がエビモに取って代わるが，この時の群落密度は疎となり，総被度は10％以下になる．

エビモは草食魚類の餌であるとともに，魚類の産卵場所ともなる．

8）絲草（イトモ）群落　Comm. *Potamogeton pusilus*

雲南高原の湖の中で，茈碧湖における沼沢化した浅水地域だけに見られる．ここは，水量の多い時期で水深は50cm以内，渇水期には沼沢化した湿地帯となり，底には湖泥が厚く堆積する．

群落の総被度が80％に達する．優占種のイトモは枝分かれが多く，茎の枝は繊細で，葉は細長く，水中に沈む．花序はピンク色で，花が少なく，開花時には水上に立ち，結実期には沈下する．よく見られる種はエビモ，ホザキノフサモ，クロモ，マツモ，トリゲモなどである．それぞれの種は混生し，階層構造の分化は明瞭ではない．

9）紅綾草（リュウノヒゲモ）群落　Comm. *Potamogeton pectinatus*

滇池，洱海，撫仙湖，瀘沽湖，及び雲南中部の一部の池に分布し，0.4～2.5mの水深に生育する．酸・アルカリ度と硬度が最大の程海では，分布面積が最大となる主要植物群落である．汚染された滇池では帯状分布が見られる．生育環境の条件がかなり悪い水域においても，リュウノヒゲモは疎な純群落を形成することができる．

群落の総被度は各地で一様でなく，高い場合は90％（瀘沽湖）に達する．程海と撫仙湖では大部分が20～30％程度の群落となっている．優占種のリュウノヒゲモは，春と夏の変わり目に勢いよく伸びて，盛んに分枝する．赤褐色

の葉は線形で松葉のように厚く，直立し上方で広がる．植叢の直径は20～30 cm，高さは30～100 cmあり，水中に沈んでいる．花や果実を多く着けるが，水面上には出ない．秋になると，リュウノヒゲモは魚類による摂食と，枯死に瀕するために，残枝と葉の断片および湖床に沈んだ塊茎の冬芽が残されることになる．このため，群落の優位はホザキノフサモに取って代わられる．この群落は，水深が1m以下の浅水域に，階層構造を作らずに分布している．よく見られる種はエビモ，ホザキノフサモである．程海では，複数のシャジクモ科が常に水底に分布している．濾沽湖では，リュウノヒゲモ群落の構成種は比較的多く，かつ水深が深い場合には，明らかな階層構造を持ち，上層にホザキノフサモ，ササバモ，ヒロハノエビモ，鴨子草が分布し，下層にはリュウノヒゲモを除くと波葉海菜花，イトモ，クロモ，大茨藻（*Najas major*＝*N. marina*；イバラモ），トリゲモなどが分布する．それ以外に，沈水性の浮遊植物のヒンジモが見られる．

リュウノヒゲモは草食性魚類にとって優れた飼料になるとともに，産卵場ともなる．適応性は強くて，青蔵高原湖にも分布するなど，海抜高度の異なる水域や，水質が異なる環境下でも生存することができ，水生資源植物である．程海の漁民は，産卵の季節に，魚とともにリュウノヒゲモを陸揚して，ダム湖あるいは養魚池へ運ぶが，この稚魚輸送法は，たいへん特異的である．

10) 微歯眼子菜（センニンモ）群落　Comm. *Potamogeton maackianus*

主に洱海，茈碧湖など雲南西部の湖内に分布している．洱海北部の東から西にかけて，水深2～5mの湖底に帯状に分布している．剣湖では2～3.2mの水深に分布し，最大分布水深は透明度の2倍である．茈碧湖では，この群落は水深1m前後の沼沢化した浅水域に出現する．深所に分布する沈水植物群落である．60年代の滇池では，この群落は大面積に分布していたが，現在は完全に消失した．

群落の主要構造をなす階層は，水中に深く沈んだ第2層であり，洱海では，その層の上面と水面の距離は1.5～2mに達する．優占種のセンニンモは，多く分枝し，茎は長く，葉は細くて，植物体は暗緑色を帯び，密生して大きな群落となる．頻度高く見られる種としては緑褐色のマツモ，青緑色のクロモ，赤

褐色のリュウノヒゲモがあり，円形に束生するが，それぞれの形態が異なるため，混じり合わない．茈碧湖においては，この群落の生育場所は水深が浅く，泥は深い．主要構造となる階層を構成する出現頻度の高い種は，葉が大きい海菜花，葉が細いイトモ，トリゲモ，シャジクモ科，および相当量の尖葉眼子菜 (*Potamogeton oxyphyllus*；ヤナギモ) で，層冠は水面近くにあり，普通は20～30 cm より深くはならない．

群落上層は非常にまばらで，被度は10%以下である．この層に現れるのは光を好むホザキノフサモ，ガシャモク，ササバモである．それらは殆どが直立し，第2層からまっすぐ水面まで伸びている．赤色の花穂は疎らで水上に立ち，それによって，この水中群落の存在が示される．

11) 小茨藻（トリゲモ）群落　Comm. *Najas minor*

水田，水路，浅い池及び沼沢化した浅い湖に分布し，異龍湖で多く見られる．

群落の総被度は50～60%である．優占種のトリゲモは，水田，排水路において常に純群落となる．異龍湖の罵母咀(マムオジュイ)の付近には，この群落は水深1.2～1.8 m の地域に分布し，底泥は灰褐色で厚く堆積する．群落がある場所の水深は，基本的に透明度の深さに一致し，群落の構造は一目瞭然である．2層に分けられ，上層は水面に接近し，被度は20%以下で，ホザキノフサモ，ササバモから構成される．下層の被度は30～60%であり，層上部から水面までの距離は約0.5 m である．優占種のトリゲモは植叢が丸くなり，緑褐色で，高さは30～40 cm となる．植物体は分枝が多くて草丈は低く，葉は針のように細く，茎の先端部に集まり，水中に放射状に伸びており，形がキクの花のようで，「菊花草」と言う名称がある．下層でよく出現する種は，灰緑色の輪藻と，植物体は大きいが，硬くて脆いイバラモで，互いに隣接するか，離れて生育する．

12) 海菜花（ミズオオバコ属）群落　Comm. *Ottelia acuminata*

雲南高原の大多数の湖と，湖の周囲の池，溝，に分布し，時にはレンコンやクワイ栽培の田にも生育しており，雲南の水生植生を特徴づけている．生育する水深は通常2.5 m 以内である．透明度が高いところを好み，深い濾沽湖で

は，水深5mの所でよく見られる．この湖底は泥質あるいは砂質で，水のpH値は7〜8.4である．酸・アルカリ度の高い程海では，海菜花群落はない．かつて，滇池は海菜花が非常に多く，「花の海」と称賛されたが，近年，海菜花は消失した．星雲湖では，水が非常に濁り，かつ養魚量が多すぎるため，海菜花は希少な植物になった．

群落優占種の海菜花は大型の沈水植物であり，短い直立根茎を有する．根生葉は常に60〜70枚つけ，葉は大きく，葉柄は水深の増加に従って長く伸び，水中に大きい葉の茂みを形成する．花茎は非常に長く，螺旋状に弧を描きながら水面に達する．蕊が黄色く純白の花弁を持つ大きな花が水面を漂い，星や碁石を散布した様子となり，非常に人を喜ばせる．

長期にわたる地理的隔離により，海菜花は異なる湖でそれぞれ特色のある変種を形成した．葉身の形態と大きさに多くの変異があるとともに，生殖器官にも分化が見られる．そして四つの変種に分けることができる．①原変種の *Ottelia acuminata* var. *acuminata*；分布域は広く，雲南の西部，雲南の中部から雲南の東南部までの浅い湖に分布する，②水深の深い高山湖の瀘沽湖には，特異な波葉海菜花（*Ottelia acuminata* var. *crispa*；Li and Hsu, 1979）がある，③陽宗海と杞麓湖では通海海菜花（トンハイ）（*Ottelia acuminata* var. *tonhaiensis*；Li, 1988a；Li, 1988b）が共に見られる，④路南（ルナン）の長湖（チャンフー）では長湖海菜花（*Ottelia acuminata* var. *lunanensis*）が生育する．これら変種群に対応して，海菜花群落も生育環境に従って種類組成構造に，いくつかの変異型が見られる．ここでは，より広く分布する浅水型の変異型だけについて説明する．

この変異型は現在，洱海，茈碧湖，剣湖，異龍湖に分布している．水深は2.5m以下で，底質は主に厚い泥の層からなるが，時には微砂，礫と巻き貝の殻の場合もある．

群落の総被度は50〜70%となる．優占種は海菜花（原変種）であり，群落の上層にはガシャモク，ホザキノフサモ，ササバモが分布し，ヒロハノエビモ，ヒツジグサ，キクモが部分的に見られ，総被度は約10〜30%である．群落の下層植生は海菜花が主体となるが，その株数は多くない．しかし葉は団扇のように大きく，非常に多い．常に2〜3株で植叢を作り，各植叢はおよそ

2〜4m²の広がりで丸い緑のカーペットとなり，水面には花を見ることができる．もし冬季に温度が急に低下すると，海菜花群落は水面の花，水中の葉を失う．群落の下層を構成する種は多く，クロモ，トリゲモが多く見られ，その中にイバラモ，センニンモが混ざる．茈碧湖においては，大量に輪藻が生育しており，特定の層を構成している．

海菜花は，その葉と花茎とも食用に供することができ，また，ソウギョ，アオウオなどの餌になる．花期が長くて，花は大きく美しく，水面の輝かしい観賞植物であり，高原湖において得難いものである．長年の育成の試験により，この花は成育し易く，管理もし易くて，園庭の池に大量に導入して植えることができる．

13) 苦草（セキショウモ属）群落　Comm. *Vallisneria gigantea*

海抜の2300m以下の湖，小川と池に広く分布している．星雲湖では，水深が1.5m以上の水域の大部分を覆う．洱海，杞麓湖，程海では生態遷移系列の最後に位置するとともに，最深部に分布する沈水群落である．しかし現在の滇池では，水深が1〜2mの浅水帯の一部に残っているにすぎない．透明度が最大の撫仙湖では，分布水深は20mに達する．

苦草は通常純群落となり，構造は単純である．植物体は匍匐茎を有し，多くは栄養繁殖をし，根生葉を茂らせ，リボン状の葉は直立し，長さは浅水域では20〜30cm，深水域では2〜3mに達する．葉層が常に透明度以深にあるため，気づきにくい．水中の群落の位置がわかるのは，水面に浮かぶ肉白色の小さい雌花によるのみである．もし苦草が4〜5m以上の深い所に生えている場合は，水面からは何も見えず，潜水か採取による方法によって調査するしかない．

群落の種類組成は水深の増加とともに減り，比較的によく見られる種は，水面に伸び上がるホザキノフサモ，ガシャモク，ササバモなどで，時にはヒロハノエビモ，エビモも見られる．それらは群落の浅水部で苦草を超える上層を構成する．苦草は第2層をなし，その層の上面から水面までの距離は3〜4mに達し，撫仙湖ではその距離はさらに大きくなる．透明度が高い場合，この層にリュウノヒゲモ，クロモ，マツモ，センニンモなどが混生し，限られた地域で

は海菜花も見られる．浅水域の苦草の群落は層の分化は明瞭ではなく，ホザキノフサモ，クロモ，マツモなどが多く見られる．

苦草は魚類の餌，ブタの飼料となる．また，重要な「湖の肥料」でもある．

14) 輪藻（シャジクモ科）群落　Comm. *Chara, Nitella*

茈碧湖，程海，撫仙湖，異龍湖，杞麓湖及び各地の淵，清水の小川に分布している．以前滇池の草海には大面積で分布していた．

一つの大型藻類の群落で，総被度は30〜100％とまちまちである．個体数量は多く，散生するか，あるいは一面に連なって，密度の高い水中の緑藻になっている．雲南大学の生物学科が行った調査によると，60年代，滇池の輪藻の群落は下記の種類からなっていた：普生輪藻（*Chara vulgaris*；シャジクモ属），脆輪藻（*Chara fragilis*；シャジクモ属），無色麗藻（*Nitella hyalina*；フラスコモ属），鈍節麗藻（*Nitellopsis obtusa*；ホシツリモ），具芒松藻（*Lychnathamnus barbatus*），長苞松藻（*L. longibracteatus*），四川麗藻（*Nitella sutchenensis*；フラスコモ属），乳突輪藻（*Chara vulgaris* var. *papillata*；シャジクモ属）である．群落の中によくある維管束植物はホザキノフサモ，クロモとヒルムシロ科の植物である．近年，滇池では輪藻群落は完全に消滅した．

注
1) 現在は同一種とはされていないが，非常に類似しているので以後この和名を用いる．

文献

Li, Hen (1980): A Study on the Lake Vegetation of Yunnan Plateau. Acta Botanica Yunnanica, 2 (2): 113-141.

Li, Hen (1985a): The Relationships between the Changes of Aquatic Vegetation in the Lake Dian-Chi and the Ecological Conditions. Journal of Yunnan University, V. 7 Supplement: 37-44.

Li, Hen (1985b): The Flourishing and Declining of *Ottelia acuminata* in the Lake Dian-Chi. Journal of Yunnan University, V. 7 Supplement: 138-142.

Li, Hen (1988a): Water Plants in Yangzhonghai Lake. Journal of Yunnan University, V. 10 Supplement: 148-153.

Li, Hen (1988b): The Aquatic Vegetation in the Qiluhu Lake. Journal of Yunnan University, V. 10 Supplement: 81-89.

Li, Hen and Shang, Yuming (1989): Aquatic Vegetation in Lake Erhai, Yunnan. Mountain Research, 7 (3): 164-174.

Li, Hen and Hsu, Ting-Zhi (1979): The Geobotanica Expedition on Lake Luguhu. Acta Botanica Yunnanica, 1 (1): 125-136.

(李　恒，浜端悦治)

(4) 撫仙湖，星雲湖の N，P 動態
―― 琵琶湖との比較において

1　撫仙湖，星雲湖の特色

撫仙湖(フーシャンフー)は常春の地と称される雲南省昆明市の南に位置する貧栄養湖で中国 2 番目の深湖（最大深度 157 m，平均深度 90.1 m）である．第三紀の雲南高原の隆起により生じた断層に形成された U 字型の構造湖で，湖容積が（191.8×10^8m^3）大きく，貴重な淡水資源である（口絵 8）．赤色土で覆われた集水域は起伏が多く，樹木が田畑の間に散在する（口絵 15）．北部農地を貫流する 7 河川をのぞくと，20 以上の流入河川は勾配が急で，雨季には急流となるが，乾季にはわずかな水流しかない．湖水は海口河から南盤江(ナンパンジャン)に流出する．上記の湖盆特性とともに，集水域の農地と集落の発達が低いためこれまで人為負荷が少なく，湖水の N，P 濃度は低くおさえられ，湖は貧栄養状態を維持してきた（表 2-1-8）．現在，流域人口は 14.42×10^4 人と低く，その 89％が農業に従事している．近年，人口の 44％が湖岸から 1 km 以内に住むようになり，湖岸地域の開発が進みつつある．これに加えて，隣接する富栄養的な星雲湖から大量の汚濁湖水が流入していることから，湖の汚染が少しずつ進み始め，1977 年に 12.5 m あった湖水の透明度が 5〜7 m に低下している．この撫仙湖の環境変化を憂慮して，雲南省は各種の対策を検討している（Song ほか，1999）．

撫仙湖の南に隣接する星雲湖(シンユンフー)は，浅い富栄養湖（最大水深 9.6 m，湖面積 39

表3-4-9 星雲湖における富栄養化水質項目の経年変化．各年度平均値(Song ほか，1999)

年度	COD$_{Mn}$ mg/l	BOD$_5$ mg/l	NH$_4$ mg/l	T-P mg/l	T-N mg/l	透明度 cm	Chl-a mg/m^3	藻類細胞数 10^4/l
1986	3.20	2.12	0.18	0.03	—	113	—	—
1987	3.34	2.34	0.05	0.05	—	135	—	—
1988	3.30	2.40	0.13	0.03	0.60	81	—	—
1989	3.88	2.51	0.10	0.04	0.65	125	—	—
1990	3.98	1.45	0.16	0.04	0.67	156	—	—
1991	4.08	2.17	0.07	0.04	0.73	149	6.62	253
1992	4.56	1.63	0.17	0.03	0.71	188	4.55	174
1993	4.47	1.55	0.14	0.04	0.59	148	5.20	195
1994	4.65	1.63	0.35	0.03	0.70	166	16.49	229
1995	4.71	1.74	0.25	0.06	0.93	120	9.70	176
1996	4.35	1.80	0.27	0.03	1.10	114	11.84	140
1997	4.70	1.61	0.43	0.02	0.71	126	11.08	123
1998	5.12	1.17	0.36	0.03	0.63	101	19.26	151

km^2，湖容積2.0×10^{8}m^3）で，今から1万年前は撫仙湖と同一湖盆であった(Jin，1995)．その後，地殻隆起により撫仙湖と分断され，現在は，長さ2.2 kmの運河（隔河(ゴオホオ)）により両者が繋がっている．昔は湖中にあった湖をとりまく平野の開墾が進み（流域人口17.5×10^{4}人の90.9%が農業に従事），多くの農地排水が流入している．また，湖南の江川集落から未処理生活排水が流入している（口絵9）．湖水の窒素，リン濃度が年とともに増加し（表3-4-9），年間を通じ高濃度のアオコが発生している（口絵10）．環境的に問題なのは，この富栄養化した星雲湖から，年間92×10^{6}m^{3}のアオコを含んだ湖水が貧栄養湖の撫仙湖に流入していることである（口絵11）．年流入量は撫仙湖容積の1/208と少ないが，星雲湖が著しく富栄養化していることから，撫仙湖への悪影響が懸念されている．

撫仙湖のおかれている上記の環境は，富栄養湖水が流入している点を除くと，気候，湖の成因と年代，湖の形態と水質，集水域における活発な農業活動，水源としての湖の重要性において，琵琶湖と共通している面が多い．本節では，撫仙湖と星雲湖の富栄養化の原因とその影響を理解するために，富栄養化促進因子であるN，Pの動態について，おもに琵琶湖との比較において論じ

る．これらの湖沼における関連する無機化学元素の動態については，本書 3—2 節(1)を参照されたい．

2 撫仙湖，星雲湖と流入河川の窒素，リンの変動

雲南高原湖沼では，1980 年代中ごろから富栄養化関連水質の定期モニタリングが続けられている．その結果を見ると，星雲湖では，ここ 10 年間に窒素，リン濃度，COD 値が増え（表 3-4-9），1980 年代初期の滇池のレベルに近づきつつある（表 3-4-4）．撫仙湖については，水質の経年変化のデータは少なく，また，汚濁物質の流入負荷影響についての知見も少ない．そこで，2001 年から始められた撫仙湖の日中共同調査では，富栄養化促進主要因である窒素 (N)，リン (P) の湖内分布と流入負荷を調べ，それらが富栄養化に果たす役

表 3-4-10 撫仙湖，星雲湖における窒素，リンの分布（2000 年 11 月）（Sakamoto ほか，2002）

湖沼・地点		水深	PN mgN/l	DN mgN/l	T-N mgN/l	PN/T-N %	PP μgP/l	DP μgP/l	T-P μgP/l	PP/T-P %	T-N/T-P 重量比	PN/PP 重量比
撫仙湖	F2	0.5m	0.08	0.18	0.24	33	1.50	2.54	4.04	37	59	53
		10m	0.07	0.14	0.22	32	2.53	2.10	4.62	55	48	28
		20m	0.05	0.19	0.24	21	1.81	2.59	4.39	41	55	28
		30m	0.04	0.18	0.22	18	1.03	1.54	2.57	40	86	39
		50m	0.01	0.21	0.22	5	0.75	1.40	2.15	35	102	13
		70m	0.01	0.18	0.20	5	0.51	3.17	3.68	14	54	20
		100m	0.02	0.08	0.10	20	0.21	5.89	6.09	3	17	95
		140m	0.02	0.18	0.20	10	0.51	5.40	5.91	9	34	39
	F7	0.5m	0.06	0.13	0.19	32	2.10	2.17	4.27	49	45	29
		10m	0.05	0.19	0.24	21	2.45	1.81	4.36	56	55	20
		20m	0.07	0.17	0.24	30	3.22	2.01	5.23	62	46	22
		30m	0.05	0.06	0.11	45	2.09	2.33	4.42	47	25	24
		50m	0.02	0.10	0.12	17	1.84	1.61	3.45	53	35	11
	F6	0m	—	—	0.13	—	—	—	12.0	—	11	—
	F8	0m	—	—	0.16	—	—	—	7.18	—	22	—
	F9	0m	—	—	0.15	—	—	—	10.9	—	14	—
星雲湖	S	0m	—	—	1.05	—	59.0	28.9	87.7	67	12	—
		0.5m	—	—	0.87	—	56.0	28.3	84.3	66	10	—
		5.0m	—	—	0.87	—	54.8	27.3	82.0	67	11	—

F2：最深点，F7：湖南部，F6，8，9：最南部．

割を明らかにすることを目ざした．本節に関わる現地調査は，2000年11月と2001年6月のニッセイ調査団の共同調査時に集中し行われた．湖水は，撫仙湖と星雲湖の湖心から採取し，並行して採取した河川水とともに凍結，日本に持ち帰り化学分析をおこなった．

表3-4-10, 11に示すように，星雲湖水の全窒素 (T-N), 全リン (T-P) 濃度は，0.9～1.9 mgN/l, 71～88 μgP/l であり，撫仙湖の15～20倍，5～9倍と極めて高い．星雲湖の湖水流入が撫仙湖の環境に多大の影響を与えることが，十分予測される．両調査時とも，星雲湖では，アオコが高濃度に発生しており，アオコの吹きよせられた湖岸表面水のT-N, T-P 濃度は，41 mgN/l, 4.9 mgP/l に達した．プランクトンなど水中懸濁物としての懸濁態窒素 (PN), 懸濁態リン (PP) がT-N, T-Pに占める割合は，50～80%と大きい．

他方，撫仙湖では，30 m以浅の表水層のT-N, T-P濃度は0.11～0.27 mgN/l, 2.4～12.0 μgP/l で (T-P濃度は琵琶湖北湖より低い)，貧栄養湖のレ

表3-4-11　撫仙湖，星雲湖における窒素，リンの分布（2001年6月）

湖沼・地点		水深	PN mgN/l	DN mgN/l	T-N mgN/l	PN/T-N %	PP μgP/l	DP μgP/l	T-P μgP/l	PP/T-P %	T-N/T-P 重量比	PN/PP 重量比
撫仙湖	F2	0.5m	0.11	0.08	0.19	58	4.97	1.05	6.02	83	32	22
		10m	0.10	0.07	0.17	59	5.75	0.99	6.73	85	25	17
		20m	0.05	0.12	0.17	29	4.13	1.09	5.22	79	33	12
		30m	0.01	0.14	0.15	6	2.40	1.46	3.86	62	39	4
		50m	0.02	0.11	0.13	15	0.50	2.17	2.67	19	49	40
		70m	0.08	0.11	0.19	42	1.84	1.71	3.54	52	54	44
		100m	0.08	0.11	0.19	42	1.60	3.15	4.75	34	40	50
		140m	0.02	0.18	0.20	10	3.65	7.85	11.51	32	17	5
	F7	0.5m	0.04	0.13	0.20	20	4.67	1.21	5.89	79	34	9
		10m	0.03	0.19	0.23	13	2.94	1.96	4.89	60	47	10
		20m	0.09	0.17	0.21	43	3.51	0.53	4.04	87	52	26
		30m	0.03	0.06	0.13	23	2.28	0.13	2.39	54	13	
		50m	0.00	0.10	0.10	—	1.78	0.31	2.06	86	48	—
	F6	0m	—	—	0.27	—	—	—	5.86	—	46	—
星雲湖		0.5m	0.97	0.91	1.88	52	70.9	14.8	85.8	83	22	14
		5.0m	0.40	1.00	1.40	29	53.9	15.0	70.9	76	20	7

F2：最深点，F7：湖南部，F6：最南部.

ベルにある[1]．懸濁物が湖水のT-N，T-Pに占める割合は，季節と水深により大きく変化する．懸濁態P（PP）がT-Pに占める割合（PP/T-P）は，雨季，乾季ともに，表水層で大きく，とくに雨季（6月）には，30m以浅で62〜95%に達する．しかし，30m以深では水深とともに減少し，溶存態のP（DP）が増加する（表3-4-10，表3-4-11）．このような鉛直分布パターンは，水深が浅い撫仙湖南部（F7）では明瞭でない．懸濁態N（PN），溶存N（DN）についても，類似の鉛直分布パターンが認められるが，Pほどに顕著でない．

表水層において，懸濁物が多くなる理由として，二つの要因が関与していると考えられる．その一つは，植物プランクトンの生産活動である．表3-4-10と表3-4-11に示したように，撫仙湖の湖水のT-N/T-P比（重量比）は30以上で，正常な植物プランクトンの化学組成を示すレッドフィールド（Redfield）比（N/P重量比7.2）より大きいので，Pが植物プランクトンの生産制限因子となっているのでないかと判断される．したがって，水温が年間で最も高い6月には，表水層では植物プランクトンの生産活動は活発で，制限因子としてのPをより多く細胞内に取り込み，PN/PP比が小さくなると考えられる．事実，植物プランクトンの生産活動が活発な10m層における懸濁物のPN/PP比は12〜22とT-N/T-P比より小さく，生産活動により水中のPが懸濁物に選択的に取り込まれていることを裏書する．Sugiyamaほか（2002）も，この事実を指摘している（本書3—2節(1)）．

表水層でPP量が多いもう一つの要因は，懸濁物の湖外からの流入である．雨季の2001年6月の調査時は，1ヶ月ほど続いた長雨の直後で河川の流量が著しく増加し，流出表土のため河水が赤褐色に濁っていた（口絵13）．この濁った河水を分析した結果，Nレベルは高くないのに，T-P濃度もPP濃度も著しく高く，農地や山地からの流入土砂が大量のPを河川に運び込んだと判断される．この濁水の湖内流入が，生産活動により生成されたプランクトンと共に表水層のT-P，PP濃度を高めることに大きく与っていると考えられる．このように生成された表水層の懸濁物は，ついで，深層に沈降して行く．撫仙湖で，雨季の6月に，PP濃度が表層から深層に向けて急増するのは，懸濁物

a) T-N 濃度　　　　　b) T-P 濃度

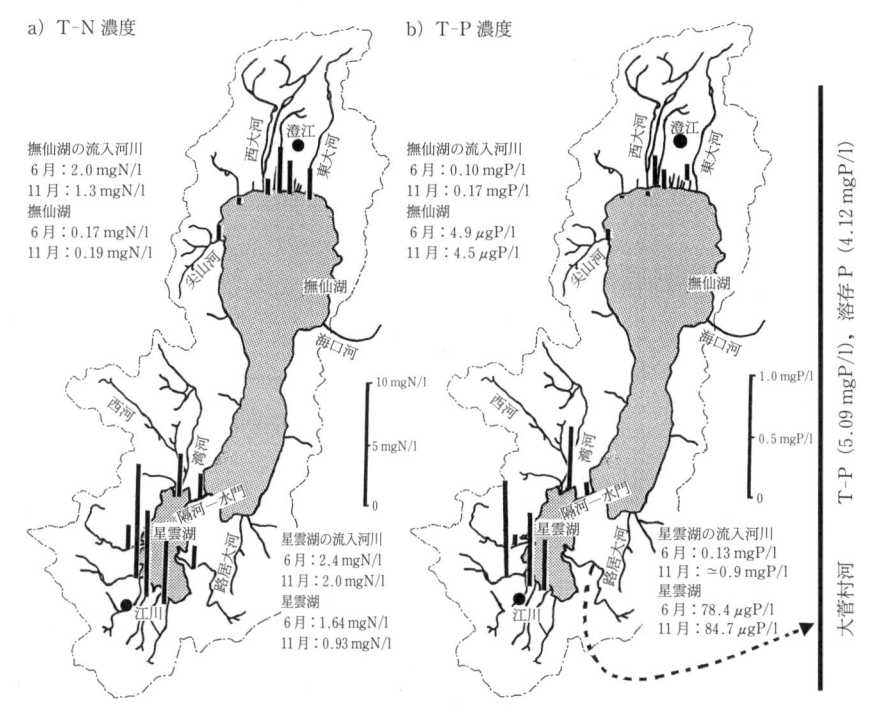

撫仙湖の流入河川
6月：2.0 mgN/l
11月：1.3 mgN/l
撫仙湖
6月：0.17 mgN/l
11月：0.19 mgN/l

撫仙湖の流入河川
6月：0.10 mgP/l
11月：0.17 mgP/l
撫仙湖
6月：4.9 μgP/l
11月：4.5 μgP/l

星雲湖の流入河川
6月：2.4 mgN/l
11月：2.0 mgN/l
星雲湖
6月：1.64 mgN/l
11月：0.93 mgN/l

星雲湖の流入河川
6月：0.13 mgP/l
11月：≃0.9 mgP/l
星雲湖
6月：78.4 μgP/l
11月：84.7 μgP/l

大菅村河　T-P (5.09 mgP/l)，溶存 P (4.12 mgP/l)

図 3-4-1　撫仙湖，星雲湖の流入河川水と湖水の T-N，T-P 濃度．2000〜01 年の現地調査結果（Sakamoto ほか，2002）

が，深層に沈降した結果と考えられる．

　湖水中の N，P 濃度への河川水流入の影響をわかり易く示すため，図 3-4-1 に，撫仙湖と星雲湖の流入河川水と，湖水の T-N，T-P 濃度を図示した．黒色バーの長さは，雨季 6 月の調査時の河川水の T-N，T-P 濃度を示す．乾季の 11 月の調査時は，河川水量が少なく，流れがない河川も見られた．黒色バーの長さと数値が示すように，星雲湖への流入河川水と星雲湖水の N 濃度は，撫仙湖流入河川や撫仙湖水におけるよりも高い．とくに，湖南の江川市からの未処理下水が流れ込む星雲湖南の流入河川（口絵 9）は，T-N，T-P 濃度が著しく高い．また，星雲湖の東部に流れ込む大菅村河の T-P 濃度は 5 mgP/l（その 80％は溶存態）と飛びぬけて高い．大菅村河はリン鉱石精錬所の排水を

うけており，その排水影響と考えられる．

　N，P流入負荷の湖沼影響は，年間を通じての総負荷に依存する．各河川の水質分析結果と雨季と乾季の流入水量（Hayakawaほか，2002；玉渓市環境研究所，2000）を用いて，雨季と乾季の負荷量を計算した（表3-4-12）．図3-4-1には，N，P負荷量と流入水量から計算した雨季と乾季の流入河川水の平均T-N，T-P濃度を，湖水のT-N，T-P平均濃度とあわせて示した．流域の農業生産と集落活動が活発な星雲湖流入河川では，流域開発の進んでいない撫仙湖の流入水におけるよりも，T-N，T-P濃度は高い．とくに乾季にその傾向が明瞭である．湖水のT-N，T-P濃度と比較すると，星雲湖の湖内濃度は，T-Nでは流入河川の0.5～0.7倍，T-Pでは0.6倍であり，湖水濃度が流入水濃度より若干低いが，それほどの大きな差でない．他方，撫仙湖では，湖内濃度はT-Nで0.08～0.15倍，T-Pで0.02～0.05倍と，流入水濃度より著しく低い．これは，撫仙湖では湖に運ばれた窒素やリンの一部が，湖底への沈降堆積などで，除去されることを暗示している．同様な流入水濃度と湖内濃度の差は，後述するように，琵琶湖，洱海でも見出される．撫仙湖におけると同じように，P減少については，湖底への沈降が大きく関与しているように考えられる．

3　撫仙湖，星雲湖におけるN，Pの収支

　2000年と2001年における現地調査結果と関連調査報告をもとに，撫仙湖，星雲湖における湖内のN，Pの存在量と，流入量，流出量を計算し，表3-4-12に取りまとめた．降水と降塵量については，Songほか（1999）の数値を参照した．水収支については，Hayakawaほか（2002）の収支表を再録した[2]．滞留時間[3]は，湖水容量を湖水の流出速度で割った値を示した．表3-4-12に見られるように，雨季の河川流入は，撫仙湖，星雲湖へのT-P供給の42～56％，T-N供給の74～84％に寄与している．また，撫仙湖では，N，P流入負荷のそれぞれ43％，27％が隔河を経ての星雲湖湖水の流入による．星雲湖湖水の流入は，撫仙湖に大きな影響を与えると判断される．

　富栄養化促進要因である湖内のN，Pの動態を考える上で重要なことは，外

部供給のうち，どれだけが外に出て，どれだけが湖中に残るかである．星雲湖では供給されたT-Pの84％，T-Nの95％が湖外に移出し，湖内に残留する量は，T-Pでは16％，T-Nでは5％に過ぎない．湖水存在量を河川流出と灌漑など利水による湖水の流出速度で割った湖水の滞留時間は，星雲湖では1.8年と短い（表3-4-12）．この短い滞留時間は，星雲湖では，湖盆が浅く風により湖水が混合されやすい環境とあいまって，湖の栄養条件が，流入水のT-N，T-P濃度により大きく支配されることを意味している．

ところが，撫仙湖では，流入など全供給量に対する水流出に伴う物質流出量の割合は，T-Pでは2.2％，T-Nでは9.1％に過ぎない．残りの90％以上は湖内に残る計算となる．もし，湖内残留分がそのまま湖水のT-N，T-P濃度増加に働けば，撫仙湖のT-N，T-P濃度は増加するはずである．しかし，図3-4-1に示したように，撫仙湖のT-N，T-P濃度は，流入河川水よりも，はるかに低い．この減少に働く過程として可能性の高い過程は，湖底への沈殿堆積である．表3-4-12に示したように，撫仙湖の湖水滞留時間は139年と長い．湖外から供給された物質は湖内に長く留る間に，湖底へ沈降する機会は高い．中国の多くの湖沼で湖底堆積物分析を行った南京地理湖沼

表3-4-12 撫仙湖，星雲湖における水とN，Pの収支（Sakamotoほか，2002）

		星雲湖	撫仙湖
P	雨季流入量（トン）	6.0	11.6
	乾季流入量（トン）	2.3	3.6
	降水降塵（トン/年）	2.5	12.4
	全供給（トン/年）	10.8	27.6
	灌漑量（トン/年）	1.6	0.1
	湖外流出（トン/年）	7.5	0.5
	残留（トン/年）	1.7	27.0
	湖内存在量（トン）	16.3	87.3
N	雨季流入量（トン）	111	230
	乾季流入量（トン）	18	29
	降水降塵（トン/年）	20	16
	全供給（トン/年）	149	275
	灌漑量（トン/年）	24	4
	湖外流出（トン/年）	118	21
	残留（トン/年）	7	250
	湖内存在量（トン）	256	3452
水	降水量（$10^6 m^3$/年）	32	202
	流入量（$10^6 m^3$/年）	129	233
	蒸発量（$10^6 m^3$/年）	50	297
	灌漑量（$10^6 m^3$/年）	19	22
	湖外流出（$10^6 m^3$/年）	92	116
	湖内存在量（$10^8 m^3$）	2.0	191.8
	滞留時間（年）	1.8	139

研究所のSun (2001) によると，撫仙湖の湖底の堆積速度はPで0.13 gP/m²/年，Nで0.3 gN/m²/年である．この堆積が全湖底で一様に起きると仮定すると，撫仙湖全体の湖底堆積速度は，Pで27.6トン/年，Nで63.6トン/年となる．Pの堆積速度は，上述の撫仙湖のT-Pの湖内残留量（27トンP/年）にほぼ相当する（表3-4-12）．Nについては，湖底堆積は湖内残留量（250トンN/年）の25％を説明できるに過ぎない．本書3-1節で熊谷ほかが述べるように，撫仙湖では循環欠損により深層水の低酸素化が進み始めている．このような低酸素環境の深層水においては，微生物学的脱窒作用により窒素除去が進む可能性が考えられる．イスラエルのSeruya (1975) は，Kinnert湖において深層水の脱窒作用で，供給された窒素の58〜62％が，大気に放出されると報告している．撫仙湖の深層水の水温は13℃強で，Kinnert湖の深層水と条件が類似している．撫仙湖における窒素の消失には，深層の低酸素化に伴う微生物学的脱窒作用が，大きく与っているのでないかと考えられる．この可能性については，今後，実測による現地調査が必要であろう．

　表3-4-13には，今回の調査結果を含め，雲南高原4湖沼と琵琶湖における窒素，リンの流入負荷と湖内濃度を示した．単位湖面積当たりで見ると，撫仙湖の流入負荷は琵琶湖のN負荷の1/8.5，P負荷の1/5.5と低いが，水負荷当たり（流出水量当たりで算出）にすると，撫仙湖と琵琶湖の流入負荷はほぼ同じレベルになる．この流入負荷は，両湖の栄養度の類似性に反映している．

　他方，富栄養の星雲湖の単位面積当たりのN，P流入負荷は，Nでは琵琶湖の1/2.9，Pでは1/2.5であるが，水負荷当たりでは琵琶湖とほぼ同レベルにある．琵琶湖と同じ負荷レベルにありながら，星雲湖が富栄養湖であり，琵琶湖が中栄養湖となっている理由は，湖の深さと湖水の交換速度の差が関係していると判断される．星雲湖は浅く，湖水が風でよく混合され，湖水の滞留時間も短いので，湖に持ち込まれた栄養塩が効率よく植物生産に利用される．他方，湖盆が深く，湖水の滞留時間の長い琵琶湖や撫仙湖では，成層する夏には湖底への沈降や脱窒作用による湖内でのN，P除去の多いことが，大きく与っていると判断される[4]．

　アオコの発生が著しい過栄養湖の滇池では，流入負荷は，湖の単位面積で見

表3-4-13 雲南高原湖沼と琵琶湖におけるN, P負荷量と水質，集水域環境．（ ）はT-P負荷量，〈 〉は湖水のT-P濃度．滇池水質は安・李(2002)より，アンダーラインは滇池北湖盆海の値．撫仙湖，星雲湖と水質はSakamotoほか(2002)．琵琶湖のN, P負荷量と水質は国土庁ほか(1999)，末宮(2000)より．撫仙湖，星雲湖，琵琶湖の林野，農地流入負荷寄与は，両者を合わせた面源寄与．その他は欄外文献による

湖沼	湖面積 km²	集水域 km²	水負荷 km³/年	N, P流入負荷/年 トン	g/m²	湖水のN, P濃度 g/m³	土地状況 % 森林	農地	侵食	流入汚濁負荷寄与 % 雨瀝	林野	農地	生活	工業	主要汚濁源	人口 10⁴人
滇池	305	2920	0.69	8980 (1020)	29.4 (3.40)	12.9 (1.47)	11.49 〈0.76〉	6.80 〈0.61〉	16.5	8.6	36.8	3.7 (8.8)	4.5 (6.4)	16.8 (28.0)	58.2 (46.7)	10.6 (8.6)	生活工場 農地排水	220.0
洱海	250	2470	0.85	1150 (122)	4.62 (0.49)	1.36 (0.14)	0.40 〈0.030〉		11.9	14.7	30.0	30.7 (12.5)	45.4 (53.2)	10.5 (19.2)	2.3 (3.9)	0.2 (0.5)	山林農地 生活排水	64.8
撫仙湖	212	1053	0.14	275 (28)	1.29 (0.13)	1.99 (0.203)	0.18 〈0.005〉		12.0	39.9	48.1	21.3 (77.3)	54.9 (18.3)		23.2 (13.9)	0.7 (0.5)	農地排水 生活排水	14.4
星雲湖	39	378	0.14	149 (11)	3.82 (0.28)	1.13 (0.083)	1.23 〈0.081〉		19.3	22.0	31.3	10.8 (21.7)	21.9 (23.8)		45.1 (45.6)	2.1 (1.58)	農地排水 生活排水	17.5
琵琶湖	670	3174	4.2	7390 (477)	11.0 (0.71)	1.76 (0.11)	0.33 〈0.008〉		70.7	15.1	—	27.3 (12.2)	16.9 (13.5)	27.9 (39.4)	17.3 (29.0)	生活排水 農地排水	120.8

Jinほか(1990)：国土庁ほか(1999)：Jin (1995；2003)：末宮 (2000)：安・李 (2002)：Sakamotoほか (2002)：本書3−1節，3−4節(2)より作成．

ても，水負荷当たりで見ても著しく大きい．昆明市に最隣接の草海では，流入負荷も湖水のN，P濃度も，星雲湖の10倍ほど高い．滇池の顕著な富栄養化は，流入負荷が著しく大きいためと判断される．洱海のN，P負荷は，単位面積当たり，水負荷当たりに見ても，星雲湖と同程度のレベルにあるが，湖水のN，P濃度は1/3である．湖水の滞留時間は3.5年で，星雲湖と同じく短い．しかし，洱海は最大水深20.7 m，平均水深10.5 mと星雲湖より深いので，沈降堆積などによる湖内除去が大きいのでないかと考えられる．今後，詳細な検討が必要である．

　以上の窒素，リン収支の検討を通じて，浅い湖では湖外からの流入負荷が，湖の富栄養的水質形成に決定的役割を演じていることは明らかである．Songら（1999）の調査によると，星雲湖における流入負荷で，大きな関与を果たしているのは，集落からの生活排水と，農地からの面源負荷である．集落の生活排水の関与が大きい原因として，下水処理施設の整備の遅れが大きい．現在，雲南省や玉渓市では，汚濁負荷軽減のために，下水道施設の整備を進めており，生活排水負荷は早急に改善されると考えられる．残された問題は，農地からの面源負荷である．西部地域の経済発展において，雲南高原における農作物の生産増は不可欠のテーマであり，これに伴う農地からの肥料の流出負荷をどの様に管理するかは，今後の重要な課題である．とくに，気候変動に伴う集中豪雨の頻発化は，農地からの流出負荷を増大させ，富栄養化の促進を招く可能性が高い．表3-4-13に，窒素，リンの流入負荷における集水域発生源の関与度を示した．いずれの湖沼においても，農地，または農地を含む集水域面源からの負荷が，全負荷の2割かそれ以上を占める．他方，人口密度の高い滇地集水域では，汚濁負荷に占める都市排水の寄与が高い．滇池よりは富栄養化度の低い星雲湖でも，湖沼面積当たりの集水域人口が大きく（湖面積当たり人口密度は星雲湖で4500人/km²であり，滇池の7200人/km²に近い），集落生活排水による負荷が大きい．このような人口密度が高い地域を除けば，雲南高原を含む中国全体では，農地の集水域面積に占める割合は高く（表2-1-4，表3-4-13），農地排水の負荷管理は，湖沼環境保全における重要な課題である．

　以上，水源湖沼として水資源管理が重要な琵琶湖と比較しながら，雲南高原

湖沼の富栄養化要因の動態を論じた．琵琶湖集水域は雲南高原と同じく，農地の占める割合が大きく，集水域面積の15%，流入負荷の13.5%に寄与している（滋賀県，2003）．生活排水と工業排水など点源負荷は，施設整備により制御されつつある現状を踏まえるならば，農地負荷は，今後の富栄養化管理の重要課題である．琵琶湖では農地負荷について，多くの調査研究が進められ成果が得られている．これらの知見のなかでとくに重要な情報は，夏の多雨時における琵琶湖への農地負荷増である．この降雨時の流出負荷増は，現在進みつつある気候変動と関連して，その影響評価は極めて重要である．次項では，琵琶湖における降水時の農地負荷について論ずる．

＊現地調査における資料採取には，雲南省地質科学研究所とニッセイ調査団の各位の貴重なご助力，ご援助を戴きました．厚く御礼申し上げます．

4　琵琶湖集水域の水田地帯から流出する窒素・リン

東アジアモンスーン域は降水量が多い気候環境にあり，低湿地では稲作が盛んに営まれている．ここでは，琵琶湖集水域における水田地帯を例に，窒素，リンの流出特性について述べる．

(A) 琵琶湖集水域からの窒素，リン流出量

まず，琵琶湖集水域から湖に流入するトータルの窒素，リン流出量（負荷量）を見てみよう．図3-4-2は滋賀県が5年ごとに策定している湖沼水質保全計画の資料に基づいて負荷量の内訳と過去15年間の変化を示したものである．窒素，リン負荷量としては，人間のし尿や炊事，洗濯など，生活系由来のものが最も多い．これに次いで，リンでは工場系由来のものが多く，窒素では，山林からの負荷が多くなっている．水田を主体とする農業系の負荷は1～2割程度を占め，割合としては小さい．しかし，水田，畑などのノンポイントソース（面源）からの窒素，リン負荷は，施肥時や降雨時に短期的に流出してくるものが多く，定量的な把握はまだ十分にできていないのが現状である．

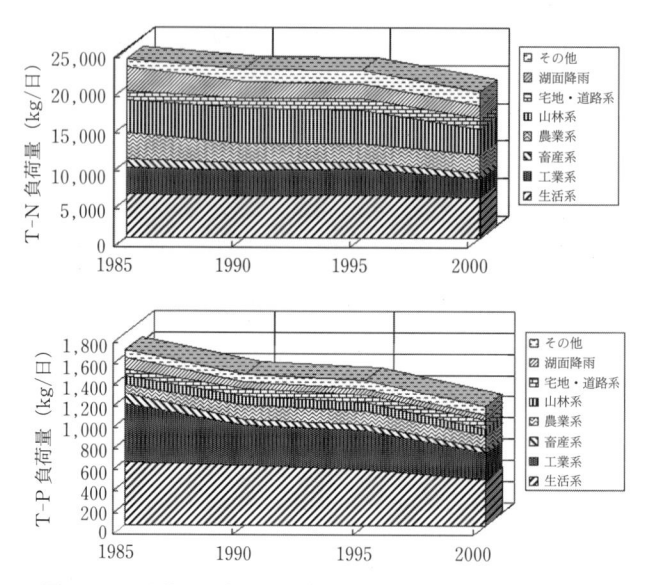

図 3-4-2　琵琶湖に流入する窒素，リン負荷量の 15 年間の変化
（第 1〜4 期琵琶湖湖沼水質保全計画資料にもとづく）

(B) 水田から流出する窒素，リン量の季節変化

　滋賀県内の守山市，多賀町，安曇川町における複数の農業排水路の調査結果から，農業排水路における流量と窒素，リン濃度の典型的な季節変化を示すと図 3-4-3 のようになる（大久保・東ほか，2002）．

　流量は，4 月下旬から代かき・田植えのために農業用水の供給が始まるため増加する．この時期は年間で最も農業用水を使う時期である．6 月下旬から 7 月初旬には，水田で中干しが行われるため，流量が一旦減少する．その後，再び農業用水の供給に伴い流量は元に戻り，稲の刈り取り前の 8 月下旬頃まで流量は維持される．8 月下旬には農業用水の供給が停止され流量は減少する．その後，4 月下旬までの農閑期は農業用水が供給されないため流量は少ない状態が続く．このような流量の季節変化を農業排水路では毎年繰り返している．

　農業排水路の窒素，リン濃度は，水田で元肥の施肥，および，代かき・田植えが行われる 4 月下旬から 5 月初旬にかけて顕著に濃度が高くなる．その後，追肥が散布される 6 月頃に再びピークが現れ，さらに，穂肥が散布される 7 月

頃にもピークが見られる．7月のピークは，主に窒素で顕著にみられる場合が多い．穂肥として投入される肥料成分は窒素が主体であるためこの時期に窒素濃度が高くなるものと思われる．リン濃度は代かき・田植え時期のピークが最も高く，追肥，穂肥のピークは徐々に低くなっているが，これは春の元肥の時期に年間のリン施肥量の大半が投入されるためと考えられる．

一方，流量が減少する冬季には，希釈水量が少なくなるため生活排水や事業所排水が流入する河川では，その影響が現れやすくなり窒素，リン濃度が高くなる．

窒素，リンの流出負荷量も濃度の季節変化とほぼ同様の変化を示す．図3-4-4は守山市の農業排水路におけるT-N，T-P負荷量の季節変化を旬毎（10日毎）の平均値で示したものである（大久保・市木ほか，2002）．この図には，晴天時負荷量（基底負荷量）と降雨時負荷量の両者を示した．晴天時負荷量の季節変化は，先に示した図3-4-3の模式図に類似している．

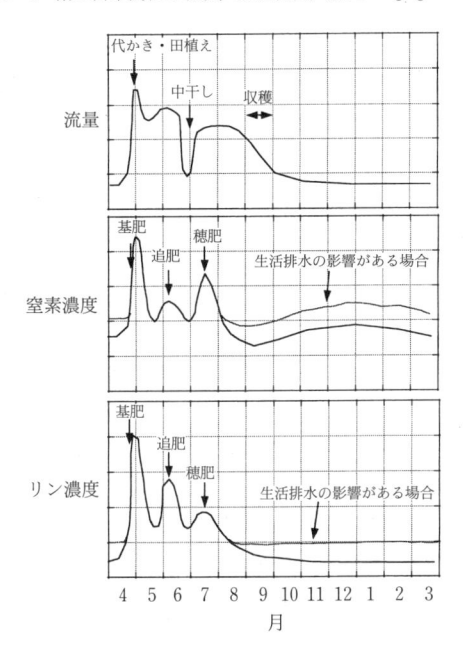

図3-4-3 農地河川の水質変化の模式図（ただし，降雨の影響がある場合を除く）

(C) 降雨時に水田から流出する窒素，リン量

降雨時に水田から流出する負荷量は，降水量が多いほど大きくなるため，典型的な季節変化を示すことは難しい．ただし，日本の太平洋側では冬季に降水量が少ない傾向があり，この季節の降雨時負荷量は少なくなると言える．図3-4-4の降雨時負荷量の変化をみても，冬季には降雨時負荷量は少ない傾向にあることがわかる．図3-4-4の調査例では，灌漑期には降雨時負荷量と晴天時

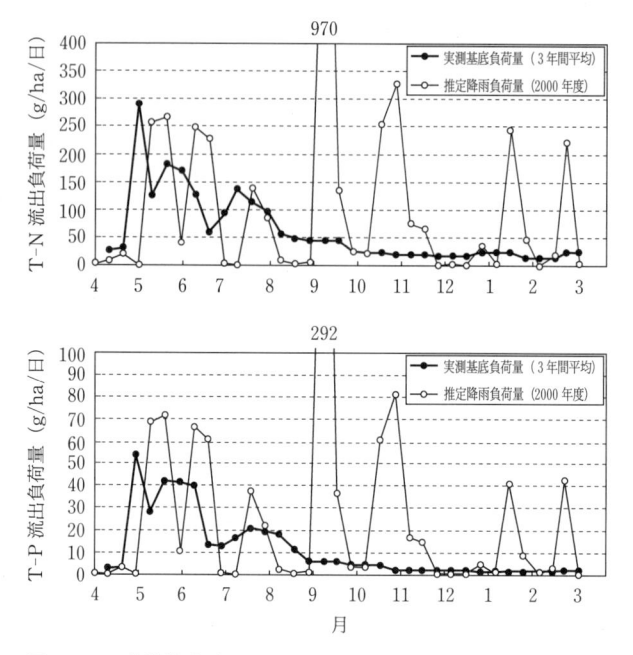

316   第3章　雲南高原の湖沼と流域の環境動態

図 3-4-4　農業排水路における旬平均負荷量の年間変化の測定例
　　　　（滋賀県守山市 34 号支線排水路）

負荷量は同程度となっており，非灌漑期には晴天時負荷量が減少し，降雨時負荷量が主体になっている．非灌漑期に降雨時負荷量の比重が大きくなることは，国松ほか（1994）も指摘している．

　図 3-4-4 で示した農業排水路の窒素，リン負荷量を年間を通した晴天時，降雨時別内訳でみると図 3-4-5 に示すように，7 割程度が降雨時負荷，3 割程度が晴天時負荷となり，明らかに降雨時負荷量が晴天時負荷量に比べて大きくなった．この結果は，鈴木・田淵（1984）が茨城県で行った調査結果とほぼ一致しており，水田からの窒素，リン負荷量を把握するためには，降雨時の調査が欠かせないことを示している．

　降雨に伴う負荷量変動は激しく，晴天時負荷量の 10 倍から 1000 倍になることもある（図 3-4-6 参照）．しかし，そのような短期的で大きな窒素，リン流入負荷が，湖内の植物プランクトン生産にどの程度の影響を及ぼしているかと

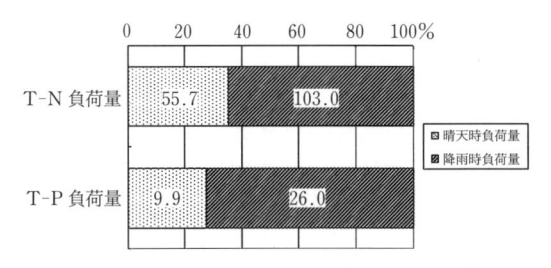

図 3-4-5 水田流域から流出する窒素，リン負荷量の晴天時と降雨時別の内訳
図中の数字は平均負荷量 g/ha/日を示す．

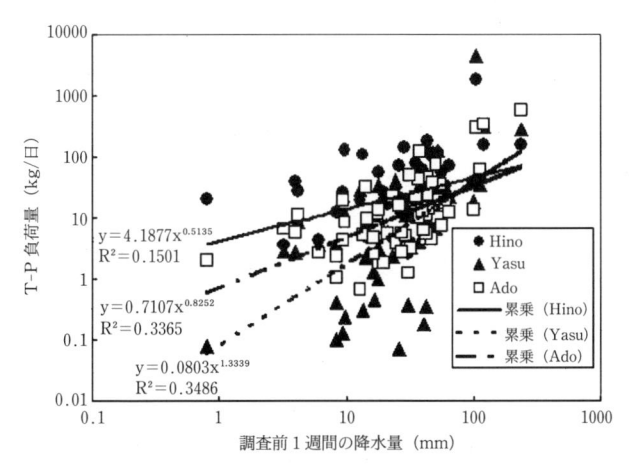

図 3-4-6 琵琶湖流入河川における降水量と T-P 流出負荷量の関係（東・大久保，未発表資料）

いうことについては不明な点が多い．リンに関しては，降雨時に流入する量の7，8割は懸濁態リンであるため（鈴木・田淵，1984），多くは湖底にそのまま沈殿してしまうと考えられる．その沈殿した懸濁態リンのうち何割が回帰，溶出するのかを把握することが，富栄養化に対する水田の寄与を知る上で必要である．

注
1）李（2002）によると，撫仙湖の2000年のT-N，T-P濃度は0.18 mg/l，0.01 mg/lで

あった.侯・呉（2002）によると,星雲湖の1999年の最低水位時と平均水位時の濃度は,それぞれ,T-Nは1.2 mg/l, 0.74 mg/l, T-Pは0.02 mg/l, 0.08 mg/lであった.T-Nの値は,表3-4-10, 11とほぼ一致するが,T-Pは少し低めである.本節調査に並行し調査を行ったSugiyamaほか（2002）は,撫仙湖表水層のT-Pは3.1〜18.3 μg/lと報告しており,表3-4-10, 11の結果とほぼ一致する.

2) Hayakawaほか（2002）は,南京地理湖沼研究所（1990）の報告をもとに,星雲湖と撫仙湖の水収支表を作成した.使用データは,蒸発散量は1959〜80年の間の5観測平均値,地下水量は1962〜80年の間の3観測平均値,降水量と流出量は1959〜79年平均値である.隔河流出量は1964〜79年平均値をもとにした収支バランス修正値を採用している.表3-4-12の下段にはこの収支表を再録した.Jin（1995）による撫仙湖の水収支表も,ほぼ同様なパターンである.

3) 見かけ上の湖水の湖内滞留時間.日本では湖容積を湖水の流出速度で割った値,中国では湖外からの水の流入速度で割った値を用いる.表3-4-12には灌漑水量を含む流出水量ベースの滞留時間を示した.湖面蒸発が大きい湖沼では,流出量が流入量を下回ることが多く,流出量ベースの滞留時間は流入量ベースの値より大きくなる傾向がある.湖の物質収支では,湖水流出が物質移出の重要過程であるので,流出量ベース滞留時間は物質収支の検討において重要な指標となる.

4) 流入水により湖に運び込まれたN, Pは,湖内の堆積作用と脱室作用,および湖外流出により除去される.310ページで述べたように,撫仙湖では,沈降堆積と脱室がP, Nの湖内除去に大きく関与していると判断された.琵琶湖における湖内除去量について,以下の推定を行った.杉山（本書3-2節(1)）は,琵琶湖北湖のN, Pの堆積速度をそれぞれ1.51 gN/m²/年, 0.39 gP/m²/年と報告している.この堆積速度を琵琶湖全体に適用すると,全湖の堆積量は,1012トンN/年, 442トンP/年と試算される.琵琶湖からの流出量は2677トンN/年, 106トンP/年である（宋宮,2000）ので,外部負荷との差し引きの湖内残留量は3700トンN/年,−70トンP/年と算出される.北湖堆積物で測定した脱室速度（1〜6 mgN/m²/日；森田,1994）を全湖に適用すると,琵琶湖全体の脱室量は240〜1470トンN/年と試算され,残留Nの2〜4割に当たる.残りの窒素除去については,沿岸部堆積物の有機物量と堆積速度が大きいことから（滋賀県衛生環境センター,1990）,沿岸部が関係している可能性が高い.残留P量がマイナスになることも含めて,詳細な検討が必要である.

文献

安琪・李発栄（2002）：滇池草海底泥浚渫水質底泥影響分析研究.雲南地理環境研究,14：63-69.

東善広・大久保卓也（2002）：北湖流入河川からの汚濁負荷量.滋賀県琵琶湖研究所プロジェクト研究報告書No. 01-A 01「湖内現象を考慮したノンポイント負荷削減対策の検

討」, 滋賀県琵琶湖研究所, pp. 70-82.
Hayakawa, K., M. Sakamoto et al. (2002): Distribution and dynamics of organic carbon in Fuxian Lake. Yunnan Geographic Environment Research, 14: 34-40.
侯長定・呉献花 (2002)：撫仙湖—星雲湖出流改道工程環境影響分析．雲南地理環境研究, 14：80-88.
Jin, X. (1995): Lakes in China—Research of their environment. China Ocean Press, Beijing, pp. 142-161.
Jin, X. (2003): Analysis of eutrophication state and trend for lakes in China. J. Limnol., 62: 60-66.
Jin, X., H. Liu et al. (1990): Eutrophication of lakes in China. The 4th International Conference on the Conservation and Management of Lakes, ILEC.
国土庁・環境庁ほか (1999)：琵琶湖の総合的な保全のための計画調査報告書．平成10年度国土総合開発事業調整費．
国松孝男ほか (1994)：非作付期間の田からの水質汚濁物質の表面流出．農業土木学会論文集, 170：45-54.
森田尚 (1994)：琵琶湖底泥表層における脱窒速度．平成6年度滋賀県水産試験場事業報告．滋賀県水産試験場, pp. 92-93.
南京地理湖沼研究所 (1990)：撫仙湖, 中国海洋出版社．
大久保卓也・東善広ほか (2002)：集水域からの栄養塩負荷（晴天時）．滋賀県琵琶湖研究所プロジェクト研究報告書 No. 01-A 01「湖内現象を考慮したノンポイント負荷削減対策の検討」, 滋賀県琵琶湖研究所, pp. 129-152.
大久保卓也・市木敦之ほか (2002)：農地からの汚濁負荷（窒素, リン, 有機物）．滋賀県琵琶湖研究所プロジェクト研究報告書 No. 01-A 01「湖内現象を考慮したノンポイント負荷削減対策の検討」, 滋賀県琵琶湖研究所, pp. 4-21.
李蔭璽 (2002)：撫仙湖水環境現状及変化趨勢分析．Abstracts, RMEL2001, Kunming, China, 4, 216-222.
Sakamoto, M., M. Sugiyama et al. (2002): Distribution and dynamics of nitrogen and phosphorus in the Fuxian and Xingyun lake system in the Yunnan Plateau, China. Yunnan Geographic Environment Research, 14: 9-18.
Seruya, P. (1975): Nitrogen and phosphorus dynamics and loading relationship in Lake Kinneret (Israel). Verh. Internat. Ver. Limnol., 19: 1357-1369.
滋賀県 (2003)：環境白書．
滋賀県衛生環境センター (1990)：琵琶湖底質調査報告書（昭和61-63年度）．
宋宮功 (2000)：琵琶湖—その環境と水質形成, 技報堂出版．
Song, X., Z. Zhang et al. (1999): A survey of Xingyun and Fuxian lakes. Mimeograph at the meeting of Kansai Hydrosphere Environment Organization.

Sugiyama, M., J. Sasaki et al. (2002) : Chemical dynamics of Yunnan lakes in China described from the viewpoint of suspended and settling particles. Yunnan Geographic Environment Research, 14 : 20-33.

Sun, S. (2001) : Distribution of nutrients in lake sediment and management. Abstracts, RMEL2001, Kunming, China, 47-52.

鈴木誠治・田淵俊雄(1984):農業地域小河川における流出負荷量の季節変動と年間総量について.農業土木学会論文集, 114.

玉渓市環境研究所(2000):星雲湖出流改道工程.雲南高原湖沼日中共同調査基礎資料.

(1〜3:坂本　充,村瀬　潤,丸尾雅啓,宋　学良, 4:大久保卓也)

終 章
東アジアモンスーン域の湖沼・流域の環境問題解決にむけて

1 雲南高原の現地調査からの展開

　本書の中心である雲南高原湖沼の調査研究は，同高原湖沼の富栄養化修復方策を探るために，2000年度にスタートした．現地に赴いた私たちが最初に目にしたのは次の事実であった．すなわち，観光ガイドブックに山水の美を紹介されていた滇池では，富栄養化と水質汚濁が著しく進み，アオコが周年高濃度で発生している；昆明南の星雲湖(シンユンフー)も同様富栄養化状態にある；都市化が著しい滇池(ディエンチ)集水域を除き，多くの湖沼の集水域は広く耕され集約農業が進められている；集水域は樹木はわずかしか残っていなく，雨季には大量の表土が湖に流入する；多くの湖では未処理集落排水が流入している；経済活動が活発な近代都市昆明市からは，大量の都市排水が隣接する滇池に流入している，などであった．富栄養化・汚濁湖沼の改善にあたり，対象湖沼の汚濁機構の正しい情報が必要である．本研究出発時は雲南高原湖沼の富栄養化原因物質の負荷量と湖内動態，それらと集水域環境との関連については知見は限られ，富栄養化制御策の検討を進めにくい状態であった．この理由から，現地調査を進めるにあたり，信頼できる環境情報の収集に目標を置いて，2年余りにわたり集中的調査研究を進めた．

　これら雲南高原湖沼の現地調査の成果は関連成果を含め，次のように要約される．

　(1) 水深の浅い星雲湖と滇池は，周年，高濃度にアオコが発生する顕著な富栄養化，汚濁状態にある．都市・集落排水，農地排水の流入による窒素，リンの過剰供給がその主原因と判断される．

　(2) 中国2番目の深湖で，雲南高原の最大の淡水資源である撫仙(フーシャンフー)湖は，星

雲湖と集水域からの汚染水の流入にかかわらず，いまだ貧栄養状態を維持している．撫仙湖への有機物供給は，黄色鞭毛藻と緑藻が優占する植物プランクトンの生産活動が主体となる．湖内生産有機物の殆どは湖内で分解されるが，流入無機粒子の多くは湖底に沈降堆積する．流入した窒素は湖内の脱窒作用で失われる割合が大きいと推定される．湖盆形態と湖水の成層状態に依存したこの物質代謝過程は，貧栄養的湖内環境の維持に大きく働いていると考えられる．

(3) 撫仙湖では，表水層と深水層の水温差が少ない春季でも，深水層底部で溶存酸素減少が認められたが，他の化学成分の量は深層で増加する．地球温暖化による気温上昇により，冬季の湖水全循環が起こらなくなった結果と判断される．

(4) 湖沼堆積物の層序解析の結果から，過去数百年の間に豪雨と地震に原因する大量の水土流入があった．水土流入は，集水域の耕地化と都市化，降水量増加と密接に関連しており，集水域の荒廃と気候変化が，水土流入の増加をもたらし，湖沼環境に大きく影響したと判断される．

(5) 生活・工場排水の流入と共に，土砂と栄養塩の流入による汚濁が，滇池などの浅い湖沼の植物プランクトンと水草群落に大きく影響していると判断される．

上記の成果は，雲南高原湖沼の保全に必要とされる知見であるが，限られた年月内の調査であり，湖沼環境保全策の構築を進めるためには，さらに多くの情報が必要である．とくに，近年進みつつある気候変化と急速な経済発展を考慮に入れると，気候変動下における湖沼の汚染負荷と，その影響評価に基づいて，外部負荷軽減策の検討を進めることが必要である．さらに，将来世代に亙り持続的な湖沼保全を図るためには，地域の自然科学的，社会科学的な環境の特色を踏まえ，より広い視野から総合的環境保全策を構築することが不可欠とされる．

前者の汚濁負荷の把握・解析と軽減策については，雲南省の関係者と検討を進め，雲南高原湖沼の継続的調査と保全策開発を担当する国際研究センターを設立し，世界の専門家の助言のもと，雲南省が高原湖沼の環境変動の把握・解析と保全策の検討を進めることを合意した．この合意に基づいて，雲南省は昆

明市の滇池湖岸に昆明高原湖沼国際研究センターを設立することを2003年度に決定し，現在，その準備が進められている．

後者の地域の自然科学的環境特性と社会科学的環境の湖沼・流域に及ぼす影響については，日中の専門家の協力を得ながら，検討を進めた．この検討に当たっては，湖沼環境を大きく支配する気候と集水域の特性，河川・湖沼の特性と人間社会の関係，湖沼の水文，水理，物質動態に焦点を絞り解析を進めた．この解析により，中国では森林，湖沼，河川は，人為影響とともに，気候変動の影響を大きくうけていることが明らかにされた．本書は，これら検討結果を現地調査の結果を含めて総合的に取りまとめたものである．

現在，世界的に気候変動が進むなかで，人間社会の水資源需要と経済環境が大きく変りつつある．東アジアモンスーン域に暮らす人々は，モンスーン域独特の気候のもと，湖沼と河川の水に依存して生活を維持してきた（本書2—6節）．これら東アジアモンスーン域の人々が，将来世代に亘り湖沼・河川の保全と調和した社会の維持を図るためには，全地球的な環境変化，社会変化をふまえた総合的な対応が不可欠である．この将来展望をふまえ，この終章においては，東アジアモンスーン域の気候，水資源，森林，農業の変化と，それが湖沼・流域環境へ及ぼす影響を論じ，同地域における総合的な湖沼・流域保全のあり方を考察する．

2　気候影響

本書第1章で論じたように，乾冷な北西部を除いた中国と日本が位置する東アジアモンスーン域は，湿潤な夏と乾燥した冬が季節的に入れ替わる気候で特色づけられる．中国では，年降水量がほぼ400 mm以上の地域は植物成長に好適であり，農業生産の活発な場とほぼ一致する．また，淡水湖沼の分布域でもある（2—5節）．しかし，現在進みつつある気候変動は，この地域の植生と農業に影響をおよぼしている．中国の中緯度以南では，最近20年間に平均気温が約1℃上がり，夏の降水量が増加している（IPCC, 2001）．日本でも，過去100年間に約1℃の気温上昇を記録しているが，降水量は減少傾向にある

(国土交通省，2003)．本書の1—4節で述べたように，現在の中国の植生分布は，過去における気温，降水量の変化を強く反映している．中国では近年，旱魃や集中豪雨の頻度が高まり，農作物生産に悪影響を与えている（中国国家環境保護総局，2003）．

　気候の変化は，河川，湖沼に大きく影響する．黄河下流で頻発する河川の断流は，上流域の山地荒廃とともに，降水量減少が大きな原因となっている（東，2001）．また，長江下流域の湖沼水位低下には，気候変動による河川水量の低下が与っていると判断される．気候変動の湖沼影響は，過去30年間における中国の湖沼数と面積の変化に見ることができる．Jin (1990) によると，中国の湖沼は，1950年代に24880あり，83400 km² の湖面積を有していた．このうち1 km² 以上の湖沼は2848あり，湖の総面積は80645 km² であった．しかし，1980年代初めには，湖面積1 km² 以上の湖沼の数は2305となり，総面積も70988 km² に減少した．この減少の56%はモンゴル—チベットの湖沼であり，17%は東部平原湖沼であった．東部平原湖沼の面積減少は，集水域からの流出土砂の堆積と人為的な湖岸埋立てに原因している（本書2—5節）．モンゴル・新疆・青蔵高原における湖沼の減少には，流入河川の水量低下と蒸発量の増加による水位低下が主な原因となっている．1950〜70年の20年間に大きな縮小のあった湖沼例をしめすと，艾比湖(アイビーフー)1070 → 522，瑪納斯湖(マナスフー)550 → 59，艾丁湖(アイディンフー)124 → 23，岱海(ダイハイ)200 → 140である（単位，km²：Xie and Chen, 1999）．

　気候変動が湖沼に及ぼす影響には，湖面積の縮小とともに，蒸発が水供給を上回る結果としての湖水塩分の上昇がある．例えば，博斯騰湖(ボステンフー)の塩分は1958年0.39 g/l，1975年1.5 g/l，1980年1.76 g/l，1984年1.84 g/l と増加している．艾比湖では，1958年は87 g/l であったが，1970年代に116 g/l に増加した (Xie and Chen, 1999)．青海省の調査によると，青海湖(チンハイフー) (4200 km²) では，気温上昇と降水量低下に草原破壊の影響が加わり，1975〜2000年の25年間に湖面積が150 km² 減少するとともに，1962年に12.49 g/l の塩分が，2000年に16 g/l に増加した．またイオンのアンバランス化により湖水pHが9.0〜9.5に上り，アルカリ化している（新華社，2001；2005）．呼倫湖(フゥルンフー)（湖面積2315

km², 平均水深 5.7 m) では，降水量低下と人為に原因する流入河川の水量低下や断流により，水位が 2 m 強低下し，湖面積が 300 km² 縮小するとともに，塩分が高まり，アルカリ化が進んでいる．魚類は種によって消失するか激減するものがあり，流域草原と湿原は乾燥化が進んでいる（大紀元, 2003；USDA, 2005）．気候変化は，水資源収支にプラスに働くこともある．2—3 節で述べたように，低温環境の山岳域では，温暖化により氷河融解や永久凍土層融解がおこり，河川の流水量を増加させる．

IPCC（2001）によると，東アジアでは，温暖化に伴い，降水量は地域により増加するか，あるいは少し減ると予測される．中国では平均気温が，2020〜30 年の 10 年間に 1.7℃，2030〜50 年の 20 年間に 2.2℃上昇すると予測される．このような気候変化は雲南高原湖沼にどのような影響を与えるであろうか．雲南省の撫仙湖では，過去 10 年間の平均気温上昇は約 1.2℃であった．過去 5 年間で雨季の降水量は増え，過去 10 年間で風速は平均 0.8 m/秒減少している．風速の減少は，風波による表水層の混合や顕熱による湖面冷却を抑制することから，気温上昇とともに，湖水の鉛直混合の抑制に働く．撫仙湖の深層水における溶存酸素減少には，気候変化が原因していると判断される（3—1 節）．

気候変化の湖への影響は，東アフリカのタンガニーカ湖でも見られている．水深 1470 m のタンガニーカ湖は部分循環湖であり，無酸素状態の深水層が栄養塩のプールとなり，深水層から表水層への栄養塩輸送を利用して一次生産が維持されている（O'Reilly ほか, 2003）．気温上昇と風速低下があると，湖水の鉛直循環が抑制され，深水層から表水層への栄養塩輸送が減り，植物プランクトンの生産が減り，漁獲量に影響する．

タンガニーカ湖で見られた現象が適用できるとすれば，気候変化の撫仙湖に与える影響として，次のシナリオが考えられる．気温上昇と風速が弱まることで，湖水の鉛直混合が抑制され，深水層に溶存態栄養塩が蓄積する．時々起こる湖水の鉛直循環によって，深水層の栄養塩は表水層へ輸送され，表水層は一時的に富栄養化するかもしれない．漁獲量は増加し，魚種も変わる可能性もある．しかし，温暖化が進むと，湖水は安定成層化し表水層への栄養塩輸送は減

少する．湖外から栄養塩負荷がなければ，漁獲量は減り，湖は安定した成層・低生産性の系に移る．しかし，外部からの栄養塩負荷が十分であれば，表水層の生産は活発となり，生産有機物は深水層に蓄積され，生態システムは不安定となる．他湖沼で見られた結果をもとに組み立てたシナリオであるが，このような可能性は十分考えられる．

3 水文動態と森林管理

　湖沼・河川の涵養水は降水に依存するので，河川流量，湖沼貯水量や水位の変動など水文動態は，降水量と流域環境により大きく支配される．とくに，水源としての集水域における降水量の変化は，河川と湖沼の水文動態に大きく影響する．モンスーン域に位置する中国や日本では，多雨の夏と少雨の冬の季節的変化にともない，河川流量は大きく変化する．約2000年前から上流の森林伐採がすすんだ中国では，現在，森林被覆度は2割弱に過ぎず，雨季には河川流量が増え，下流では洪水が頻発している．IIASA（1999）によると，中国の洪水被害面積は，湖北省，湖南省など長江下流域と河北省など黄河下流域で大きい．雲貴高原を中心とする長江の上流域は，歴史時代からの森林伐採の結果，森林被覆度が10％前後ときわめて低く，大雨のあとに多くの洪水をひきおこしている（1—1節）．また，流出土砂の堆積により長江下流域に大きな影響をもたらしている．例えば鄱陽湖（ポーヤンフー）の湖面積は，土砂流入と人為的埋立ての影響により1980年代には1950年代の40％に縮小した．流入土砂の75％が毎年湖底に沈積する洞庭湖では，1840年に6200 km² あった湖面積は，1949年に4350 km²，1983年には2691 km² までに縮小し，西湖盆は完全に消滅した（2—5節；Jin, 1990）．

　雲南高原湖沼の集水域も，面積は小さいものの，森林被覆度が低い地域では，湖沼への土砂流入が頻繁に起きている．柏谷（本書3—3節(2)）は，雲南高原湖沼の湖底堆積物記録から，過去の豪雨時に大量に水土流入があったこと，この水土流入が，集水域の森林被覆度，農地面積と密接に関連していることを示した．現在でも，雲南省の湖を取り巻く丘陵地は樹木がまばらで赤色土が露

出している（口絵 12，15）．雨季には河川水は流出土砂で赤褐色に濁り，湖面を赤褐色に変える（口絵 13）．表 3-4-13 に示したように，水源林地であるべき雲南高原湖沼の集水域の森林被覆度は 2 割以下であり，4 割近くの土地が表土侵食を受けている．かって森林の美しさを誇った洱海に隣接する点蒼山でも，斜面の森林被覆度は 11.4％に過ぎず，雨季の表土流出が，洱海に大きな負荷を与えている（3—3 節(3)）．

　耕地拡大のための湖岸浚渫や水路掘削も，土砂流入を促進する．古文書記録と湖底堆積物の層序は，過去における流域破壊の影響を明瞭に示している（3—3 節(1)）．しかし，湖沼への土砂流入が，水質や生態系に具体的にどのような影響を与えているかについては，残念ながら，今回は，知見が得られなかった．滋賀県水産試験場の高橋ほか（1999）によると，琵琶湖の南湖では，ここ 30 年間に，沿岸域の砂地底質が泥地にかわり，水草群落と貝類群集の種構成，その他底生生物の量と種構成が大きく変化した．砂地から泥地への変化は，河川からの泥流入が主原因でないかと考えられる．中国における湖沼への土砂流入も，湖の生態系に大きな影響を与えると予想されるが，知見が少ない．今後，詳細な調査が必要である．

　森林伐採による水源林の崩壊は土砂流出を招くとともに，洪水を頻発化させる．水源林荒廃による大洪水は，黄河では 1998 年と 1999 年に，長江，松花江流域では 1998 年に起き，多くの被害をもたらした．この被害の軽減のため，中国では，1980 年代から植樹を進めるとともに，1998 年には，長江，黄河流域の天然林伐採を禁止する天然林保護国家プロジェクトを公布し，森林回復を図りつつある（来栖，2001；MacKinnon and Xie, 2001；中国国家環境保護総局，2003）．このプロジェクトでは，雲南高原を水源に含む長江上流域と，黄河上流域を対象にして，残された森林を保護する伐採削減と，傾斜の急な耕地を森林に戻す退耕還林が進められている．この退耕還林プロジェクトにより，2002 年度に 761 ha の造林がなされた（中国国家環境保護総局，2004）．この結果，全中国における森林面積と森林被覆度は，第 5 次森林資源調査（1994〜98）では 15894.1 万 ha，16.55％であったが，第 6 次森林資源調査（1999〜2003）では，17000 万 ha，18.21％と回復してきている（JICA 中国事務所，2005）．

このように国内の森林資源を保護する環境の中で、中国では経済成長と西部大開発により木材需要が高まりつつある。この木材需要増をカバーするため、中国は木材輸入量を増やし、世界で2番目の木材輸入国になるなど、国内資源の保全に努めている。しかし、このような中国政府の努力にも関わらず、違法な森林伐採が続いているようである。国家林業局の調査によると、過度の伐採や林地破壊による開墾、林地の勝手な利用などが年々増加する傾向にあり、この違法開発により毎年216 haの森林が消失している（人民日報, 2000）。現在, 撫仙湖周辺のはげ山では植林が進められ、若い樹木が育ち始めている。しかし、長年にわたる表土侵食で、土壌には腐植が少ない。若木が伐採されることなく成長し、表土流出のない安定した森林土壌系が成立するまでには、今後、数十年に亙る保護育成が必要であろう。

4 集水域からの流入負荷と農業

雲南湖沼の現地調査で、まず我々を驚かせたのは、星雲湖と滇池があまりにも著しく汚染され、雨季、乾季を通じアオコが高濃度に発生する過栄養状態にあったことである。1970～80年代に富栄養化した諏訪湖や霞ヶ浦でアオコを見てきた我々の目には、星雲湖と滇池における極めて高濃度のアオコ発生に、目を疑ったものである。しかし、採取した試料の分析と関連試料の検討を進めた結果、未処理集落排水と農地排水の流入に原因する窒素、リンの負荷が極めて大きいこと、星雲湖と滇池の湖盆が浅いこと、水温が周年高いことが、富栄養化進行とアオコ発生をもたらしていると理解された。他方、星雲湖と同程度の負荷がありながら、撫仙湖と洱海は、貧-中栄養状態を維持していた。この理由として、湖底への沈降堆積や脱窒作用による浄化が考えられたが、その内容にかんしては、今後、詳細な調査研究が不可欠である（3-4節(4)）。

星雲湖と滇池の富栄養化を軽減させ、湖環境の回復を図るためには、原因とされる都市排水、農地排水による窒素、リンの流入負荷軽減をはかることが、何よりも不可欠である。この認識から、雲南省では下水道システム建設により、都市集落からの流入負荷を軽減することを計画し、その建設に必要な資金

援助を外国にも要請している．建設した下水道が，効果的に機能するためには，現実の負荷量とともに，今後の人口増加と経済発展を踏まえた負荷増加の予測を行い，それをまかなえる施設建設と，施設機能の管理維持を図ることが不可欠である．

都市下水とともに，富栄養化促進に働く重要な汚濁負荷発生源は，面源としての農地である．中国では，人口増をまかなうため，歴史時代から農地の開墾を進め，現在，開墾可能な土地は殆ど残っていない（IIASA, 1999）．農作物を消費する人口は，清王朝時代から急速に増加し，2000年度では12億6千万を超え，2050年には17億になると予想されている（IIASA, 2004）．しかし，農耕地面積は，都市・工場用地への転用により，1960年をピークに減少し始め，1995年までの7年間で，0.001％減少している（FAOSTAT, 2004）．この減少に関わらず，農作物生産量は高いレベルにあり，完全自給状態を維持している．この高い生産性を支えるのは，農業生産技術の近代化である（IIASA, 2004）．灌漑システムの確立，農耕の機械化，作付けの集約化などとともに，新栽培種の導入，施肥量増加，農薬使用が技術近代化の主なアクションである．

この近代化のなかで，湖沼環境への影響で，特に注目すべきは，施肥量増加である．FAO（2004）によると，中国の肥料使用量は，1975〜2000年の25年間に，窒素肥料で4.7倍，リン肥料で5.7倍増えている．とくに，化学肥料の増加が著しい．過去に過剰施肥が社会的に問題となった日本について見ると，化学肥料の消費量は，同じ25年間で，窒素肥料で3割，リン肥料で2.7割減っている．宅地などへの転換により農地面積も減少しており，1975〜2000年の25年間で13％減少した（FAO, 2004）．中国では，肥料消費量増に比例し，1960〜2000年の40年間に，作物生産高は，米が3.1倍，小麦が6倍，とうもろこしが4倍と増加しており，多施肥は，作物収量増に反映されている．しかし，環境問題として考えた場合，多施肥は農地からの肥料流出量を増加させ，湖沼への窒素，リン負荷を高める可能性が極めて高い．特に，多雨時の農地表面流出は，農地から土砂とともに，肥料を洗い流し出す可能性が高い．今回の現地調査では，農地排水が流入している河川水の雨季における窒素，リン

濃度が，乾季におけるより著しく高く，農地からの流出が撫仙湖と星雲湖への窒素，リン負荷に大きくかかわっていると判断された．雲南省は雲南高原湖沼では，農地負荷が大きな汚染源であると，報告している（表3-4-13）．琵琶湖でも，農地排水が窒素，リン負荷に大きな寄与をしている（3—4節(4)）．

　農地の生産性維持は，食料生産の場として，地域人間社会を支えるために不可欠であることは言うまでもない．人口増加は，作物生産の増加を必要とさせる．歴史時代においては，中国ではこの作物生産増を，耕地拡大により果たしてきた．日本も同様な事情であった．戦後，食料増産のため内湾や内湖の干拓による農地拡大が進んだのは，その典型例である．琵琶湖でも，多くの内湖が埋め立てられたが，現在は，湖沼生態系復元のために，埋め立て地を再び内湖に戻す内湖復元プロジェクトが動き出しつつある（滋賀県，2004）．中国では，現在，開拓可能な農地の拡大は頭打ちになり，さらに社会構造の変化と森林保全のために，農地に植林をするなど，農地の還元化がはかられている．このような農業生産の近代化は避けられない運命にあるが，この変化は社会構造の変化と密接に関連している．日本では，中国と事情は異なるが，社会構造の変化により専業農家が激減し，農業は高齢者か，一部専業家に任される状況になっている．ここでも農作の近代化は避けられず，多肥料，多農薬による機械化集約農業が一般的となっている．このような環境では，農業技術の改善と排水対策が無ければ，湖沼汚染は避けられない運命にある．湖沼環境保全との共存における農業維持のためには，農業技術と農業を軸とする社会経済システムを湖沼保全型にすることが不可欠である．水源域として重要な位置を占めながら，農業生産が増加しつつある雲南高原湖沼の集水域では，環境保全と調和した農業システムの確立は避けられない最重要課題である．

5　水資源の確保と湖沼保全

　人間は生きていくために，淡水の摂取，利用を不可欠とする．このため人間社会の発達につれて，淡水の需要量は増加する．人間が主に使う淡水資源は，地表水としての湖沼，河川水である．中国における2000年度の水資源総量は

2770 km³であり，その93％が河川流出水である．使用した淡水総量549.8 km³のうち，68.8％は農業用水，20.7％は工業用水，10.5％は生活用水に使用された（中国水資源公報，2000）．水資源量に占める年間の淡水使用量の割合は地域により異なる．中国北西部の河川流域では，この割合は0.4～1.5と大きな割合を占め，需要に対する水資源量が著しく少ない．これに対して，長江，珠江流域は0.18，雲南省は0.06，南西諸河流域は0.016と，需要に対し水資源は豊富である．日本では，年間の水資源総量は420 km³，年使用淡水量87 km³，年使用河川水量76 km³であるので，水資源量に占める需要量の割合は0.2となり，長江流域に似ている．ただし，日本人一人当たりの年水使用量は690 m³（2000年度）であり，中国における一人当たりの水使用量430 m³と比べると，1.6倍多い．

　中国では，水需要に対する水資源供給に地域差があることから，水の豊富な中国南部から北部地域に水を輸送する南水北調事業が進められている（2—5節）．雲南省の撫仙湖および星雲湖の管理をしている玉渓市でも，水資源確保のため，水源としての撫仙湖の保全をかねた大規模な事業を進めている（侯・呉，2002）．この事業は，星雲湖から撫仙湖へ流れていた水を逆流させ，星雲湖水による撫仙湖の汚染を防ぐとともに，星雲湖の水を玉渓市の水資源として利用する河道逆流事業である．両者の湖の標高差は1 mしかない．撫仙湖の最高水位1722 mを保ちながら，星雲湖の現在の水位1721.5～1722.5 m，および隔河出口の水位の1720.8～1722.5 mを常に最低水位に合わせ，星雲湖の水を玉渓市の東風水庫（貯水池）に導入する．この導入事業では，東風水庫の流入河川である九渓河に星雲湖の水を流すため，トンネル掘削工事を行う．東風水庫の水は，玉渓市で水資源として利用し，曲江を経て南盤江に流出させる．侯・呉（2002）は，次の4項目について影響評価を行った．(1)水位変動が，撫仙湖，星雲湖，東風水庫の生態系に与える影響；(2)水質変化が撫仙湖，星雲湖，東風水庫の生態系に与える影響；(3)プランクトンや漁業など，生物交換への影響；(4)水力発電，灌漑用水，地下水などに及ぼす水力学的な影響．現在，珠江の水源となっている撫仙湖のきれいな水を，星雲湖に逆流させることによって，星雲湖の環境を修復し，さらに水不足に悩む玉渓市に十分な水を

供給する一石三鳥のアイデアである．

しかし，懸念されるのは，撫仙湖から星雲湖への河道逆流に伴って，従来星雲湖から撫仙湖へ流入していた水が撫仙湖に入らなくなることである．また，珠江への流出水量も激減する．逆流により，撫仙湖の湖水の滞留時間は約2倍長くなる．現在，冬季における撫仙湖の鉛直循環は低下しており，湖底の無酸素化が長期化する傾向にある．今後，撫仙湖への流入負荷が低減され，一次生産量が増加しなければ，少なくとも表水層は良好な水質を保つことが可能となろう．しかし，現実には，気象変動に伴う洪水時の冠水や灌漑により農地から栄養塩が湖内に流入するので，植物プランクトンが異常増殖する可能性もある．深水層が溶存態リンのプールになる可能性もあり，水源として重要な撫仙湖の環境が悪化する可能性を含んでいる．

滇池においては，汚染した湖沼環境を改善する多くの事業を実施してきているが，目に見える成果は得られていない．下水道による流入負荷の効果的削減がされてないためである．このように極度に汚れた湖を改善するのに効果的な方法のひとつは，下水処理水を直接湖に入れない流路変更（diversion）である．この方法を用いた成功事例は，アメリカのワシントン湖である（Edmondson, 1991）．タホ湖（アメリカ），タウポ湖（ニュージーランド），マジョレ湖（イタリア）など，下水処理水が直接流入していない湖では，現在でも透明度が高く，美しい環境を守っている．しかし，滇池は平均水深が5mと浅く，湖水と底泥の相互作用が頻繁に起こるので，流路変更だけでは，湖環境の回復は出来ないのでないかと思われる．湖底にたまった汚泥の処理と，流路変更によって減少した分に相当する量のきれいな水を確保することの両者が必要である．現在，中国政府は，長江の上流水を滇池に導き，汚染した湖水を長江の下流に放出する大規模な運河建設計画を立てていると聞いている．この計画は，汚染の改善と，水源からの流出水確保の両者を兼ね備えた案であるが，長江への汚染水流出の影響が懸念される．滇池への流入段階における流入負荷軽減が，最も根本的であり，かつ必要な対策でないだろうか．湖内対策としては，湖底にたまった汚泥処理による水質改善法も提案されている．安価で効率のよい手法の導入が必要であろう（Puほか，2001；Murphyほか，2003）．

6　今後の課題

　上記の検討を通じ，雲南高原湖沼など東アジアモンスーン域の湖沼と流域では，環境変化に多くの要因が関わっていることが明らかとなった．とくに，アジア主要大河川上流域である雲南高原では，気候変動と集水域の人間活動が，湖沼・河川とその流域に大きなインパクトを与えてきたことは，明らかである．これらの知見を踏まえながら，東アジアモンスーン域の湖沼保全をさらに進めるためには，検討すべきいくつかの重要課題が残されている．主要な課題として次の4つをあげることが出来る．①非特定汚染物質による環境汚染．②環境情報の共有化と解析による環境対策の推進．③湖沼保全との調和における経済発展．④生物多様性の保全．以下，その概要を論ずる．

　第1の課題は，定期的環境モニターの対象になっていないが，環境や人体への悪影響が懸念される物質について，環境汚染の実態や過程と，それらの生物と生態系への影響を調べる必要があることである．その1つは，大気圏を通じての湖沼へのリン，窒素の負荷の影響である．この負荷については，信頼できる計測値は少ない．雲南省の撫仙湖周辺には，複数のリン鉱山とリン工場があり，採掘と精錬を恒常的に行っている．その粉塵が大気を浮遊後，湖面や集水域に落ちるが，実測データはほとんどない．石炭使用の火力発電所の排煙や農地からの散逸により，大気に放出された窒素化合物が，降水と共に，また塵埃として，湖沼や流域に降ってくると考えられるが，観測データは不足している．Shen ほか（2003）によると，黄河流域における大気からの降水，降塵による窒素負荷は，黄河への総負荷の64％を占め，面源負荷の3倍以上であった．大気からの窒素負荷は，雲南高原の水源域においても，大きいのでないかと考えられる．日本でも，降水による山林など集水域への窒素供給が，森林生態系に大きな影響を与え，過剰な窒素流出負荷となっていることが，明らかにされている（環境科学会，2004）．2つめは，ダイオキシンや環境ホルモン，残留農薬など人体に有害な微量有機化合物による汚染である．これら微量有機物による汚染の実態と，その生物影響，生態系影響について調べる必要がある．しかし，日常の観測体制に含まれていない環境汚染物質の分布や変動，それら

の環境影響を評価するにあたり，2つの問題がある．第1は分析手法の精度と信頼性を高めることである．ダイオキシンや環境ホルモンなど特殊有機物は，信頼のおける分析のできる施設は限られており，かつ分析技術も一般的でない．第2は，これら物質の環境影響，生態系影響の評価である．残念ながら，これら物質の環境汚染の判断に必要な生態系影響評価手法については，国際的にも検討段階にある．今後，国際協力により，これら物質による環境汚染の現状把握と生態系への影響評価が進むことを，強く期待している．

　第2の課題は，第1の課題と密接に関係する課題であるが，窒素，リンなど一般的な環境汚染項目について，計測・監視を進めるだけでなく，それらの計測データを基に，環境汚染の現状認識やその汚染の生態系への影響評価を行い，環境管理に活用するシステムを確立する必要があることである．雲南省では，今回の日中共同研究を契機に，これらの研究調査を進める湖沼環境の研究センターの必要性を痛感し，2年にわたる検討のすえ，現在ある雲南省環境科学研究所を改組して，昆明高原湖沼国際研究センターを設立することを決定した．湖沼環境の研究に，国際的取り組みを導入したのは，計測手法の国際標準化，データの国際比較により湖沼と集水域の環境について正しい現状把握を可能にすること，情報共有により高度な環境評価を可能にすること，環境評価と修復への国際協力を図ることなど，従来の枠組みではできない対応が可能になるからである．行政主体の研究組織は，決められた環境項目の定期観測の推進や，研究成果の施策への反映などを進めやすい利点がある反面，体制が縦割りで硬直化しやすく，GIS解析による地域対策など，総合的対策に必要な情報の共有化と横断的取り組みがしにくい欠点がある．これらの欠点を補い有機的な環境情報評価を進める目的で，NGOのWWCN（World Water and Climate Network：世界水・気候ネットワーク）が，2003年3月の第3回世界水フォーラムに合わせて立ち上げられた．今後，このNGOが複数の行政組織や企業などと協力して環境の解析と評価を進め，環境現状の正しい把握と評価及びそれらに基づいた合理的な環境対策の構築により，環境管理が効果的に進むことを強く望むものである．

　第3の課題は，経済発展と人口増加が進む地域社会で，いかに湖沼の環境保

全を図るかである．先に論じたように，人口増加に必要な食料のための農作物の増産は，湖沼・河川への窒素，リンの負荷増加をもたらし，富栄養化を促進する．食料の安定供給と湖沼保全を両立させるためには，まず，肥料の過剰流出をもたらさない農地管理，作付け管理が必要とされる．日本では，この反省から，化学肥料使用量の削減と有機肥料の併用が一般化し，さらには，遅効性粒状肥料の使用による，流出防止につとめている（農林水産省，2001）．中国では，人口の6割が農村人口であり，農村の経済条件改善には農作物の増産は不可欠である（中国情報局，2003）．日本では，社会経済構造の変化により，専業農家数が減少し，農家の働き手である中年層は，都会で第3次産業に従事している．雲南省の農村部では，いまだに人口の8～9割は農業に従事している．しかし，昆明市に見られるように，今後都市化の進行に伴い，働き手は次第に第3次産業に吸収されていくと予想される．このような条件下では，雲南高原で進められている活発な農業生産を支えるには，作付けの集約化，機械化，多施肥が必要となり，結果として，農地からの流出負荷を増大させる．湖沼の保全を図るためには，農業生産と共存できるN，P負荷削減システムの構築が不可欠であろう．

　雲南省の呉・侯（2002）は，撫仙湖への面源からの流入負荷を軽減するために，湖岸の農地排水路の出口に人工湿原を建設し，植物の吸収による窒素，リンの除去を図る計画を進めている．河川流出口に湿原を設置し湖への負荷軽減を図る試みは，ハンガリーのバラトン湖ゼラ河口で行われ，湿原植物の刈り取りにより，流入負荷の2割が削減できた（Pomogyi，1989）．米国でも，人工湿原が，面源汚染軽減に有効であることを示す多くの報告がある（Mitsch，1989）．中国では，集水域に分布する池や運河が，巣湖へ流入する窒素の99%を捕捉することが報告されている（Yinほか，1993）．しかし，捕捉効率は雨が降ると低下し，池が満水になると著しく低下する．湿原や人工池は面源負荷の軽減に有効に働くが，その機能は，環境の状態と管理のしかたで大きく変わることを示している．滋賀県では，農地から琵琶湖への流入面源負荷を軽減するために，河口近くに一時貯留池や沈殿浄化槽，浄化植生帯を設置し，窒素，リン負荷の軽減能力を，パイロットプラントで検討している（滋賀県，2003）．

しかしこれら施設が,いかに有効に機能するかは未知の面が多い.琵琶湖内湖のヨシ帯による窒素,リンの除去能力についての研究で,ヨシは生育期に多くの窒素,リンを吸収することを示した.ヨシを生育期に刈り取り,製品に加工したり,農業に利用するなど再利用システム確立が可能であれば,面源負荷の軽減技術として期待が持てる.湖沼への面源負荷軽減のために,効果的な面源負荷削減技術の開発が不可欠である.

第4の課題は,本研究では検討を進められなかった雲南高原湖沼の生態系と生物多様性の保全である.2—1節で述べたように,雲南高原には,約200～300万年前に形成された構造湖が多く分布し,多様な生物種が生息している.雲南省は面積的には中国全土の4％に過ぎないが,中国の魚類1010種のうちの432種,両生類278種のうちの104種が生息している.中国科学院昆明動物学研究所のYang (1996)によると,雲南省で生息が記録された432の固有魚種のうち,過去5年間で130種が確認できなくなり,1960年代に常在していた150種は希有種となり,152種については群集量が減り始めている.魚種の減少は,河川におけるよりも湖沼において顕著である.湖沼に生息する94種の固有魚種のうち2種は完全に絶滅し,60種が絶滅の危惧がある.この理由は,雲南高原湖沼は,長江などの水源として独立した水システムであり,下流系におけるよりも生息する魚類の種数が少ない.例えば,撫仙湖には25種の魚類しか生息しないが,下流の長江には70～90種の魚種が生息する.種数の少ない単純な魚類群集は,種間の競争能が低く,抵抗性が低い.外来種の進入に対しても非常にもろい.撫仙湖では,1950年代に25の固有魚種が生息していたが,外来魚の移入により,現在,固有種23種,外来種15種になった.25種の固有魚が生息していた滇池では,外来種は現在,27種が生息しているが,固有種は4種に激減した.

3—4節(3)で述べたように,滇池では,汚染の進行により,水草も群集構成が大きく変化している.水草の生育する沿岸帯は,多くの水生昆虫が生息し,魚類の生息場所として,産卵場として,多様な種の維持に極めて重要な場である.雲南高原湖沼は,数十万年前に形成された古代湖であり,長い歴史の中で多様な生物種を生み出してきた.現在進みつつある雲南高原湖沼の汚染は,生

態系の構造や相互関係に影響し，数百万年の歴史を経て発展してきた生物群集を大きく変えているのでないか，と危惧される．雲南と同じような長い歴史を持つ琵琶湖においても，沿岸帯埋め立てによる水草群落の衰退や，汚染と外来種の増加による固有種の減少が心配されている．貴重な生物資源の宝庫を保全するために，永い歴史をもつこれら湖沼における生物多様性とその変化についての，詳細な調査研究が急務であろう．

　上記は，それぞれ大きな課題であり，一朝一夕に解決できるものでなく，長時間に亙っての取り組みが必要とされる．上で論じてきた4課題以外にも，今後，検討を進めなければならない多くの問題が残されている．東アジアモンスーン気候で支配される湖沼とその集水域，とくに水源地域の湖沼と集水域の生態系保全のために，今後，関連研究者の密接な国際協力による取り組みが不可欠である．本書が，今後における湖沼・流域環境の取り組みを促進し，湖沼問題の解決に大きく貢献することを願ってやまない．

文献

東善広（2001）：琵琶湖集水域における水循環と水利用．琵琶湖研究所所報，20：48-55．
Chen, B. (1999): The existing state, future change trends in land-use and food production capacities in China. Ambio, 28：682-686.
中国水資源公報編集委員会（2000）：中国水資源公報2000（JICA水利人材養成プロジェクト翻訳）．
中国情報局（2003）：中国総合データ．
中国国家環境保護総局（2003，2004）：中国環境状況公報2002，中国環境状況公報2003．
中国国家統計局（2001）：中国国家統計2001．
大紀元（2003）：中国的生態悪化．東北呼倫湖水環境急激悪化．Websiteニュース．2003年12月24日．
Edmondson, W. T. (1991): The uses of ecology: Lake Washington and beyond. Univ. Washington Press.
FAO (2004): World agriculture toward 2015/2030, Website information.
FAO (2004): FAOSTAT.
侯長定・呉献花（2002）：撫仙湖―星雲湖出流改道工程環境影響分析．雲南地理環境研究，14：80-88．
IPCC（2001）：IPCC地球温暖化第3次レポート，気候変化2001．気候変動に関する政府間

パネル，気象庁・環境省・経済産業省監修，中央法規．
IIASA (1999)：Population, food demand and land use in China. By G. K. Heilig, IIASA Options, 1999 summer, Website news.
IIASA (2004)：A system for evaluation of policy options. Can China feed itself? IIASA Website article.
JICA 中国事務所（2005）：JICA 中国事務所ニュース．2005 年 3 月号．
Jin, X. (1990)：Eutrophication of lakes in China. The 4th International Conference on the Conservation and Management of Lakes, "Hongzhou '90".
人民日報（2000）：Website ニュース．2000 年 6 月 16 日．
環境科学会（2004）：環境科学シンポジウム 2003．森林と渓流・河川の地球化学．環境科学会誌，17：199-200．
国土庁・環境省ほか（1999）：琵琶湖の総合的な保全のための計画調査報告書．
国土交通省（2003）：日本の水資源，平成 15 年版．
Ke, Bingsheng (2001)：中国における工業的畜産物生産，濃厚飼料の需要および天然資源の必要性．世界の畜産，257：12-21．
来栖裕子（2001）：中国における森林保護・造成の動向．農林金融，7：50-63．
MacKinnon, J. and Y. Xie (2001)：Restoring China's degraded environment. The role of natural vegetation. A position paper of Biodiversity Working Group of China. Council for International Cooperation on Environment and Development.
Mitsch, W., B. Reeder et al. (1989)：The role of wetlands for the control of nutrients with a case study of western Lake Erie. In Mitsch, W. J. and S. E. Førgensen (eds), Ecological Engineering: An Introduction to Ecotechnology, Willy, pp. 129-158.
Murphy, T. P., M. Kumagai et al. (2003)：Eutrophication control by sediment treatment. In Munawar, M. (ed.), Sediment Quality Assessment and Management: Insight and Progress. Ecovision World Monograph Series, pp. 59-77.
農林水産省（2001）：農林水産統計．
O'Reilly, C. M., S. R. Alin et al. (2003)：Climate change decreases aquatic ecosystem productivity of Lake Tanganyika, Africa. Nature, 424：766-768.
Pomogyi, P. (1989)：Macrophyte communities of the Kis-Balaton reservoir. In Salanki, J. and S. Herodek (ed.), Conservation and Management of Lakes, Symp., BiolHung, 38：505-515.
Pu, P., G. Wang et al. (2001)：How can we control eutrophication in Dianchi Lake? Abstracts, RMEL2001, Kunming, 13-18.
Shen, Z., Q. Liu et al. (2003)：A nitrogen budget of the Changjiang River catchment. Ambio, 32：65-69.
新華社（2001，2005）：Website ニュース．2001 年 10 月 24 日，2005 年 2 月 7 日．

世界資源研究所・国連環境計画ほか（2001）：世界の資源と環境 2000-2001，日経エコロジー．

滋賀県（2003，2004）：平成 15 年環境白書，平成 16 年環境白書．

高橋誓・山中治ほか（1999）：琵琶湖沿岸帯調査報告書による昭和 44 年と平成 7 年の琵琶湖沿岸帯の比較．琵琶湖研究所所報，16：64-69．

USDA (2005): Lake level variation from TOPEX/POSEIDON and Jansen-1 Altimetry. website, http://www.pecad.fas.usda.gov/cropexplorer/global_reservoir/gr_regional_charl.cfm?regionid.

吴献花・侯長定（2002）：撫仙湖北岸景観生態建設．雲南地理環境研究，14：56-60．

Xie, P. and Y. Chen (1999): Threats to biodiversity in Chinese inland waters. Ambio, 28: 674-681.

Yang, J. (1996): The alien and indigenous fishes of Yunnan: A study on impacts ways, degrees and relevant issues. In Peter, J. S., S. Wang, and Y. Xie (eds.), Conserving China's biodiversity, China Environmental Science Press, Beijing.

Yin, C., M. Zhao et al. (1993): A multi-pond system as protective zone for the management of lakes in China. Hydrobiologia, 251: 321-329.

（坂本　充，熊谷道夫）

索　引

中国の固有名詞は，本文中で振られている
現地読みのルビに従い配置した．

A-Z

BOD(生物学的酸素要求量)　72, 74, 84
BOD_5　84
CI(寒さの示数)　61, 66
C：N：P比　211
COD(化学的酸素要求量)　72, 74, 84, 227, 228
COD_{Cr}　84
COD_{Mn}　84
DOC(溶存有機炭素)濃度　224-226
ENSO(エルニーニョ/南方振動現象．El Nino/Southern Oscillation)　21
GLOF　111, 115
Im(湿潤度指数)　53, 62, 66
Microcystis　277, 279
NDVI(正規化差植生指数)　64, 65
N，P収支(撫仙湖，星雲湖)　308, 309
N/P比　212, 271, 306
N，P負荷量　311, 313
N，P流出特性(水田地帯)　313
N，P流入負荷　304
N，P流入負荷(琵琶湖)　78
N，P流入負荷(撫仙湖，星雲湖)　308
PN(懸濁態窒素)　305
PP(懸濁態リン)　211, 305
T-N負荷　150, 270, 273, 308, 315, 317
T-P負荷　150, 270, 273, 308, 315, 317
TOC(全有機炭素)　220, 221
WI(暖かさの示数)　52, 54, 58, 62, 66, 260

ア行

アオコ　277-278
アオコ発生　80, 130, 273, 303, 305
アサザ群落　289
アジアモンスーン　234
アジアモンスーン地帯　159
暖かさの示数(WI)　52, 54, 58, 62, 66, 260
暖かさの示数の分布(中国)　52
亜熱帯(定義)　60
亜熱帯(北限)　61
亜熱帯湿潤モンスーン域　138
異龍湖　232
維管束植物目録(滇池)　282
移動農耕　5
緯度方向温度減率　51
イトモ群落　296
稲作　163
稲作卓越地帯　164
稲作地帯　17
稲作分布図(中国)　163
イネ文明　91
インダス川　101
インドプレート　37, 44
圩(居住形態)　173-175
雨季　12, 14, 32, 33, 87, 123
雲貴高原　→〈ユングイ〉を見よ
雲南　→〈ユンナン〉を見よ
永久凍土　106-110, 115, 117
栄養塩(化学動態)　209-211
エクマン輸送　201
エビモ群落　295
エルニーニョ　26
エルニーニョ年　27
洱海　126, 130, 235, 236, 259, 265
塩湖　81, 82
塩分濃縮　81
横断山脈　→〈ヘンドゥン〉を見よ
汚濁負荷影響　270
温度気候帯　52, 58, 60, 65
温量指数(WI)　52, 54, 58, 62, 66, 260

カ行

外海　→〈ワイハイ〉を見よ
外生堆積物　231
外的営力　40

海南島　→〈ハイナン〉を見よ
外来植物(滇池)　285
外流域　82, 135
化学成分　204, 205
化学成分の鉛直分布(撫仙湖)　208
化学動態(雲南高原湖沼)　203
河況係数　72
隔河　→〈ゴオホォ〉を見よ
ガシャモク群落　294
河川浚渫　233
河川特性　72, 73, 102
河川流出水量　70, 71
河川流入量(洞庭湖)　143
渦動粘性係数　201
可能水資源量(東アジアモンスーン域)　5
カルスト地形(石灰岩地形)　42-46, 92, 120
カルスト沖積平野　46
カルスト湖　→「溶蝕湖」を見よ　125
カルデラ湖　75
韓国(河川特性)　73
韓国(ダム湖特性)　81
広西盆地　46
ガンジス川　101
乾湿度気候帯　58, 66
鹹水湖　2, 81, 82
慣性周期　190, 201
乾燥化　31
乾燥度指数　123
環太平洋構造帯　36
環流　191
気温上昇　8, 64, 116, 187, 189, 274
気温年変化　15, 26, 123, 259
気温変化　9, 65
キクモ群落　293
気候区　24
気候区分　15-17, 23
気候帯の変化(中国)　口絵5
気候変化　8, 64, 187
気候変動　2, 31, 33, 234
杞麗湖　→〈ジールーフー〉を見よ
貴州高原　43
クロモ群落　293
クロロフィル蛍光(琵琶湖)　193
昆明　22, 123, 274
蛍光強度　225, 226
蛍光スペクトル　223, 224
蛍光特性(溶存有機物)　223

経済成長　273, 275
形状変遷(洞庭湖)　142
経度方向温度減率　51
下刻作用　42
下水道施設(星雲湖)　312
ケッペン(アジアの気候区分)　16
懸濁態 Al 濃度　211
懸濁態窒素(PN)　305
懸濁態リン(PP)　211, 305
古アジア構造帯　36
黄河　→〈ホアンホォ〉を見よ
紅河　→〈ホンホォ〉を見よ
光合成生産　219, 221
紅色高原　→「雲南中部紅色高原」を見よ
紅色露頭　128
洪水　6, 7, 63, 72, 91, 138
降水量　3, 9, 15, 18-20, 28, 33, 64, 65, 70, 71, 123, 188, 235, 237, 239, 240, 259
降水量年変化　15, 26, 123, 237, 242
降水量分布(中国)　口絵1
降水量分布(東アジア)　20
降水量分布(雲南省)　25
構造湖　75, 78, 83, 125, 131, 302
構造盆地　42, 44
洪沢湖　→〈ホンザァフー〉を見よ
硬度(水質)　203
隔河　130
国際河川　89, 96
湖沼堆積物　238, 240
湖沼特性　77, 83
湖沼分布と水量(中国)　82
湖水混合(星雲湖)　189
湖水の濁り　286
湖水流動特性(撫仙湖)　190
古代湖　336
古中国構造帯　36
国家保護鳥(洪沢湖)　153
湖底堆積物　231, 232, 235
湖面蒸発量　123
固有種　336, 337
コリオリパラメーター　201
ゴンドワナ古大陸　37
昆明　→〈クンミン〉を見よ

サ 行

ササバモ群落　295
サバンナ気候　241

索　引

寒さの示数(CI)　61, 66
三峡　91
三峡ダム事業(TGP)　91, 139, 145
三次元蛍光　223
三段階構造　39
石梗村の暮らし　172
杞麗湖　244
洱海　→〈エルハイ〉を見よ
湿潤度指数(Im)　53, 62, 66
湿潤度指数の分布(中国)　53
湿地保護(洪沢湖)　153
社会経済特性　127
灼熱減量　214
シャジクモ群落　301
珠江　92, 93
集水域　2, 5, 7, 140, 147, 312
10℃積温　16, 17, 20, 22-24
修復方策(東中国平原湖沼)　155
重要保護鳥(鄱陽湖)　139
珠江　→〈ジュージャン〉を見よ
春旱　26
春城　22
浚渫　232, 275
準平原　46
準平原面　44
少数民族(中国)　160
蒸発散量　18, 19
小氷期　234
照葉樹林文化　167
植生型(中国)　50, 55, 57
植生区分　53, 58, 59, 65, 66
植生図(中国)　口絵3
植生分布　54, 64
植物プランクトン　194, 271, 276, 279, 306
代かき　314
人工湿原　335
人口増加　6, 272
人口変動(雲南省)　246
侵食・運搬　253
滇池　→〈ディエンチ〉を見よ
星雲湖　128, 130, 185, 220, 243, 302, 303, 308-310
星雲湖(N, P収支)　308, 309
星雲湖(N, P流入負荷量)　308
星雲湖(T-N, T-P湖内濃度)　307, 308
星雲湖(下水道施設)　312
星雲湖(湖水混合)　189

星雲湖(水質)　303
星雲湖(吹送流)　189
森林火災　107-109
森林破壊　31, 131
森林伐採　4, 6, 7, 63, 124, 261-263
森林被覆度　73
森林変化(琵琶湖流域)　261
森林面積　3, 4, 32, 73, 124
水位　107, 109, 136, 138, 153, 187, 264, 265
水温—酸素トライアングル(琵琶湖)　199
水温成層　126
水温分布(撫仙湖)　口絵19
水温躍層　126
水圏生態系　135
水質　72-74, 76, 77, 80, 83, 269, 271, 303
水質汚濁　74, 77, 80
水質階級　74, 145
水質基準　77
水質の鉛直分布(撫仙湖)　196
水質の経年変化(琵琶湖)　79
水質変化　149, 274
水生植生の変遷　281
水生植物群落　284, 288
水生植物分布面積(滇池)　284
水生生物(洪沢湖)　153
吹送流(星雲湖)　189
水田　163
水田稲作　3
水田漁業　164, 165
水田の中干し　314
水分過剰量分布(東アジア)　21
水面面積　137, 141, 143-146, 153
水文　18
水文環境　235, 250, 252, 255, 256
水文地形環境変動　240
四川盆地　42
末無川　88
星雲湖　→〈シンユンフー〉を見よ
青海湖　→〈チンハイフー〉を見よ
生活排水　270, 312
正規化差植生指数(NDVI)　64, 65
正規化差植生指数値の分布(中国)　口絵4
生産制限因子　306
青蔵高原　→〈チンザン〉を見よ
生態系　2
生物画分Si　215
生物環境事業(BEE)　150

生物起源粒子　218
生物生産制限元素　211
生物多様性保全　336
セキショウモ群落　300
赤色砂岩層　120
赤色土　120
赤色粘土層　231
セジメントトラップ　214
石灰岩地形　→「カルスト地形」を見よ
然鳥錯　→〈ランウーツォ〉を見よ
全循環開始(琵琶湖)　199
全循環欠損　197
センニンモ群落　297
全有機炭素(TOC)　220, 221
草海　→〈ツァオハイ〉を見よ
造山運動期　47
層序　231
ソーンスウェイト　53
続成作用　218

タ 行

大興安嶺　50, 52, 66
タービダイト(乱泥流)　239, 250
大理市　130
太湖　→〈タイフー〉を見よ
大興安嶺　→〈ダーシンアンリン〉を見よ
退耕還林事業　7
大生態系(バイオーム)　54, 55
堆積速度　138, 144, 216, 217, 231, 232, 253, 254, 310
堆積物　232, 249, 256
堆積物記録　250
堆積物年代決定　249, 257
大地形の三段階構造(中国)　口絵2
太湖　146-150
太平洋プレート　38
滞留時間　186, 308, 309, 310
多含鉄赤色粘土層　232, 233
脱窒作用　310
ダム　80, 151
唐山地震　250
単循環湖　126
淡水　70
淡水湖　81, 82
断層　125
断層湖　128
タンパク質　223, 224

程海　235, 236
地温構造　107, 108
地殻変動記録計　252
地球温暖化　107, 109, 110
地形区分(中国西南地区)　41
地形区分(雲南省)　口絵6
地表水資源量　70, 71, 84
チベット高原　234, 239
巣湖　171-175
長江　6, 7, 19, 43, 90, 91, 138, 140
長江文明　92
中栄養湖　78
中国(暖かさの示数の分布)　52
中国(稲作分布図)　163
中国(気温・降水量の変化)　65
中国(気候帯の変化)　口絵5
中国(降水量分布)　口絵1
中国(構造帯)　37
中国(湖沼特性)　83
中国(湖沼分布と水量)　82
中国(湿潤度指数の分布)　53
中国(主要河川)　73
中国(主要湖沼特性)　83
中国(少数民族)　160
中国(植生型)　55, 57
中国(植生区分)　59
中国(植生図)　口絵3
中国(正規化差植生指数値の分布)　口絵4
中国(大地形の三段階構造)　口絵2
中国(熱帯北限線)　61
中国(水資源量，流域別)　71
中世温暖期　234, 255
長江　→〈チャンジャン〉を見よ
川西滇北(四川西・雲南北)高原　40
沈降粒子束(琵琶湖，撫仙湖)　214, 215
青蔵高原　13, 82, 119
沈水植物　127, 264, 266, 289
沈水植物群落(雲南)　291
青海湖　63, 178
秦嶺一淮河線　17, 54, 61, 62, 65
草海(滇池北湖盆)　128, 269, 279
追肥　314
滇西(雲南西)山地　45
滇池　83, 128, 131, 185, 270, 273, 277, 281, 287
滇池(N/P比)　271
滇池(T-N負荷)　273
滇池(T-P負荷)　273

索　引　345

滇池(維管束植物目録)　282
滇池(外来植物)　285
滇池(社会経済特性)　127
滇池(植物プランクトン)　271
滇池(水質)　271
滇池(水生植物分布面積)　284
滇池(点源負荷)　273
滇池(年齢)　126
滇池(富栄養化)　273
滇中紅色高原　→「雲南中部紅色高原」を見よ
程海　→〈チェンハイ〉を見よ
低酸素化　275
低酸素状態(琵琶湖湖底)　199
定住農耕　5
テチス構造帯　36
テチス—ヒマラヤ造山運動　126
電気伝導度　127
点源　270
点源負荷　273, 313
点蒼山　130, 259-261
凍結(洪沢湖)　151
洞庭湖　→〈ドンティンフー〉を見よ
東部平原湖沼　83
透明度　75, 78, 127, 188
独龍江(イラワジ川)　99
土砂流出　6
土砂流入　138
土地利用　73, 242, 245, 246, 253, 262
トリゲモ群落　298
洞庭湖　91, 141-145
通海地震　250

ナ　行

内生堆積物　231
内部静振　201
内部静振(撫仙湖)　190
内流域　81, 135
内流湖沼　88
^{210}Pb 推定年齢　232
ナレズシ　166
南水北調　89, 154, 155
日本(河川特性)　72
日本(湖沼の水質と水深)　76
日本(主要湖沼特性)　77
怒江(サルウィン川)　98
ネオテクトニクス運動　38, 40, 44, 46
熱帯(亜熱帯との境界)　60

熱帯北限線(中国)　60, 61
熱帯モンスーン気候　24
年降水量変化　65, 188, 239, 241
農業気候区分　16-18, 20
農業系負荷　313
農業生産量変動(雲南省)　248
農業用水　313
農耕地と森林面積(東アジアモンスーン域)　4
農地灌漑　4
農地管理　335
農地植生　54, 65
農地排水　312
農地面積　4
農薬・洗剤濃度　286
ノンポイントソース(面源)　313

ハ　行

バイオームの位置づけ(東アジア)　54
バイカル湖　89
海南島　50, 52, 60
鄱陽湖　→〈ポーヤンフー〉を見よ
氾濫湖　87
碧塔海　244
東アジア(降水量分布)　20
東アジア(水分過剰量分布)　21
東アジア(バイオームの位置づけ)　54
東アジア森林連続体　50
東アジアモンスーン　11
東アジアモンスーン域　134, 159, 227, 239
東アジアモンスーン域(可能水資源量と取水量)　5
東アジアモンスーン域(農耕地と森林面積)　4
東中国平原湖沼(修復方策)　155
東中国平原湖沼(分布)　136
ヒツジグサ群落　290
ヒマラヤ造山運動　46
ヒメビシ群落　290
氷河　110
氷河湖　112
氷蝕湖　125
表土流出　231, 275
表面静振　201
表面静振(撫仙湖)　190
表面流出(量)　9, 124
比流量　72, 73, 103

微量金属元素の分布(撫仙湖)　213
ヒルムシロ群落　289
琵琶湖　78, 259, 310
琵琶湖(N, P 負荷)　311, 313
琵琶湖(化学成分)　205
琵琶湖(環流)　191
琵琶湖(気温上昇)　189
琵琶湖(気温年変化)　259
琵琶湖(気候変化)　187
琵琶湖(クロロフィル蛍光)　193
琵琶湖(湖面水位経年変化)　265
琵琶湖(森林変化)　261
琵琶湖(水温—酸素トライアングル)　199
琵琶湖(水質の経年変化)　79
琵琶湖(全循環開始)　199
琵琶湖(堆積速度)　217
琵琶湖(沈降粒子束)　214, 215
琵琶湖(沈水植物分布面積)　264, 266
琵琶湖(特性)　186
琵琶湖(富栄養化条例)　78
琵琶湖(溶存酸素濃度)　198
琵琶湖(流入負荷)　78
貧栄養　75
貧栄養湖　75, 128
撫仙湖　83, 128-131, 185, 220, 243, 269, 273, 277, 278, 302, 305, 308-310
撫仙湖(N, P 収支)　308, 309
撫仙湖(N, P 流入負荷)　308
撫仙湖(T-N, T-P 湖内濃度)　307, 308
撫仙湖(汚染源負荷)　270
撫仙湖(化学成分の鉛直分布)　208
撫仙湖(慣性周期)　190
撫仙湖(環流)　191
撫仙湖(気候変化)　187
撫仙湖(降水量・透明度変化)　188
撫仙湖(湖水流動特性)　190
撫仙湖(水温分布)　口絵 19
撫仙湖(水質の鉛直分布)　196
撫仙湖(水質変化)　274
撫仙湖(堆積速度)　217
撫仙湖(沈降粒子束)　214, 215
撫仙湖(内部静振)　190
撫仙湖(表面静振)　190
撫仙湖(微量金属元素の分布)　213
撫仙湖(密度流)　190
撫仙湖(無酸素状態)　196
撫仙湖(有機炭素収支)　221

撫仙湖(有機物収支)　220
撫仙湖(有機物特性)　222
撫仙湖(溶存酸素濃度減少)　195, 197
撫仙湖(溶存酸素濃度分布)　口絵 18
撫仙湖・星雲湖(集水域と流入河川)　129
富栄養　75
富栄養化　77, 269, 276-278, 287, 303
富栄養化(浅い湖)　275
富栄養化(主要因)　272
富栄養化(太湖)　148
富栄養化(滇池)　273
富栄養化(変遷)　272
富栄養化度　269
富栄養湖　75, 78
撫仙湖　→〈フーシャンフー〉を見よ
物理—生態工学(PEEN)　150
フブスグル湖　107, 187
フミン物質　219, 223, 224, 226
浮葉植物群落(雲南)　289
ブラマプトラ川　100
不連続凍土地帯　107, 117
閉鎖的窒素循環微生物技術　150
碧塔海　→〈ピータンハイ〉を見よ
紅土　95
横断山脈　119, 120, 124, 131
黄河　5, 89
黄河文明　91, 92
黄河流域　6, 7
鄱陽湖　136-141
北流河川　89
ホザキノフサモ群落　292
北方アジアの河川　88
穂肥　314
淮河—秦嶺線　→「秦嶺—淮河線」を見よ
洪沢湖　151-155
紅河　94, 95

マ行

マツモ群落　291
湖の分布(植生との関係)　62
ミズオオバコ群落　298
水草種(絶滅)　281
水草帯の回復　264
水資源量　71, 75
水収支(太湖)　148
水信仰　168-170
水利用の知恵　168-170

索　引　347

密度流(撫仙湖)　190
無機化学成分(雲南高原湖沼)　203
無酸素状態(撫仙湖)　196
湄南河(チャオプラヤ川)　97
梅雨　134
メグナ川　100
メコン川　95, 97
面源対策　77, 78
面源負荷　131, 270, 312, 335
元肥施肥　314
モンスーン　11, 12, 87
モンスーン域　11, 21
モンスーン域の河川　87
モンスーン雨季　134
モンスーン気候　14

ヤ　行

焼畑農耕　167
ヤルツァンポ川　100
有機汚濁　227
有機炭素収支(撫仙湖)　221
有機物収支(撫仙湖)　220
有機物生産量　221
有機物特性(撫仙湖)　222
有機物負荷　221
遊水池　91
優先種　277
ユーラシアプレート　38, 39
雲貴高原　14, 22, 43, 82, 119
雲貴高原湖沼　83
雲貴準前線　29
雲南高原　6, 43, 44, 119, 121-123, 234
雲南高原湖沼　126, 281
雲南高原湖沼(N, P負荷量)　311
雲南高原湖沼(化学成分)　204, 205
雲南高原湖沼(化学動態)　206
雲南高原湖沼(集水域発生源)　312
雲南高原湖沼(水質)　269
雲南高原湖沼(水生植物群落分布)　288
雲南高原湖沼(特性)　125, 186
雲南高原湖沼(分布)　121, 122
雲南高原湖沼(無機化学成分)　203
雲南紅色高原　→「雲南中部紅色高原」を見よ

雲南小江断層　44, 45
雲南省(気候区分)　23
雲南省(降水量分布)　25
雲南省(人口増加)　232
雲南省(人口変動)　246, 273
雲南省(地形区分)　口絵6
雲南省(土地利用変動)　246
雲南省(農業生産量変動)　248
雲南森林植生　124
雲南西部横断山系　120
雲南大寒波　29
雲南中部高原　→「雲南中部紅色高原」を見よ
雲南中部紅色高原　44, 120, 123, 126, 127, 131
雲南東部カルスト高原　120, 131
溶蝕湖　120
溶存・懸濁成分　207
溶存酸素　78
溶存酸素濃度(水質との関係)　198
溶存酸素濃度(琵琶湖)　198
溶存酸素濃度低下　285
溶存酸素濃度分布(撫仙湖)　口絵18
溶存酸素濃度変化(撫仙湖)　195, 197
溶存有機炭素(DOC)濃度　225, 226
溶存有機炭素(DOC)濃度(蛍光強度との関係)　224
溶存有機物　219, 220, 223, 225

ラ・ワ行

ラニーニャ年　27
然烏錯　177
ラン藻アオコ　279
瀾滄江　95
乱泥流　239, 250
粒子状有機物　219
粒子束　216
粒子の堆積と分解　216
流出率　72, 84
流入負荷(琵琶湖)　78
リュウノヒゲ群落　296
濾沽湖　175-177, 235, 237
レッドフィールド(Redfield)比　212, 306
ローレンシア古大陸　37
外海(滇池南湖盆)　128, 271, 279

《編者紹介》

坂本　充（さかもと　みつる）
　　1959年　東京都立大学理学研究科博士課程修了
　　現　在　名古屋大学名誉教授，滋賀県立大学名誉教授

熊谷道夫（くまがいみちお）
　　1980年　京都大学大学院理学研究科博士課程修了
　　現　在　滋賀県琵琶湖・環境科学研究センター総括研究員

東アジアモンスーン域の湖沼と流域

2006年2月10日　初版第1刷発行

定価はカバーに表示しています

編　者　　坂　本　　　充
　　　　　熊　谷　道　夫

発行者　　金　井　雄　一

発行所　財団法人　名古屋大学出版会
〒464-0814　名古屋市千種区不老町1名古屋大学構内
電話(052)781-5027／FAX(052)781-0697

ⓒ Mitsuru Sakamoto et al., 2006　　Printed in Japan
印刷 ㈱クイックス　　ISBN4-8158-0525-3
乱丁・落丁はお取替えいたします。

Ⓡ〈日本複写権センター委託出版物〉
本書の全部または一部を無断で複写複製（コピー）することは，著作権法上での例外を除き，禁じられています。本書からの複写を希望される場合は，日本複写権センター（03-3401-2382）にご連絡ください。

田中正明著
日本湖沼誌
－プランクトンから見た富栄養化の現状－
B5・548頁
本体15,000円

田中正明著
日本湖沼誌II
－プランクトンから見た富栄養化の現状－
B5・402頁
本体15,000円

西條八束/奥田節夫編
河川感潮域
－その自然と変貌－
A5・256頁
本体4,300円

花里孝幸著
ミジンコ
－その生態と湖沼環境問題－
A5・238頁
本体4,300円

田中正明著
日本淡水産動植物プランクトン図鑑
A5・602頁
本体9,500円

木村眞人/波多野隆介編
土壌圏と地球温暖化
A5・260頁
本体5,000円